石元春全集

COMPLETE WORKS OF SHI YUANCHUN

农业文集卷

石元春◎著

中国農業大學出版社
China Agricultural University Press
·北京·

内 容 简 介

《农业文集卷》是中国工程院院士文集《石元春全集》的第二卷。该文集卷分为“论农业篇”“农业科技篇”“高科技与农业篇”和“农业科技发展战略研究篇”，共40篇文章。作者提出了“新的农业科技革命”“现代农业”“农业的三个战场”等观点，也有在20世纪90年代和近期发表的对我国粮食问题的见解。

图书在版编目（CIP）数据

石元春全集. 农业文集卷 / 石元春著. --北京：中国农业大学出版社，2022.1

ISBN 978-7-5655-2711-1

Ⅰ.①石… Ⅱ.①石… Ⅲ.①石元春-全集②农业经济-中国-文集③农业技术-中国-文集 Ⅳ.①N53②F32-53③S-53

中国版本图书馆CIP数据核字（2022）第013536号

书　名 石元春全集·农业文集卷
作　者 石元春　著

总 策 划 席　清　丛晓红　　**策划编辑** 石　华
责任编辑 石　华　　**封面设计** 李尘工作室
出版发行 中国农业大学出版社
社　　址 北京市海淀区圆明园西路2号　　**邮政编码** 100193
电　　话 发行部 010-62733489, 1190　　读者服务部 010-62732336
编辑部 010-62732617, 2618　　出　版　部 010-62733440
网　　址 http：//www.caupress.cn　　**E-mail** cbsszs@cau.edu.cn
经　　销 新华书店
印　　刷 涿州市星河印刷有限公司
版　　次 2022年1月第1版　2022年1月第1次印刷
规　　格 170 mm × 240 mm　16开本　24.5印张　480千字　插页 2
定　　价 220.00元

滴水粒沙集

——代全集序

科教生涯快70年了。

前40年主要从事土壤地理科教工作。参加过中国科学院黄河中游水土保持综合考察和新疆综合科学考察；参加过土壤地理教学；“文革”后参加黄淮海平原旱涝盐碱综合治理达20年之久。

世纪之交，参加过国家高技术研究发展计划（863计划）、国家重点基础研究发展计划（973计划）以及国家中长期科学和技术发展规划纲要（2006—2020年）等三次国家重大科技发展战略的研究。

学术生涯的最后一站，是年过古稀还满怀激情地投入到一个全新领域，倡导生物质科技与产业化。

20世纪八九十年代，担任过8年北京农业大学校长。

自研究生学习以来，养成了一种“随做随总随写”的勤于笔耕习惯。为庆祝中国工程院成立20周年，不到一年时间就编撰出版了280多万字五卷册《石元春文集》。当了8年校长，秘书没为我起草过一篇文稿。因勤于笔耕，70年积淀了一大箩筐的陈年旧纸。

2016年夏，得短暂性脑缺血症，即小中风，体能明显衰退，毕竟已是85岁的人了。于是减少外勤学术活动，增加室内写作，启动了整理编撰《全集》计划。

《全集》包括文集类6卷册，《土壤文集卷》《农业文集卷》《教育文集卷》《生物质文集卷》《杂文文集卷》和《研究报告文集卷》；专著类4卷册，《黄淮海平原水盐运动卷》《战役记卷》《决胜生物质卷》《决胜生物质Ⅱ卷》，其中《决胜生物质卷》上一版出版后，美国和韩国的两家出版社又分别出版了英文版和韩文版，此次一并纳入《全集》中；其他类5卷册，《PPT选辑卷》《视频选辑卷》《自传卷》《影像生平卷》和《全集总览卷》。《全集》中的部分卷册是新编的，部分卷册之前出版过，此次在原有版本基础上稍做修改补充，尽量保持原貌。作为科技与教育成果，《全集》内容与资料都已经过时了，但却留下了一些时代印痕。《全集》出版工程，打算2023年底收官。

感谢一生中鼓励、支持和帮助我的贵人；感谢我的老伴李韵珠教授；感谢中国农业大学出版社席清社长和丛晓红总编辑等同志为出版《全集》所做的巨量工作；感谢王崧老师在《全集》出版过程中提供的种种帮助。

我是新中国培养的知识分子。通过《全集》，将自己一生的工作做一番清理，像整理打扫一间老旧住房一样；也想以此作为一种交代，对培养我的祖国与人民的一个交代与感恩，对辛勤一生的自己的一个交代与慰藉。

科学是一条流淌不息的长河，科技工作者是一滴水；科学是一座巍峨雄伟的大山，科技工作者是一粒沙。科技工作者的岗位就是做好滴水粒沙工作。

石元春

识于北京燕园，2021年末

序

自1956年研究生毕业后，一直从事土壤学的科研教学工作。1987年担任北京农业大学校长，这一任务开始将我的知识领域扩大到农业科学的方方面面。

根据时任国家科委主任宋健的建议，国家科委于1994年成立了一个策划21世纪国家高技术（S-863计划）发展的战略研究专家组。我有幸参加，得以有机会接触信息、能源、航空航天、冶金、生物、医学等多个领域的高层专家，听到和学到多领域的知识、信息和战略思维以及受到多领域专家们科学素养的熏陶。这是我的知识领域的二次扩大。

1998年国务院制定和实施《国家重点基础研究发展计划》（973计划），我有幸参加“顾问专家组”；2003年国务院着手研究制定国家中长期科学和技术发展规划，我又担任了农业科技规划战略研究组组长。这些经历使我有机会和条件，从更为开阔的视野观察和思考我所从事的农业和农业科技问题。

世纪之交，我提出了“新的农业科技革命”“农业高技术”“现代农业”和“农业科技产业”，后来提出了“农业的三个战场”“能源农业”等观点，并对中国“三农”问题进行新的思考。围绕这些主题，曾做过数十场讲演，写过和发表过数十篇文章，这些构成了本农业卷的主体内容。

40篇文章被收入《农业文集卷》，依其内容分为“论农业篇”“农业科技篇”“高科技与农业篇”和“农业科技发展战略研究篇”。篇中各文均有写作背景和相关图像，以助读者了解该文。为保持文章的系统与完整，对文中偶有的重复未做处理，请读者谅宥。

卷中诸文内容皆一家之言，难免偏颇，恳请读者赐教与指正。

石元春

2014年春于海南

我对中国“三农”的未来有个梦想：

在辽阔的华夏农村大地上，星罗棋布地散落着现代化的农村居民点和农工商文相结合的中小城镇。一个个基于动植物生产的农工商联合体在这里千姿百态，茁壮成长；科技、金融、生产、生活、文化服务业林林总总，欣欣向荣；生物技术、机械、电脑、网络、卫星遥感、全球定位像过去的铁锹和犁杖一样普及。农民不必背井离乡地在大城市和乡村间流浪，而是驾着生物燃料驱动的汽车来往于现代化居民点与清净的中小城镇之间。他们在生产和生活上使用的是生物质能、太阳能和风能转化的热与电；他们享受的是大自然恩赐的土地的气息，委婉的流水、清新的空气，还有花香与鸟语；他们既能享受到大城市的物质与文化生活，又可远离城市的喧嚣与紧张。这将是出现在中国大地上的21世纪“桃花源”。

——石元春《决胜生物质》2011

目录

CONTENTS

论农业篇

农业科技篇

高科技与农业篇

农业科技发展战略研究篇

论农业篇

本篇以农业发展万年历史长河中，农业、环境和人文三者间的互动文开篇，谈到中国农业的三次转型、农业的3个战场、生态农业、"'三农'问题"、农业发展的内在规律以及作者动情地描述了对中国"三农"的梦想。其中8篇文章构成作者论农业的主体内容；3篇文章谈及中国粮食问题和2篇文章为研究/考察报告。全篇共收入文章13篇。

论农业篇目录

1 从农业发展历史看科学与人文的互动

【本文写作背景】

2005年4月29日，作者应邀在中国科学院和中央党校联合举办的“中国科学与人文论坛”系列讲座上，做了题为《从农业发展历史看科学与人文的互动》的演讲。原文载于该演讲录的第3辑。本文的部分内容采用了电子版原稿，较为详细些。

我在屏幕上打出了三个大家很熟悉的字，一个是拉丁字Cultura。15世纪以后，culture在英语中被广泛应用，意思是“农作栽培”或“文化”。如果在culture前加上前缀词agri，也就是agriculture，即农业。看来，农业与文化颇有渊源，所以我选了个《从农业发展历史看科技与人文的互动》的讲演题目。其实，我对这个题目很陌生，只是觉得“科学与人文”的立意很好，想就此多些学习和思考的机会。当然，难免肤浅。

农业史可说是一部农业科技与人文互动的历史。互动中时而和谐，时而相悖；时而良性，时而非良性；时而清晰，时而模糊，从具体分析中可以得到一些有益的启示。

1.1 人类早期文明：科技与人文互动

千万年来，人类以渔猎采集为生。从万年前开始驯化野生动植物就开创了农业，这是人类继学会用火之后的一个最伟大的发明。最早的驯化记录是在埃及发现的大麦籽粒和颖片，距今有1.70万～1.83万年，比较集中出现驯化记录的时间是在距今的1万～4万年。世界许多地方都有种类丰富的被驯化的动植物出土。以下是从考古报道中获取的按时序列出的最早出现的被驯化动植物及其出土地点（表1）。

表 1　最早被驯化的动植物及地点

距今时间	被驯化的动植物及地点
距今 9 000 年	猪（中国桂林）
距今 9 000 ～ 8 000 年	年稻（中国湖南、湖北）
距今 7 400 年	鸡、黄牛、粟、胡桃、榛子（中国黄河流域）
距今 7 190 年	稻、酸枣、菱（中国长江流域）
距今 7 000 年	普通豆、利马豆、葫芦、智利辣椒（南美安第斯）
距今 6 500 年	丰里欧珍珠稗、几内亚玉米、油棕、芝麻和棉花（非洲尼日尔、几内亚等地）
距今 6 000 年	麦类、豆类、杧果、枣（印度河流域），黍、白菜（中国黄河流域）
距今 5 000 ～ 4 750 年	养蚕、苎麻、花生、蚕豆、芝麻、桃、甜瓜、莲藕（中国长江流域）
距今 5 000 ～ 3 500 年	奎宁、马铃薯、可可、南瓜（南美安第斯）
距今 4 000 年	大豆、大麻（中国长江流域），牦牛、骆驼（中国青海）

注：此表统计于 2005 年。

驯化野生动植物和农业出现的重要意义是不仅改善了人类的食物状况，还深刻地改变了人类的生存方式和人类自己。农业使人类由山地走向肥美平原，由渔猎到养殖，由采集到种植，由穴居到舍居，由游移到定居。较丰富的营养促进了人类智力的发达，生活方式的改变促进了人口的快速增长。人类发明了农业，农业改变了人类。

距今 7 000 ～ 5 000 年的仰韶文化遗址中有上百万平方米的大型村落和大量精美彩陶。在西安半坡遗址和临潼姜寨遗址出土密集居住区中有制陶窑场、公共墓地、藏物用窖穴、哨所、壕沟等。距今 7 000 年前的浙江河姆渡遗址中的住房已为榫卯结构的干栏式建筑，其与现今广西壮族和云南西双版纳傣族的住房相似，可用数十年之久。

围绕农业而发展起来的野生动植物驯化、桑蚕与纺织、制陶与冶金、观象与数学的科技体系是人类早期文明的重要组成。

驯化野生动植物是一项重大的科学贡献。它改变了亿万年的动植物进化遵循的“物竞天择，适者生存”的自然选择和变异法则，按人的需要方向，在人为干预下进行选择和变异。达尔文在《物种起源》一书中写道：“这些家养族的最显著的特色之一是我们所看到的它们，确实不是适应动物或植物自身的利益，而是适应人的使用或爱好”。据 Marshall D.R.d. 统计，人类曾栽培过 3 000 多种植物，保存至今的植物有 150 多种。其中主要的 15 种植物几乎是在原始农业时期驯化完成的。为适应人工对动植物的种植和饲养，古人类创造了种类繁多的石质农具，从刀耕时期的石釜、石锛到锄耕时期能完成挖、铲、耕、翻、播、耘、割等各种农事操作的农具以及出现众多形式的“畜圈”。

桑蚕和纺织是一项重大发明。中国是世界上最早养蚕缫丝的国家，浙江钱山漾在新石器时代遗址发掘的绢片、绢带和绢丝表明，5 000 年前就有了由野蚕驯化而来的家蚕，有了用于纺织的石制或陶制的纺缚和踞织机以及先缫后织的工艺。其织物的纹理平整光洁“几近于现代电纺”的纹理。

制陶是新石器时代的一颗璀璨的明珠。仰韶文化的彩陶以灰红为基色，红褐色装饰条纹以赭石粉为涂料，黑褐色和白色装饰条纹分别用铁锰矿粉和白色硅酸粉着色，构成各种装饰图案；龙山文化出土的灰陶与黑陶达到了相当高的品质。与制陶相联系的是炼铜术，距今 7 000 年前的古埃及和西南亚就发明了红铜的锤炼和熔铸技术，将天然红铜打制成形或熔化后倒入特制模具，铸成各式器物，进入金石并用时代。

农事活动的需要促进了观象与数学的发展，这是早期科技发展的突出标志。4 700 年前，就有了旬星制度和 3 旬为 1 月，4 月为 1 季，3 季为 1 年，1 年 360 天的古埃及历法以及用天狼星偕日出预报尼罗河水的泛滥，以指导耕播。4 400 年前，中国开始设“火正”职，观测大火星以“观象授时”；观测鸟、火、虚、昴四颗恒星确定春分、夏至、秋分、冬至的到来和 366 天为一年的早期阴阳历，以指导农事。观象和土地丈量促进了数学的发展。距今 5 000 ～ 4 500 年，埃及和中国都出现了从 1 ～ 10 的数字符号和十进位制，能求出三角形、四边形和圆形面积以及圆周率和 3.16 的取值。

人类最初的衣食需求和在长期生产生活实践积累的基础上诞生了人类对动植物的种养和以此为中心的农具、桑蚕与纺织、制陶与冶铜、观象与数学的科技体系由零点起步历经 5 000 年形成的早期科技体系，已达到成果斐然的辉煌。遗憾的是，有的史著缺乏历史唯物观地将这一时期以“原始”“蒙昧”“落后”等冠之，实欠公允。

早期社会的科技为人类生存提供越来越丰富的物质条件，而氏族制、敬畏自然以及神化农业的图腾文化等又为农业科技的发展营造了一个良好的环境。《庄子 · 盗拓》对平均分配劳动所得和人人平等的氏族制度是这样描述的：“神农之世，耕而食，织而衣，无有相害之心，此至德之隆也”。恩格斯也说：“这种十分单纯质朴的氏族制度是一种多么美妙的制度呵！”

在敬畏自然，崇拜图腾的早期文化中，被神化了的农业始终处于中心位置。“因天之时，分地之利，制耒耜，教民农作，神而化之，使民宜之，故谓之神农也”，《白虎通义 · 号》记载了他“耕而作陶”“尝百草之滋味”和“和药济人”。另一位华夏始祖黄帝“淳化鸟兽虫蛾”，妃嫘祖，为“蚕神”。相传炎帝后裔周弃，“好耕农，相地之宜，宜谷者稼穑焉，民皆法则之”，尧封他为“农师”，舜聘他为农官“后稷”，后世奉为“谷神”。华夏祖先都是以农开创万世基业的。

中国有女娲补天的美丽神话，古希腊也有宙斯的女儿雅典娜的故事。雅典娜发明了犁耙，驯服了牛羊，传授纺纱织布，被奉为“智慧女神”和“农神”。在她与海神波赛东争夺一座城市时，海神用他的三叉戟敲这个城市的岩石，跳出了一匹战马，而雅典娜用她的长枪敲击岩石，生长出橄榄树而取胜，故城市被命名为雅典。

1 万年前开始的野生动植物驯化和农业的诞生是人类发展历史上的一个伟大的里程碑。它深刻地改变了人类的生活方式和人类自身，形成了早期以农业为中心的科技体系和人文精神，二者相互促进，和谐发展。

1.2 农业文明时期：人与自然的和谐互动

中华传统农耕历数千年而不衰，奥秘何在？人与自然和谐互动也。

地球上的物质和能量存在着两种循环：一种是由地球内外地质动力引发的陆海间物质和能量的地质大循环；一种是在此地质大循环的基础上，由生物引发的物质和能量的生物小循环。地球上能量的终极来源一是形成初期保存和集聚的热能和核能，二是太阳辐射持续提供的能量。在有绿色植物以前，这些辐射能尽散失于大气，唯绿色植物可利用日光将吸收的二氧化碳和水合成碳水化合物，将光能转化为化学能后贮存了下来。与此同时，通过植物体，将它所需要的存在于土壤中的氮、磷、钾、锌、锰、铜等无机元素转化为有机物保存并回归积聚于土壤，地质大循环中的流失减少了，以植物为载体和中心的物质和能量的生物小循环得以形成，这是地球上生物生存和构成生态系统的基础。煤炭、石油和天然气也是由地质时代的绿色植物在地质作用的影响下转化而成的。

我讲生物循环是为了说明传统农业是在此循环基础上加入人为因素，但始终没有离开这个循环的轨道。植物是“一性生产”，是物质和能量的初始来源；动物养殖是在植物提供的物质和能量基础上进行的“二性生产”，动植物生产为人类提供了生存和繁衍所需要的能量和营养物质。在传统农业的一、二性生产过程中，作物籽实供人畜食用，秸秆又以肥料、饲料和燃料（燃烧后的草木灰）的形式，以人畜粪便为肥等最后都还归于土壤。

在进行动植物生产中，传统农业始终没有离开自然界物质能量的生物循环轨道，在量上也没有大的改变。人畜的生活和劳动需要消耗能量。从栽培态植物比自然态植物所多捕获的日光能来说，其就微不足道了，农业态生物循环是个增量循环。地质概念上的生物小循环是生生不息的，在此基础上运行的传统农业态的生物循环也是人与自然的和谐发展和可以持续的。

在实现农业态生物循环中，逐渐积累和形成了一套完整的精耕细作的技术和农事操作系统。春秋战国，铁质农具的广泛使用促进了引漳种稻、都江堰和郑国渠等大型水利工程的建设，促进了精耕细作和土地加工，出现了人畜粪便腐熟用肥、养猪积肥、绿肥和基肥、种肥和追肥分用等用肥制度，创造了混、间、套、轮等农作制度。在 2 000 多年中，中国农业的精耕细作不断深化细化，精益求精，越是精耕细作，越是技术进步，循环中的物质和能量的利用效率就越高，至今许多国外农学专家也对此叹为观止。

我国不仅有丰富的精耕细作的实践，而且有大量农书进行了总结和理论提升，如《吕氏春秋》《氾胜之书》《齐民要术》等。《吕氏春秋・审时》提出的“夫稼，为之者人也，生之者地也，养之者天也”，即“三才论”，是对天、地、人与作物关系的理论概括，为后世农书所遵循的主流农业观。如“三宜”论（物宜、时宜、地宜）、地力常新论、细作论、相生论、循环论等技术理论体系，博大精深。

我国的传统农业理论是与当时的哲学思想相生相成的，如老子《道德经》的“道大，天大，人亦大。域中有四大，而人居其一焉。人法地，地法天，天法道，道法自然”；庄子《齐物论》的：“天地与我并生，而万物与我为一”。人与自然的相融相谐、天人合一是中华文明和传统农业自然观的精髓，也是传统农业沿生物小循环轨道运行的技术和农事操作的思想和理论基础。

1.3 农业文明时期：科技与人文的和谐互动

奴隶制和封建制社会创造了辉煌的农业文明，农业是社会的主导性产业和先进生产力代表，农业和农业科技的发展有着良好的人文社会氛围。上自君王公卿，文人墨客，下至黎民百姓，认同民以食为天，国以农为本，尊农爱农。北京的“九坛”，即天坛、地坛、日坛、月坛、社稷坛、祈谷坛、先农坛、先蚕坛等，无不与“农本”有关。帝王大臣不离口的“社稷”之意，即“人非土不立，非谷不食。故封土立社，示有上尊。稷五谷之长，故封稷而祭之。”从奴隶社会到封建社会的大政改革多是“重农抑商”，民国初年还是“士、农、工、商”的排序。

自宋朝以来，历代皇家亲题或授命写作耕织诗，以画相配，以彰农事，以劝农作，推行农技。康熙亲率大臣扶犁春耕，亲题耕织图诗 46 首，从种到收的农事，环环相接，诗画相配，言简意赅。以后的雍正、乾隆亦尊祖制亲题。以下摘录三帝耕织诗 46 首中的 4 首。

“千畦水泽正弥弥，竞插新秧恐后时。亚旅同心欣力作，月明归去莫嫌迟。”

（康熙《插秧》）

“丰苗翼翼出清波，蔑稗丛生可若何。非种自应芟剃尽，莫教稂莠败嘉禾。”

（康熙《一耘》）

“百谷遗嘉种，先农著懋功。春暄二月后，香浸一溪中。重穋随宜辨，均筅用力同。每多贤父老，占节识年丰。”

（雍正《浸种》）

“郁郁平畴绿，劳劳一载耘。理苗疏是法，非种去宜勤。笠重初收雾，锄轻半带云。日高忙饷妇，稚子故牵裙。”

（雍正《二耘》）

“桐风潇洒露珠烯，满野黄云映落晖。是处腰镰收获遍，担头挑得万钱归。”

（乾隆《收刈》）

“织女工夫午夜多，莫将容易看丝罗。银灯照处方成寸，已自循环掷万梭。”

（乾隆《织》）

这些耕织诗不仅有文学价值，而且反映了政者了解农情和技术要领，如“新秧恐后时”“百谷遗嘉种，先农著懋功”“均筅用力同”“理苗疏是法”“织女工夫午夜多”“银灯照处方成寸，已自循环掷万梭”。士大夫和文人也写下了许多脍炙人口的田园诗、悯农诗、耕织诗和歌谣。陶渊明的一篇《桃花源记》就将人们带入人间仙境。下面摘录几首名家农诗。

“种豆南山下，草盛豆苗稀。晨兴理荒秽，带月荷锄归。道狭草木长，夕露沾我衣。衣沾不足惜，但使愿无违。”（陶渊明《归田园居》）

“昨夜斗回北，今朝岁起东。我年已强壮，无禄尚忧农。桑野就耕父，荷锄随牧童。田家占气候，共说此年丰。”（孟浩然《田家元日》）

“田夫荷锄至，相见语依依。即此羡闲逸，怅然吟式微。”（王维《渭川田家》）

“锄禾日当午，汗滴禾下土。谁知盘中餐，粒粒皆辛苦。”（李绅《悯农》）

“我宿五松下，寂寥无所欢。田家秋作苦，邻女夜舂寒。跪进雕胡饭，月光明素盘。令人惭漂母，三谢不能餐。”（李白《宿五松山下荀媪家》）

“天下郡国向万城，无有一城无甲兵！焉得铸甲作农器，一寸荒田牛得耕？牛尽耕，蚕亦成。不劳烈士泪滂沱，男谷女丝行复歌。”（杜甫《蚕谷行》）

“今我何功德，曾不事农桑。吏禄三百石，岁晏有余粮。念此私自愧，尽日不能忘。”（白居易《观刈麦》）

古罗马也是尊农有加的。公元前2世纪，加图就著有《农业志》一书；诗人维吉尔（前 70—前 19 年）写作了专门歌咏农业劳动的《农事诗》；被恺撒大帝赦免的瓦罗（M. T. Varro），在他 80 岁时写下的《论农业》中是这样夸耀他的农民朋友 C · T · 斯罗法的：

“他是个各方面都很有教养的人，也被认为是罗马在农业方面的最大权威。由于他经营得好，他的田庄在许多人看起来比别人的宫殿式的建筑还要好看，因为人们到他这里来参观田庄的房舍，看到的不是路库路斯家那样的画廊，而是满藏着果实的仓房。在圣街的最头上的地方，有我们朋友的果园，在那里果子是卖金子的。”

在农业社会，农业科技的进步促进了生产力和以农业为中心的社会文化的发展；良好的人文环境也为农业科技创造了有利的条件，二者和谐互动，良性运行，创造了 5 000 年辉煌的农业文明。

1.4 工业社会：农业的人与自然非良性互动

闭合式物质能量循环和低生产率的小农生产的农业产出是很有限的。在土地扩展空间越来越小和人口增长压力越来越大的情况下，传统农业捉襟见肘，危机日甚。18 世纪后，在全球和我国人口急剧增长及科技革命和工业革命的猛烈冲击下，传统农业被工业化农业（或近代农业）代替，工业文明替代了农业文明。

19 世纪上半叶，德国化学家李比希发现植物从土壤中吸收的不是腐烂的有机物质，而是氮、磷、钾等上十种无机矿物质，创立了植物矿质营养学说，开化肥工业之先河。马克思曾指出：“仅仅一门化学，甚至仅仅亨弗利 · 戴维和李比希二人，就使 19 世纪的农业获得了怎样的成就。”19 世纪，合成化学的出现给农业带来了新的活力，1824 年首次由无机物合成了有机物——尿素，20 世纪中叶的农药由天然物和简单无机化合物发展到菊酯类合成农药。19 世纪，三大科学发现中的达尔文进化论和细胞学以及孟德尔遗传学为代表的生物学革命为农业带来了近代的育种技术和种子产业；工业革命为农业送来了拖拉机和电力。

化肥、农药、良种、拖拉机和电力在短短的几十年就将几千年形成的传统农业体系冲击得面目全非，进步非常。其科学实质在于以大量的外源性物质和能量的投入打开了传统农业的闭合式农业生物循环系统，带来了巨大的增产效应。1949—1999 年，世界化肥年使用量由 360 万吨增加到 14 136 万吨；单位农田面积的使用量由 9.5 千克 / 公顷增加到 103.3 千克 / 公顷；粮食单产由 0.64 吨 / 公顷增加到 1.50 吨 / 公顷。

工业化农业的先行者美国在取得辉煌成就的同时，遭遇生态、环境、资源和国家财政方面的严峻挑战。中西部大规模垦殖引发了大面积水土流失，“黑色风暴”，超采地下水的土地荒漠化；过量使用化肥和农药导致对水土面源污染；对石油和电力越来越大的依赖以及因投入激增、成本上升、产品竞争力下降导致政府财政补贴负担日重，工业化农业难以为继。

工业化农业在我国发展较晚，却进度非凡。1949—1999 年，化肥年使用量由 6 万吨增加到 4 125 万吨，单位面积使用量由 0.6 千克 / 公顷增加到 317 千克 / 公顷；农药由 53 万吨（1978 年）增加到 131 万吨；拖拉机总动力和农业用电分别增加了 6 125 倍和 4 347 倍。在耕地面积减少 2 000 万公顷的情况下，粮、棉、油、肉和水产品的总产量分别增长了 5.0 倍、7.7 倍、9.2 倍、27.0 倍和 78.8 倍；粮食单产由每公顷 1.0 吨提高到 4.5 吨；农业总产值增加了 53 倍，小麦、稻谷、肉类和水产品的总产居于世界首位。20 世纪下半叶，我国农业的高速增长保证了在人口由 5.4 亿人增加到 13 亿人，人均粮食和肉类占有量还分别增加了 2 倍和 12 倍，中国以世界 9% 的耕地养活了 21% 的人口，是世界近代农业发展中的佼佼者。

但是中国也为此付出了十分惨重的生态和环境代价。第一，人口压力和拖拉机威力下的大规模的过度垦殖、放牧和樵采 3 700 万公顷土地沙化，1 亿公顷草地退化，2 500 万公顷面积的水土流失。第二，化肥的过量和不当使用以及规模化养殖的迅速发展导致严重面源污染和 70% 以上的河流、39% 的湖泊和东南沿海水体富营养化。第三，不当和过量使用农药在杀灭病虫害的同时，伤及天敌和有益生物，害虫和病菌抗药性增强，农药在土、水、大气及动植物体内超标残留。第四，每年有 1 亿多亩农田覆盖塑料地膜取得增产的同时，将不能降解的塑料碎片积存土中。5 年或 7 年后，土壤肥力开始下降，作物减产。此外，围湖造田、滥垦湿地、土壤污染、地下水超采、外来物种入侵以及生物多样性锐减等都使我国的“生态功能继续衰退，生态安全受到威胁”。

在人与自然非和谐发展轨道上，运行仅百年的工业化农业在取得惊人成就的同时，危机日益深重。

1.5 工业社会：农业科技与人文的非良性互动

在工业社会，农业的人文环境一落千丈，无可奈何花落去。

在人类中心主义、利润最大化和金钱至上的社会思潮，与科技快速进步赋予人类的强大力量的互动中，人对自然掠夺的贪婪和狂妄表现得一览无遗，破坏力前所未有。农业领域“不能等待自然恩赐，要向自然索取”“战天斗地”“人定胜天”“改造自然，征服自然”“人有多大胆，地有多大产”的“豪气”使“天地与我并生而万物与我为一”的天人合一思想和“三才论”显得那么苍白，人与自然的对立日深，伤害日重。

工业社会的农业在经济上也是处在十分不利的地位，特别是在工业化初中期，农业是工业化初始资本积累的主要来源，也就是以各种形式将农业的剩余价值流入工业。英国、法国、德国、美国等先行工业化的国家还在“火与剑”中用殖民与战争掠夺落后国家资源和财富实现本国的工业化。我国是在半封建半殖民地和落后的农业经济条件下开始工业化的。一直到新中国成立至今，农业始终是工业化资金积累的主要来源。高度集中的计划经济、传统的农业集体化经营、城乡分隔（户籍、就业、供应、住宅、教育、医疗、劳保、养老以及生产资料供应等）、工农业产品价格剪刀差以及税收和国家计划中的资金分配等方面都使资金由农业流向工业，由农村流向城市。仅“前30多年，以工农业产品价格剪刀差方式取得的积累就达6 000多亿元”。

在工业化初期，以农养工是一种普遍现象。我国则过长地实行向工业倾斜以及“城乡二元化”和“工农二元化”政策，农业和农村元气损伤太重，工农和城乡的差距越来越大，人文境遇和社会环境越来越差。此外，较之工业，从事生命物质生产的农业具有复杂的自然属性，时空变异大、经验性强、稳定性和可控性差等先天性的行业特点，激烈市场竞争环境中的农业处于弱势地位。

长期扶工抑农导致农村人口众多，劳动者素质低下，科技水平和生产率不高，科技和管理人才极缺，生产和生活条件艰苦，文化教育和社会保障很差，税费沉重，农民收入增长缓慢，大量富余劳动力滞留，农业的“落后”帽子越戴越沉。存在决定意识，在利益至上的工业社会和市场经济环境下，“工高农低观”和“城贵乡贱观”渗透到社会的各个层次和角落。不仅城里人不愿下乡，农村孩子上大学多为离开农村，即使读的农业大学，也不愿离开城市，连有的农业大学校长也在想办法摘掉农业这个“帽子”。在我国社会转型时期出现的“三农”问题，其深层次的原因是长期实行“以农养工”“工农二元化”和“城乡二元化”政策导致不断扩大的工农差别和城乡差别，农业、农村和农民积弱积贫。这个本不治，治标只能解决一时一事。现在中央提出了“城乡统筹”“反哺农业”的“工农协调”等重要方针政策，这是一项复杂而长期的任务，需要有很大的决心、勇气和力度。

1.6 后工业社会的时代理念：可持续发展

在工业社会，农业发展中的人与自然及科技与人文间的双重非良性互动在后工业社会还将持续，是更趋恶化？还是向着新的良性互动模式转化？这是我们所关注的问题。

在自然－社会的巨系统中，任何事物都会与其相关要素相生相克，协同演进。作为一个产业，农业是为人类生存和社会发展提供基本需要和不可替代的物质性生产产业，这一点是不会改变的。其内外在影响因素的不断改变推进着农业的发展和演变。由农业社会到工业社会，农业的人与自然及科学与人文由双重良性互动转化为双重非良性互动。后工业社会能否转化为一种新的双重良性互动模式将取决于两个条件：一是要有新的理念和人文环境的驱动；二是要有新的科技支撑。令人高兴的是，我们已经看到了后工业社会中农业双重良性互动的端倪，一缕灿灿的曙光。

在工业化过程中，大量使用化石能源和排放温室气体以及近代农业对生态和环境带来的负面影响激发了人类社会的极大忧虑和反思。20 世纪 60 年代，海洋生物学家 R. 卡逊亮出了第一支投枪——《寂静的春天》，以有机合成农药对生态和环境的严重伤害唤醒了社会良知和工业化中人类对自然狂妄和恣意掠夺的负罪感。随后，科学界的《只有一个地球》等警世之作，振聋发聩，农业界的“生物动力农业”“再生农业”“生态农业”“有机农业”等议论纷纷出台。表 2 列举了这一时期的部分代表作品。

表 2　后工业社会的警世之作

年份	作品名称及作者
1962 年	《寂静的春天》，R. 卡逊
1972 年	《只有一个地球》，B. 沃德和 R. 杜博斯
1972 年	《增长的极限》，罗马俱乐部
1974 年	《封闭的循环》，B. 康芒纳
20 世纪 70 年代	提出“生物动力农业”“再生农业”“生态农业”“有机农业”等
1981 年	《建立一个可持续社会》，L. 布朗
1987 年	《我们共同的未来》，世界环境与发展委员会
1991 年	《登博斯宣言》，FAO
1992 年	《21 世纪议程》，里约宣言
1997 年	《四倍跃进》，O. 魏茨察克
2001 年	《生态经济》，L. 布朗
2003 年	《B 模式》，L. 布朗

20 世纪后半叶兴起的“善待地球，就是善待自己”的思想运动是对工业社会的“人类中心主义”的批判，比“文艺复兴”对神权的批判在全球传播得更快更广。1991 年联合国粮农组织（FAO）年在荷兰登博斯召开的国际会议上界定了

“可持续发展”的定义与内涵；1992 年联合国在巴西里约召开了有 100 多个国家首脑参加的“联合国环境与发展大会”，制定了《21 世纪议程》；我国也以“可持续发展”作为国策。这是继“文艺复兴”对神权思想批判后的一次对“人类中心主义”批判的思想解放运动，又是一次时代人文精神的胜利。

人与自然和谐相处以及走可持续发展之路成为 21 世纪的时代理念和最强音，这是农业文明中“天地与我并生而万物与我为一”的天人合一思想和“三才论”的一种回归。当然，这是思想与理论的回归。而被大量外源性物质和能量打开了的，传统农业的闭合式物质能量循环是不能回复了。它需要在新理念和新技术的引导和支撑下建立起新的人与自然和谐和可持续发展的物质能量循环体系。

1.7 后工业社会：农业的人与自然和谐互动

在工业社会时期，化肥、农药以及机械带来大规模垦殖对生态与环境造成的负面影响。技术之过，乃由技术尚不成熟和运用失当所致。外源性物质和能量的投入和打破了传统农业的闭合式物质能量循环，这是科技进步的表现。自 20 世纪 70 年代以来，工业化国家在提高化肥农药使用效率和减少污染以及在制止土地退化上已经有了显著进步，走出了近代农业不可持续的阴影。建立新的人与自然和谐互动的开放式物质能量循环系统，全面实现可持续发展理念，需要更加先进的新的科技来支撑。

20 世纪的科技以惊人的速度取得了辉煌的进展。当人们回顾那些最伟大的科学成就时，总离不开在科学殿堂中树立起的两座丰碑，DNA 双螺旋结构的发现和计算机信息技术的发明，也正是它们自 20 世纪后半叶在农业领域引发了一场新的农业科技革命。

DNA 双螺旋结构的发现和重组成功是继进化论和细胞学说后，人类对生命现象的认识由宏观和细胞水平深入到分子水平和生物技术运用。对生物体的遗传改良以及创造新的物种在过去是无法想象和不可能做到的。它将在动植物品种培育、施肥灌溉、植物保护、畜禽防疫等方面以及与动植物和微生物遗传性改良有关的农业科技都会发生革命性的跨越。转基因抗虫棉可以少用70%～80%的农药，以减少对环境的污染；遗传改良猪的日增重和饲料报酬比我国现有水平提高 1 倍；微生物基因重组技术掀起了农用生物制剂产业的一场革命，新一代生物农药、动物疫苗、生物肥料等将如雨后春笋般出现。21 世纪是生命科学的世纪，农业将成为现代生命科学的绚丽橱窗。

农业是以土、肥、水、温、气等自然要素为基本生产资料，从事复杂的生命物质生产的产业，因而变量因素多，时空变异大，经验性强，稳定性和可控性差成为农业的先天性的行业弱势。随着计算机和信息技术的出现，以全新的信息观和强大的计算功能弥补了农业和农业科技上的这些先天性的弱势，农业由经验走向科学，由传统走向现代。数字化技术和模拟模型技术可以使农业生产/研究的对象和过程量化和科学化；智能化农业专家系统可以使农业由经验判断走向科学决策；“3S”技术［遥感（RS）、地理信息系统（GIS）、全球定位技术（GPS）］的对地资源和农情实时监测预报可以使农业管理科学化；精确农业技术（PA）可以使农业由粗放到精确；网络技术可以使农业由封闭到及时，有效地获得丰富的信息服务。此外，机械制造、精细化工、新型材料、航空航天等现代工程技术也加速了在农业的武装，从而使农业的机械化、自动化和精准化达到一个新的水平。

钱学森在20世纪80年代就曾提出：“21世纪的农业将是一个技术高度密集的产业”。尽管目前的农业技术还比较落后，但是21世纪的农业将是用最新的现代和前沿科技武装起来的产业。它已经在美国以及欧洲等发达国家和地区展示了绰绰风采。那种将农业与落后相提并论的传统概念已经过时，应该放进历史博物馆。

1.8 后工业社会：农业的人与自然和谐发展

从理论和本质上讲，农业与生态环境是可以和谐相容，而不是必然对立的。在天人合一和“三才论”指引下，几千年的传统农业及其农业生态和物质能量循环系统为此做了很好的注释。在人类中心主义和利润最大化的驱动下，20世纪三四十年代美国西部由大量抽取地下水灌溉引起土地的荒漠化以及大规模垦殖引起的黄色尘暴；20世纪五六十年代苏联因大规模开发西伯利亚造成的黑色风暴以及澳大利亚的黄色沙暴等。这些先行工业化国家经历了这种“自然界惩罚”的洗礼而走出了这个阴影。这个阴影至今仍然笼罩着那些贫穷落后的发展中国家，生态环境的恶化与贫穷落后是一对孪生儿。

我国未能逃脱这个厄运，在滥垦、滥牧、滥伐、滥樵、广种薄收和粗放经营中掠夺了自然，同时受到了自然的惩罚。但是将“源头”治理、农业集约经营与受损生态修复统一起来，我相信能逐渐走上正确的轨道。受损生态修复与发展现代农业相结合是当前国际上的一种共识与趋势，如1997年在国际农业界提出的“双重绿色革命”（Doubly Green Revolution）；2000年提出的“常青绿色革命”（Ever-Green Revolution）；等等。

化肥农药投入导致对环境的污染也不是必然的，而是由技术不到位、使用不当和化肥农药利用效率低下造成的，实非外源性物质能量投入打破传统农业闭合式物质能量循环之过。如均衡施肥、缓/控释肥、精确施肥技术、综合节水技术、有害生物综合防治（IPM）、生物农药技术和生物降解地膜技术等的应用都能显著提高外源性投入物质和能量的效率并将其负面影响减到最低程度。此外，农业的数字化、模拟模型技术以及系统论、控制论等现代理论可以有效地实现人与自然和谐及可持续发展的理念，也给天人合一和“三才论”思想赋予了时代内涵和可操作性。建立资源节约、高效高质、循环利用、高产低投低环境影响的新型和开放式的农业物质能量循环系统在发达国家的现代农业中已经开始呈现。

1.9 后工业社会：农业的科技与人文良性互动

工业社会农业的恶劣人文环境是农业被边缘化的结果，后工业社会里，农业会继续被边缘化吗？我的回答是“不会的”，是“去边缘化”。

工业化时期的农业被边缘化的构成要素主要是两个：一是新兴的工业在科技和生产力水平及其成长性上显著优于传统的农业；二是农业在社会生产总值中的比重和经济地位显著下降（尽管产业和产品具有很强的社会性和政治性）。在工业化的进程中，这两个要素都已经发生了巨大的实质性变化。因为工业化本身就包含着农业的工业化。19 世纪开始的农业科技和产业革命中出现的化学化、良种化、机械化和电气化；20 世纪下半叶开始的新的农业科技革命，正在开创的分子生物学和遗传工程、数字化和信息化以及航空航天和自动控制技术等都使现代农业在科技、装备和生产力水平上毫不逊色于工业。其在生物技术和信息技术等现代高技术的应用比传统工业更具优势。目前，发达国家农业的人均产值和收入已相当或高于工业和城市的一般水平。

至于被边缘化的第二个要素，即农业的 GDP 比重和经济地位也将因农业内涵和结构上的变化而发生结构性的改变。初级农产品生产与农产品加工生产连成统一的生产链条已成世界趋势。这是为了适应当今和未来社会对生物性产品的品质和安全性提出了越来越高的要求。日益增长的国际贸易中设置得越来越苛刻的指标降低系统成本和提高市场竞争力的需要。20 世纪末，我国提出的“贸工农一体”和“产业化经营”方针就已经模糊了一、二、三产业的界线并将它们联系成一个统一的链条，这将对农业的经济地位产生越来越深刻的影响。另一个引起农业产生内涵和结构性变化的原因是化石能源渐趋枯竭而在全球范围蓬勃兴起的以生物能源为主体的生物质产业。它将为农业提供一个历史性的机遇和广阔而持续的发展空间使农业进入社会经济中的核心领域——能源产业。

如果我们把眼光放得再远一些，请大家看看 15 世纪至今的全球 GDP 发展变化情况。以 1500 年为 1，1820 年发展为 3，300 年翻了一番半。随之，只用了 100 年就翻了一番半（1900 年是 8.2）。20 世纪前半叶，仅 50 年又翻了一番半（1950 年是 22）；20 世纪后半叶，50 年翻了两番半，即由 1950 年的 22 上升到 1998 年的 135。经济总量如此地急剧生长，必然伴随着物质原料和能量的投入骤增。在工业革命以来的短短二三百年间，人类社会极大地消耗了地球上的自然资源，以至剩下的石油天然气只够用 50 年左右，煤只够用百年左右。

地球上的自然资源有三种：第一种是不可再生又不可循环的资源，如化石能源，21 世纪将趋于枯竭；第二种是不可再生和可以循环的资源，如矿产资源，每循环一次约要减量 1/2，也终将枯竭；第三种是可以再生可循环的资源，即生物质资源，而且是越循环越多的增量循环，因为它能持续地和越来越多地将日光能转化为化学能。正如在《开发和推进生物基产品和生物能源》的美国总统令中所指出的："目前生物基产品和生物能源技术有潜力将可再生农林业资源转换成能满足人类需求的电能、燃料、化学物质、药物及其他物质的主要来源。"从社会物质生产的以上三种资源看，真正意义上的可持续使用的资源是生物质资源，说 21 世纪是生物经济世纪并不为过，它像一坛老酒，时间越长，越香越醇。

生物经济时代的农业不仅生产动植物性产品，而且生产食品、轻纺、油脂、皮革等加工性产品。这些产品可以进入生物质能源、塑料等生物材料、生物医药（生物反应器等）等众领域，是生物经济的主体性产业。自 1935 年英国经济学家费希尔提出"第三产业"的概念以来，其已不再是工业化时期的工农二元结构，增加了发展最快的服务业，其全球 GDP 比重已经达到 60%，工业和农业的 GDP 比重都在下降。但是随着生物经济的成长，农业的 GDP 比重将会上扬，"去边缘化"也成大势。当然，农业的人文和社会环境的改善要慢很多很多，因为有时候上层建筑会滞后于经济发展。

1.10 结语

有万年历史的农业经历了早期农业文明时期、传统农业文明时期和近代农业文明时期，正在进入现代农业文明时期；经历了石质农具和动植物驯化、金属农具和精耕细作、机电动力和化肥农药以及生物技术和信息技术主导下的现代农业；经历了闭合式物质能量循环、高投入的开放式物质能量循环以及高效率开放式物质能量循环；经历了农业文明、工业文明和后工业文明。它是在实践基础上由一个个科技突破、生产力进步、人文观念更迭以及社会发展时期联结成的一条瑰丽的珠串。在这个复杂系统的演化中，有继承与发展，有先进对落后的替代。

在人与自然方面，农业经历了和谐与相悖两个时期；在科技与人文方面，农业经历了良性互动和非良性互动。农业文明时期的农业是双重良性互动，工业文明时期的农业是双重的非良性互动，后工业化社会的农业又将进入一个新的、更高层次上的双重良性互动。

我相信存在决定意识和意识对存在的反制（或反馈），正面的或负面的反制。从农业的发展历程看，实践基础上的科技和生产力（经济）的进步与发展是基础和本质性的。它决定性地影响了社会的人文思想和社会环境，而人文思想和社会环境对科技和经济发展的正面或负面反制更需要受到社会的关注。天人合一思想和“三才”理论将传统农业的精耕细作发挥得淋漓尽致，但却少了产生植物矿质营养科学和化肥技术的土壤；曾经冲破欧洲黑暗中世纪和开启现代科学和技术革命大门的人类中心主义却在工业文明和资本主义社会中制造了人与自然的极端对立，而在这种对立中又诞生了人与自然和谐共处和可持续发展的时代理念，指引人类社会走向新的时代。

对发展科技与生产力的重视是不言自明和显而易见的，而对人文精神的反制则不那么易识易见。同样是在中国共产党领导下的新中国和相同的科技与社会发展时期，可以用“发展是硬道理”，用“改革”和“开放”四个字救了中国，否则哪会有今天的繁荣？中国是个人文精神十分富有和积淀很深的国家，现在经济和社会发展上去了，人文精神的正向反制情况如何？后工业社会的农业将迎来新的双重互动，但这也不是等来的，应当怎样去构建一个良好的人文环境？这正是值得我们去认真思考的。

一开始我就说过，这次讲演是我对这个题目的一次习作，对许多问题，自己也没想清楚，希望得到大家的帮助。就讲到这里，谢谢大家！

提问

王霁：非常感谢石元春院士为我们做了一个非常精彩的演讲，我听了之后觉得在解放思想上有非常重要的意义。因为时间关系，下面请我们听众提两个问题。

听众：我是中国科学院研究生院记者团的记者，您曾经担任过北京农业大学的校长，而且又负责我国农业的中长期科技发展规划，我想请问您：您认为我国现在农业发展最需要什么样的人才？而在现阶段我国农业科技人才的培养中最突出的问题又是什么？

石元春：这是一个非常好的问题。我简单说一下，农业大学有点办不下去了，因为只要挂上农业这两个字以后，招生的生源分就往下降，分高的都不上农业大学，所以有的农业大学校长想了一个高招，就是把“农业”两个字抹掉，生源就好了，这叫去农业化。我说这是个下下策，上策是好好琢磨琢磨农业这两个字的概念和内涵上的变化，刚才我已经讲了许多了。工业发展了二三百年，农业也在发展，为什么非要自己故步自封，画地为牢地只搞稻、麦、棉和猪、牛、羊这些初级农产品生产呢？为什么不能跟工业融合，共同发展呢？不是我想沾工业的光，而实际上，生物性产业的潜力比非生物性工业的潜力要大得多得多。为什么不在这个问题下点功夫？多想想和多谈谈什么是现代农业，什么是农业的前景。我是一个知行合一论者，近几年，我写了不少这方面的文章，到处做报告，呐喊！这是回答你的第一个问题。

第二个问题，现阶段我国农业科技人才的培养中最突出的问题又是什么？我认为，首先，让他们知道农业是什么，一个农业科技工作者的责任是什么。其次，在内容上，培养的绝不应当是传统的小农业人才，而是大农业的、现代农业的、能和工业融合、能和发展生物质产业相融合的人才。在我当校长的时候，就曾把北京农大的学科结构做了一番大的调整。

观众：我是中科院管理学院的一名学生。在您讲话过程中可以说掌声不断，精彩连连，我们都被您精辟幽默的语言，或者是见解所折服。我非常感谢您给我们带来精彩的报告，我们受益匪浅。我的问题是这样的：农业是国民经济的基础，农业发展是国家发展的重中之重，可以说发展农业带来的负面影响有很多，刚才您的 PPT 也写了污染问题和农民工流失的问题。您认为在中国现阶段的国情，中国农业如何走向良性循环的道路，我想您用精辟的语言，或者是高屋建瓴的语言给我们概括一下好吗？

石元春：这是在考我，好吧！怎么能够进入一个良性的循环，第一点，技术上要从现在依靠资源与环境不友好的技术体系，全面升级转入一个节约资源，与环境和谐友好的技术体系上来。在 2020 年的中长期农业科技发展规划中，我们曾提出了十大农业技术的转移提升路线。第二点，我们谈到不仅是依靠科学技术本身，而必须要有一个比较好的人文环境。在这一点上，我确实感到难度很大，很艰巨，但是我相信还是能够逐步做到的，我还是有信心的，也希望大家跟我一样有信心，一起来改变我们这个农业大国、农业古国和九亿农民的生活状况。我想这个事情我们大家应该一起做，不管你学农的也好，不学农的也好；学管理的也好，学社会科学的也好；学工科也好，学理科也好，都离不开这个基础的产业。所以我希望大家关心农业，关心农业科技，关心农业成长的人文环境。谢谢大家。

王霁：谢谢石院士给我们精彩的回答，我们的提问就到这儿。下面让我们再次以热烈的掌声感谢石院士给我们精彩的演讲和对提问的回答。

参考文献

[1] D. R. Marshall. The Advantages and Hazards of Genetic Homogenicity //Genetic Basis of Epidemics in Agriculture. New York：The New York Academy of Sci. 1997.

[2] 梁家勉 . 中国农业科学技术史稿 . 北京：中国农业出版社，1989.

[3] 庄子・盗拓 .

[4] M. Y. Varro. 论农业 . 王家绶，译 . 北京：商务印书馆，1981.

[5] 牛若峰 . 中国经济偏斜循环与农业曲折发展 . 北京：中国人民大学出版社，1991.

2 中国农业的三次转型

【本文写作背景】

21 世纪之初，著名华裔美籍农业科学家左天觉先生倡议就中国农业未来 50 年的命题，编纂一部由中美两国著名农业科学家撰写的前瞻性和建议性文章。该书名是《透视中国农业：2050》，于 2004 年分别在中国和美国由中国农业大学出版社出版发行。本文是作者为该书提供的其中一篇文章。

中国农业始于万年前的新石器时代，曾经历过两次转型：一次是 3 000 年前的西周由原始农业转型到以金属农具和精耕细作为代表的传统农业；另一次是 20 世纪中叶由传统农业转型到近代农业。现在第三次转型已经启动，中国农业将上升到一个新的台阶。

2.1 辉煌的农业文明

代表北方原始粟作农业的磁山文化（距今 8 000 多年前）遗址发掘出 80 多座窖藏粮食，还有猪、鸡、狗的骨骸和大量石质农具；仰韶文化（距今 7 000 ～ 5 000 年）遗址有粟、黍、稻、大麻、白菜和芥菜等的种子以及 30 多种石质农具；有上百万平方米的大型村落、房屋“上栋下宇”，有贮粮窖穴、公共墓地和制陶窑场。代表南方原始稻作农业的有湖南彭头山文化（距今 9 000 ～ 8 000 年）和浙江河姆渡文化（7 000 年前）。

据已有的世界考古资料，猪和稻（9 000 年前）、鸡和黄牛（7 400 年前）、粟和白菜（6 000 年前）、蚕丝、苎麻、花生、蚕豆、芝麻和桃（5 000 ～ 4 750 年）、大豆、牦牛和骆驼（4 000 年前）等均最早出现于中国。

原始农业经历了6 000年，是工具革命激发了农民对土地加工和精耕细作的热情，推动了农业的第一次转型，由原始农业到传统农业。传统农业哺育了华夏民族，创造了辉煌的中华文明。

青铜农具始见于商。战国时期的铁质农具已经普及，特别是铁犁与牛耕的普遍使用将整个农业劳动工具提升到一个全新的水平。金属工具的使用推动了水利工程的开掘。引漳种稻，都江堰分洪引水，郑国渠、秦灵渠、龙门引黄等大型农田水利工程均始于战国和先秦。其有2 000年以上的历史。

垄作条播、耦耕耘耔、中耕除草、深耕熟耰等为作物生长创造良好的土壤环境；人、畜粪便及作物秸秆腐熟为肥以及“用粪犹用药”“肥力常新壮”，用土与养土结合的施肥理论和技术保证了几千年农田生物质的有效循环和土壤肥力的持续。换茬复种、间作套种和多种熟制等使农作物充分利用土地、光、温和水资源，增加作物光合作用时间和面积。南方稻麦两熟和双季稻种植制度的普及、明末江南一带创造的植桑养蚕、蚕沙蚕蛹喂鱼、塘泥肥桑的“桑基鱼塘”的生态农业模式等沿用至今。

“不违农时”是精耕细作的要义。在中国古代，星象、物候、历法相结合，以定农时，指导农事；设“太史”“司徒”，以观天候，教民稼穑。2 000多年前提出的“二十四节气”和“七十二物候”至今仍在使用。

“夫稼，为之者人也，生之者地也，养之者天也”，古代农业的学术思想核心是天、物、人的和谐与永续。务农要“顺天时，量地利，则用力少而成果多，任情返道，劳而无获”；务农要“物宜、时宜和地宜”等蕴含着深刻的哲理。我国有古农书500余种，博大精深，是古代农业的智慧结晶，世界农业科学宝库中的耀眼明珠。

传统农业是以生物质为中心的物质和能量循环系统，精耕细作可使之高效，但也受着生物体自身运行规律的制约和产出的极限。近2 000年，中国人口分别于公元7世纪、10世纪、17世纪和20世纪的40年代登上0.6亿人、1亿人、3亿人和5亿人的四个台阶（表1）。人口的增长使传统农业闭环反馈的物质能源循环系统的负载越来越大，整体质量越来越差，传统农业的危机日深。

表1　中国人口的状况（2—2002年）

年份	人数
2—622年	6 000万人以内（历经620年）
622—980年	6 000万～1亿人（历经358年）
980—1679年	1亿～3亿人（历经699年）
1679—1949年	3亿～5亿人（历经270年）
1949—1981年	5亿～10亿人（历经32年）
1981—2002年	10亿～13亿人（历经21年）

资料来源：葛剑雄．中国人口史：第五卷．上海：复旦大学出版社，2001：831-832。

2.2 高投入、高产出和高速度

19 世纪，植物矿质营养学说和合成化学的出现为农业带来了化肥与农药；达尔文进化论和孟德尔遗传学孕育了近代育种技术，为农业带来了良种；工业革命又送来了拖拉机和电力，农业科技的革命带来了 20 世纪全球农业的繁荣。近代科技革命在中国的影响是从 1949 年开始的几千年的传统农业由此转型为近代的农业。

新中国成立后，抓住了这个时代机遇，大力发展农用工业，化肥、农药、拖拉机工业和农用电力几乎由零起点分别发展到年产 3 000 万吨、66 万吨、8 300 万千瓦时和 2 173 亿千瓦时的生产能力。新垦农田为 2 000 多万公顷，建水库 8 万多座（总库容 4 800 多亿米 ^{3}），灌溉面积增加了 3.3 倍。

在这 50 年中，化肥、农药、农机、用电和良种等农业投入呈数百以至数千倍的增长，产出数倍和数十倍的增加，勾画出了一个高投入、高产出和高速度的清晰轮廓。在同一时段，中国的增速明显高于世界平均数和美国（表 2 和表 3）。

在这 50 年中，中国人口由 5 亿到 13 亿的高速增长和人均耕地面积由 0.18 公顷减到 0.10 公顷的情况下，农业的这种高投入、高产出和高速度的发展保持了人均粮食占有量的持续上升和各种农产品的充足供应。

1949 年，中国还是个经济相当落后的农业国。新中国成立初期至今，始终坚持“以农业为基础”的建国方针。农业的发展一直是国民经济建设和工业化，社会稳定和今日繁荣之基石。20 世纪 90 年代后期，尚在“谁来养活中国人”余音渺渺的时候，中国就宣布结束了几千年来农产品短缺的历史，以世界 7%的耕地养活了 22%的人口，也相信能够养活未来的 16 亿人口。这 50 年，是中国农业创造奇迹的 50 年。

表 2　1949 年与 1999 年中国农业的投入、产出概况

	1949 年总量	1999 年		年均增长
		总量	以 1949 年为 1	
人口（人）	541 700 000	1 259 090 000	2.32	14 348 000
高投入				
耕地面积（公顷）	97 900 000	130 040 000	1.33	642 800
灌溉面积（公顷）	16 000 000	53 158 000	3.3	743 200
化肥使用量（折纯，吨）	60 400	41 246 000	682.9	823 700
单位用量（千克 / 公顷）	0.6	317.16	528.6	6.33
农药使用量（吨）	53 300（1978）	131 200	2.5	37 100

续表 2

	1949 年总量	1999 年		年均增长
		总量	以 1949 年为 1	
拖拉机总动力（万千瓦）	8.0	48 996	6 124.5	979.8
农业用电（亿千瓦·时）	0.5（52）	2 173.4	4 346.8	46.2
高产出				
总产值（亿元）	461（52）	24 519	53.2	51.2
谷物总产（吨）	113 180 000	508 387 000	4.5	7 904 100
单产（千克/公顷）	1 035	4 493	4.3	69.2
棉花总产（吨）	497 000	3 829 000	7.7	66 600
单产（千克/公顷）	—	1 028	—	—
油料总产（吨）	2 827 000	26 012 000	9.2	463 700
单产（千克/公顷）	—	1 871	—	—
水果总产（吨）	1 223 000	62 380 000	51.0	1 223 100
肉类总产（吨）	2 200	59 490 000	27.0	1 145.8
禽蛋总产（吨）	732 000	21 347 000	29.2	448 100
奶类总产（吨）	217 000	7 900 000	36.4	153 700
水产总产（吨）	523 000	41 224 000	78.8	814 000
人均占有量				
粮食［千克/（人·年）］	209	403.8	1.9	3.9
肉类［千克/（人·年）］	4.1	47.3	11.7	0.9
禽蛋［千克/（人·年）］	1.35	16.95	12.6	0.3
奶［千克/（人·年）］	0.4	6.3	15.7	0.1
水产［千克/（人·年）］	0.97	32.7	33.7	0.63

注：以上资料主要来自《中国统计年鉴》《中国农业年鉴》《中国农业发展报告》《国际统计年鉴》《世界经济统计摘要》《FAO 生产年鉴》。

表 3　1949 年与 1999 年世界及美国农业增长部分资料

		1949 年总量	1999 年		年均增长
			总量	以 1949 年为 1	
世界	化肥使用量（吨）	12 600 000	141 360 000	11.22	2 575 200
	单位用量（千克/公顷）	9.5	103.3	10.87	1.88
	耕地面积（公顷）	1 326 000 000	1 369 110 000	1.03	862 200
	谷物总产（吨）	849 800 000（1957）	2 057 984 000	2.42	28 766 300
	肉类总产（吨）	38 190 000（1951）	225 945 000	5.92	3 911 600

续表 3

		1949 年总量	1999 年		年均增长
			总量	以 1949 年为 1	
美国	化肥使用量（吨）	3 824 000	19 868 000	5.20	320 880
	单位用量（千克 / 公顷）	20.3	112.3	5.53	1.84
	耕地面积（公顷）	188 700 000	176 950 000	0.94	–235 000
	谷物总产（吨）	158 170 000（57）	349 703 000	2.21	4 560 300
	肉类总产（吨）	9 827 000	37 180 000	3.78	547 100

2.3 高代价——大自然的报复

近半个世纪中国农业的高投入、高产出和高速度是付出了高昂代价的。

1949 年的中国农业是在一个经济、技术和组织化程度至贫至弱的背景下起步的。支撑农业高速发展的这种高投入是在资源的低生产率和物质能量高耗的状况下运转的，从而导致土水资源的强度开发和生态环境的恶化，下面是这方面的一组数据。

耕地的数量减少，质量下降。为了扩大耕地面积，20 世纪 50 年代中期和 60 年代初期有两次全国性的大规模垦殖。1978—1996 年，新垦耕地为 1 125.67 万公顷（占总耕地面积的 12%），被占用耕地 1 629 万公顷，以年均 28 万公顷的速度净减。50 年来，经济建设占用的多为良田，新垦地土质偏差导致耕地的整体质量下降，可垦土地储备持续减少，乃代价之一。

据报道，在 331.7 万千米^{2}的干旱、半干旱和亚湿润干旱区内，过度垦殖、放牧和粗放经营导致了 3 700 万公顷的土地沙化，占沙漠和沙化土地面积的 35.1%；有 773 万公顷的耕地退化，占总耕地面积的 40.1%；有 1.05 亿公顷的草地退化，占总草地面积的 56.6%；水土流失的土地面积达 2 500 万公顷。资源与生态的恶化，乃代价之二。

水、肥和农药等投入的高消耗和低效率乃代价之三。中国是个淡水资源紧缺的国家，70% 以上淡水用于农业，而水利用效率仅 0.8 千克 / 米^3，不到发达国家的 50%。化肥中的氮肥和磷肥有效利用率仅分别为 30%～35% 和 10%～20%；化肥的单位施用量高达 410～440 千克 / 公顷，而每千克化肥生产的谷物量仅 10～12 千克，美国的这两个数据分别是 280～320 千克和 15～17 千克。水和肥的低利用效率不仅增加能耗，提升农业成本，还加重了对环境的污染。

代价之四是对环境的伤害。70% 以上的农药进入了土壤、水体和大气；70%

以上的河流受到污染；39%的湖泊以及东南沿海富营养化；过量使用化肥还导致硝酸盐和亚硝酸盐在蔬菜中的普遍超标。

在工业化的初中期，农业仍处在低生产率水平上运转，以资源和环境为代价的发展模式具有普遍性。但与世界的一些国家相比，中国的农业自然资源相对贫乏，开发力度大，所付出的资源环境代价也就更大。自 20 世纪 80 年代以来，觉悟到问题的严重性。20 世纪 90 年代初，提出了“可持续发展”的国策，开始采取多种改善生态环境的实际措施。

2.4 1978：启动第三次转型

中国农业的转型是中国大的社会发展的一个侧面，特别是 20 世纪 70 年代开始的由计划经济体制向市场经济体制的转换决定了农业发展基本方向。全球性的可持续发展理念和新的农业科技革命对中国农业的转型也产生了深刻的影响。中国农业的转型已经启动了，它表现在以下几方面。

- 1978 年废除人民公社制，实行家庭承包经营制。“包产到户”的经营模式在全国很快推开，1983 年达到全国总农户数的 98%。与此同时，大幅度提高农产品收购价格，减少派购，增加粮棉进口，让农民休养生息，农民的生产积极性得到空前高涨。
- 20 世纪 80 年代初，农村的多种经营蓬勃发展，除种植与养殖的多种经营外，1986 年乡镇企业中的二产和三产的产值开始超过农业总产值。连续 6 年丰收，粮食总产由 3 亿吨上升到 4 亿吨，农产品长期供应紧张形势得到缓解。
- 1985 年政府取消了农产品的统购派购，粮棉油实行合同定购和自由购销，同时启动了农产品的批发市场和培育农产品的市场体系。
- 1996 年政府提出了“贸工农一体”和“产业化经营”，2000 年召开了全国农业产业化经营工作会议。
- 1993 年提出以“可持续发展”为国策，制定和实施了“全国生态建设”“退耕还林还草”“荒漠化治理”等生态和环境的治理工程政策。
- 1996 年提出和推进新的农业科技革命，生物技术和信息技术在农业领域得到迅速发展。
- 1998 年的粮食产量达到 5 亿吨，扭转了几千年来农产品供应不足的历史。

中国农业的第三次转型已经启动，正在由高投入、高产出、低效率和不可持续的近代农业向着市场经济和新的农业科技革命推动下的高质量、高效率、多元化、可持续发展和产业化经营的现代农业转型。多元化拓展、产业化经营、可持续发展以及新的农业科技革命是这次转型的四个强大引擎。

2.5 结构调整与领域拓展——引擎之一

长期以来，中国农业“以粮为纲”。1978 年开始了对农业结构的调整。1978—2002 年，农业总产值增加了 18.6 倍，其中种植业、畜牧业和渔业的增长分别为 12.3 倍、39.4 倍和 134 倍；在种植业的播种面积中，粮食由 80.3%降到 67.2%，油料由 4.1%增至 9.5%，果、蔬、糖、茶等经济作物大幅增加。

在对农业内部结构调整的同时，乡镇企业异军突起。1986 年，二、三产业的产值开始超过农业总产值。1999 年，全国农村社会增加值的 3/5、国内生产总值的 1/4、全国财政收入的 1/5、农民人均收入的 1/3、工业增加值的 1/2、出口创汇的 2/5 都来自乡镇企业，农村经济在国民经济中占了“半壁河山”地位。乡镇企业还为农业提供了千亿元的发展资金，吸纳了 27%，即 1.3 亿的农村劳动力。难怪有人说，乡镇企业是中国农业发展的一个秘密武器。

近年来，农产品加工业在农村兴起，2001 年产值达 2 800 亿元，占全国农产品加工业总产值的 40%。“发展农产品加工，特别是食品工业，可以实现农产品多层次、多环节的转化增值，带动农村种植业、养殖业和其他产业的发展，开拓农产品市场，扩大农产品消费，提高农业综合效益，增加农民收入。”

现代农业正在向一些新兴领域拓展，下面是近一两年的一些报道。“石油的能源之王的地位也许不久就会遭到废黜，农田作物有可能逐渐取代石油成为获得从燃料到塑料的所有物质的来源”“我们开始看到以玉米淀粉为原料的 PLA 生物材料在制造业的所有部门中得到应用，这可能会彻底改造旧经济，用转基因作物和家畜改变了农业，现在它正在改造工业”。日本丰田公司用白薯淀粉塑料制成汽车配件，富士通公司用玉米淀粉塑料制成电脑配件已开始得到应用。2010 年，以家畜和作物为载体的生物反应器技术已成为基因工程药物的主要生产方式。

农业一旦摆脱初级农产品生产的桎梏和束缚，就会得到一片广阔而精彩的天地，成为一个以生物质生产为基础的多元化的新型产业，中国农业已开始步入这条阳光大道。农业经营领域的拓展为农业注入了新的活力，是推动未来中国农业发展的一个强大引擎。

2.6 贸工农一体与产业化经营——引擎之二

自进入工业化社会以来，人们一直在寻求解决社会化大生产与小农生产之间的矛盾，劳动和经营方式成为农业发展中的一个重要制约因素。1958 年开始的人民公社化试验失败了，1978 年回到家庭承包经营，并继续寻求着农业的规模化生产和现代经营形式。20 世纪 80 年代后期，股份合作制、专业技术协会和公司加农户等产业化经营形式迅速发展，一场农业经营组织的革命正在开始。

1996 年，政府提出了“发展贸工农一体化经营，把农户生产与国内外市场连接起来，实现农产品生产、加工、销售的紧密结合，是我国农业在家庭承包经营的基础上扩大规模，向商品化、专业化和现代化转变的重要途径”以及“统筹城乡经济社会发展，建设现代农业”（2002）和“鼓励工商企业投资发展农产品加工和营销，积极推进农业产业化经营，形成科研、生产、加工、销售一体化的产业链。”

贸工农一体和产业化经营是市场经济的产物，是适合中国国情和农情的一种农业经营模式，是中国农业劳动和经营组织的一次重大革命。

2.7 生态建设与可持续发展——引擎之三

自 20 世纪 60 年代以来，一直对生态条件不良地区进行治理，但方法欠佳，力度不够，结果是治理赶不上破坏，局部改善，整体恶化。

在世界环境与发展大会通过《里约宣言》和《21 世纪议程》后，中国立即组织制定和于 1994 年正式批准了《中国 21 世纪议程》，并以可持续发展作为国策，加大了生态环境的治理和建设工程。

以防治沙化为主要目标的三北防护林建设工程始于 20 世纪 70 年代，至今已设施了三期工程，累计造林 2 376 万公顷，还有沿海防护林、沿长江防护林、沿珠江防护林、太行山造林等大型建设工程。

20 世纪 90 年代，制定和修订的《水土保持法》和《土地管理法》明令禁止毁林、毁草、25° 以上坡地开荒以及围湖造田。1999 年开始作“退耕还林还草”的试点，2002 年正式启动。累计已退耕的耕地达 770 万公顷，政府对退耕农户补助了粮食 357 万吨粮食，现金 70 亿元。

1993 年，在全国不同生态类型区组织了 51 个生态农业县的试点，2001 年再增 51 个试点县，各省也有省级的试点县。这些试点县的生态环境治理、林木覆盖、秸秆还田、有机肥施用、农业废弃物资源化、生物能利用等都有突出表现。近年来，在全国范围推行以村为单位的“生态家园”建设，实施大棚—猪圈—厕所—沼气的“四合一工程”，效果与进展俱佳。农业化学物质面源污染、作物秸秆焚烧、畜牧场粪污、塑料地膜污染等的治理也有了开始。

中国的自然条件十分复杂，生态环境伤害严重，治理建设任重道远。万里之行始于足下，这个趋势将持续下去，力度会加强，质量会提高，将成为未来农业发展中的重要组成部分。

2.8 科技革命——引擎之四

长期以来，育种栽培、灌溉施肥、植保防疫等常规农业技术都是以产量最大化为目标的。20 世纪 90 年代，在粮食自给、结构调整、市场化和可持续发展的大背景下，技术取向有了很大变化，优质育种、农田节水、混配 / 专用肥料、新型农药、地膜覆盖、温室大棚、规模化饲养、农业废弃物资源化等优质高效，资源节约和有益于生态环境的技术得到迅速发展。

节水灌溉工程面积为 1 520 万公顷，其中管道输水面积为 520 万公顷，喷滴灌面积为 173 万公顷（至 1998 年）；地膜年用量为 69 万吨，年覆盖面积达 8 000 万公顷；塑料薄膜温室由 16 万公顷增加到 140 万公顷（1990—1999 年）。生物技术在育种中取得了进展，其中已有不同性状转基因植物 180 多种，进入田间试验的 22 种，获得商业化生产批准的 6 种，抗虫棉的播种面积已占到棉花播种面积的 1/2。

信息技术的农业应用推进较快，已建 12 个专项数据库，研究开发了 156 个农业专家系统和建了 23 个应用示范区。1996 年开通了“中国农业信息网”，2001 年已建各种农业信息网站 2 200 多个。在全国 333 个地市中，206 个地市建有农业信息服务机构；在 2 800 个县市中，315 个县市建立了局域网络，460 个县市建立了国际互联网站，有的可直接服务到农户。应用 RS、GIS 和 GPS 技术进行农业资源、种植状况、作物估产和重大灾情的监测预报服务也已开始。

农业生产中的常规技术仍处在较低水平，生物技术与信息技术才刚刚起步。在强劲需求和科技自身日新月异发展的推动下，现代科技将成为未来中国农业发展的一个强大动力。

2.9 制约因素

未来中国农业发展的制约因素主要有 4 个方面。

其一，缺水少土形势更趋严峻。中国水资源总量为 2.8 万亿米^3，可用水量为 1.1 万亿米^3，1997 年的总用水量为 5 566 亿米^3，其中农业的用水总量为 3 920 亿米^3，占 70.4 %。据预测，2030 年和 2050 年的全国总供水量将分别增加到 6 640 米^{3}和 6 850 亿米^3，而农业用水量分别为 3 971 亿米^{3}和 3 932 亿米^3，即未来 50 年的农业用水仍将维持现状。

耕地预测的数据是到 2030 年，新增耕地达 1 387 万公顷，被占用耕地 2 070 万公顷，净减 683 万公顷，人均耕地将由现在的 0.1 公顷减少到 0.08 公顷。可供农用的水土总量有减无增，生态环境上的历史欠账要还，而粮食需求将由现在的5亿吨增加到7亿吨，单产量要由每公顷4 200千克提高到6 000千克以上，这无疑是对未来中国农业的一个严重的挑战。

其二，经营规模小和组织化程度低。2.4亿农户的户均经营土地0.42公顷，劳动生产率和自我发展能力很低。面对这个小农经济的汪洋大海，刚刚起步的农业产业化经营如杯水车薪，要走的路很长。

其三，农产品的市场竞争乏力。1988—1998年，经营规模弱势带来低生产率和高成本，平均每亩增加收入19.7%，而生产费用上涨了200%。技术支持力度不够，农产品品质和安全性也乏竞争之力。GDP的农业比重已到15%，还将继续下降，如不另辟蹊径，这条路只会越走越窄。

其四，群体大而素质低的农业人口。9亿多农业人口，90%具初中以下文化水平，其中13.3%是文盲；2002年的人均纯收入2 476元，尚有约6 000万人处在贫困线边缘；现有1.5亿剩余劳动力，未来新增的3亿人口主要也在农村。劳动力转移和就业本身就是个大难点。中国的农业问题始终是和农民问题连在一起的。

2.10 出路

从以上的趋势和制约分析中，能够窥出中国农业出路的端倪。

- 必须跳出初级农产品生产的桎梏，延长生产链条，向农产品加工和高附加值领域拓展，走多元化发展的道路。现代农业以生物质生产为纽带，将农业与相关工业连接起来，提高生物质产品的系统质量，降低系统成本和提高系统竞争力。这是农业自身发展的需要和出路之所在。
- 必须摆脱小农经营，走农工贸一体和产业化经营的道路。将农民有组织地带向市场，不断提高产品的市场竞争力，让他们在国内和国外的两种资源和两个市场的广阔天地中去创造奇迹。
- 必须统筹城乡经济社会的发展。2亿农村剩余劳动力将因势利导地向农业领域拓展，农工贸一体和产业化经营上转移，水到渠成地推动着小城镇的建设，形成农业发展与城镇建设的协调与良性互动。发展城乡经济是建设城镇的基础，不是建城镇以接纳农村剩余劳动力。
- 必须开发农民这个庞大群体的人力资源，变人力资源为人力资本，变包袱为财富。教育、教育，还是教育，是着眼于长远和战略的唯一选择。
- 必须摒弃资源依赖和低效率运行，走可持续发展的道路。资源的高效与节约、生态环境的修复与维护、人与自然的协调发展应作为农业的最高理念与准则。

- 必须有强大的技术支撑，包括以优质、高效和可持续发展为主要目标的常规技术升级；生物技术和信息技术等高技术的加速研发与应用；大力发展农业科技企业以及培养农业技术、管理和企业经管的人才。
- 必须要有国家的强大支持，特别是在农业转型期。拓展农业领域和产业化经营，提高品质和市场竞争力，提高资源生产效率和生态环境的修复维护，强化科技支撑和农民教育等都需要有政府的强大资金、政策和管理投入。

2.11 “转型”与“范式”

农业是基于植物的光能转化从事动植物生产的。

早期的农业只是为了满足人类生存的基本需要，继而支撑着整个社会的进步，创造了辉煌的农业文明。传统农业在进行植物性生产、动物性生产的同时，将大部分的作物秸秆、人畜粪便等返回土壤，形成一个“资源—产品—再生资源”的闭环反馈式的物质能量循环系统。其代表性的哲学思想是“天地与我并生，万物与我为一”的天人合一和物我一体观。它客观和科学地感悟到了人与自然关系的真谛。

如果借用 S. 库恩（Thomas Samual Kuhn）的“范式（paradigm）”概念，传统农业范式的“高度定向”是使这个循环系统得以维持和高效运行。无疑，“精耕细作”成为最佳的解决方案。但是这个以生物质为中心的循环系统，又遵循着生物体自身的规律和极限，人口负荷骤增的挑战使这种范式陷入了危机和寻求新范式的替代。

19 世纪开始的农业科技革命以及工业革命为农业送来了良种、化肥、农药、拖拉机和电力。这些外源性物质和能量打破了传统农业的闭环反馈式的循环，推动着 20 世纪农业的高速发展。工业社会的激烈竞争和技术的日新月异以及对农产品不断增长的需求催生了近代农业。高投入、高产出和高代价成为这种新的农业范式的鲜明特征，产出最大化是它的最高目标。

市场竞争使人类对资源的贪婪与掠夺，对自然的狂妄与自大在近代农业上表现得淋漓尽致。“人们不能等待自然的恩赐，要向自然索取”“与天斗其乐无穷，与地斗其乐无穷”“人有多大胆，地有多大产”等“人类中心主义”的哲学观已经发展到人不仅独立于自然，而且对立于自然。这种开放式和无序性系统的运行伤害了自然，也伤害了人类自身，不可持续性对这种农业范式提出了挑战。

基于现代科学的物我一体和人与自然和谐发展的理念，否定之否定地成为新农业范式的主体思想。新的农业范式将是现代科技支撑下的高效率、高品质、高技术含量和市场竞争力以及低资源投入和可持续发展的现代农业，是在人精心设计下的一种优化的“物我一体”的生态—经济—社会系统。

中国农业的3次转型展示了传统农业、近代农业和孕育中的现代农业3个平台。它们是在不同社会背景和科技水平上演绎着3种不同的物质能量运行系统、生产模式和自然观。

2.12 展望2050

中国农业发展的主体思想已经澄清，走势已经明朗，轮廓已经呈现。其进展将取决于制约因素与引擎能力之间的消长，取决于政府的科学领导和有效投入。

水土资源的形势是严峻的。如果控制得力（特别是城镇化浪潮中）和利用效率得到显著提高，将不会触及警戒底线，受损生态的重建也能起基本好转之效。前提是方法对路和投入跟上。未来的二三十年是资源高效和生态重建的关键时期。

素质不高的庞大农民群体、剩余劳动力转移、组织化程度和市场竞争力低下等社会性因素有其不利和制约的一面，但也有有利的一面，即丰富的廉价而勤劳的劳动力，充裕而广阔的发展空间。其关键是善于化不利为有利，变包袱为财富。因此，既要重视解决现实问题，也要着重于战略与长远，实实在在地把农民教育提到重要议事日程上来。

4个引擎将会长期推进农业的多元化和产业化。科技支撑和可持续发展，力度和速度也将取决于政府的科学领导和投入。

中国农业的第二次转型用了50年，第三次转型难度更大。第一个10年打基础，再20年形成基本体系，再20年完成转型，也要50年，其前景可想象如下。

- 农业将成为生命物质生产的产业，工业是从事非生命物质生产的产业，传统的第一产业和第二产业，农业与工业的概念将发生改变。初级农产品、农产品加工和整个生物质的生产将形成一个链条，一个根系发达、枝叶繁茂、生机勃勃的产业体系。
- 农工贸一体的农业企业是农业的主体经营组织，现代化的初级农产品生产是第一“车间”，其在作为企业经营和文化中心的小城镇星罗棋布（以最小耕地占用为前提）。随着农业结构和经营方式的转变，农村劳动力自然地由第一“车间”向生产的下游环节转移；随着农村民居环境的重大改善，城乡差别在消失。
- 农村九年义务教育普及。30%以上适龄青年能接受高中或中等职业教育，15%以上适龄青年接受大学教育，农民培训广泛开展，农民素质普遍提高。
- 生物科技取得一系列重大突破，生物技术和信息技术广泛应用于农业领域，传统农业技术全面升级换代，形成一个能满足资源高效，产品优质，成本低廉，环境安全，管理科学的新的农业科技平台。

• 人为因素影响下的荒漠化过程得到遏制，生态灾区的重建基本完成，生态环境状况全面改善。水土资源的不合理占用得到遏制，新增农用水土资源到位，高效利用指标完成。物人一体、和谐和可持续发展的理念社会化，运行体系构建成功。

“转型”意味着质变，意味着革命性的飞跃。谁能把握转折机遇，谁就能先机地站在浪潮峰巅，时代给了中国这个历史机遇。

参考文献

[1] 陈敷农书.

[2] 孟子.

[3] 逸周书.

[4] 吕氏春秋.

[5] 葛剑雄.中国人口史：第五卷.上海：复旦大学出版社，2001.

[6] 张世贤.中国耕地资源和可持续发展.南宁：广西科学技术出版社，2000.

[7] 1996年中国荒漠化报告.

[8] 农业部中国农业年鉴2000.北京：中国农业出版社，2001.

[9] 钱正英.中国可持续发展水资源战略研究综合报告//钱正英水利文选.北京：中国水利水电出版社，2001.

[10] 刘江.21世纪初中国农业发展战略.北京：中国农业出版社，2000.

3 农业的三个战场

【本文写作背景】

《文集》作者于2003年参加国家“中长期科学技术发展规划”的战略研究工作，对农业有了新的思考。2005年中共中央组织部组织部分院士到河南省考察。其间《文集》作者在对省市县级农业领导干部的报告会上做了题为《农业的三个战场》的讲演。此文是在讲演PPT基础上修改而成，后发表于中共中央主办的机关刊物《求是》杂志2006年第10期。

农业起于万年之前，经历了漫长的原始农业和传统农业，百年的近代农业和现代农业。如果拍成一部百集连续剧，原始农业70集，传统农业29集，近代农业和刚拉开序幕的现代农业才占一集。前99集剧情发展较慢，最后一集高潮迭起，日新月异。

在近代农业刚显端倪的19世纪末，德国经济学家李斯特就提出了农业发展的三阶段论；20世纪30年代苏联卡西亚诺夫提出了农业纵向一体观以及20世纪50年代美国戴维斯又提出市场经济条件下的农业企业化（agribusiness）理论，农业是有其自身发展规律和路径的。

本文要谈的是近代农业演化中出现的一些新的态势，即在传统的初级农产品生产基础上，出现了第二战场和第三战场，或称之为第二农业和第三农业，这是一次重要的观念革命和结构革命。

3.1 第一农业：永恒的基础

绿色植物是地球上唯一能将日光能转化为化学能并储存下来的自然体，是包括人在内的一切生命物质和生态系统获取能量和物质的终极来源。煤炭、石油和天然气也都是地质时代由绿色植物转化生成的。农业正是从事植物和动物生产的产业，即文中所指的第一农业是为人类生存繁衍和社会发展提供能量和物质的基础。

始于新石器时代的以石质农具进行动植物驯化和生产的原始农业，改善了人类的食物和营养条件，促进了人类的智力发展、人口增加和社会进步。2 000 多年前开始的以使用铁质农具为标志的传统农业，大大强化了对土地的加工、开挖水利、施用有机肥料、改进耕作和种植制度，形成了一套精耕细作的技术体系和较高的土地产出水平，创造了辉煌的农业文明。

传统农业是以农田为基地，以作物为载体，捕获、转化和存储太阳辐射能的一座“生产机器”。作物从农田土壤中吸取矿质营养成分，又以有机肥形式将动植物残体回归土壤，构成了一个闭合式的物质循环，保证了几千年农业的持续发展。精耕细作就是将这种循环调节到最佳状态和获取最大产出的主要手段。但是它毕竟是在低科技、低效率、低产出的层面上运行。增加食物供应总量的唯一办法就是扩大耕地面积。土地成为农业最基本的生产资料和争夺的对象，也成为增加食物供应的主要约束条件。

19 世纪以后，全球和中国的人口剧增和土地开发殆尽对传统农业提出了严峻挑战。天无绝人之路，近代的科技革命和工业革命为农业送来了化肥、农药、良种、农机和电力。这些外源性的物质和能量的投入打破了传统农业封闭式的物质和能量循环，单位面积土地的产出量大增，出现了高投入、高产出的近代农业。

以我国为例，在 1949—1999 年的 50 年间，化肥施用量（纯量）由每公顷 0.6 千克提高到 432 千克，灌溉面积增加了 2.3 倍，拖拉机总动力和农业用电分别增加了 6 000 多倍和 4 000 多倍。在此高投入下的粮食总产量由 1 亿吨提高到 5 亿吨，肉类和禽蛋分别增加了 27 倍和 29 倍，农业总产值增加了 53 倍。这 50 年里，中国人口数量虽由 5 亿增加到 13 亿，人均耕地面积由 0.18 公顷减到 0.1 公顷，但人均占有粮食由 209 千克增加到 404 千克，以世界 9%的耕地供养了世界 21%的人口。其间，全球化肥施用总量增加了 11 倍，谷物和肉类总产分别增加了 2.4 倍和 6 倍，耕地面积没有增长。

在近代农业战功赫赫的同时，也付出了惨重的生态与环境代价。人口压力和机械威力下的滥垦、滥牧、滥伐和粗放经营导致我国有 3 700 万公顷的土地沙化，

1 亿公顷的草地退化，2 500 万公顷的水土流失以及大面积地下水超采。外源性物质投入的低效率也是惊人的。化肥施用量居世界首位，单位面积施用量是美国的 3 倍，而氮的利用效率只是发达国家的 60%，过量及不当使用引起的面源污染使 70% 以上的河流、39% 的湖泊和东南沿海水体富营养化，1/4 的水果蔬菜的农药残留超标，近 1/5 的耕地土壤受重金属污染，每年有 1.5 亿亩农田因覆盖塑料地膜而肥力衰退。

对生态与环境的伤害成为世界近代农业发展中出现的一种通病和社会关注的焦点。《寂静的春天》《我们只有一个地球》《增长的极限》等警世之作相继问世；1991 年，《登博斯宣言》提出了“可持续发展”的时代呼声和理念；以生物技术和信息技术为标志的新的农业科技革命以及市场经济和经济全球化的影响使近代农业进入了一个新的现代农业的发展时期。

根据现代农业的概念，在我国从事初级农产品生产的第一农业的第一要务是将面临一场效率革命，就是将高耗低效的资源型生产转变为低耗高效的科技型生产；第二要务是偿还高昂的生态和环境债务，修复受损生态，逐渐形成一个人与自然和谐发展的农业生产系统；第三要务是在水土资源严重短缺条件下保障我国粮食的安全。2020 年，粮食总产由 4.3 亿吨增加到 6.2 亿吨，单产年均增长率为 2.6%以及肉类年均增长率达到 3.6%，这是一项十分艰巨的任务。

我国近代农业起步比发达国家晚了近半个世纪，现代农业起步晚了 20 年。目前，发达国家农业的物化要素投入的使用效率、现代技术应用和管理水平、土地生产率和劳动生产率、农民的组织化程度和个体素质对市场经济的适应力和竞争力等都已达到较高水平。而当前我国农业的设施陈旧落后，劳动生产率低，科技服务体系很不健全，农民群体大，素质和组织化程度，经济收入和扩大再生产的能力很低。我国农业现代化的路还很长，任务十分艰巨。

现代农业不是囿于初级农产品生产的概念，正是下面将要谈到的第二农业和第三农业，三者间的相辅相成使中国的现代农业出现一番新的欣欣向荣的景象。

3.2 第二农业：潜力巨大

随着工业化和社会化大生产的发展及其与农业个体小生产之间的矛盾日益凸显，美国以及欧洲等先行工业化国家和地区都依其自身的特点，寻求各自的解决途径。共同的一点是在保持以家庭为基本生产单元的基础上，发展各种各样形式的合作经济组织，实现农产品的生产、加工和销售一体化（agricultural integration）。这与 20 世纪 50 年代戴维斯提出的农业企业化（agribusiness）理论的影响密切相关。

美国地多人少。在发挥其家庭农场的大规模和高生产率以及区域化和专业化生产优势的同时，发展了行业协会等群众性经营服务组织和较大规模的农业公司。荷兰地少人多。在全国形成了以花卉园艺、奶品加工和鸡猪养殖三个为主导的产业带，将产品生产、加工、研发以及全球性市场营销连成一个整体，农业成为真正意义上的高效率、高产出和高效益的现代型产业，以 0.06 公顷人均耕地，创造了农产品出口总值居世界第二位和人均创汇 8 万多美元的农业奇迹。以养猪业为主导的丹麦形成了由养猪户联合组织的具有相当完善和强大功能的专业合作社形式一体化经营。至于日本的农协和“一村一品”已是大家熟知的了。

在我国向市场经济转型和以家庭承包责任制为基础的千家万户难以与社会化大市场相衔接的形势下，党中央及时提出了“发展贸工农一体化经营，把农户与国内外市场连接起来，实现农产品生产、加工、销售的紧密结合，这是我国农业在家庭联产承包经营基础上扩大规模，向商品化、专业化和现代化转变的重要途径”。2000 年在全国农业产业化工作会议上将培育扶持龙头企业作为工作的重点。十六届三中全会进一步提出“支持农民按照自愿，民主的原则，发展多种形式的农村专业合作组织，鼓励工商企业投资发展农产品加工和营销，积极推进农业产业化经营，形成科研、生产、加工、销售一体化的产业链。”

农业一体化一经出现就显示出强大的生命力。2001 年农产品加工业的增加值占到全国工业增加值 24.6%（6 968 亿元），其中乡镇企业占到 40%，成为“增长最快和最具活力和发展后劲的产业”。2004 年年底，全国农业产业化经营组织发展到 11.4 万个，带动了 8 454 万农户，龙头企业的固定资产达 8 099 亿元，销售收入达 14 261 亿元，出口创汇达 200 多亿美元，分别比 2000 年增长了 71%、142% 和 2 倍以上。吉林德大、四川希望集团、广东温氏集团等一批大型农牧业企业相继出现。

广东大华糖业公司与 2 万多户蔗农签订合同，将 16.5 万亩零星、分散的土地统一规划，建设道路、水利等基础设施，引进高产优质新品种，统一安排耕种管理和收获，全程企业化管理，并以保底价收购糖蔗，糖价上升形成的 70% 的额外利润返还蔗农。由于大大提高了土地生产率和蔗农积极性，农民每亩纯收入达 2 300 元，比周边蔗农多收 800 元，公司利润逐年上升，2005 年销售收入为 3.3 亿元，上缴国家税金达 2 800 多万元，实现了公司与农民的双赢，推进了现代农业建设。“农业一体化”是以工促农的一种重要途径。

农业一体化势头还在进一步强化。新的驱动力之一是社会对农产品及其加工产品消费需求由数量向质量和多元化方向的转变，如将品质、口味与保健医疗融为一体的功能食品中的富含抗癌蛋白的大豆、富含具抗癌作用的鞣花酸的草莓、富含能降低胆固醇的植物黄油、没有豆腥味的大豆、吸油少的煎炸用土豆等都必须将育种、种植和加工连成一体。新的驱动力之二是实现食品安全和 WTO 标准的要求。瓶颈在于原料生产过程中的过量和不当使用化肥、农药、饲料和防疫，必须将原料生产与加工销售紧密衔接，实行从田间到餐桌的系统监管。新的驱动力之三是基因改良、基因工程菌、酶技术和发酵技术等生物技术已成为一种共性技术，将初级农产品生产与加工生产连接起来。新的驱动力之四是在激烈的市场竞争中，一体化生产和经营可以降低系统成本，提高产品的系统质量和市场竞争力。这些悄然的变化预示着农业的发展方向。

当前，人们对更多的是从“经营”上对“一体化”的理解，而对其实质的变化重视和研究严重不足。“一体化”冲破了农业仅从事动植物产品生产的束缚，将农产品生产、加工生产和销售联成一体，深刻地改变了农业的内涵与结构。卡西亚诺夫的“农业纵向一体化”、戴维斯的“农业企业化”以及“agricultural integration”说的也是初级农产品生产与其产品的再生产及经营融为一体。

发达国家农业一体化发展已近半个世纪，我国发展才不到10年。目前农业一体化多为组织规模小，技术装备水平低的初级食品加工生产，43%的龙头企业销售收入在500万元以下，亿元以上的企业只占4.7%，做精深加工的企业很少。至于如何在世界范围兴起的区域化、专业化、系统化观念和经营方式下，与烟酒茶糖、皮革纺织等以农产品为原料的传统轻工业生产相衔接、重组和优化，取得全面进展，要走的路还很长。

在我国，第二农业的潜力可以用下面一组数据做些粗略的描述。如以农业总产值为1，英国、美国、日本、法国的农产品加工产值分别为3.7、2.7、2.4和1.7，而中国仅为0.43。如我国的这个比值能上升到2.2，按现农业总产值3万亿元计，第二农业的产值可达7万亿元；以一个劳动力创造10万元产值计，可吸纳1亿个第一农业的富余劳动力。

3.3 第三农业：呼之欲出

在农业社会，人类使用的能源主要是薪柴。工业社会先是煤炭，发展到20世纪，主要是石油和天然气。人们发现“按现生产量，预计石油供应可持续50年，天然气也只够50年使用。”化石能源的渐趋枯竭，21世纪将逐渐成为可再生能源的世纪，而“在可再生能源家族中现实可行的是生物能源”。（N.E. Bassam）太阳能、风能、水能等可再生能源以及核能、氢能等只能提供能量，而在提供能量的同时，生物质还能像煤和石油那样生产出千种相关的化工产品，且在生产及使用过程中有利于资源循环利用，保护环境和推进农村经济发展。

在20世纪70年代全球能源危机中，美国以玉米和巴西以甘蔗为原料成功生产了燃料乙醇，均已达年产千万吨以上的水平。日本丰田公司用白薯淀粉基塑料制成汽车配件；富士通公司用玉米淀粉基塑料制成电脑机壳和其他配件；美卡基－道公司建成由玉米糖发酵年产14万吨聚乳酸的工厂开发生物塑料等产品。《今日美国》中的文章也提出："农田作物有可能逐渐取代石油成为获得从燃料到塑料的所有物质的来源，'黑金'也许会被'绿金'取代"。

1999年，在美国总统发布的《开发和推进发展生物基产品和生物能源》总统令中写道："目前生物基产品和生物能源技术有潜力将可再生农林业资源转换成能满足人类需求的电能、燃料、化学物质、药物及其他物质的主要来源。这些领域的技术进步能给美国农民、林业者、牧场主和商人带来大量新的鼓舞人心的商业和雇佣机会；为农林业废弃物建立新的市场；给未被充分利用的土地带来经济机会；减少我国对进口石油的依赖和温室气体的排放，改善空气和水的质量。"该总统令提出："2010年的生物质能源比2000年增加3倍，比2020年增加10倍，2050年占到当时能源总消费量的50%"的国家战略计划，预言"一个充满活力的新行业将在美国出现"。

欧盟委员会也提出，到2020年运输燃料的20%将用燃料乙醇等生物燃料替代；日本制订了"阳光计划"；印度制订了"绿色能源工程计划"。世界经合组织在2004年9月公布的一份研究报告建议："各国政府应大力支持和鼓励生物质能源领域的技术创新，减小它与传统原油及天然气产品的价格差距，以最终达到替代的结果。"

21世纪，能源换代的世纪，现代生物质产业正在异军突起，农业迎来了一个新的极佳历史机遇。它是以农林废弃物和利用边际性土地种植高抗逆性能源植物为原料，生产生物能源和生物基产品（biobased products），从原料到产品均非传统的农产品生产与加工，故称之为"农业的第三战场"或"第三农业"。它为农民展示了一个新的广阔发展空间和增收渠道。

我国的生物质资源十分丰富，农林废弃物资源实物量达14.35亿吨（干重，2001年），可用于生物质产业开发的9.5亿吨，相当于4.79亿吨标煤，其中作物秸秆、薪柴/林地残积物和畜禽粪便分别占46%、33%和13%。我国能源植物种类繁多，如甜高粱、木薯和甘蔗，每公顷可产燃料乙醇5～8吨，是玉米的1～3倍；木本油料、旱生灌木、冬闲地种油菜等的潜力也很大。

边际性土地是指不宜垦为农田，但又能生长绿色植物的土地。据国土资源部1999年的资料显示，在我国10.6亿亩后备土地资源中，荒草地为7.39亿亩，盐碱地为1.53亿亩；据国家林业局2003年资料显示，我国有用材林为8.48亿亩，薪炭林为0.67亿亩灌木林为6.8亿亩。以上累计24.9亿亩，若60%能用于生物质能源/材料生产，约15亿亩能接近现耕地面积。

经测算，若动用我国1/2的农林废弃物和7 500万亩的边际性土地，就可建成年产各5 000万吨的绿色油田和绿色煤田（按标油和标煤计），产值达4 669亿元，农民新增收入600亿元。它可以减排3亿吨CO_2；可以使农村约2亿吨作物秸秆的露地燃烧以及养殖场的畜禽粪便无害化和资源化；可以用降解地膜替代现塑料地膜，免除对土壤肥力的破坏和防治白色污染；可以扶持起约6万个中小型生物质企业和为农民提供1 000多万个原料生产岗位和100多万个加工性生产岗位；可以使1 000多万个农村富余劳动力向生物质及相关企业转移；可以促进上千个中小城镇的建设；可以提高3 000万农户，约1.5亿农民的生活用能质量。

第一农业是基础，利润与农民增收空间很小；第二农业的成长性和增值空间较大，但产品容易出现市场饱和；第三农业的生物能源和生物基产品则具有高成长性、高附加值和高市场容量，是21世纪经济和社会发展中的一个生命力极旺和持续不衰的生长点。

3.4 观念革命与产业革命

人类社会的物质生产是一个不断发展，逐渐认识的过程。农业发展了万年，18世纪的产业革命后诞生了工业，20世纪中期才将服务性行业划为第三产业。理论的概括对实践的反作用力是不容忽视的。如果没有1935年英国经济学家费希尔洞悉工业社会发展中出现的新要素与新趋势，提出“非实物性生产”和“服务产品生产”的第三产业，怎能在短短半个多世纪里使第三产业发展得如此迅速，占了世界GDP的60%以上，成为全球性新的最强劲的经济增长点。

近百年里，农业和工农关系也在不断发生着深刻变化。发达国家农业的机械化、自动化、化学化、信息化以及在规模化和标准化上都达到了相当高的技术、装备和生产力水平，农业人均产值和收入已相当或高于工业。特别是生物技术、信息技术和航空航天技术越来越被广泛应用，农业已成为一种现代技术高度密集的产业。与工业革命前期的农业相比，其已不可同日而语了。

市场经济和贸易全球化对生物性产品的质量、安全性以及系统成本的降低、市场竞争力的提高有很高的要求，“从原料到产品”“从田间到餐桌”，即将原料生产、加工生产、全程监控以及经营销售融为一体已成世界性的趋势，而作为生物性生产的主导和共性的生物技术更把这个链条牢牢地连在了一起。农产品生产与加工生产的一体化不是外接，而是内生的，是社会经济和科技发展的必然。但是新事物、新趋势的出现和得到广泛共识是需要时间的。

中共中央文件一再强调“农产品生产、加工、销售的紧密结合”，但是种养为农，加工为工或“非农”的传统工农观仍在广泛发挥作用。国家现行统计制度中的农产品加工至今仍姓“工”不姓“农”，这犹如一个无形的“紧箍咒”，制约着生物性产业的一体化进程。现在需要的是，从概念到国家政策上能够到位，将农业的三个战场连成一体，构建一个由第一、第二和第三农业组成的、新型的农业结构；需要有一次观念的革命，解放生产力的革命。

观念与结构的转换对解决“三农”问题的思路会有很大影响。如按农业即种养业的传统工农观，解决“三农”问题的唯一出路是把农民大量转移到城市，从事二、三产业，农业人口越来越少，农业的GDP比重越来越小，作者把它叫作“农工分离模式”或“压缩模式”，也是当前的主导思路。积极有序地组织农村富余劳动力转移是正确和必要的，但是问题并不那么简单。

在进入农业现代化初期的1900年，美国、英国、法国、德国和日本等国家的总人口数分别是7 630万人、4 219万人、3 896万人、5 637万人和4 481万人，各国农业人口不过两三千万，而当今的中国农业人口是8.5亿人，如此巨大量差，能相提并论地谈转移吗？我国经过十多年的艰苦努力才转移或半转移了1亿多农业人口。如果要达到农业人口占总人口比重的世界平均水平或巴西水平，需要分别减少3.11亿和6.52亿的农业人口，将现在的城镇人口分别增加63%和132%（均按《中国农业年鉴2004》数据计算），谈何容易。

转移农业人口是个漫长的过程，如果主要靠转移农业人口来解决“三农”问题，虽非“望梅”“画饼”，也是“远水不解近渴”。再说，即使转走了两三亿，剩下五六亿农民搞种养业也不可能致富。因为初级农产品的生产成本会越来越高，价格又受社会因素制约，利润空间会越来越小（还不算劳动成本）。死死地将农业和数亿农民捆牢在高社会效益、低经济效益的初级农产品生产上是不公平的，将加工生产作为“非农”和仅为“产业化经营”，也只能是一种跟不上时代潮流的“权宜”和“改良”之计。

如果改变一种思路，采用“一体化模式”或“拓展模式”，情况就大不一样了。它顺应了社会经济发展的趋势，可以基于生物质原料的产地优势，大力发展食品、饮料、烟草、纺织、服装、鞋帽、皮革、毛羽等的农产加工，木、竹、藤、棕、草制品、家具、造纸等林产/林化加工以及21世纪当红的生物能源和生物基产品等的生物质精深加工产品。将农业的三个战场连接一体，第一农业的富余劳动力就能数以亿计地被调剂转移到第二农业和第三农业的生物性企业中；能就近地转移到以生物产业为主体的、“星罗棋布”于农村大地的中小城镇中。这种农业人口的“柔性”转移可以随三类农业发展态势进行内部调剂，以大大缓解大中城市的人口压力和大规模“民工潮”的流动。

更重要的是，“一体化模式”是以工促农，以城带乡，缩小工农差别和城乡差别的一种现实和有效的途径和选择。“乡村农业人口的分散和大城市人口的集中只是工农业发展水平还不够高的表现”“把工业同农业结合起来，促使城乡之间的差别逐步消灭”，这是马克思和恩格斯在一百多年前就提出来的。我国“三农”问题的深层次原因是工农和城乡差别与矛盾的不断扩大，只有加快缩小和最终消除这种差别才能根本解决问题。

孙子兵法云："凡战者，以正合，以奇胜。"动植物生产是农业的主体和基础，须以主力"合战"之，而第二和第三农业乃两支"奇兵"，出奇制胜。

也许会有这样的质疑："无工不富"和"解决农业问题不在农业之内，而在农业以外"不是早有人提过吗？"贸工农一体，产业化经营"不是中央文件都写进去了吗？没错！作者的这番赘述是想提出"农业的三元结构"，想把"种养是农，加工是'非农'"的这张窗户纸捅破，让农产品及生物质原料的加工生产成为"内生"，农业生产体系中有机的一环。

4 中国生态农业需要更多的关注

——兼评李文华院士主编的《生态农业——中国可持续农业的理论与实践》

【本文写作背景】

由李文华院士主编的《生态农业——中国可持续农业的理论与实践》的出版，引起业界广泛关注与热议，《生态学报》向本《文集》作者约稿。作者作为土壤地理学家和农学家对此发表了自己的见解，强调中国传统农业和农民对可持续发展农业及生态农业的贡献，这是本土化发展的重要基础和优势。但作者也指出了生态农业在中国发展遇到的种种问题。此文发表在《生态学报》2004年第4期。

由李文华院士主编，95位长期从事中国生态农业的专家参加编写的《生态农业——中国可持续发展的理论与实践》一书出版了。这部180万字的专著问世于我国，是农业一个新阶段的起始，标志着农业领域与功能的拓宽，面临着全球化挑战。现代化以及农民、农村、农业的“三农”问题再次引起全社会的关注。且不说中国生态农业取得的巨大成就，就它本身已有20余年发展史这一点而言，中国生态农业也到了应该很好地加以总结和展望将来的时候了。

生态农业应该是中国农业科技的一个骄傲，是对国际可持续农业运动的创造性贡献。它是在并不晚于国际可持续发展和可持续农业思想肇端的20世纪70年代后期，在当时几乎与外部世界隔绝的特殊年代，由科技人员、农村层干部和农民完全靠自身对农业发展途径和战略的独立思考和判断而创建出的中国农业可持续发展的模式。在该书大量的案例中，一部分是在地（市）和县一级的规模，另一部分是村和农户层次的生态农业示范单位。用各自雄辩的实践证明，即使是在有如中国这样高的人口密度、人均自然资源相对贫乏、农村经济发展对生态环境的压力如此之大的情况下，只要探索出符合国情的、能被广大农民和基层干部喜闻乐见和接受的形式，农业可持续发展就会实实在在，就不至于只停留在文字宣言和口头宣传之上。当前在中国，仅国家级的生态农业示范县即有151个，省级的有300多个，两者之和占到全国县级区域的1/6。至于农户层次的生态农业示范点，则更是数以十万计。生态农业覆盖的面积已经达到667万公顷，占到了全国耕地面积的6%左右。

一种几乎是群众自发创造和推行的农业模式，何以能够在国家投资很少的情况下，在不长的阶段内达到如此的规模？读者可以从这本书中找到其深刻的历史原因和答案。通过反思农业生产在新中国成立的30年中没有按经济和自然（生态）两个规律办事的教训，下决心使经典的经济科学和生态科学首次进入农业的研究领域及决策层，同时，西方常规现代化出现负面问题的启示以及倡导的对中国国情实事求是地加以认识，促使有识之士起而探索一条不同于西方国家的农业现代化之路。

生态农业正是在这种背景下产生于我国农业生产第一线和农村。特别是进入20世纪90年代后，当两大农户操作型生态农业的基本模式，北方的“四位一体”（蔬菜种植、简易日光温室、养猪、厕所和沼气一体）以及南方的“猪－沼－果”（以养猪产粪提供原料，小型沼气池，沼气发酵后的沼液用于种植优质水果以及养鱼）成型之后，所产生出的可观的经济效益使生态农业开始摆脱以往仅仅依靠行政号召推广的局面。农民自发的积极性高涨这一点仅从全国沼气池在短期内突破30年来一直难以增加的约700万座的总数，迅速增加到上千万个的事实，即可得到充分的说明，也就是说，通过推行生态农业，农民确实能够获得实际的经济效益。与此同时，其也向社会贡献了不可忽视的生态效益。

该书中介绍了大量的生态农业具体模式、技术和区域发展的经验，表明了生态农业有别于一般的单项农业技术，或者若干项技术的简单组合。根本的区别在于它充分体现了通过整个农作方式的生态系统再设计，实现整体效应大于组分之和以及在对本地自然资源扬长避短和高效利用中，实现经济效益和生态环境效益的“双赢”两大原则。

人们可以看到黑龙江省拜泉县、河北省迁安市、湖北省京山县、陕西省延安县以及广西壮族自治区恭城县等一批有高度生态意识和环保觉悟的领导人是如何通过生态农业这一独特的农村经济组织领导方式，带领所在县的农民从根本上改变受到严重损害的生态环境面貌并且发展本地经济的。从这些丰富的实践和成功经验中，《生态农业——中国可持续发展的理论与实践》总结出若干深刻的启示。

首先，不论是可持续发展，还是可持续农业思想都是国外传入的概念，不易被文化科技素质总体水平尚低的广大农民所理解与接受。作者们正确地指出，生态农业的思想和具体做法实质上均源于中国传统农业的精华——无废弃物农业，同时，又加入了符合农村实际需求的现代农业生态工程。其指导原理、实施方针同国际可持续农业基本一致，是中国农民和农村基层干部所喜闻乐见、易于接受的。其次，生态农业创造了一种动员广大农民和基层干部广泛参与生态建设和保护环境的较理想的方式。相比之下，发达国家虽然早已提出了“参与式途径”的概念，但从群众广泛参与的程度来说，其与中国生态农业不可同日而言。再次，生态农业在物质、能量循环和再利用的多种方式和多环节过程中派生出一系列行业。例如，果、菜种植，食用菌和水产养殖、农产品加工等衍生出大量的有用副产品；例如，多种形式的再生饲料、优质生物有机肥料、气体能源等为大量的过剩农村劳动力提供了就地就业及农民增收的可观机会。只是生态农业的这种独特的作用迄今似尚未引起各方面足够的重视。最后，生态农业的大量实践意味着在国家和地方能力尚不足以治理污染、创造出优美环境的情况下，能够通过这种特定的形式集聚广大农民自愿的人力和物力投入改善生态环境。对处于发展经济和维护资源环境相矛盾以及处于财力紧缺与生态建设又需要有大量投入“两难”境地的发展中国家而言，这特别具有重要的意义。

随着市场经济原则在农业和农村领域的全面贯彻，农业重点的变化和内涵的扩展以及农村政治环境等的变化在进入20世纪90年代后期以后的中国生态农业的发展势头出现明显不如以往的迹象。对此，该书的作者们敏锐地感觉到了压力，表现出高度的责任感，他们力图探明生态农业再度辉煌的动力和源泉所在。事实证明，经济规律和生态经济规律是不可违背的。人们不能单纯地强调生态思想领先，也不能总是指望即使在以往也属于少数甚至个案性质的所谓领导干部的生态觉悟。应该说，一个地区甚至一个农户生态环境的改善，生态和环境上的受益者不仅是农民，而且是整个地区。因此，解决谁来代表受益的地区或社会，为生态建设和环境治理的社会效益“埋单”的问题，恐怕就成为生态农业群众运动持续发展的前提条件之一。

该书的作者们正确地指出，在过去的20多年中，生态农业的一个主要不足是过于依赖行政力量的号召和推动。当行政部门的兴奋点一旦转移，推动力就大为减弱。中国农村的具体国情固然决定了在相当长的历史时期内还需要政府部门较多地参与农业生产及农村经济的组织、引导，然而经济活动归根到底毕竟要服从经济规律。

20世纪90年代初，国际上出现一门交叉科学——生态经济学。它着重对以往不能体现于市场货币价值的生态系统服务价值通过科学的方法赋值。中国生态农业从诞生之初起，就一直强调以生态学作为指导。现在看来这一点做得很好，但生态农业要想得到进一步的发展，还必须在理论上找到生态学和经济学的结合点，形成自己独特的理论基础。此外，在省以上的层次，对生态农业的领导还存在着部门分割的问题。在农村、地方各级领导的政绩考核之中，生态农业对生态环境的贡献迄今尚未被列为必考项目。这些问题也都是生态农业进一步发展面临的亟待解决的重大课题。

从科学技术方面来说，则可看到缺乏对特定的生态农业技术的创新，组装和结合不足，忽视对规律的总结提炼和发展理论，较少开展国际交流与合作；生态农业的产业化程度尚低，骨干工程的规范化、标准化程度低等，这些都需要今后加大研究开发力度。

刚刚结束的十六届三中全会对“三农”问题的解决提出了更紧迫的要求。“五个统筹”的提法使可持续发展的理念在中国更加具体化。在如何很好地统筹城乡发展、经济社会发展、人与自然、区域间发展、国内外发展等方面的关系上，中国生态农业是可以大有作为的。仅就解决农民增收、农村过剩劳动力就业以及中小城镇化而言，生态农业的进一步产业化和扩大推广规模就可以提供大量的机会。特别是在以生物产业和食品业、全面改造乡镇企业、实现乡镇企业为主的第二次浪潮的过程中，生态农业更有其独特的地位和作用。

温家宝总理曾经指出：“21 世纪是实现我国农业现代化的关键历史阶段，现代化农业应该是高效的生态农业。”中国生态农业任重道远，理应得到各方面更多的关注和支持。我想，这也是李文华院士和其他 95 位作者不遗余力，编著出版这本专著的初衷吧。

5 学习“三中全会”文件，解读“三农”问题

【本文写作背景】

2008年11月，为深入学习贯彻中共十七届三中全会精神，为给农村改革发展出谋划策，中国科学院/中国工程院两院资深院士联谊会在深圳召开，邀请本《文集》作者在会上就此做了专题报告。中国科学院院士工作局将报告全文刊登在2009年《学部通讯》第一期。后经两院资深院士联谊会多次讨论，就“三农”问题正式向中央提出了建议。

院士论坛

学习“三中全会”文件，解读“三农”问题

（中国农业大学资环学院 北京 100193）

【编者按】2008年10月，中共十七届三中全会胜利召开，这次全会的重要议题是研究在新形势下如何推进农村改革发展问题。全会审议通过了《中共中央关于推进农村改革发展若干重大问题的决定》。2008年11月，为了深入学习贯彻全会精神，为农村改革发展出谋划策，两院资深院士联谊会在深圳召开会议。在此次会上，石元春院士做了题为《学习“三中全会”文件，解读“三农”问题》的报告，对我国的“三农”问题进行了深入剖析。现将该文刊出，供大家参考。

中国的改革开放是从1978年的十一届三中全会开始的，2008年召开了十七届三中全会，相隔了30年。结合当前“三农”形势，我将两个“三中全会”的文件对照起来学习，现在汇报一下学习体会。

5.1 “三农”的前 30 年（1949—1978 年）

1952 年完成土地改革，1954 年开始农业合作化，1958 年“大跃进”和人民公社化，1959—1962 年三年困难，1966—1976 年“文化大革命”，这 30 年，“三农”过得很辛苦。

1953 年，国家开始了社会主义建设，农业上建了化肥厂、拖拉机厂和大修水库，农业生产力有了很大提高。在这 30 年里，化肥的年使用量由 6 万吨增加到 884 万吨，拖拉机年总动力由 0.7 万千瓦增加到 2 926 万千瓦，农村用电由 0.05 兆瓦时增加到 25.3 兆瓦时，灌溉面积由 3 000 万公顷增加到 4 500 万公顷，粮食总产由 1.13 万吨增加到 3.05 亿吨，肉类由 220 万吨增加到 856 万吨，水产由 45 万吨增加到 466 万吨，中国几千年的传统农业开始走向近代农业。

新中国成立之初，西方国家的经济封锁将中国像铁桶一般地包围了起来，工业化和城市建设的钱从哪里来？原始积累只有靠自己，靠“三农”。在这 30 年里，“三农”在提供大量粮食和农产品的同时，通过工农业产品价格剪刀差、国家财政资源分配等方式将自身的劳动剩余价值输送给了国家工业化和城市建设。

农业将剩余劳动价值贡献给了国家工业化和城市建设，加以频繁的“折腾”，30 年后的“三农”仍然是积贫积弱。1979 年，《中共中央关于加快农业发展若干问题的决定》中就指出：“1978 年全国平均每人占有的粮食大体上还只相当于 1957 年，全国农业人口平均每人全年的收入只有 70 多元，有近 1/4 的生产队社员收入在 50 元以下，平均每个生产大队的集体积累不到 1 万元，有的地方甚至不能维持简单再生产。”

5.2 力挽“三农”狂澜

十一届三中全会的《关于加快农业发展若干问题的决定》（以下简称《决定》）开宗明义地提出：“摆在我们面前的首要任务就是要集中精力使目前还很落后的农业尽快得到发展。因为农业是国民经济的基础，农业的高速度发展是保证实现四个现代化的根本条件。我们只有加快发展农业生产，逐步实现农业现代化，才能使占我国人口 80% 的农民富裕起来，也才能促进整个国民经济蓬勃发展。”《决定》提出一定要长期保持安定团结的政治局面；一定要集中力量抓好农业技术改造，发展农业生产力；一定要持续地、稳定地执行党在农村现阶段的各项政策；一定要坚定不移地执行以农业为基础的方针；一定要正确地、完整地贯彻执行

"在抓紧粮食生产的同时，要农、林、牧、副、渔同时并举"等六个"一定要"，其决心之坚和魄力之伟不得不令人动容。

《决定》深刻地指出："离开一定的物质利益和政治权利，任何阶级的任何积极性是不可能自然产生的。我们的一切政策是否符合发展生产力的需要，就是要看这种政策能否调动劳动者的生产积极性。"《决定》以高度的责任感和紧迫感提出，"我们必须着重在最近两三年内采取一系列措施，加快农业发展，减轻农民负担，增加农民收入"和提出了25条重大和切实可行的政策和措施。其中包括"今后三五年内，国家对农业的投资在整个基本建设投资中的比重，要逐步提高到80%左右（第六条）；继续坚决地、大力地、因地制宜地搞好农林牧副渔各业生产、储运、加工所需要的农业基本建设（第十条）；要在充分利用现有耕地的同时，在有条件的地方，由国有农场和人民公社有计划地开垦荒地（第十一条）；在抓紧粮食生产的同时，农林牧副渔五业并举。要把各方面的积极性调动起来，把一切可以利用的资源逐步开发利用起来，使整个农村经济繁荣起来（第十六条）；社队企业要有一个大发展。城市工厂要把一部分宜于在农村加工的产品或零部件，有计划地扩散给社队企业经营，支援设备，指导技术（第二十条）"。

从《决定》和五个"中央一号文件"中，我们可以深深感受到，在国家经济和农业处于崩溃边缘的紧急时刻，中央是以何等强烈的国家责任感和急迫心情，以其科学决策和雷霆万钧之势，力挽狂澜地救"三农"于水火，在短短的几年里就开创了"三农"的全新局面，中国农业发展历史上最辉煌的一页。

5.3 "三农"的黄金期（1978—1990年）

正如1986年的中央一号文件《关于一九八六年农村工作的部署》中指出的："我国农村在实行了联产承包责任制之后，2008年又在改革农产品统派购制度和调整产业结构方面迈出了重大的一步，成效十分显著，最主要的标志是农村经济搞活了"。1978—1990年的12年间，全国粮食总产量平均每年增长1 230万吨，较前30年（660万吨）翻了一番，是后20年（336万吨）的3.7倍（图1）。在"农林牧副渔五业并举"方针指引下，棉花、油料、甘蔗、水果和肉类总产的发展也是十分喜人，1978—1990年，年均增长量分别是前30年的3倍、10倍、5倍、6倍和7倍（图2）。农村家庭人均收入也由1978年的134元增加到1990年的630元。

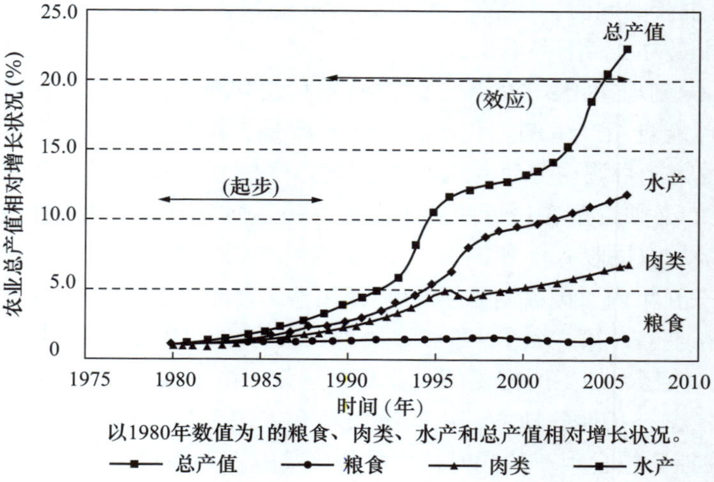

图 1　全国农业总产值的变迁（1975—2010 年）

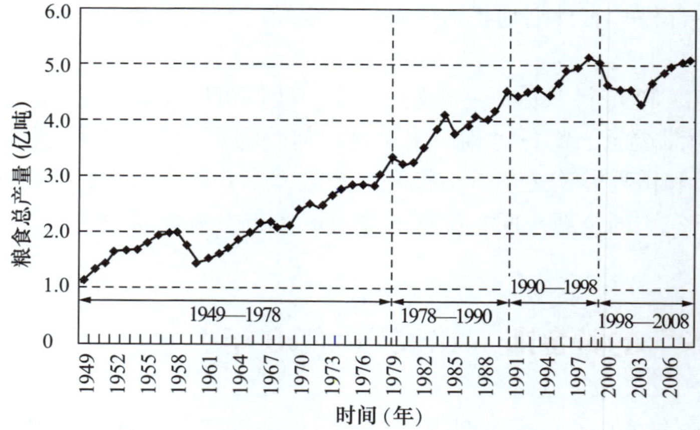

1949—1978 年均增长 660 万吨；1978—1990 年均增长 1 230 万吨；
1990—1998 年均增长 330 万吨 330 万吨；1998—2008 年均增长 0 万吨。

图 2　粮、肉、水产和农业总产值的变迁（1949—2006 年）

与此同时，在“社队企业要有一个大发展”政策推动下，乡镇企业的发展也如火如荼。1978—1990 年的 12 年间，乡镇企业由 152 万个和 286 万人增加到 1 873 万个和 9 265 万人，平均每年增加 143 万个和 748 万人，年总产值由 514 亿元增加到 9 780 亿元，年均增加 772 亿元（图 3 和图 4）。邓小平同志称乡镇企业在改革开放中是“异军突起”，费孝通称之为“草根工业”。

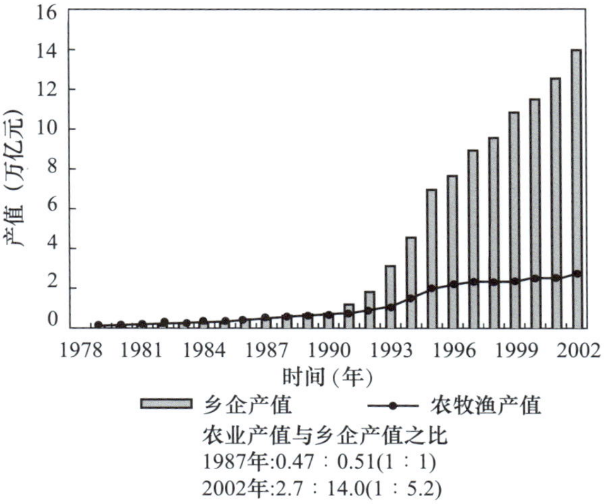

图 3　改革开放后乡镇企业“异军突起”（1978—2002 年）

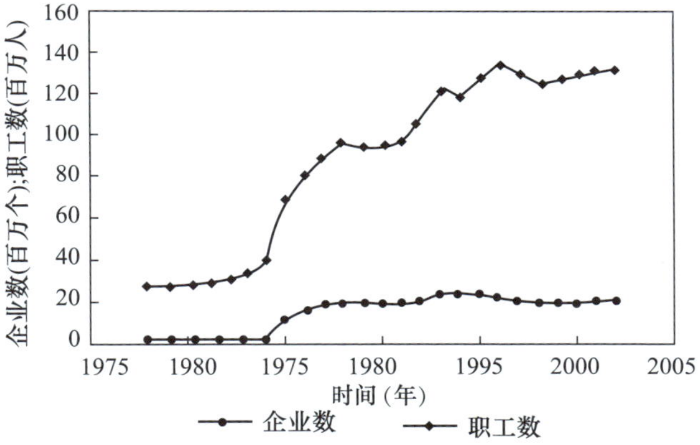

图 4　改革开放后乡镇企业数与职工人数变化

如此短暂的时间，何以能取得如此巨大的成功？中央是抓住了时弊之要害。其一是人民公社使农民与土地分离，将农民的种田积极性打击得一干二净；其二是“以粮为纲”把“多种经营”挤得无法施展；其三是农村工业发展不起来，农村经济活不起来。相应采取的三个对策是“家庭承包责任制”“多种经营”和“发展乡镇企业”。基于维护农民权益、激发农民积极性和发展生产力的战略思想，采取了针对性极强的这三个对策，“三农”奇迹就出现了。

能够创造“三农”奇迹重要的还在于中央采取了一系列果断而有效的措施和以雷霆万钧之势地推进，五个“中央一号文件”本身就是史无前例的。在当时粮食人均占有量不足 300 千克，全国粮食供应短缺以及国家外汇十分拮据的情势下，为了“农、林、牧、副、渔五业并举”，搞活农村经济和增加农民收入，中央以超凡胆识和决心，毅然每年扩大粮食进口数百亿斤，让农民休养生息。同时开发荒地和草地等一切可利用的资源；调动城市和工业等一切可调动的积极性支援“三农”。

“三农”将永远铭记十一届三中全会《决定》和五个“中央一号文件”。

5.4 农民收入出现问题

进入20世纪90年代，GDP以两位数快速发展，而农民收入增长却在下降。1987年前的农民人均收入年增长率在10%以上，以后一直在5%上下徘徊，不到国家GDP增长的一半，与城镇居民人均收入间的差距也越拉越大。二者之比由改革开放之初的1∶2扩大到2006年的1∶3.3，一个是3 587元，一个是11 760元。城镇居民的11 760元是指可支配收入，不含公费医疗和养老以及各种补贴、保险及公共服务等社会福利，而这些是农民享受不到的，其实际差距是6～8倍。在许多发达国家，城乡居民人均收入是相当接近的（图5）。

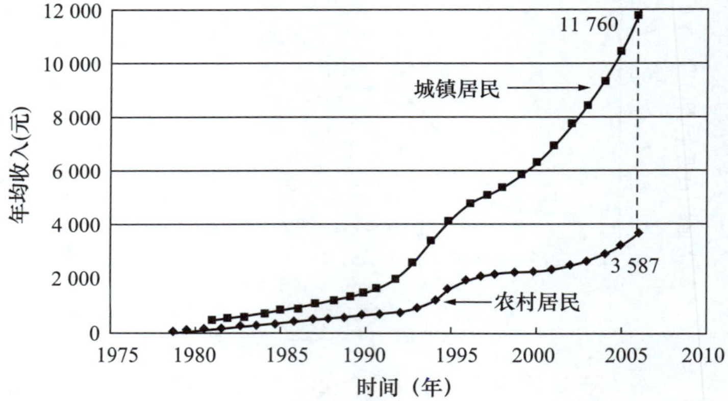

图5 全国城乡居民年均收入增长情况

说说对农民的税收问题。近年来，中央对农民收入增长减缓问题十分重视，在扶贫攻关和免除农业税等一系列“多予少取”政策的实施上，取得了显著成效，但是农民的税赋仍然很重，正如国家税务总局副局长许善达在著文中指出的：“当前，社会上存在着一些农业税免征后的农民将处于无税状态的片面认识。……仅农民从事农业生产所负担的不能抵扣的增值税进项税款和缴纳的车辆购置税以及农民在日常消费中负担的增值税、营业税、储蓄存款的利息税，2003年大体为4 788亿元，约占农民总收入的14.3%”（2003年国家支农款为1 125亿元，是农民税收的23.5%，只占国家财政总支出的4.6%，石元春注）。他接着指出：“与城镇居民相比，农民所承担的税收负担相对其所能享受的公共产品和服务而言也是不对等的，单单取消农业税（年约 400 亿元，石注）并不能使我国长期以来形成的以牺牲农民利益换取城镇工业化发展的格局得到根本的转变，距离工业反哺农业、城市支持农村的战略目标还有很大的差距。”

“十补九不足”，举一个湖南华容县黄山村曾启凡老汉的案例。全家 6 口人，老两口承包 10 亩稻田，儿媳带着孙儿到广州打工。2007 年收早晚稻谷 1.8 万斤，亩收益 748 元，粮补 54 元，成本 668 元，实际收入 134 元，全年净收入 1 340 元，人均 447 元，没有儿子在外务工的收入就很难维持生活。与 2006 年相比，2007 年的早晚稻的价格虽分别涨了 5.9% 和 2.4%，但化肥、农药、地膜、机耕、机收的费用分别增加了 28.6%、27.3%、60%、33% 和 50%，亩净收入比 2006 年下降了 12.5%，如果计入曾启凡夫妇的劳动成本，收入是负值。

农业是为社会提供基本生活资料，“是安天下、稳民心的战略产业”，是个社会效益很高而经济效益很低的特殊产业，必须有政府的扶持和补贴。综上所述，随着改革开放的深入和国家工业化进入了中期，二、三产业的产值已经占到 GDP 的 80% 以上，“三农”的税赋与“剪刀差”仍然高企，补贴远未到位，政府财政资源分配上又倾工向城（2004 年支农资金仅为国家财政支出的 5.8%），“三农”的剩余劳动价值继续大量流向工业和城市，“三农”能发展得起来吗？农民能富得起来吗？农民收入增长减缓是表象，深层次原因更令人担忧。

“发展是硬道理”，发展农业生产力才是硬道理，但 20 世纪 90 年代以后的农业生产发展滞缓了下来了，农业增长乏力，深层次问题不断显露。

5.5 农业增长上也出现问题

随着改革开放向城市和工业扩展和不断深入，农业生产增长明显减缓下来。20 世纪 80 年代，粮食总产量平均每年增加 1 230 万吨，而 1990—1998 年降到 330 万吨，1998—2008 年为零增长。粮食产量徘徊、粮价走低和农民种粮积极性下降成为国家经济发展中的一大难题。

先说农业的基本生产资料：土地和水。随着改革开放的深入和经济建设的发展，土地需求日增，1996—2006 年耕地每年减少 1 000 多万亩（19.51 亿亩减到 18.27 亿亩）。国家提出要守住 18 亿亩耕地红线，其实难度相当大，要占补平衡，土地质量很难保证。由于工业和城市用水快速增加，农业用水量也不会有所增加，到 2020 年也仍然维持在 4 000 亿米 ^{3} 以内。有减无增的水土资源将成为粮食总产量由目前的 5 亿吨上升到 6 亿吨（2020 年的预测需求）的一个刚性约束。

再说农村人口问题（图 6）。1978—2006 年，农村人口不是减少，而是由 8.07 亿人增加到了 9.49 亿人，农业劳动力也一直维持在 3 亿人左右，变化最大和起到调节作用的是非农劳力，由 2 000 万人增加到 1.8 亿人，其中约 1 亿人进城务工，其余在乡企。所以农村人口增加和劳动力过剩问题不仅没有缓解，而且因大量年富力强和素质相对较高的劳力向城市和非农转移而农业劳动者的整体素质显著下降了。农村富余劳动力转移问题喊了十多年。成效有限，至今前景不明，当前世界经济危机波及下的大量农民工返乡使这个问题的解决更增加了复杂性和难度。

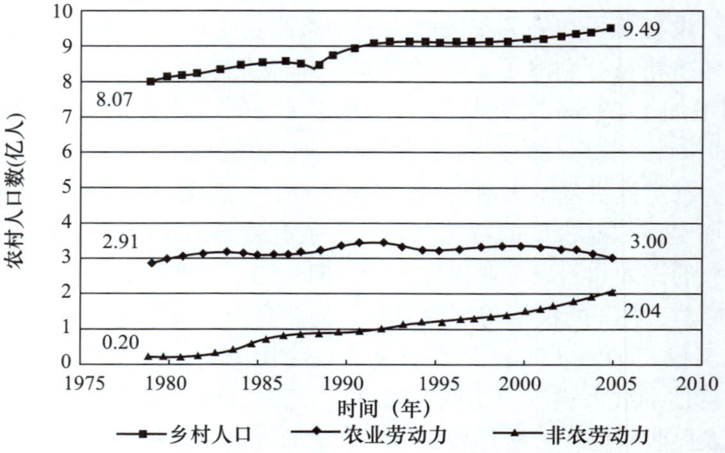

图 6　改革开放 30 年的农村人口动态状况

关于建设现代农业的资金问题。2006 年农村人均消费 4 348 元，其中生产性支出只有 1 244 元，能维持简单再生产就不错了。作为农业投资的主体，农民无力扩大再生产，农业对外来资金又没有吸引力，国家投资也是杯水车薪，建设现代农业岂非是“无米之炊”。

土水有减无增、资本增加无着，劳力状况不佳就是农业生产三要素的现况。加之，农业的体态大，要素的滞惰性强，没有重大举措和极强的刺激，农业现状很难取得实质性好转。

20 世纪 80 年代后期，中央提出以家庭承包经营为基础的，统分结合的双层经营体制；20 世纪 90 年代中期提出“发展贸工农一体化经营，把农户与国内外市场连接起来，实现农产品生产、加工、销售的紧密结合，是我国农业在家庭联产承包经营基础上扩大规模，向商品化、专业化和现代化转变的重要途径”以及农业产业化经营等重要方针政策。这本是农业经营方式上的一次重大革命，可以给农业注入一股强大活力，可惜十多年来并未受到足够的重视，推动力度不足，至今农业产业化经营的整体发展水平低，粗加工产品多，占农业总产值比重低，企业规模小，装备水平低，市场竞争力弱，扶持政策不到位。此后，中央提出城乡统筹和工业反哺农业，但缺乏“抓手”和可操作性，并未见到明显成效。

5.6 一座新的里程碑

胡锦涛同志主持中央工作后，提出加强农业基础地位，“三农”问题是全党工作的重中之重，强调要给农民实惠，加大“两个投入”和“两个反哺”，建设社会主义新农村和发展现代农业等一系列思想和方针政策。十七届三中全会的《关于推进农村改革发展若干重大问题的决定》成为十一届三中全会《决定》之后的又一个历史性文件，树立了一座新的里程碑。

该决定提出了“全党必须深刻认识到，农业是安天下、稳民心的战略产业，没有农业现代化就没有国家现代化，没有农村繁荣稳定就没有全国繁荣稳定，没有农民全面小康就没有全国人民全面小康”的新的历史定位以及农村改革发展的新的目标和任务，对统一全党和全国对“三农”的认识具有重要意义。该决议再次强调，“必须切实保障农民权益，始终把实现好、维护好、发展好广大农民根本利益作为农村一切工作的出发点和落脚点”。

具有重大历史和指导意义的是，该决定明确提出了当前推进农村改革中的“城乡二元结构造成的深层次矛盾突出”，提出了“我国总体上已进入以工促农、以城带乡的发展阶段，进入加快改造传统农业、走中国特色农业现代化道路的关键时刻，进入着力破除城乡二元结构、形成城乡经济社会发展一体化新格局的重要时期”的重要论断以及“把着力构建新型工农、城乡关系作为加快推进现代化的重大战略”。长期以来，城乡二元结构和工农分离是套在“三农”头上的两把枷锁，是制约“三农”发展的“紧箍咒”。这次在党的历史性文件上首次揭示了“城乡二元结构造成的深层次矛盾”和“着力破除城乡二元结构，形成城乡经济社会发展一体化新格局”，是一次历史性的突破和前进。

该决定在总结大量实践经验的基础上，提出了农村基本经营制度、农村土地管理制度、农业支持保护制度、现代农村金融制度、促进城乡经济社会发展一体化制度、农村民主管理制度六项制度的建设和完善。六项制度是近 30 年改革开放中出现的新问题的系统化，并以制度的形式维护“三农”的正常权益，这是“三农”发展历程中走出的重要一步。

该决定提出了“必须结合农村改革发展这个伟大实践，大胆探索、勇于开拓，以新的理念和思路破解农村发展难题，为推动党的理论创新、实践创新提供不竭源泉。坚持改革开放，必须把握农村改革这个重点，在统筹城乡改革上取得重大突破，给农村发展注入新的动力，为整个经济社会发展增添新的活力”。其意义在于“三农”问题的解决和农业的现代化作为一个长期而艰巨的任务，需要从理论和实践上持续地探索、突破和创新，显示了中央在解决“三农”问题上的决心与毅力。

作为一个农业工作者，我认为破解“三农”难题，开创新的局面，需要在农业与工业，农村与城市的关系上取得重大理论突破；处理好新形势下粮食生产与多种经营的关系；贸工农一体化经营的战略定位；城乡经济社会发展一体化新格局的内涵和“抓手”以及寻求对“三农”和农民增收具有强大推动力的新引擎和新的经济增长点。

5.7 关于粮食生产与多种经营

在十七届三中全会的《关于推进农村改革发展若干重大问题的决定》中，将“确保国家粮食安全”和“始终把解决好十几亿人口吃饭问题作为治国安邦的头等大事”具有重要战略意义。但是就农业总体而言，有粮食生产，也有农林牧副渔多种经营，处理好二者的关系也很重要。粮食安全是国家目标，增加收入是农民实际利益，不能偏执一端，而要相辅相成，互相促进。

1986 年的“一号文件”曾有这样总结：“在调整产业结构中，要正确处理粮食生产和多种经营的关系。粮食是关系国计民生的不可代替的产品，粮食生产必须得到切实保证。粮食又是低盈利产品，农民要靠多种经营来补充收入，因此。粮食生产与多种经营必须统筹兼顾，密切结合，相互促进”“以往单打一抓粮食生产，并没有达到更快增产粮食的目的，反而造成农村经济停滞的局面。近几年开展了多种经营，包括发展经济作物，发展林牧渔业，发展农村工业、建筑业、运输业、服务业等。结果，粮食增产速度大大加快，农村经济全面繁荣”。当时的“抓紧粮食生产的同时，农、林、牧、副、渔五业并举”方针不仅五业上去了，粮食也上去了，二者并行不悖，相辅相成。无疑，多种经营的经济效益高、生产链条长、产品增值空间和回旋余地大，在搞活农村经济中可以发挥重要作用。

食品和农产品加工业的发达程度是现代农业的一个重要标志。以初级农产品生产产值为 1，美国、日本和英国的食品 / 农产品加工产值分别是 4.5、4.8 和 6.7，而我国是 0.4。荷兰国土面积为 4.2 万千米 ^{2}，人口为 1 630 万人，耕地为 1 360 万亩，人均为 0.87 亩，农业人口为 50 万人。1991 年，这个农业“小国”的土地生产率就达到 2 468 美元 / 公顷而居世界第一；劳动生产率 4.5 万美元 / 人，仅稍逊于美国，是世界第二或第三的农产品出口大国，靠的就是集约种植和食品 / 农产品加工。以色列也是这样一个资源小国和食品 / 农产品的出口大国。

食品 / 农产品加工业对初级农产品生产有很强的拉动作用。图 7 中的两个曲线，一个说的是水稻、小麦和玉米三大粮食作物中因玉米有较强的下游加工拉动，而单产与总产增长率明显高于水稻和小麦。同样，在葡萄酒业拉动下的葡萄增长率明显高于其他水果。在发展“玉米经济”的思路和政策引导下，吉林省不到 10 年，2006 年的玉米化工产值达到 1 250 亿元，是继汽车业和化工业后的又一个支柱产业。吉林现在不仅是玉米大省，还是玉米加工大省。

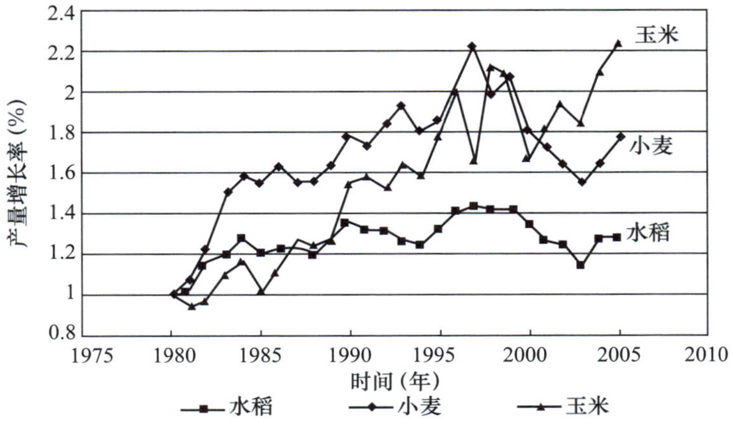

稻麦玉米产量增长状况（1975—2010年），以1980年为1

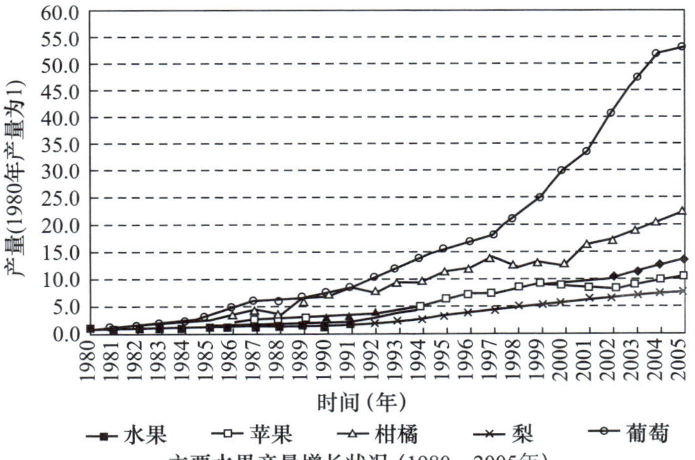

主要水果产量增长状况（1980—2005年）

图 7　粮食和水果的增长曲线

国内外实践证明，粮食生产与多种经营的相辅相成和延长初级农产品生产链条是农业发展和农民致富的必由之路。国家在确保粮食安全的前提下注意处理好二者关系，注意为“三农”搭建一个多种经营和延长生产链条的增收大平台。

粮食基本自给是基本国策，但年成有丰歉，品种有余缺，运用国内外两种资源和对两个市场间进行调节也是必要的。种小麦对土地的要求高，用水量大，而我国水土资源极缺，从美国、加拿大、澳大利亚等资源大国进口小麦可以起到弥补自身水土资源短缺的作用。在当今经济全球化的大形势下，中国不可能，也不应当把农业和粮食自我封闭起来。

5.8 关于农业与工业的关系

农业是有它自身发展规律的。19 世纪末，德国经济学家李斯特提出农业由传统向产业化和商业化发展的三阶段论；20 世纪 30 年代，苏联卡西亚诺夫提出农业从产前到产后的纵向一体化论；20 世纪 50 年代，美国戴维斯提出农业企业化（agribusiness）经营论以及 2003 年荷兰 Jaap Post 提出的“只有将农业综合体内各种活动的总和考虑进去，才能构成一幅农业的完整图画”等都是从不同角度提出了传统农业向工业化和企业化方向发展的规律和必然趋势。以固定不变的观点看待农业与工业的范畴和相互关系是不符合历史唯物史观的，对农业发展是有害的。

工农差别是在工业革命和工业化前期由二者在生产力和生产经营方式上的巨大反差而产生的。19 世纪末，马克思曾指出：“在农业中，手工劳动相对地说还占优势，而使工业的发展快于农业则是资产阶级生产方式所固有的。不过这是历史的差别，是会消失的。”近 100 多年里，农业发生了太大的变化。不仅生物学、化学、机械和电力等近代科技和装备广泛用于农业，而且生物技术、信息技术、航空航天技术等当代最新科技也开始得到应用，农业在科技与生产力水平上较传统工业有过之而无不及，其在生产和经营方式上也是日益规模化和企业化。经过科技革命、工业革命以及市场经济大潮的洗礼，农业与工业在生产力水平和经营方式上趋同，美国和欧洲等发达国家和地区的现代农业已对此昭显于世了。

正因为中国农业落后才需要努力追求现代化，加快工业化和企业化进程。1986 年的中共中央“一号文件”就曾指出：“在我国，农业和农村工业必须协调发展。不发展农村工业，多余劳动力无出路，也无法以工补农。反之，没有农业提供不断增多的食品和原料，农村工业也难以持续发展”。1996 年，中共中央“二号文件”进一步指出：“发展贸工农一体化经营，把农户与国内外市场连接起来，实现农产品生产、加工、销售的紧密结合，是我国农业在家庭联产承包经营基础上扩大规模，向商品化、专业化和现代化转变的重要途径。”2003 年十六届三中全会通过的《中共中央关于完善社会主义市场经济体制若干问题的决定》也指出：“支持农民按照自愿、民主的原则，发展多种形式的农村专业合作组织。鼓励工商企业投资发展农产品加工和经营，积极推进农业产业化经营，形成科研，生产，加工，销售一体化的产业链。”较之美国的家庭农场，欧洲和日本的农户加经营组织在中国“土生土长”的“贸工农一体和产业化经营”更有它的优越性。

2001 年年底，我国农产品加工企业实现增加值 6 968 亿元，占全国工业增加值的 24.6%，其中乡镇企业实现增加值 2 800 亿元，占到四成，“成为增长最快、最具活力和发展后劲的产业”。2005 年农产品加工完成的工业总产值（4.58 万亿元）已经超过了农业总产值（3.95 万亿元）；从业人员 1.43 亿人，占务农劳动力

（29 976 万人）的 48%；从业人员的工资性收入（1 100 元）占到农村居民人均收入的 1/3。食品和农产品加工业吸引了大批农业富余劳动力，使他们离土不离乡地向农村工业和中小城镇转移。事实和数字说明，中央提出的贸工农一体和产业化经营符合农业发展规律和适应世界现代农业发展趋势，是一个重大的战略举措。

但是时时都会有人用工农分家论的思维方式出来怀疑，甚至反对农业的工业化和企业化。20 世纪 80 年代后期对乡镇企业的质疑和反对；农业产业化经营迟迟不能出台和出台后推行不力；“一部分农民务农，一部分农民进城”；在十七届三中全会文件发表后，仍有权威人士就土地流转问题提出了“为保护农民利益，企业界不得介入”的观点。这种貌似保护农民利益，实则是因噎废食地将农业封闭起来，与先进工业的资金、技术、管理和人才分隔开来。

工农分家论企图在工农之间筑起一道人为藩篱，将有 9 亿人口的“三农”圈定和捆绑在农村和土地上成为“世袭农民”，成为为城市和工业提供粮食和工业原料的工具。这种社会分工不仅是过时的，而且是为工业剥削农业，城市剥削农村，阻碍“三农”健康发展提供理论依据。要解决“三农”问题，必须识别和摒弃这种十分有害的工农分家论。

5.9 关于农村与城市的关系

20 世纪 90 年代，国内曾出现一种颇有影响力的“农民进城论”，即认为进城的农民可以致富，留在农村的农民少了也好致富，似乎用这种加减法就能化解复杂的“三农”问题。工业化早期的一些西方国家的确是这样做的，但是中国情况太不相同了。1900 年，美国、英国、法国、德国、日本五国的人口分别是 7 630 万人、4 219 万人、3 896 万人、5 637 万人和 4 481 万人，农业人口不过两三千万，而今中国农业人口是 9 亿。1 亿农民进城在其他国家是个天文数字，而在中国只是农村人口的 1/9，全国城市居民则将增加 36%；2 亿农民进城就要增加 72%，3 亿农民进城就要翻一番，需要提供多少城市就业岗位和公共服务资源？而仅少两三亿农民的农村就能因此而致富吗？

1983 年，费孝通先生在《小城镇，大问题》中写道：“12 亿人口中的 80% 是农民，中国城市里面是容纳不下这么多人的。……中国农村经济的关键是工业下乡和工农相辅”，称这些小城镇为中国人口的“蓄水池”。台湾中研院院士许倬云先生以台湾糖业公司为例，提出：“不是将农民送进城市的工业，而是将工业送到农村。”马克思曾指出：“把工业同农业结合起来，促使城乡之间的差别逐步消灭”，“城乡关系的面貌一改变，整个社会的面貌也跟着改变”。恩格斯也说过：“乡村农业人口的分散和大城市人口的集中只是工农业发展水平还不够高的表现”“要把工业同农业结合起来，促使城乡之间的差别逐步消灭”。

1983 年的中共中央“一号文件”指出：“我国农村只有走农、林、牧、副、渔全面发展，农、工、商综合经营的道路，才能保障农业生态的良性循环和提高经济效益，才能满足工业发展和城乡人民的需要，才能使农村的剩余劳动力离土不离乡，建立多部门的经济结构，也才能使农民生活富裕起来，改变农村面貌，建设星罗棋布的小型经济文化中心，逐步缩小工农差别和城乡差别”。1984 年的中共中央“一号文件”又说：“随着农村分工分业的发展，将有越来越多的人脱离耕地经营，从事林牧业等生产，并将有较大部分转入小工业和小集镇服务业，这是一个必然的历史进步。”

我们这一代人在上大学时就学过马克思主义的“消灭三大差别”。显然，把工业和农民集中到城市来消灭城乡和工农差别是不现实的。只有通过农村和农业的工业化和星罗棋布的贸、工、农、文相结合的小城镇来实现。已经工业化的发达国家如此，拥有广袤土地和 9 亿农民的中国更是如此。现代农业、城乡社会经济一体化以及消除工农和城乡差别的图画是靠农业工业化和星罗棋布的贸、工、农、文相结合的小城镇描绘出来的。

十七届三中全会号召我们，“大胆探索、勇于开拓，以新的理念和思路破解农村发展难题”。中国“三农”问题的本质是在社会发展和工业化城镇化进程中如何正确处理工农关系和城乡关系的问题，如果这个理论问题不破解，一切实践都将如“盲人摸象”一般不得要领，纲不举则目不张。

5.10 给“三农”一个新的经济增长点

把农村经济搞活和农民收入有一个较大增长，需要寻求新的大马力引擎和新的经济增长点。上面谈到了食品与农产品加工业的重要意义和潜力，近几年在世界范围发展起来的能源农业或生物质产业更是一个极具活力和高成长性的新经济增长点。

生物质产业是指以可再生的有机物质，包括农作物、树木和其他植物及其残体、畜禽粪便等有机废弃物以及利用边际性土地种植的能源植物为原料，进行生物能源和生物质基产品（biobased products）生产的一种新兴产业。

正如 1999 年美国《开发和推进生物基产品和生物能源》的总统令所指出的：“目前生物基产品和生物能源技术有潜力将可再生农林业资源转换成能满足人类需求的电能、燃料、化学物质、药物及其他物质的主要来源。这些领域的技术进步能在美国乡村给农民、林业者、牧场主和商人带来大量新的、鼓舞人心的商业和雇佣机会；为农林业废弃物建立新的市场；给未被充分利用的土地带来经济机会以及减少我国对进口石油的依赖和温室气体的排放，改善空气和水的质量”。

自发布此令至2007年的8年间，美国燃料乙醇产量由480万吨增长到2 000万吨，计划2022年达到1.08亿吨。美国发展燃料乙醇和生物柴油的最大受益者是农民，2007年的223个生产厂主要设在农村和由农民自办。

2008年巴西甘蔗乙醇产量1 749万吨，产值112亿美元，替代了国内50%的汽油和减排了2 580万吨温室气体，已成为带动农业、糖、乙醇、电力、机械制造、化工、汽车等7种行业的一项国家支柱产业。每100万吨甘蔗可产乙醇6.34万吨，带动相关产业产值1.73亿美元和提供5 681个就业岗位。在巴西，甘蔗乙醇还是一种投资少、提供就业岗位多的产业。石油工业每提供1个工作岗位，水电业可以提供3个，煤炭业可提供4个，而乙醇产业可提供152个。

许多国家在近几年的实践中越来越认识到发展生物质产业在促进农村经济，提供农民就业岗位和增加农民收入上可以发挥重要作用。巴西总统卢拉最近指出："巴西的经验表明，生物燃料不仅没有威胁到粮食安全，而且可以在农村地区增加就业，为农民带来了更多收入。"联合国亚太经济社会观察在2008年的报告指出："生物燃料产业的发展势不可挡，它非常有利于增加农民收入、创造就业机会和抑制油价。"

我国的生物质原料资源非常丰富，农林有机废弃物原料资源具有年产能4.74亿吨标煤的潜力；有宜农的边际性土地约5亿亩，宜林荒山荒坡地8.56亿亩，现有的薪炭林、油料林和灌木林7.76亿亩，利用这些边际性土地种植的能源植物可年产能4.25亿吨标煤。生物质产业可以生产出替代石油的燃料乙醇、生物柴油、可生物降解的生物塑料等生物材料以及多种生物化工产品；可以生产出替代天然气的生物气（甲烷），替代化石煤的"生物煤"（成型燃料）（图8）。

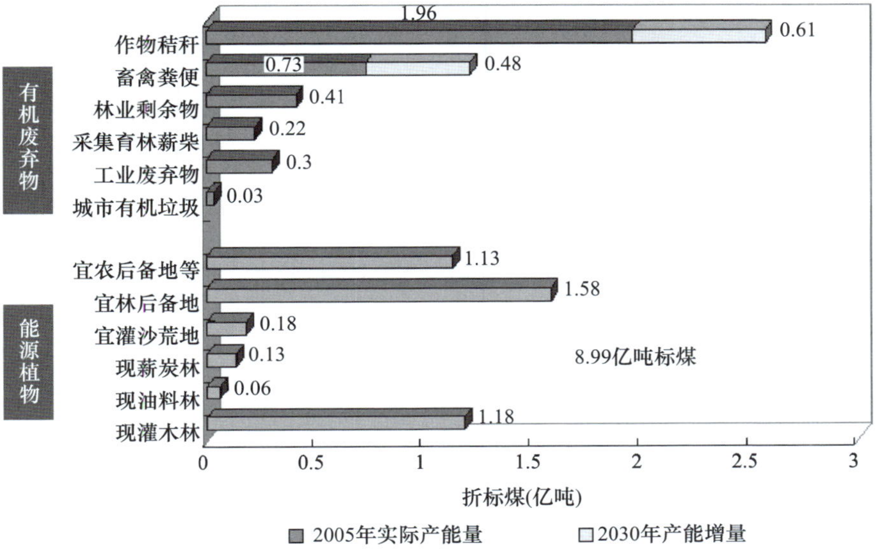

图8　我国生物质原料资源状况

巴西有优势作物甘蔗，我国有到处都可以种植的甜高粱和薯类。它们生长快，产量高，耐旱涝，能长在盐碱和瘠薄的土地上，全生育期用水只是甘蔗的1/3，且田间管理简单，成本低廉。每生产万吨甜高粱或薯类乙醇可以为农民提供5 000个岗位和新增1 200万元的年收入。如能利用我国宜农边际性土地的一半（约2亿亩）发展甜高粱和薯类，就可生产6 000万吨乙醇，为农民提供3 000多万个原料生产岗位，40多万个加工生产岗位和480亿元新增收入。

我国是个土地资源相对贫乏且经营利用很不充分的国家。1/4的耕地是低产田，上亿亩宜农后备耕地未被利用。这些土地种粮食不行，种甜高粱和薯类等能源植物不成问题，宜林的荒草地、盐碱地、荒山荒坡就更多了，完全可用于发展能源植物生产。这些边际性土地和有机废弃物都是尚无经济价值的潜在资源，一旦盘活这些资源存量，投入生产和流通，就能实现其巨大经济和生态价值。

这是一笔全新的土地和资源投入，资源是新的，产品是新的，市场几乎是无限的，产业是绿色和可持续的，是真正意义上的新经济增长点，是推动农村经济发展和农民增收的大功率引擎，是推行城乡社会经济一体化和“以工哺农”的得力“抓手”。

（2009年1月3日完稿）

6 “农亦有道”

【本文写作背景】

《文集》作者于2011年出版的《决胜生物质》书中第13章对中国农业问题有专门阐述，发表了一些重要观点。以下引用了其中4节能反映作者对中国农业的见解的内容。

6.1 “农亦有道”

先行工业化国家的工业化和市场化是一、二、三产业三者系统推进和协同进化的，基本不存在额外的“三农”问题。中国长期以来推行的“工农二元化”和“城乡二元化”则把“三农”从整个经济和社会进化系统中分离出去，扭曲了工业化和市场化过程中农业的正常和协调发展，这是中国“三农”问题产生的经济与社会根源。

“盗亦有道”，农岂无道？那么，农业自身的发展规律是什么？

工农差别本是在工业化前期，由二者在生产力水平和生产经营方式上的巨大反差而产生的。19世纪末，马克思就指出：“在农业中，手工劳动相对来说还占优势，而使工业的发展快于农业则是资产阶级生产方式所固有的。不过这是历史的差别，是会消失的”。马克思还指出：“把工业同农业结合起来，促使城乡之间的差别逐步消灭”，“城乡关系的面貌一改变，整个社会的面貌也跟着改变”。恩格斯也说过：“乡村农业人口的分散和大城市人口的集中只是工农业发展水平还不够高的表现”，“要把工业同农业结合起来，促使城乡之间的差别逐步消灭”。马克思和恩格斯一再强调，工农差别和城乡差别是历史原因形成的一种暂时现象，必须通过工农结合和发展生产力而使之逐渐消失。

西方经济学家一直在探讨工业化过程中农业的发展规律。19世纪末德国经济学家李斯特提出农业由传统小生产向产业化和商业化发展的“三阶段论”；20世纪30年代苏联卡西亚诺夫提出农业发展要向产前和产后方向延伸的“纵向一体化论”；1955年美国经济学家约翰·戴维斯提出将农业生产资料的生产与供应、生产经营、农产品加工储运销售视为一个统一经济复合体的“农业企业化（agribusiness）”或“农业综合体”理论。这些理论对工业化国家近一个世纪来的农业发展产生了重要影响。

科技革命和工业革命已经发展了近200年，在工业化大潮的洗礼下，农业自身也发生着深刻的科技革命和产业革命，科技和生产力水平已经是今非昔比，与工业间的差距已经逐渐消失。19世纪末和20世纪初开始了以良种、化肥、农药、拖拉机、电力、设施种植与养殖等为代表的近代农业科技革命和装备革命跟上了传统工业的发展。尤其是20世纪后期开始的以生物科技、信息技术为代表的新的农业科技革命，以当代最先进的遗传改良工程、“3S”技术（遥感、地理信息系统、全球定位）、计算机数字模拟技术、网络技术和装备等正在不断武装农业。比起某些传统工业，农业科技革命要先进和前沿得多。为了适应大生产和市场化经营，美国的规模化家庭农场、欧洲的农户加经营组织等使农业日益组织化、专业化、市场化和企业化。在科技和生产力水平、生产经营方式上，工业与农业早期存在的界线逐渐趋于模糊；经济收入水平、物质文化生活、社会福利保障等方面的城乡差别也在逐渐消失，工农间只是劳动对象和生产方式上的不同，城乡间只是生产生活环境上的差异而已。下节里我们可以看到“农亦有道”的三个案例。

6.2 案例三则

19世纪末和20世纪初是美国由传统农业向现代农业的转型期。其主要表现在农业的良种化、机械化、专业化和商业化，加以大规模的西进农业开发运动，农业生产力和产量大增，以致后来长期受到农产品过剩的困扰。当时农产品的出口占到美国出口总额的70%左右，是农业的现代化支持了美国的工业化。鸟瞰一下美国的农业现代化。

美国有耕地1.73亿公顷，农业人口520万，家庭农场17万个，场均耕地185公顷，全国谷物总产3.5亿吨，农业人口年人均产粮67吨，可以供养150多人。在20世纪30年代经济“大萧条”中，农产品严重滞销，国会立法促销，在农业主产区分别建了4个“农业应用研究中心”，专门从事产后研究——农产品多用途开发，仅玉米的加工产品就有近千种之多。在戴维斯“农业综合体”理论影响下，20世纪60年代，美国政府陆续颁布了“地区再开发法”“消除贫困法”“就业机会法”等，将非都市制造业向农村扩散，实行“从田间到餐桌”一体化的“农工综合企业”化，农业产前和产后的储运、加工、销售以及服务等在农村迅速发展，新增就业岗位250万个，农民收入大幅提高，农村逐渐享受到城市居民同样的物质和文化生活。美国农业人口占总人口的2%，但在“农业综合体”的就业人口占全国就业人口的17%左右。家庭农场多是“亦农亦工”，年均收入约6万美元，其中非农收入约占1/2。1994年美国国会又通过了“农业部改组法案”，以乡村经济和社区的发展，确保美国农村居民获得更为广泛的经济机会，在农业部新设了商务和合作社局、农村住房局、农村公用事业局以及农村社区发展办公室。在近几年美国大力发展生物燃料乙醇中，受益最大的是美国农民和农村经济，约200家燃料乙醇加工厂的绝大部分都设在乡村和由家庭农场联办，政策十分优惠。美国发展生物燃料一直将促进农村经济放在重要位置。

美国是个资源丰富型的农业现代化案例。下面分别介绍一个人多地少，资源短缺型的荷兰农业现代化案例和一个人多地少，农业生产条件极差的以色列农业现代化案例。

地处北欧的荷兰，其陆地面积只有4.15万千米^2，1/4土地在海平面以下，人口1 630万人，耕地90.7万公顷，人均耕地0.058公顷，农业人口50万人。人多地少的荷兰在农业上却是个有着多项世界第一的国家。土地生产率在1991年就达到每公顷2 468美元，世界第一；劳动生产率达人均4 339美元，仅稍逊于美国；每平方米农地出口额1.5美元，1994—1999年，农产品净出口额180亿美元，高于美国的151亿美元。还有围海造地世界第一，玻璃温室面积世界第一等。荷兰的农产品加工业年产值高达170多亿荷兰盾，对荷兰国内生产总值的贡献仅次于排在首位的化工业，占全国工业总产值的30%，是农业总产值的1.2倍。荷兰农业是20世纪的一个奇迹，它的奥秘在于集约高效、农工贸一体和产业化经营。荷兰农学家Jaap Post提出：“只有将农业综合体内各种活动的总和考虑进去，才能构成一幅农业的完整图画。”

国土面积2.1万千米^2，人口750万人，农业人口14.7万人，耕地38.8万公顷，人均0.06公顷。全国一半以上的面积年降水不足180毫米，60%为干旱地区，一半以上的农田需要灌溉。以色列人多地少，土地贫瘠，资源匮乏，农业生产条件十分恶劣，但每个农业就业人口可以养活90人，产值达4.1万美元。1999年，以色列农业产值达32.8亿美元，出口额达12.28亿美元，劳均出口创汇达1.5万美元。以色列有集体农场和农业合作社两种农业生产经营组织，生产、加工、包装、销售实行一体化经营，可以直接与国内外市场联结。玉米单产是中国的3倍，番茄每公顷最高年产500吨，并拥有滴灌、大棚和良种三项世界领先技术。

6.3 日本的“农村工业化”

农业要走“农工商联合体”之路，农村则要走工业化之路。本节说说中国近邻日本的农村工业化之路。

素以“脱亚入欧”为目标的日本汲取西欧诸国经验，在工业化初期就重视走农村工业化之路。20 世纪 30 年代，日本政府发起农村“经济更生运动”，制定了“彻底普及适合于农山渔村经济组织的农村工业所应采取的方案”，推进农村工业的发展。日本工业化开始“起飞”的 1961 年，制定了以缩小工农和城乡差别为目标的《农业基本法》，通过立法、规划、布局、引导和投资等多方面措施，将工厂建在农村，改造传统农村企业。1971 年又颁布了《农村地区工业导入促进法》，限制工业在太平洋沿岸和大都市集中，促进工业与农业的有机结合，实施农工商一体化。1972 年出台了“工业重新配置促进法”，将占全国工业产值 73% 的太平洋沿岸地带企业的一半，搬迁到 2 371 个农村市、町、村（占总数的 90%），政府提供拆迁、搬运资助和优惠转移贷款。特别重视对北海道、东北、四国等边远落后农业地区工业化的推进。

随着农村工业化一系列措施的推进，中小企业和中小城镇在农村如雨后春笋般地发展起来，农村富余劳力在农村企业就地就业，兼业农户占了农户的大多数。即使在工业化高速发展期间，进城务工劳力的农户数也只占总农户数的 7% 左右。农民兼业收入大增，提前实现了政府在工业化高速发展之初制定的“确保从事农业者和从事其他产业者在生活水平上的平衡”的目标。工农间、城乡间和地区间向着均衡和协调的方向发展。即便是边远农区与大城区周边的农区之间也不存在明显差异。

6.4 “叶公好农”

是不是中国就未曾想到过“农工商联合体”和农村工业化呢？不是的。“叶公好龙”是中国家喻户晓的一个古老寓言，本节说的是中国的当代“叶公好农”。

我惊异地发现，1978 年十一届三中全会提出的中国农业发展道路竟与当代先行工业化国家盛行的“农工商联合体”不谋而合，真乃“英雄所见略同”，是事物发展规律使然也。十一届三中全会以后，中共中央连续 5 年发出的第一个文件都是关于指导农业改革的，称之为“一号文件”。以下摘录了 1983 年、1984 年和 1986 年的“一号文件”中有关中国农业发展道路的几段阐述：

“我国农村只有走农林牧副渔全面发展，农工商综合经营的道路，才能保障农业生态的良性循环和提高经济效益；才能满足工业发展和城乡人民的需要；才能使农村的剩余劳动力离土不离乡，建立多部门的经济结构；也才能使农民生活富裕起来，改变农村面貌，建设星罗棋布的小型经济文化中心，逐步缩小工农差别和城乡差别。”

“随着农村分工分业的发展，将有越来越多的人脱离耕地经营，从事林牧业等生产，并将有较大部分转入小工业和小集镇服务业，这是一个必然的历史进步。”

“粮食是低盈利产品，农民要靠多种经营来补充收入，因此粮食生产与多种经营必须统筹兼顾，密切结合，相互促进”。“以往单打一抓粮食生产，并没有达到更快增产粮食的目的，反而造成农村经济停滞的局面。近几年开展了多种经营，包括发展经济作物，发展林牧渔业，发展农村工业、建筑业、运输业、服务业等，结果，粮食增产速度大大加快，农村经济全面繁荣”。“在我国条件下，农业和农村工业必须协调发展。不发展农村工业，多余劳动力无出路，也无法以工补农”。

十一届三中全会文件和当时的五个“一号文件”说得多好啊！它们精辟地提出了“农林牧副渔全面发展，农工商综合经营的道路”；提出了“在我国条件下，农业和农村工业必须协调发展，剩余劳动力就近转移”以及“建设星罗棋布的小型经济文化中心，逐步缩小工农差别和城乡差别”。这些文件指出了一条多么正确、完整、清晰和催人奋进的阳关大道啊！还特别提醒道：“单打一抓粮食生产，并没有达到更快增产粮食的目的，反而造成农村经济停滞的局面。”30 年前的这些思想再过 30 年、50 年也不会过时。

参考文献

[1] 马克思．剩余价值论//马克思恩格斯全集：第 26 卷．第 2 集．北京：人民出版社，1973.

[2] 马克思，恩格斯．共产党宣言//马克思恩格斯文集．第 2 集．北京：人民出版社，2009.

[3] 马克思．哲学的贫困//马克思恩格斯文集．第 1 集．北京：人民出版社，2009.

[4] 马克思．马克思恩格斯全集：第 4 卷．北京：人民出版社，1958.

[5] 周维宏．日本农村工业化史研究．北京：人民教育出版社，1992.

7 “我有一个梦想”

【本文写作背景】

此文是《6.“农亦有道”》一文中所述《决胜生物质》第13章中的最后一节。此节文字不多，之所以另作一篇，是因为它比较集中地表达了《文集》作者对农业的一种前瞻。此节以马丁·路德·金“我有一个梦想”的名言为题，用309个字做出了动情的表述。

中国“三农”的未来将会是个什么样子？先听听20多年前费孝通老先生是怎么说的。

“在人口这样众多的国家，多种多样的企业不应当都集中在少数都市里，而应当尽可能地分散到广大的农村里去，我称之为‘工业下乡’。简单地讲，中国农村经济的关键就是要工农相辅。不能只靠农业，只靠农业是活不了的。而工农相辅是我讨论‘工业下乡’的基础”“所以我提出，要多搞人口的蓄水池即小城镇，只有小城镇才能够成为人口的蓄水池。蓄水池里面的人也要有职业，要不然蓄不住的，所以必须发展其他产业。它为实现工农结合和消除工农差距的社会开辟了道路。”

张忠法在1990年发表的文章提供了一份资料，即在改革开放之初的1978—1988年，农业劳动力以年均2.26%的比例向非农转移，人数是前26年的1.41倍，其中绝大多数被转移到乡镇企业，16%的农业劳动力进了城。该文写道：

“今后就业转移的基本路向：需要在农村就地消化与向中小城市转移的前提下，通过乡村工业与城市大工业的合理对接，使农业收入与工业收入均衡，经过务工收入与务农收入均衡，农村工业与城市工业收入均衡两个阶段之后，才能完成二元结构的转换，使我国传统农业最终纳入现代经济运行之中。”

2006年，许倬云先生以台湾糖业公司为例，提出“不是将农民送进城市的工业，而是将工业送到农村”，还有日本的农村工业化，它们的共同点都是“工业下乡”和“工农相辅”。一个13亿人口和有8亿农民的农业大国在工业化进程中不可能将数亿农民向大城市和大工业转移，只可能走“工业下乡”和“工农相辅”的道路去消化和平衡由农业劳动生产率提高导致的源源不断的农村富余劳动力大军。具体言之，在初级农产品生产的基础上，大力发展“能源农业”和“加工农业”以及相应发展起来的中小城镇和第三产业。这可能是实现中共中央十七届三中全会提出的“破除城乡二元机构”和“构建新型工农、城乡关系”的一种基本模式和道路。我对中国“三农”的未来有个梦想：

在辽阔的华夏农村大地上，星罗棋布地散落着现代化的农村居民点和农工商文相结合的中小城镇。一个个基于动植物生产的农工商联合体在这里千姿百态，茁壮成长；科技、金融、生产、生活、文化服务业林林总总，欣欣向荣；生物技术、机械、电脑、网络、卫星遥感、全球定位像过去的铁锹和犁杖一样普及。农民不必背井离乡地在大城市和乡村间流浪，而是驾着生物燃料驱动的汽车来往于现代化居民点与清净的中小城镇之间。他们生产生活上使用的是生物质能、太阳能和风能转化的热与电；他们享受的是大自然恩赐的土地的气息、流水的婉约、清新的空气，还有花香与鸟语；他们既能享受到大城市的物质与文化生活，又远离城市的喧嚣与紧张。这将是出现在中国大地上的21世纪“桃花源”。

马丁·路德·金有句名言：“我有一个梦想，我的四个小孩有朝一日将生活在那样一个国度，那就是，他们接受（别人）审视的依据，不再是他们的肤色，而是他们人格的内涵。”那一年，奥巴马才两岁，现在已经当上美国总统了。

我也有一个梦想：在中国这样一个有着辉煌文明的伟大国度里，有朝一日，“三农”不再生活在“二元化”的阴影之下，不再被边缘化，我们看到的是勃勃生机的“三农”，看到的是他们对国家越来越大的贡献，看到的是他们21世纪桃花源式的生产与生活。我想用著名唐代诗人白居易的诗句结束本章。

白居易28岁中进士，35岁任翰林院学士，为皇帝起草诏书，后任太子少傅，官居从一品。当他在长安城外看到农民割麦后写下了感人肺腑的《观刈麦》：

今我何功德，曾不事农桑。
吏禄三百石，岁晏有余粮。
念此私自愧，尽日不能忘。

这是农业文明时期的中国知识分子和士大夫的高尚情怀。今日中国之农民更是建立新中国的功臣，中国工业化和城市化建设第一桶金的奉献者，难道我们不应当更多地怀有一份感恩之心吗？

参考文献

[1] 费孝通．我对中国农民生活的认识过程，中国农业大学学报（社会科学版）2007，24（66）．

[2] 张忠法．关于劳动力转移的理论与实践的研究//祖国补．农业发展与生产力政策研究．农业经济技术文集编辑部，1990.

[3] 许倬云．改善“三农”问题的一些看法．南方周末，2006.4（6）．

8 我国粮食的增产潜力及展望

【本文写作背景】

L. 布朗的《21 世纪，谁来养活中国人？》一书于 1994 年面世，在世界其他国家和中国引起很大震动与反响，文章、报道和会议鹊起。作为农业科技工作者的《文集》作者，应《科技日报》约稿著文发表见解。本文发表在该报 1996 年 10 月 21 日的第 4 版。

科技日报

我国粮食的增产潜力及展望

科技日报

“八五”科技攻关计划再结硕果

人口和粮食在我国始终是个全局性问题，是个多方面和多层次的问题，需要从不同角度分析，才能得到一个比较客观和清晰的认识。

8.1 症结在于对我国土地资源及其粮食增产潜力的认识

对我国粮食问题的担心主要出于以下 3 点考虑：一是到 2030 年我国高峰期人口达到 16 亿人，如人均粮食综合消费水平为 400 千克，年生产量需由现在的 4.4 亿吨增加到 6.4 亿吨；二是耕地大量被占用，人均耕地将由现在的 0.08 公顷（按耕地面积 0.96 亿公顷计）减少到 0.03 公顷；三是我国主要粮食作物单产水平和化肥施用量已经较高，增长潜力不大。据此，2030 年，我国粮食的年总产量将较现在下降 2% 和出现 3.7 亿吨的粮食缺口，即相当于缺少 6 亿多人口的用粮。如果这种估计成立，这对中国无疑是个极为严重的问题，对只有 2 亿多吨粮食交易量的世界粮食市场也会带来很大冲击。

在上述估计的几个要素中，人口增加、人均耕地减少已是必然。问题在于面对 16 亿人口和年人均 400 千克的消费水平，我国的土地资源有多大的粮食增产潜力？能否生产出 6.4 亿吨粮食？这是问题的症结所在。

8.2 我国土地的粮食增产潜力

过去，我国公布的耕地面积是0.96亿公顷，经多年核查，实为1.33亿公顷。另有0.13亿公顷可垦的后备耕地资源。如以年均占用耕地40万公顷计，2030年，人均耕地0.08公顷左右的资源保证是可以做到的，这是上述资源量上的一个重要补充和修正。

我国耕地的总体质量是比较差的。在相同农业生态区和技术水平下，土壤障碍和灌溉施肥条件差限制了作物产量增长的中低产田占我国耕地面积的75%，通过改良土壤和改善灌溉施肥条件，第一步将低产田产量提升到中产田水平，其增产潜力约为1亿吨粮食，若大部分提升到高产田水平，尚有近1亿吨的增产潜力。20世纪90年代初，我们采用联合国粮食及农业组织（FAO）提出的生态区法对我国黄淮海平原的粮食作物生产力进行分析的结果是，小麦和玉米的近期增产潜力分别为29%和28%，中长期分别为109%和134%，占全国耕地面积14%的黄淮海平原的粮食增产潜力在0.7亿吨以上。

另外，有用同样方法对全国671个抽样县的稻麦玉米和大豆的近期生产力进行测算的报道，其近期生产潜力也在22%～34%。也就是说，我国主要粮食作物具有新增约1/3的近期增产潜力和1倍或1倍以上的中长期增产潜力。中国科学院自然资源综合考察委员曾以类似方法对我国土地的人口承载能力进行了系统研究，提出“我国粮食最大可能生产能力为8.3亿吨，以人均500千克的消费水平计，人口承载能力为16.6亿人”。

这是所说的人均粮食400千克水平和在粮食的增量中主要不是口粮，而是饲料和工业用粮，所以在粮食增量的贡献中，除耕地外，我国尚有2.5亿公顷草原、5 000万公顷草地草坡、200万公顷内陆水面和广阔的近海海域。这些都是生产蛋白饲料、畜禽和水产的一大笔潜在资源。通过分析和测算说明，我国的土地资源是可以供养16亿人口并达到较好消费水平的。

8.3 粮食作物的单产水平和总产趋势

以上是就土地资源谈我国粮食的增产潜力，也可以从另一个角度，即粮食自身的增产潜力上进行考察。前面谈及对我国粮食问题担心的根据之一是我国粮食作物单产和化肥施用量已经达到了相当高的水平和增产的潜力不大。因此，对我国主要粮食作物的单产水平及其增产潜力有一个比较确切的认识是十分重要的。

由于过去统计用的耕地面积比实较面积小，故统计和公布的作物单产一般偏高。仍按过去分布的作物单产资料显示，玉米是三大粮食作物之一，我国每公顷产 5 吨，在农业生态条件相近的美国产 7.5 吨，希腊产 8.7 吨。玉米是我国增产潜力最大和今后重点发展的粮食作物。我国是水稻生产大国，总产量居世界首位，单产 5.8 吨 / 公顷（1994 年），居世界第 7 位。我国水稻育种曾有两次突破，第一次是 20 世纪 60 年代初期矮化育种成功，产量提高了 20% ～ 30%；第二次是 20 世纪 70 年代中期杂交水稻育种成功，产量又提高了 20%。杂交水稻育种专家袁隆平不久前提出，预计不久将来取得第三次突破，单产可再增 15% ～ 20%，以年播 1 330 万公顷计，每年可新增水稻 1 500 万吨。

我国小麦单产处于中等水平，也有相当大的增产潜力。我国化肥单位面积施用量较高，但有效率仅为 30% 左右，比发达国家低 20 多个百分点，灌溉水的有效利用率也很低，这也是土地和作物增产潜力之所在。

自新中国成立以来，我国粮食总产和单产的增长率一直处在世界前列。近 10 年来，按联合国粮农组织的统计，以 1980 年为 100，1985 年及 1989—1994 年的 7 年中，世界各年的农业平均生产指数分别为 114、123、126、127、129、128 和 132，我国则分别为 149、170、182、187、195、203 和 279，高于世界平均值 30% ～ 150%。在农业上，年有丰歉，也有阶段性徘徊，但其增长趋势是十分明显的。这种增势仍将继续下去。

8.4 稀缺资源的技术替代

尽管我国土地资源的粮食增产潜力能够满足 16 亿人口的粮食需求，但是我国毕竟是一个人均资源量很低的国家。因此，寻求对稀缺农业资源的替代就具有特别重要的意义。

近百年的农业发展历史也对此做出了很好的说明。在从 20 世纪初到 1950 年的半个世纪中，世界粮食亩产由 62 千克增加到 66 千克，年均增长 0.1 千克。而在 1950—1980 的 30 年间，亩产由 66 千克增至 153 千克，年均增长 2.8 千克，是前 50 年的 28 倍。我国 1950 年的粮食亩产 77 千克，相当于汉代水平。1980 年，亩产达 252 千克，年均增 5.8 千克，在耕地面积稍减的情况下，粮食总产增加了 3.9 倍。珀维里斯在总结世界农业的这段高速发展时期时提出，科技贡献率为 70% ～ 80% 主要技术是良种、化学物质（化肥和农药）、灌溉和农业机械。这不得不使人们想到 19 世纪后期和 20 世纪上半叶农业科技上的三大突破：一是达尔文的杂种优势理论和摩尔根遗传学理论及其开创的现代农业育种技术；二是 19 世纪 40 年代德国化学家李比希的矿质营养学说和化学肥料的应用；三是 20 世纪

40年代瑞士科学家缪勒开创的有机合成农药和农药工业。正是科学技术的进步推动了20世纪中叶的农业产量成倍的增长。

令人十分欣喜的是，20世纪中叶，遗传物质脱氧核糖核酸双螺旋结构的发现和DNA重组技术的诞生使生物科技进入了一个崭新的时代，它必将对农业生产和粮食产量的提高产生更加深刻的影响和强大的推动作用。在新技术革命浪潮中，计算机和信息技术、新材料和自控技术以及遥感技术等现代科技正在加速对传统农业和农业科技的改造和推动，新一代的科技进步必将引发农业产量的又一次飞跃。

因此，在讨论我国土地资源的粮食增产潜力时，既要在当前科技水平上做出估计，又要把科学和技术“看成是历史的有利杠杆，看成是最高意义上的革命力量”。特别是在新的科技革命浪潮中，生物技术、信息技术等现代技术在农业和粮食的增产中的巨大的影响和作用。

8.5 资源潜力的转化开发

可能性和实现可能性，潜力转化为现实生产力，这是个十分艰难和长期的过程。一是我国毕竟是个人均占有资源量很少和资源条件较差的国家，但水、土、化肥、农药等资源的低效和浪费却是惊人的，管理亟待加强。二是发展农业要依靠科技，但农业技术推广和社会化服务体系十分薄弱，农业科技产业至今未得到发展，科技成果的转化率极低；三是农业资金投入太少，地方对农业的重视程度减弱，不少县因财政困难而指挥农业乏力，农业高校和研究院所的经费十分拮据。四是在我国农业产值在GDP中仅占21%的情况下，仍保持高的工农业剪刀差，农用工业品价格居高难下，农民的自我发展能力弱，生活水平低而提高慢，生产积极性受到影响。如果这些问题解决不力，资源潜力就难以转化开发。

人口、粮食、资源和环境在我国的经济建设和社会发展中始终处在基础和重要的位置，我国中长期的粮食需求是可能自行解决的。其问题是如何将它变成现实，非不能也，是何为也，需要的是危机感、紧迫感和务实精神。

9 警钟长鸣——谈我国的粮食问题

【本文写作背景】

警钟长鸣
——谈我国的粮食问题

《文集》作者针对L.布朗的《21世纪，谁来养活中国人？》发表的第二篇文章。这是在国务院发表了中国粮食问题白皮书以后，作者进一步明确回答，“谁来养活中国人”问题已经有了答案，并指出形势严峻和任务艰巨，提出解决问题的关键在于农业科技成果的转化。本文发表在《地理知识》1997年1期。

自美国人布朗提出“谁来养活中国人”后，惊动了国内上下，国际社会也激起了一阵波浪。最近，我国国务院发表了中国粮食问题白皮书，联合国召开了世界粮食安全的首脑会议，一些问题已经明朗了。贵刊要我谈粮食问题，只能说些后话了。

9.1 世纪性的难题和重负

“民以食为天”在中国，在世界都是个颠扑不破的真理。现代科学技术发展到了人可登月，基因可重组，而满足人类自己所需要的粮食却成了难题，似乎有些不可思议。联合国粮农组织在世界粮食安全首脑会议上提出，现在世界上有8.4亿人吃不饱饭和营养不良，每天有1.1万儿童死于饥饿；1993年的全球粮食储备量尚可维持77天，现在只够吃50天了。联合国粮农组织总干事迪乌夫认为，到2030年，人口将由现在的53亿增加到80亿，粮食总量要增加75%才能保持目前的供应水平。而未来的一二十年间，粮食生产的增长率将在现在的18%的水平上继续下降。人类面临的粮食现状和前景是十分严峻和令人担忧的，这也促使了世界137个国家的首脑和代表汇聚罗马，共商全球粮食大计。《世界粮食安全罗马宣言》提出的近期目标是在2015年以前，将营养不良的人数比目前减少一半，重申人人都有享受获得足够食物和免于饥饿的基本权利；重申和平、稳定及有利的政治、社会和经济环境是粮食安全保障和消除饥饿现象的基础和前提以及需要有效的国际努力和协调一致的国家行动等。

无疑，解决粮食问题的重要途径是依靠科技进步。国际农业研究磋商组织（CGIAR）正为此而在运筹一个应用先进科学技术与农民传统技术相结合的全球性的粮食增产运动。增加粮食生产常常是和资源环境问题联系在一起的，砍伐森林、过度放牧和捕捞、滥用农药化肥、水土资源的破坏性开发等都必将导致资源和环境的恶化。粮食生产的增加不能以牺牲资源和环境为代价，必须高产、优质、高效、低耗、安全相结合，走可持续发展道路。

9.2 “谁来养活中国人”有了答案

布朗对我国的粮食问题算了三笔账。一是到2030年，我国高峰期人口将达到16亿人，按人均400千克消费水平计，粮食的年生产总量需由现在的4.4亿吨增加到6.4亿吨；二是随着耕地被占用，人均耕地面积将由现在的0.08公顷（按总面积0.96亿公顷计）减少到0.03公顷；三是我国化肥施用水平和粮食作物单产已经较高，增产潜力不大。据此，2030年，我国粮食总产将比现在减少20%和出现3.7亿吨的粮食缺口，即6亿人的粮食没有着落和必然对世界粮食市场带来极大冲击（目前世界粮食市场交易量2亿多吨）。因而，他提出了“谁来养活中国人”的惊世命题。

对于16亿人口和6.4亿吨粮食这两个数字和大量耕地的被占用是应当认可的。其一，粮食产量的增减是个复杂问题，中国又是个幅员辽阔、社会和文化深邃的国家，不是用几个数字就能得出个大结论的。如过去我国公布的耕地面积一直是0.96亿公顷，经近几年核查，实为1.33亿公顷，尚有0.15亿公顷可垦荒地。如按年均40万公顷耕地被占用，到2030年，人均占有耕地不是0.03公顷，而是0.08公顷，这可是一个重要参数上的大距离偏移。其二，在粮食作物的增产潜力上，目前的实际单产只相当于发达国家的50%左右，采用联合国粮农组织提出的生态区法进行作物增产潜力的几项研究都提出，我国主要粮食作物的近期增产潜力在22%～34%，中长期增产潜力在1倍或1倍以上，作物本身是具有很大增产潜力的。我国耕地中2/3是中低产田，增产潜力也很大。我曾做过测算，人为排除这些中低产田的障碍因素，使之达到当地现有的高产量水平，其增产潜力在1亿吨以上。中国科学院在《我国土地生产能力及人口承载力研究》中提出，“我国粮食最大可能生产能力为8.3亿吨，以人均500千克计，人口承载能力为16.6亿”。其三，将粮食增产作为一个过程看，从新中国成立初到1996年的46年，年均递增 31%，而在未来 1996—2030 年的 35 年，年均递增达到 0.7% ～ 1.0%，即可获得预期的粮食生产总量。即使考虑基数和土地报酬递减因素，这种不是很高的递增率也是可以达到的。

还要提到的是，非粮食食物资源问题。在人均 400 千克的粮食占有量中，近一半是用作饲料，以转化为动物性食品，其中主要是蛋白质饲料。在这部分的增量中，除耕地外，草地、水面、宜林山地以及微生物生产等都可做出贡献。我国有 3.2 亿公顷草地、可供养殖的海水水面 260 万公顷、内陆水面 675 万公顷和稻田 670 万公顷。目前，这些资源的开发程度很低，蕴藏着很大潜力。

近半个世纪以来，我国农业取得的巨大成就是举世公认的。联合国粮农组织总干事迪乌夫在罗马粮食会议上认为，“现在的中国情况已经是一种‘奇迹’，以世界 7% 的耕地养活了 22% 的人口”。国务院的《中国的粮食问题》白皮书指出，“中国虽然面临耕地少、人口多、粮食需求压力大的现实，但也存在着巨大的发展潜力，中国有解决粮食问题的经验和办法，农民中蕴藏着巨大的生产积极性，完全有理由相信，中国政府和人民有能力依靠自己的力量解决粮食供给问题”。李鹏总理在世界粮食安全首脑会议上庄严宣布：“人们完全可以放心，在未来的岁月里，中国人民不仅有能力依靠自己的力量实现丰衣足食，而且将对世界粮食安全做出新贡献”。

9.3 严峻的形势，艰巨的任务

沸扬一时的“谁来养活中国人”问题有了个答案，这是件好事。“中国的粮食问题”则不能划上句号，而应当有个更加清醒的认识和浓重的危机感和紧迫感。我们不仅需要“定心丸”，而且需要“大力丸”。

我国是个人口大国，又是个农业大国，而农业的基础条件和发展的内外环境都很差，家底薄，生产率和生产水平仍然较低。首先，我国的人均占有资源量很低。在 144 个国家和地区中，我国的耕地、林地、草地和淡水资源分别排在第 126 位、第 107 位、第 76 位和第 55 位。耕地不仅中低产田面积大，如不加治理，其中一千多万公顷应逐年退耕，而且土地的荒漠化每年以 2 100 千米 ^{2} 的速度继续扩大。我国是个季风气候国家，降水和淡水资源的时空分布十分不均，旱涝灾害频仍。但是宝贵的耕地被大量占用，草地水体过度放牧捕捞，淡水资源严重浪费和利用效率很低，农业基础设施薄弱，化肥农药的生产量，用量以及所投入的商品能居世界第一位、第二位，利用效率和生产率不高，导致对生态的破坏、环境的污染。资源是农业之本，也是我国发展农业的重要制约因素。改善资源条件，提高资源利用效率，走持续发展之路是一项需要大量资金和科技投入的十分艰巨和长期的基本任务。

我们应当看到，目前我国粮食的生产力水平是不高的。单产仅相当于发达国家的 40% ～ 60%，排在第十位左右，劳动生产率更低。就全国就业人口中的农业劳动人口而言，欧洲和美国等发达地区和国家在 5% 以下，俄罗斯和东欧其他国家为 20% 左右，我国为 56%；一个农业劳动者生产的粮和肉，如我国为 1，美国则分别为 97 和 101，法国分别为 38 和 56；一个美国农民可以养活 80 个人，我国只能养活不到 2 个人。

在我国农业发展和粮食增产中，一个基本和重要的不利条件是农业发展的内外部环境较差。如农业生产规模小，经营分散，农民和基层管理者文化科技素质较低。外部条件是农业产值在 GDP 中仅占 21% 的情况下，仍保持较高的工农业剪刀差，农用工业品价格居高难下，农业的比较效益低，农民的负担重和生活水平提高缓慢，农业和农民缺乏自我发展的能力和活力。改善这些内外环境条件是需要做长期艰苦的工作。

40 多年来，我国粮食产量一直保持着远高于世界平均水平的年均增长率。但是也要看到，一个现象是近 10 年的粮食产量增长缓慢，一直在 4 亿～ 4.5 亿吨徘徊，年均增长率低，特别是过去的主产粮区——我国东南部地区的粮播面积和产量急剧下降。另一个现象是近 10 年的粮播面积和粮食总产较大幅度地呈“增—减—增”波动。其主要原因是受农业政策和粮食价格的影响。

农业是受自然、社会、政策、科技等诸多因素影响的一个十分庞大、复杂和相当脆弱的系统，同时，又随农业政策和粮食价格而波动。粮食产量稳定增长的主线反映了农业和粮食综合生产能力的持续提高；波动则表现了粮食产量对农业政策和价格的高度敏感性。资源对农业和粮食生产是硬约束，但科技可作为紧缺资源的部分替代；政策和价格可以通过政策行为调动，而以农业基础设施和科技含量，这一“硬”一“软”为主体的农业综合生产能力的提高则是具有本质意义的稳定而经常起作用的因素。提高农业的综合生产能力是练“硬功”和“内功”。

9.4 “瓶颈”——农业科技成果的转化

无论从提高农业综合生产能力，还是对紧缺资源的替代，我们都应当在农业发展和粮食生产中把科技摆在特殊重要的位置。20 世纪的农业和粮食生产的历史对此做出了很好的回答。20 世纪初到 1950 年，世界粮食单产由每公顷 930 千克提高到每公顷 1 005 千克，平均年增长仅 1.5 千克，粮食总产的增加主要靠扩大耕地面积。1950—1980 年，世界粮食单产由每公顷 1 005 千克提高到 2 300 千克，平均年增长 43.2 千克，是前 50 年的 28 倍。珀维里斯在总结这一时期农业高速发展时提出科技的贡献率为73%～81%，做出主要贡献的良种、化学物质（化肥和农药）和灌溉的份额分别为3、4和2。这不得不使人想到，19世纪达尔文的杂种优势理论和摩尔根遗传学理论及其推动下的现代育种方法和种子产业；李比希的植物矿质营养学说及其开创的化肥工业以及20世纪30年代缪勒开创的有机合成农药及农药产业。科学理论和先进技术是农业和粮食增长的强大推动力。生物技术、计算机和信息技术、新材料和自控技术、航空航天和遥感技术等现代技术也必将促使农业和粮食生产上到一个新的高度。主动和自觉地以科技进步为手段来提高农业的综合生产能力和对紧缺资源的替代是解决我国粮食问题的根本途径。邓小平同志也曾提出农业问题的解决最终要依靠科技的英明论断。

40多年来，在我国粮食稳定快速增长中，科技进步发挥了重要作用。较大的科研成果3万多项，仅杂交水稻1项就使稻谷增产2.4亿吨。

农业是从事生物性生产的产业。其区域性和分散性的特点决定了农业必须要有一个强大的技术推广体系。计划经济体制下建立的四级科技网在体制转轨中“线断、网破、人散”，建立新的县乡村三级农业技术推广体系难度大，是一个相当长的过程。在市场经济发达的国家，企业推动下的农业科技产业在农业科技成果转化中具有举足轻重的作用。美国的农业劳动者只占全国从业人员的2%。其中17%，约2 000万人，其主要以大大小小公司的形式在为他们提供各种农业科技产品和周到的服务。如果将上述在政府推动下的事业型和地区性的技术推广网络比作“地方部队”的话，农业科技企业则可称之为强大的“野战军”。在发达的国家中，这两支部队都很强，而我国正值体制转轨时期，两支部队都很弱。这正是我国农业科技成果转化率只有35%，而发达国家农业科技成果转化率多在60%以上，有的高达80%的主要原因。

农业科技成果转化是当前和今后相当长一段时间里制约农业综合生产能力提高的“瓶颈”。要提高农业综合生产能力，不提高科技含量和增产中的贡献率不行；要提高科技含量和贡献率，不解决科技成果转化的“瓶颈”不行；要提高科技成果转化率，不解决“地方部队”和“野战军”这两座“桥”和“船”不行。这种近似大实话的逻辑很简单，但很有用，要做到也不容易。

我国在粮食生产上取得了伟大成就，积累了丰富经验。我们有信心、有能力依靠自己的力量解决16亿人口的粮食供应和实现丰衣足食。但是我们面临的形势十分严峻。解决我国粮食问题是一项极为艰巨、复杂和长期任务，不能掉以轻心，要警钟长鸣。

10 安全，但要转变发展方式

——粮食安全之我见

【本文写作背景】

2011 年 2 月 15 日，中国工程院召开了中国粮食安全问题的部分院士座谈会。《文集》作者在座谈会上就此做了发言。此处是发言后整理的文字稿。发言用了 7 张 PPT，右上图标是其中的第一张。这是上篇粮食问题后 15 年再谈中国粮食问题。后应约稿，全文发表在《科学与社会》杂志 2011 年 1 卷 3 期。

民以食为天是中华文化之精髓，数千年惠及吾国吾民。自新中国成立以来，党和政府始终不渝和成功地解决了十几亿人的吃饭问题，并以保障粮食安全为国策。因此，如何科学和客观地判断我国粮食安全问题是件不容易的事，因为这种强势文化、政策背景以及社会情感都会产生不可低估的影响，中国粮食总产量及年均增长动态 / 预测如图 1 所示。

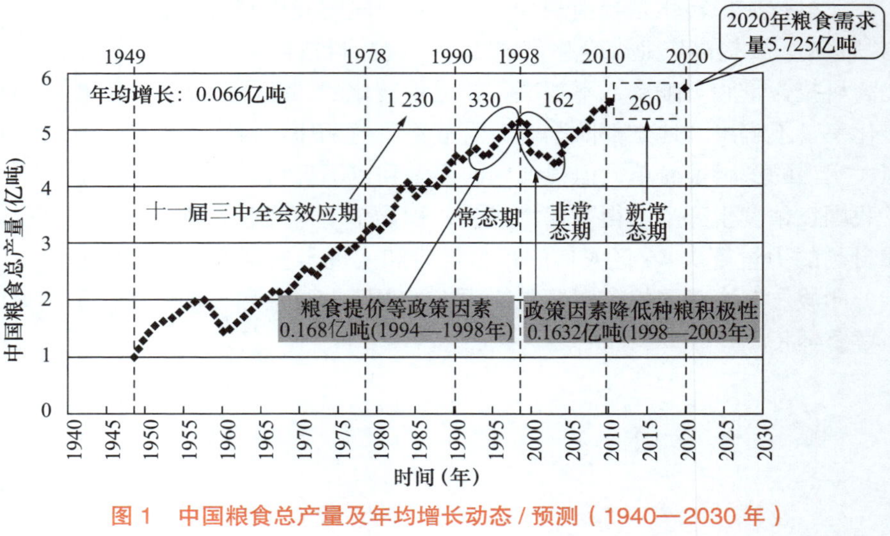

图 1　中国粮食总产量及年均增长动态 / 预测（1940—2030 年）

10.1 我国粮食安全的历史与现状

我国粮食安全的历史和现状如何？

1949—2009年的61年间，我国人口由5.417亿人增加到13.400亿人，年均增长率2.42%；粮食总产量由1.132亿吨增加到5.308亿吨，年均增长率6.05%。粮食总产的年均增长率高于人口年均增长率，故人均粮食占有量由1949年的209千克增加到2009年的400千克，粮食的自给率达到95%以上。亩均单产由150千克增加到325千克（图2）。

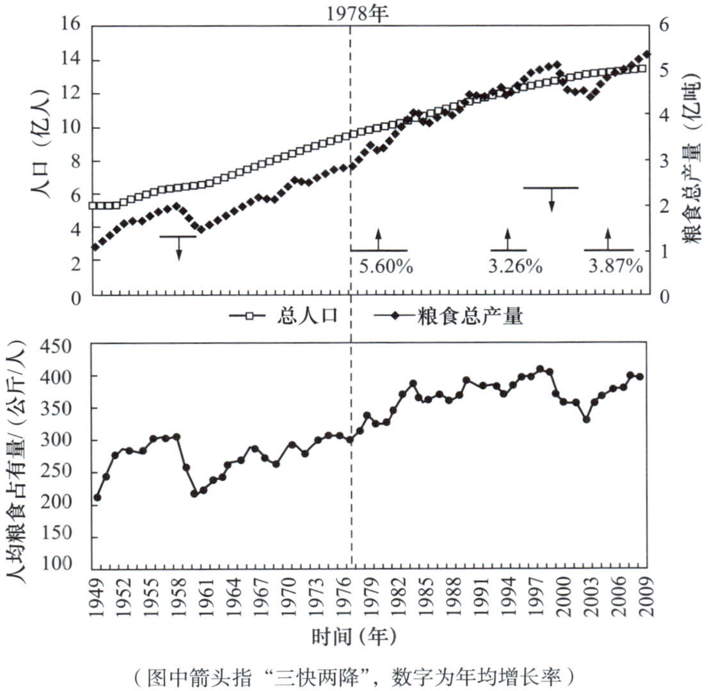

（图中箭头指“三快两降”，数字为年均增长率）

图2　中国61年间人口、粮食总产和人均粮食占有量发展动态

61年间的粮食生产成就的物质基础是持续艰苦的农田基本建设（提高灌溉与防涝能力、改良与培肥土壤等）和农业生产资料（肥料、农药、地膜、机械与动力等）与技术（良种、栽培技术、农田管理等）投入的增长和贡献。1990—2009年的20年间，全国灌溉面积增加了1.5亿亩，农机总动力、化肥、农用柴油、农村用电量的使用量分别增长了3倍、1倍、3倍、5倍（图3）。农田基本建设和科技与农资投入的迅速提高标志着农业综合生产能力水平的增强。

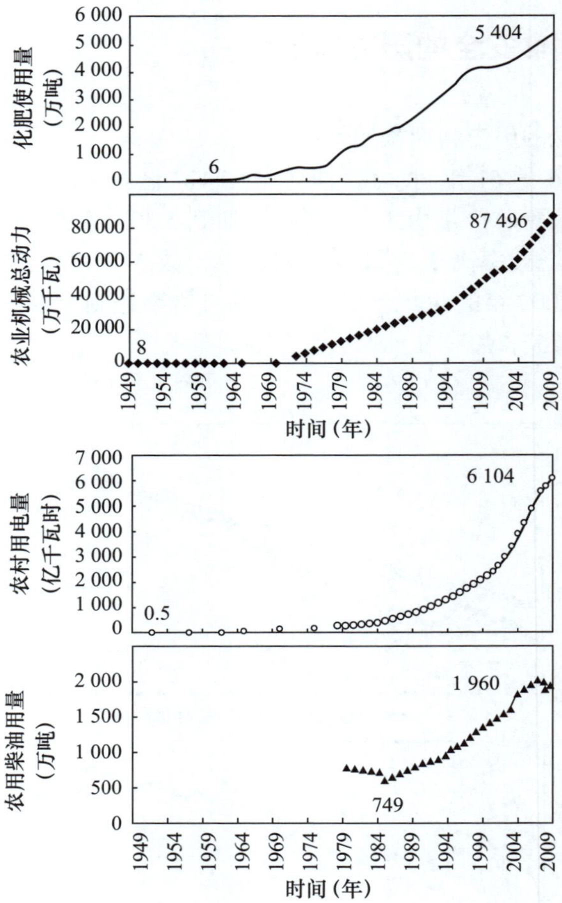

图 3　中国 61 年间化肥使用量、农业机械总动力、农村用电量、农用柴油用量的增长状况（1949—2009 年）

20 世纪末，当我国粮食总产连续三年保持的 5 亿吨以上的时候，朱镕基总理提出我国结束了长期缺粮历史，做到了“基本自给和丰年有余”。2007 年以后又连续 4 年在 5 亿吨以上和 2010 年达到 5.464 亿吨，实证了我国粮食的综合生产能力已经达到年总产 5 亿吨以上的水平，实现了基本自给和丰年有余的夙愿，中国人有能力养活自己已经是不争的事实。这是全国人民，特别是 8 亿农民在党领导下持续 61 年艰苦努力取得的伟大成就和世界奇迹，这是我们认识中国粮食安全问题的基本点，忽视或偏离了这个基本农情就容易陷于误区和歧途。

10.2 影响粮食总产的关键因素是农民种粮积极性

粮食安全系于粮食总产，61 年间的粮食总产曲线显示了两次大幅下滑和改革开放后的三次快速增长。第一次快速增长出现在改革开放之初以家庭联产承包责任制替代人民公社制之后，农民生产积极性高涨，1978—1984 年，粮食总产由 3.048 亿吨迅速增加到 4.073 亿吨，且是在执行“以粮为主，多种经营”方针和粮食播种面积未增的情况下依靠提高单产完成的（由 169 千克提高到 265 千克）。第二次发生在 1994 年与 1995 年两次将粮价调高 60% 之后，粮食播种面积由 1995 年的 16.5 亿亩增加到 1998 年的 17.1 亿亩，总产由 4.666 亿吨攀升 5.123 亿吨的历史最高水平。第三次发生在 2003—2009 年，政府通过一系列调动农民种粮积极性政策，连续 6 年使粮播面积由 14.912 亿亩增加到 16.349 亿亩，总产由 4.307 亿吨提高到 5.308 亿吨。这三次快速增长期粮食的年均增长率分别是 5.60%、3.26% 和 3.87%，都是通过政策调动农民种粮积极性的结果。

第一次大幅下滑出现在 20 世纪 50 年代末，即某些因素使 1957—1961 年的粮播面积由 20.05 亿亩下降到 18.22 亿亩，总产量由 1.951 亿吨下降到 1.475 亿吨。第二次大幅下滑出现在 20 世纪末，即在粮食总产连续超过 5 亿吨后因政府错误估计形势和未能掌握好政策引导而严重伤害了农民种粮积极性，1999—2003 年 4 年间的粮播面积锐减了 2 亿亩（由 16.98 亿亩减至 14.91 亿亩），总产量由 1999 年的 5.084 亿吨回落到 2003 年的 4.307 亿吨，后退到了 1990 年水平。两次大幅下滑也是由政策挫伤农民种粮积极性造成的。反映粮食总产量上扬和下滑的最灵敏指标是粮食播种面积的增减，它是农民种粮积极性的晴雨表。

粮食总产量是由单位面积产量与播种面积构成的。61 年的实践证明，粮食产量主要取决于农田基本建设以及农资与技术投入水平。单位面积产量是个相对稳定和逐步提高的生产要素，播种面积则深受粮食政策和农民种粮积极性影响而波动起伏。只要把握好粮食政策，保护好农民种粮积极性，持续提高农田基本建设和物资与技术投入水平，粮食总产量是可控和预期的。农业灾害一般只能起到局部性和短时段作用，这是 61 年实践留下的一把掌控我国粮食安全全局的钥匙。

10.3 我国的粮食形势是安全的

当前对我国粮食安全的主流看法是“形势严峻，前景堪忧”，而我认为是安全的，但要转变发展方式。

“粮食”是个比较笼统和易被误解误导的概念。人们常以为粮食安全就是保障13亿人吃饭，其实只有一半的粮食是供人食用的口粮，另一半主要用于饲料和工业原料。在2009年粮食消费总量中，口粮、饲料用粮和工业用粮占的份额大抵分别为49.3%、33.6%和15.0%。随着生活水平的提高，肉、蛋、奶吃得多了，口粮吃得少了，2000—2008年，农村居民粮食年消费量由250千克减少到199千克，城镇居民由82千克减少到59千克。随着城市化进程的加速，口粮的消费量也在趋减。口粮消费量趋减和人口趋增之间的消长使口粮消费量大抵趋稳，而不是“水涨船高”的简单逻辑关系。

随着食物结构的改变，饲料用粮和工业用粮（淀粉、食用酒精等）会有较快增长，实则我们所谓的提高总产量的粮食主要是用在饲料上。这三种用粮的性质是不同的。口粮是解决吃饭问题，是生存的基本需要，必须自给和充足供应，而饲料及工业用粮则是提高生活质量，是第二位的，且口粮（大米和小麦）无可替代，后者则有较大调剂和替代空间。如饲料粮除满足必要的玉米全价饲料外，其他如作物秸秆、饲草、薯类、高粱、饼粕、食品及生物能源加工业的副产品等均可为饲料来源。以造酒与淀粉为主的工业用粮也可以多开发利用薯类和高粱原料，以减少使用谷物原料。通过科技来减少饲料和工业用粮的潜力和空间是很大的。没有区别就没有政策。国家的粮食战略不应将口粮与饲料和工业用粮混同对待，可将其分为“口粮安全”与“饲料和工业用粮保障”，这样更科学和符合实际。

就广义的粮食而言，我国已具备了年生产5亿吨以上的综合生产能力，“十二五”的生产指标（5.4亿吨）在2010年也已经达到（5.464亿吨），所以有理由相信我国的粮食形势是安全的，至于口粮更是绝对安全的。

尚存的后顾之忧：一是担心耕地面积的持续减少。2000—2009年的年均建设占用耕地285万亩，守住18亿亩耕地红线（2009年耕地面积为18.257 4亿亩）的任务很重，这主要依靠政府的得力监管，同时也可从中低产田改良和垦殖部分备用土地的增产中得到弥补。二是担心粮食播种面积减少。这主要取决于政府对粮食政策的正确把握，应当相信粮食“三起两落”的历史经验和教训会使我国粮食政策趋于成熟，同时持续提高的粮食单产也可作为播种面积减少的一种弥补。三是担心国际粮食市场对我国粮食短缺的调剂能力。其实我国已经达到了粮食自给率95%的综合生产能力，通过国际粮食市场对粮食品种和数量做必要的调剂也是正常和必要的。

10.4 关键是提高种粮的比较效益

农业是个比较效益很低的产业，农业中又以种粮的比较效益最低。按2009

年统计资料可知，农民种1亩稻谷、小麦和玉米的净收入分别是251.2元、150.5元和175.4元。“种一年粮不如进城打几天工”“种粮大县就是农民和县财政的穷县”，这种贡献与回报的严重分离既不公平，也难以持续。

“国家要粮，农民要钱”，如何统一？关键是通过提高种粮比较效益以保障农民的种粮积极性。这些年政府做的主要是加大种粮补贴、化肥补贴、提高收购粮价、减免税负等以调动农民种粮积极性。农业是个特殊产业，政府补贴是正常和必需的，世界各国皆然。与经济发达国家的农业补贴相比，我国差得很多，仍须努力。但是国家这么大，农民这么多，只靠补贴不行，且政策的激励效应也在衰减。其根本之道在于提高种粮自身的综合经济效益和培育农民种粮的“造血”功能，既“授之以鱼”又“授之以渔”。提高种粮综合经济效益一是在粮食加工链条中扩大农民的参与及获利程度，二是发展粮作秸秆等的综合开发产业。

每产1吨稻谷可出0.6吨稻秸，产1吨小麦出1.4吨麦秸，产1吨玉米出2吨玉米秸，这是一笔很大的资源财富。据农业部2010年的专项调查报告可知，我国2009年可收集的6.87亿吨作物秸秆中75%，约有5.2亿吨的水稻、小麦和玉米秸秆；作物秸秆的主要去处是饲料、还田、燃料和露地焚烧，分别占31%、15%、19%和31%，也就是说，在保持秸秆现饲用及还田的前提下，尚有2.6亿吨秸秆可开发转化为现代生物燃料，其热值相当于1.6亿吨原煤，或3个中国最大的神东煤矿，而且是“绿色”的。

原料秸秆的吨价在200元左右，若可收集的2.6亿吨粮食秸秆得以利用，农民可新增收入520亿元。以玉米为例，2009年国家统计资料的平均亩产为350千克，平均产值为705元和净收入为175元。如出售玉米秸秆可额外获利140元，净收入可增加八成。如能参与秸秆的储运和加工过程，则附加值更高，获利更多。此外，发展秸秆产业还可以为农民提供就业岗位，促进农村富余劳动力就近转移和农村工业化和城镇化建设。

全国有近2亿吨秸秆被露地焚烧主要发生在粮食主产区黄淮海平原，黄淮海因种植制度由两年三熟改一年两熟后腾地抢种非常紧张，不得不将秸秆露地烧掉，导致资源严重浪费和环境污染。既然种粮效益比较低和粮食主产区穷，为何不开发秸秆产业以除弊兴利？ 2008年国务院下发了《关于加快推进农作物秸秆综合利用的意见》，其重点是解决秸秆露地焚烧和传统的综合利用未能与提高农民收入和种粮积极性相结合。秸秆能源产业的直燃发电、成型燃料供热、裂解气化液化、可替代天然气的产业沼气等技术成熟并已经被商业化运作。纤维素乙醇技术一旦突破将更加扩展秸秆用途和提高附加值。

最近，中国农业大学培育成功了粮、饲、能兼用的玉米品种，即在收获玉米果穗时，秸秆仍保持青绿，可用作优质青贮饲料和产业沼气的原料，可以大大提高种粮的经济效益。不断出现的此类科技成果必将有力推进粮食的综合开发和提高粮食的比较效益。当前“瓶颈”不在技术，而在国家业务主管部门的观念与政策的滞后。

10.5 要转变农业发展方式

民以食为天的一种现代表述是“农业是国民经济的基础”，即不仅是粮食，而且是社会经济发展的第一产业，关联着从事农业生产的8亿弱势群体和整个社会公平与稳定的维系。改革开放始于农村，30年后的今天，“三农”积累的问题很多，该做的大事很多，不仅仅是粮食安全问题。

将8亿农民捆绑在人均1.5亩和70%种粮的土地上从事附加值极低的初级农产品生产，其收入怎能与现代工业和城市居民相比肩（图4）。表观的农民人均纯收入与城市居民可支配收入之比是1：3.3，如果算上医疗、养老等各种福利，差距不下6倍。虽国家“十二五”规划中的城乡居民收入增长指标都是7%，即便如此（肯定是城快乡慢），二者收入的实际值只会进一步扩大。改革开放到今天，这个问题必须面对，不该回避了。解决这个深层次问题必须在农业观和农业产业结构上有一个深刻的反省，需要转变农业发展方式，在农业领域有一次飞跃和革命，而不是修修补补。

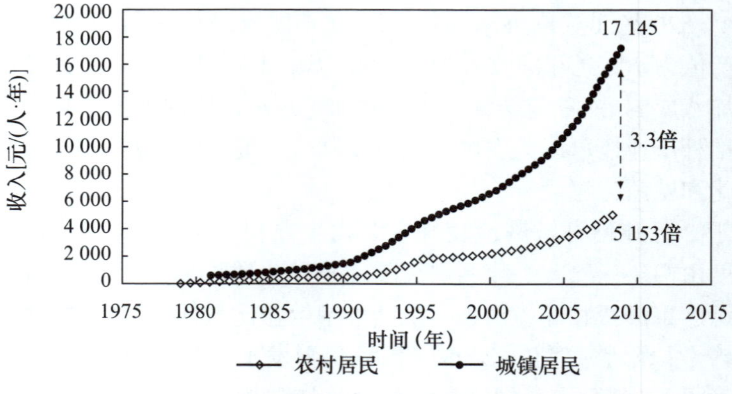

图4 中国城镇居民可支配收入与农村居民纯收入增长状况

现代农业中有以美国为代表的资源型农业，以规模化和机械化生产的家庭农场企业为其主要经营模式；有以荷兰和以色列为代表的非资源型农业，以小型家庭农场与社会化贸工农企业化相结合为其主要经营模式，二者都达到了很高的土地生产率和劳动生产率水平。中国属非资源型农业，但只有小型农户生产而未与社会化的贸工农经营相结合，故土地生产率和劳动生产率低下且很难上去，2007

年的农业劳动者的人均收入只是荷兰的1/40和以色列的1/25。这个现代农业产业结构和经营模式以及土地和劳动生产率低下的问题不解决，谈何农业现代化。

先行工业化国家的工业化是工与农、城与乡协同进化的，中国则以城乡二元化和工农二元化政策将“三农”边缘为工业化和城市化的食物和原料提供者，至今也未能形成自身的农工商贸的企业化经营体系，中国出现“三农”问题的根源即在于此。

近十多年来，美国和欧洲等先进工业化国家和地区为应对能源危机和全球气候变暖而发展生物质能源，并以能源农业促进本国农村经济的发展。可惜在“三农”嗷嗷待哺的中国却因“粮食安全”等的羁绊而遭到冷遇。中国石油需求增长快而资源极贫，进口依存度已达56%，国际油价高起和能源安全形势之严峻已经构成我国经济发展中的重大隐患。在石油消费大户的运输行业里能大规模替代石油的唯一选择是生物液体燃料，2010年的全球产量为8 000万吨，中国仅为160万吨，“十一五”的生产指标只完成了10%。

下面拟重温改革开放之初的中共中央1983年“一号文件”和1984年“一号文件”中的两段文字，并以此结束本文。

“我国农村只有走农林牧副渔全面发展、农工商综合经营的道路，才能保持农业生态的良性循环和提高经济效益；才能满足工业发展和城乡人民的需要；才能使农村的剩余劳动力离土不离乡，建立多部门的经济结构；也才能使农民生活富裕起来，改变农村面貌，建设星罗棋布的小型经济文化中心，逐步缩小工农差别和城乡差别。”

“不改变8亿农民搞饭吃的局面，农民富裕不起来，国家富强不起来，四个现代化也就无从实现。”

（2011年6月17日完稿）

11 黄淮海平原农业发展战略研究

【本文写作背景】

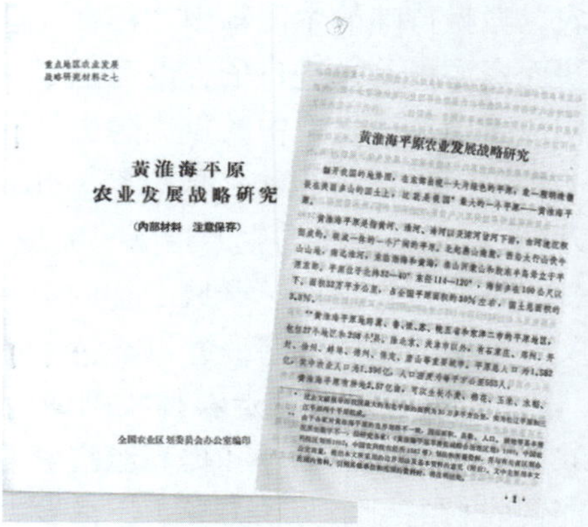

20 世纪 80 年代初，国家农业委员会布置了“黄淮海平原农业发展战略研究”课题。《文集》作者与刘巽浩等共同主持和完成了该项研究任务。该研究报告获全国区划委员会颁发的研究成果一等奖。此文收录在《黄淮海平原农业发展学术讨论会论文选集》（1982 年出版），这是土壤科学工作者参与农业问题研究的最早写作的论文。

黄淮海平原是我国最大的一个平原，面积为 31 万千米 ^{2}，占全国平原总面积的 1/3 左右。这里有耕地 2.7 亿亩，占全国总耕地面积的 1/6。人口 1.55 亿人（不包括大中城市人口），农业人口 1.4 亿人，每个农业人口占有耕地 1.84 亩，高于全国平均水平。

黄淮海平原是我国的一个重要农区。其在 1980 年的粮食总产量为 952 亿斤，占全国粮食总产量的 15%。小麦和棉花的产量分别为全国总产量的 39% 和 41.4%。玉米、大豆、花生、烤烟的产量均占全国总产量的 1/4 左右。

以上数字说明了黄淮海平原在我国农业上的重要地位。这个地区的丰歉和农业发展状况不仅关系着 1.4 亿农民的生产和生活，对全国的农业形势影响也很大。

黄淮海平原在我国农业上占有如此重要位置是和它拥有的优越的自然和社会条件分不开的。这里地处暖温带，热量资源丰富（＞0℃积温为 4 200 ～ 5 500 ℃，无霜期为 180 ～ 220 天），降水量较高（550 ～ 1 000 毫米），光照充足（年日照 2 800 ～ 2 100 小时），适于小麦、水稻、玉米、棉花等多种作物生长，可以一年两熟和两年三熟。平原辽阔坦荡，土层深厚，是我国农区中土地资源比较丰富，水土平衡状况较好的一个地区。此外，这里地处中原，工农业和交通发达，劳力资源充足，也是发展农业的有利条件。在水热资源和社会经济条件上，黄淮海平原优于我国北方其他地区，而光照和土地资源上又较我国南方诸地更丰富。在我国农区中，它占天时，得地利，在气候、水土、劳力资源及自然条件上有着明显优势。

但是农业发展中也有一些不利因素。在季风气候影响下，降水集中，干湿季分明，加以地势低平，径流不畅，以至干旱和洪涝灾害频繁，水资源不能满足农业发展的需要。此外，土壤普遍瘠薄，施肥水平低和尚有约 1 亿亩的低产土壤。这些不利因素严重限制了农业生产的发展。1980 年本区粮食单产 498 斤，较全国平均低 19%。按 1976—1978 年三年平均计，黄淮海平原有低产县（粮食亩产低于 400 斤）109 个，占 36.4%；中产县（400 ～ 600 斤）111 个，占 37.1%。其中中低产县的耕地面积约 1.8 亿亩，占全区总耕地面积的 2/3 左右；需要调入粮食的有 130 个县，全区除京津外平均每年调入粮食约 10 亿斤。

在诸限制因素影响下，黄淮海平原目前的农业生产水平较低，不能为国家提供较多的农产品，这和其所处的优越的自然和社会条件是不相适应的。但是农业生产上的这些限制因素是可以经过人为努力，得到克服的暂时性因素。而丰富的农业资源和优越的自然、社会条件则是根本性质的，它决定了黄淮海平原在农业上存在的巨大潜力和广阔前景。

实践证明，经过努力，削弱或消除了某些限制因素，农业生产就会有较大幅度的提高，由低产转化为中产或高产，贡献颇为可观。若现在的低产区的粮食单产提高到 500 斤，中产区提高到 700 斤，棉花由单产 80 斤提高到 100 斤左右，就可增收粮食 300 亿～ 350 亿斤，棉花 10 亿斤。

自新中国成立以来，国家对这个地区进行了大规模治理，水利工程和农田基本建设已有相当基础。各种专业方面的勘测、科学研究和治理实践均取得了丰富资料和经验。这个地区的工作基础好，加以自然和社会条件优越，农业及劳力资源丰富，进一步的治理和农业上的再开发可起到收投资少、见效快、效益高之利。

如何确定黄淮海平原农业发展的战略目标？既要根据本区农业资源和自然社会条件的特点、农业发展的历史和现状以及实现目标的可行性（技术上、经济上、社会上），又要从全国国民经济和农业发展的全局着眼，发挥本区优势，照顾全局需要。黄淮海平原在我国农业发展中占有重要地位，它也将担负着全国农业发展所赋予的重任。我们考虑黄淮海平原农业发展的近期目标（约至 1990 年）可更改为争取大范围内的粮食肉类自给有余（每个农业人口人均占有粮食由 600 斤提高到 750 斤），农民生活有相应的改善，为国家提供的农产品主要是棉花（2 500 万～ 3 000 万担）（1 担 =100 斤）和大豆（10 亿～ 20 亿斤），其他如油料、烤烟等。远期内（约至 2000 年）建成棉花、大豆、油料、粮食和肉类的商品基地；做到以农业为主，农林牧副渔综合发展，在农业生产条件、生态结构、总产值及其构成、人均占有粮食和经济收入等方面都有较大的改善和增长，为我国的农业现代化和国民经济的全面发展做出贡献。

这个目标是就整个黄淮海平原而言，由于地域辽阔，气候、地理和各种农业生产条件的地区差异很大。应根据各自资源和条件的特点，各地区有着不同的发展重点和目标。

在上述目标中，斟酌较多和意见比较分歧的是商品粮基地问题。从全国农区粮食生产的综合条件来看，需要黄淮海平原为国家提供商品粮。但是黄淮海平原，特别是其北部地区水资源缺乏影响了商品粮基地的建设。同时，现行的粮食作物的价格政策对调动农民的粮食生产积极性也有影响。

按本区人口的自然增长和将人均占有口粮由现在的600斤提高到750斤，粮食总产量需在现水平基础上增长300亿～400亿斤，单产由500斤提高到700斤左右（保持粮田面积不变）。在此基础上，需总产量达1 520亿斤，单产800斤，方可提供商品粮250亿斤。1980—2000年的平均年递增率为2.3%。这种增长率是可能的，但在基数较高的情况下，需有较大的投入和努力。

现在约1/4的高产县一般人均耕地少，提供商品粮的能力有限；北部水资源不足对粮食生产的发展限制很大；提供商品粮的潜力较大的地区主要在黄淮海平原的南部和人均耕地多的中低产地区。

为达到上述目标，采取的战略措施有：合理利用资源，调整好农业结构；保护土地资源，改造低产土壤，以化肥起步，有机肥与无机肥结合，培肥土壤是基础；在防洪排涝的基础上，合理调配和使用好水资源。以下分述之。

11.1 合理利用资源，调整好农业结构

黄淮海平原有两千多年的农业历史，农民摸索和建立了一套以小农经济为基础的适应各地自然条件的种植结构和制度。自新中国成立30年以来，随着农田基本建设和水肥条件的改善，农林牧副各业均有较大发展。从总体上讲，农业结构大体上是合理的，看不到这个基本方面，将会给农业结构的调整带来混乱和失误。

但是在过去的一个相当长的时间里，过分强调了粮食生产。在一些地区不考虑水肥条件和自然特点，过多地扩种了要求水肥条件较高的小麦、玉米，不适当地压缩了棉花、花生、大豆和一些适应旱涝盐砂薄条件，抗逆性强的谷子、高粱、杂豆等作物。此外，重用地轻养地，忽视培肥土壤，因而使一些地区在农业结构上存在着严重的失调现象。自三中全会以来，随着各项农业政策的落实，农业结构失调现象开始改善。在今后的一段时间里，将黄淮海平原看作一个整体，根据自然条件的特点，科学地和合理地利用资源，按照战略目标的要求，稳步地

（不是大起大落）对农业结构进行调整和提高。

一个良好的农业结构一方面表现在资源利用合理，不浪费，不滥用，既利用又保护，适地适作，协调综合；另一方面也要表现在能（包括自然能和人工投入能）转换率高，能增产稳产；经济收益高，可扩大再生产。

在考虑农业结构调整时，除上述原则外，还有两条是值得注意的：一是要保持粮食的稳定增长和在此前提下大力发展经济作物和多种经营。二要重视土地后备少，村镇工业占地日增的现实，把着眼点放在提高单产上。

小麦不仅是人民生活中的重要粮食，而且是高产稳产、有利于提高复种指数的一种重要的粮食作物。但是整个生长期都处于干旱季节的小麦是一种需水很多的作物。水是小麦获得丰产的重要条件。有了水，其他措施才能充分发挥作用。麦随水走（自然降水和灌溉条件），这是客观的规律性。

黄淮海平原的自然降水，大体是自北而南，由 500 多毫米增加到 1 000 毫米左右。北部，特别是河北平原，降水和灌溉水源最为缺乏。在过去的一些年里，忽视了这个客观规律和水资源的现实。在水源不足、土壤肥力低下的一些地方，不适当地扩大小麦（玉米）面积，出现产量低、成本高、水的供需矛盾加剧、种植结构失调等一系列问题。从 1978 年的作物种植图上看出，黄淮海平原降水最少、干燥度最大的干旱中心（南关衡水一带），恰是北部复种指数较高、产量和经济收入很低和由于超量开采而地下水降落漏斗严重发展的地区。1980 年，河北平原（包括高产的石家庄、唐山和保定地区）小麦播种面积占耕地面积的 47.5%，单产 219 斤；鲁西北分别为 43.3% 和 205 斤；苏北分别为 43.8% 和 356 斤。显然，从以上材料中可以看出小麦（玉米）播种面积、单产和水资源条件之间存在的失调现象。

北部自然降水少，要求较高的灌溉条件和成本。根据多点调查。小麦亩产在 80 ～ 160 斤以下，经济上是不合算的。平原北部，特别是河北省黑龙港地区，亩产低于 200 斤的小麦占播种面积的 50% 以上。平原南部，豫东、苏北和皖北一带的年降水量为 700 ～ 1 000 毫米，春秋雨水较多，有利于小麦生长。只要有一定的施肥和管理水平，旱地麦单产也可得三四百斤。

麦随水走表现在平原北部水源条件较差的旱薄地、盐碱地的小麦播种面积要大大压缩，小麦向水浇地转移，集中和努力提高单产，总产得到保持和逐步增加。从整个黄淮海平原看，小麦种植的调整方向宜向南移。

棉花是黄淮海平原的一种重要经济作物，黄淮海平原是我国最大的一个棉区，播种面积和产量几近是全国的一半。棉花的生长旺期要求大量的水热和光照，此时正是黄淮海平原的夏季，其可以较好地满足棉花生长的需要。苗期气候比较干燥，棉花病害较少。秋高气爽，有利于棉花的成熟吐絮。与江汉平原等南方棉区相比，这里对棉花具有较好的气候生态适应性，是我国很有发展前途的一个重要棉区。

前几年，黄淮海平原的棉田比较分散，苏北滨海一带的棉田比重较大。近两三年，鲁西北棉田面积大增，棉田面积占耕地面积的25.6%。整个黄淮海平原的多数地区均宜于棉花种植。水分条件较好的南部，基本能够满足棉花全生育期的需水。北部棉区的初夏旱影响了棉花蕾期的生长。底墒不足的土壤也常影响棉花的适时播种。平原南部，以至鲁西北和豫东棉花在一般年景基本上不需灌溉。北部虽可种于干旱地，但要注意播前保墒，抗旱播种和初夏旱的补充性灌溉。

棉花还具有耐旱、耐盐碱、耐瘠薄和经济价值高的特点。棉花在黄淮海平原上具有普遍的生态适应性。但是北部自然条件降水较少，水资源缺乏和盐碱地较多，粮食的发展潜力不大，而棉花的发展是可能的。它可以缓和水的供需矛盾，轻中度盐碱土可以更好地得到利用和较快地改善农民的经济状况。

处理好粮棉关系很重要。从种植制度、病虫害防治、多种经营和农村经济发展等方面的综合考虑，重点植棉县的棉田面积占耕地面积的比例以30%～40%为宜，一般植棉县以20%～30%为宜。一般重点植棉县人均应有一亩左右粮田，并安排在水肥条件较好的地上，以保证粮食自给和稍有节余以及多种经营的用地。棉田宜布置在地势稍高，土质偏轻，灌溉条件稍差的地上，所以棉区宜相对集中，不宜过于集中。就目前情况看，鲁西北棉田面积宜适当控制。河北黑龙港地区（主要是一部分高上地、盐碱地、灌溉水源稍差的地）及豫东地区可适当扩大。皖北、徐淮一带基本稳定在现在水平，着重于提高单产。从全区看棉田面积以不超过4 000万～4 500万亩为宜。

黄淮海平原南部具有发展夏大豆的优势。夏大豆期间的积温为2 800℃，比哈尔滨地区的一季春大豆的积温（2 600℃）还要高。生育期间的降水量为400～600毫米，比东北丰富。大豆还可养地和为下茬提供良好茬口。小麦－大豆的一年两熟制是淮北一带能转换率和产出较高和资源利用合理的一种种植制度。历史上的黄淮海平原就是一个重要大豆产区，目前黄淮海平原有大豆约2 900万亩，估计可恢复到3 500万亩左右。发展大豆是增加我国人民及牲畜的蛋白质供应水平的重大措施。其可以利用黄淮海平原，特别是黄淮平原有利的气候和水土资源，建成我国的夏大豆基地。目前主要问题是重麦轻豆，管理粗放，产量不高。

在种植结构的调整中，我们要正视约有一半的耕地（约1.4亿亩）基本没有灌溉条件的现实，应重视旱作农业的发展。在过去一个相当长的时间里，人们的注意力集中在水浇地和高产地上，这是应当的。但是1亿多万亩的旱地却受到了不应有的冷遇。肥料少、管理差，只重视高产高水肥条件的育种工作和栽培技术，不重视抗旱耐盐等抗逆性强的品种的培育和传统的抗旱保墒技术，旱地成为“老低产”，造成气候和水土资源的严重浪费。

它不同于东北和西北一些地区的旱农，黄淮海平原的旱农是具有 500 ～ 1 000 毫米降水，有地下水补给、光热和劳力资源丰富、可能获得较高产量的一种半湿润季风区的旱农。问题是要重视和贯彻一整套的旱作农业的技术，包括选择种植抗旱作物（如谷子、高粱、杂豆等）和品种、建立旱农种植制度、注意平地围埝、蓄积雨水、适雨种植、耕作保墒和培肥土壤等。事实证明，旱地农业搞好了，也可获得较高产量。如果每亩增产 100 斤，就可增产 100 多亿斤粮食，潜力是很大的。

有这样一种说法，即黄淮海平原的重点是发展旱农，这是开了倒车，因为灌溉农业在高产和稳产上明显地优于旱农。从长远看，灌溉面积是要逐步扩大的，但是目前应重视旱作农业。

加速平原造林是调整和改善黄淮海平原农业结构的一项重大战略措施。它可以起改善农田生态环境，提供燃料饲料肥料和建筑材料，增加经济收入的多方面的作用。平原造林主要是结合沟渠道路建设防护林网，发展村庄的四旁植树和利用沙碱荒地营造片林，做到造林不与农田争地。黄淮海平原目前的树木覆盖率一般约 5%。按此造林，覆盖率可达 15% ～ 20%。

畜牧业是农业结构中的重要环节，起着提供畜产品、使役、积肥、增加收入（家庭饲养业）和改善农业生态环境的多种作用。随着农业生产责任制的贯彻，畜牧业有了很大起色。1980 年畜牧业生产值一般占农业总产值的 10% ～ 12%（按省）。

畜牧业是随粮食生产的发展而发展的。北部山麓平原区 1980 年的粮食单产 379 斤，平均每亩耕地占有猪 0.2 头。冀鲁豫低平原粮食单产 225 斤，亩有猪仅 0.1 头。就整个黄淮海平原而言，每户约 1 头猪。在今后相当长的一段时期内，猪肉仍将是我国的主要肉食。猪将以户养为主，随粮食生产的增长而逐步发展。猪的发展主要不是增加存栏数，而是缩短饲养期，提高出栏率和饲料报酬率。

役畜在近两三年发展很快，1980 年达 973 万头，约 30 亩地 1 头，发展势头仍然存在。在今后相当长的时期里，畜力仍然是我国农村的重要动力，承担运输和辅助性耕作的任务（犁地仍应以机械为主）。在当前责任到户的情况下，役畜分散，使役期短，与猪、羊等争饲草等问题需要解决。从长远看，役畜应与饲养食草动物相结合，向役肉乳综合利用方向发展。本区三面环山，靠近牧区，有利于农区牧区结合，使黄淮海平原的畜牧业向着育肥加工和出口的方向发展。

畜牧业在农业结构中的另一个重要作用是为种植业提供优质有机肥。目前，平均亩耕地占有牲口粪约 300 斤。许多典型经验说明，畜牧业发展得好的社队的有机肥施用量、土壤肥力、粮棉产量和投资效益都显示出较高的水平。

自然条件优越而多样的黄淮海平原有着在不同条件下出产的各种各样的特产。其中不少是闻名中外和外贸出口的商品，如鸭梨、蜜桃、葡萄、泡桐、羊等；

也有适应沙地和盐碱地生长的枣、沙打旺、芦苇、荆条和其他各种特用作物。这些都需要大力扶持鼓励，广开门路，发展多种经营。加强各种农牧产品的加工业，逐步走向农工商综合发展的道路，以彻底改善农业的结构和经济状况。

11.2 保护土地资源，改造低产土壤

土地是从事农业生产的最基本的生产资料。它具有空间上的有限性，是任何其他物质所不能代替的一种重要的国民财富。黄淮海平原的土地是在优越的自然和社会经济条件下承担着我国重要农产品生产的具有重大社会和经济价值的宝贵资源。这里农业人口人均占有耕地 1.84 亩，高于全国平均数，是黄淮海平原农业发展上的一种优势。

但是也要看到土地资源正以较快的速度在减少着。据鲁西北的典型调查资料显示，行署驻地的城镇占地一般为 10 千米^2 左右，比新中国成立初期扩大了 4～12倍；县驻地城镇一般占地 2～3 千米^2，较新中国成立初期扩大了 4～5 倍。此外，每增加一个农村人口，村庄面积就扩大 0.1 ～ 0.12 亩。1949 年鲁西北四区每一个农业人口有耕地 3.53 亩，1981 年减为 1.96 亩，年均递减率 1.82%。依此速度，到 2000 年，每一个农业人口占地将为 1.41 亩。据河南商丘地区的典型调查可知，近两年由于农村经济状况改善，盖房量大增，仅烧砖一项占农田 8 000 亩。

按人口的增长和城镇工交占地的发展进行概算，2000 年，黄淮海平原的农业人口将增至 1.7 亿～ 1.8 亿（不算向城镇转移数），以年递减率 0.14% 的速度使耕地减少 700 万～ 1 000 万亩，人均占有耕地随之由 1.84 亩减至 1.4 ～ 1.5 亩。农用土地资源绝对量的减少几乎不可逆转，相对量的减少也使黄淮海平原的土地优势逐渐消失。本区有未被利用的荒地 1 500 万～ 1 700 万亩，其中多是条件差，需有较大投入才能利用，耕地的后备资源是不丰富的。因此，必须土地立法，严格控制城镇工交占地，搞好村庄建设规划，增加空间利用，最大限度地减少生活占地，这是一项具有长远的战略意义的措施。

在黄淮海平原，约 1 亿亩具有障碍因子的低产土壤，其中盐碱土约 5 000 万亩，砂姜黑土 3 000 万亩，沙土 2 500 万亩。由障碍因子造成的这些低质量、低产田的土壤使这里优越的气候、自然和社会经济条件和资源不能得到充分和合理的利用，这是一项大浪费。

这些地区一般都有人少地多（人均占有耕地 3 ～ 5 亩）、土地后备资源较丰富、耕作管理粗放和生产水平低下（单产仅 200 斤上下）的特点。这些障碍因子一旦被消除或削弱，就能提高耕作管理水平，优越条件所蕴藏的潜力即可发挥，农业生产可获大幅度增长。人少地多还赋予这里商品率高的特点。实践证明，每

亩地在现水平上增收三四百斤粮食（粮棉油统一折算）是不难做到的（许多先进社队和县的实践大大超过了这种水平），即低产土区可为黄淮海平原增收三四百亿斤粮食。这是一块大面积的有待于再开发的农产品生产基地，是黄淮海平原农业发展中的一个优势。

盐碱土是黄淮海平原上分布很广的一种低产土壤，主要见于北部的冀、鲁、豫、津和苏北平原。新中国成立 30 多年来，曾进行了大量的盐碱土治理工作。河北的曲周、南皮、深州市，山东的禹城、陵县、寿光，河南的商丘、新乡、封丘以及江苏的睢宁等大量典型经验说明，各种类型的盐碱地都是可治的。经过治理的土地，其粮食单产可由一二百斤提高到五六百斤，甚至千斤以上，对国家的贡献显著超过一般的中高产区。

黄淮海平原的盐碱土是在半湿润季风气候影响下形成的。不同于干旱半干旱地区的盐碱土，其有着自身的水盐运动规律和发生、性状上的特点。治理的主要经验是旱涝盐碱要统一考虑，实行农林水并举的综合治理方法。一方面结合土地平整和农田基本建设，建立以浅机井为主的井沟渠结合的农田工程，以调节水盐运动，达到抗旱防涝治碱的目的；另一方面结合农业利用和生产，施肥培肥，加强管理，以提高土壤的抗逆性能和生产性能，达到改土增产的目的。近期内，在已有田间工程基础上，宜以合理利用和农业措施为主，特别是在轻中度盐化土壤上大力发展棉花等耐盐和有较高经济价值的作物，以改善农民经济状况，积累治理和扩大再生产的资金。在今后以及目前有条件的地方仍要逐步加强农田工程建设，以提高抗御旱涝盐碱能力和土地的素质，进一步改善农业生产条件和提高土地生产力。

综合治理旱涝盐碱的亩投资额（在基本没有田间工程的条件下起步，但不包括骨干工程）为 60 ～ 120 元。一般情况下，4 ～ 6 年可以全部回收。曲周试验区自 1974 年开始治理，张庄大队年总产由治前历史最高水平，即粮食 30 万斤提高到 120 万斤，棉花由 0.48 万斤提高到 3.8 万斤。1974—1981 年累计交售粮食 223 万斤，平均每年人均交售 430 斤。农业年总收入由 11.2 万元增至 50 万元，人均收入（集体部分）由 69 元增至 307 元。综合治理中的亩投资 93 元，回收年限 4.03 年，投资效果系数 0.248。

许多典型经验都具有较好的投资效果。在投资回收的同时，农田基本建设已具有一定规模，土壤得到改良，产量大幅度增长和趋于稳定，农民生活显著提高，为向新的高度发展打下了基础。

砂姜黑土是一种脱沼泽型土壤，分布于平原南部的皖北和豫东南一带。虽有本区最佳的气候和水资源（特别是降水和地下水），但土壤质地黏重，结构不良，胀缩性大，僵瘦瘠薄，易旱易涝，历来就是有名的多灾低产区。一旦消除了渍涝，改善了土壤性状，产量就可大增长。固镇县有耕地 120 万亩，3/4 是砂姜黑土，

1965 年粮食总产 1.06 亿斤，单产百斤左右。以后坚持治水改土，产量稳步上升。1981 年，总产 5.4 亿斤，人均产粮 1 300 斤，上交粮食 2 亿斤，花生 2 600 万斤，芝麻 300 万斤，油菜 350 万斤，人均收入 312 元。

治理砂姜黑土的主要经验为一是搞好排涝工程，防涝防渍和发展井灌；二是提高土壤有机质含量和增施化肥；三是逐步深耕，加深活土层。根据调查，每亩的治理投资为 40 ～ 80 元（不包括河道治理），每 100 元投资年增产粮食 200 ～ 250 斤，3 ～ 5 年可收回治理投资。

砂姜黑土区的气候和水土资源甚丰，投资效益高。按上述种植结构调整的设想，这里可发展为以小麦—大豆一年两熟制为主的商品粮油（花生大豆等）基地。

沙土主要分布于现黄河两岸决口泛区及废黄河故道，以河南省境内为多。沙土地区风大沙多，地瘦人穷，产量很低，焦裕禄同志工作过的兰考县在过去就是个穷沙窝。但是黄淮海平原的沙地毕竟是在暖温带，它有着 600 ～ 800 毫米降水条件下的沙地。比起干旱和半干旱的沙地，黄淮海平原的沙地条件好得多，潜力大得多，利用改造也较容易。自新中国成立以来，在沙地治理上做了大量工作，河南的尉氏、民权等地都是成绩卓著，经验丰富的。

治理沙地的主要做法是固沙先行，造林开路，以林促农牧，农林牧结合。治理中要利用与改造相结合，以利用为主。沙地有三宝，花生、条子、大沙枣。现在又有了新三宝，葡萄、泡桐、沙打旺草。葡萄和泡桐具有很高的经济价值，每亩葡萄可收入四五百元。

沙土区在地形和土质上的特点有利于实行农、林、牧、副，加工业的综合发展和与轻工外贸相结合，具有很高的经济价值。

我国是个人口众多，耕地很少，土地后备资源并不丰富的国家，保护土地资源和从每一亩土地上获得最大生产是我国农业发展的一条根本战略。它在黄淮海平原的具体体现：在最大限度地延缓人均占有耕地量的减少趋势的基础上，做好三条战线的工作，一是进一步提高中高产区土地的生产能力；二是消除或削弱低产土壤的各种障碍因子，解放生产潜力并逐步提到高产水平；三是做好勘测、研究和试点工作，有计划、有步骤地开发后备的土地资源。

11.3 化肥起步，有机肥与无机肥结合，大力培肥土壤

肥是农业生产的物质基础。一要有肥沃的土壤，以充分满足作物的生活需要；二要施肥，适时适量地供应作物以养分和给土壤养分进行补充；三要提高土地的生产能力和发展农业。同样的干旱、渍涝和病虫灾，肥沃的土壤就有较高的耐性和抗逆能力，比一般土壤受害轻。同样的肥料施用水平，肥沃土壤的增产效益就

高。培肥土壤是农业的一项基本建设。施肥是培肥土壤和作物增产的关键。

黄淮海平原在这方面的情况如何呢？据统计，有机质低于 1% 的瘦地约占耕地面积的 63%，速效磷低于 5‱的严重缺磷土壤占耕地面积的 80% 左右。

1981 年，化肥亩施用量 74 斤（按标准化肥计，下同）。自新中国成立以来，施肥量，特别是化肥的施用量有了很大的增长，但是目前的水平仍然是低的。突出的问题是土瘦，严重缺磷和施肥水平不高。

有机质的多少是衡量土壤肥力的重要标志。有机肥是施肥和培肥土壤的主要物质。它既具有营养全面，缓冲和调节能力强，有利于改善土壤的物理性状的特点，还有减少能源消耗和污染，降低生产成本的优点。重视有机肥是我国农业的优良传统。但是近十多年来，产量和化肥施用量迅速增加，有机肥施用不足的矛盾很尖锐。缺乏有机肥，培肥土壤也是一句空话。

有机肥不是像化肥那样可以工厂生产，而是通过在土地上生长的植物体获取有机质。牲畜和人的粪便主要也是这种第一性产品的再转化。增加有机肥根本在于增加有机质来源。作物秸秆是主要的有机质源，黄淮海平原的年产出量大约为 2 017 亿斤，每亩平均 785 斤（干重下同）。据多点调查，50% 用作燃料，40% 用作饲料，10% 直接还田，也就是说，一半还田，一半烧掉。作物秸秆是黄淮海平原农村的主要燃料。不解决燃料，这一半的秸秆就还不了田，所以增加有机肥问题，从这个侧面看，是个解决燃料的问题。结合建设农田林网，发展薪炭林，搞节柴灶，利用沼气和太阳能（随着科学技术的发展和经济状况的好转，利用的前景是乐观的）等均有利于缓和农村生活能源的紧张局面和扩大了有机质源。通过这些综合措施，解决三四个月的燃料，就可使每亩地占有的秸秆增加约 1/3（由 393 斤增至 511 斤）。但是在今后相当长的一个时期内，秸秆仍将是农民生活的重要燃料。

增加秸秆的产出。怎样增加秸秆产出量？很明显，采取以有机能投入为主体的封闭式的物质循环——“有机农业”的办法是解决不了问题的，必须投入以化肥为主的无机能，以化肥增加生物量。扩大农业的物质循环。用通俗的话说就是“以无机促有机”。

1970 年徐州地区每亩施化肥 13.5 斤。此后逐年增长，1980 年达 145 斤，骤增 10 倍。同期粮食亩产由 284 斤增到 686 斤，每增施 1 斤化肥可多收 3.04 斤粮食（增产因素是多方面的，这里仅作了化肥单因素分析）。粮食多了，秸秆也多了，秸秆还田和种植绿肥。耕地亩均养猪由 0.092 头增加到 0.282 头。在铜山区推行秸秆还田后，有机肥占总施肥量的比重由 19% 提高到 41%，土壤有机质增加了 0.02% ～ 0.14%。化肥不仅提高了作物产量，还提高了系统生产力，缓和了“三料”矛盾，促进了农林牧业的综合发展。这种开放式的物质循环像雪球一样，越滚越大，代替了原来封闭式的圈子越转越小的物质循环。化肥起了“引爆”和推动作用。

绿肥也是一种重要的有机质源。在降水和温度条件较好的苏北，绿肥被纳入轮作，群众也有种植习惯，对增产和培肥土壤起了良好作用。紫穗槐含有较多的营养元素，多年生，可以在田边沟坡道旁等闲散土地上种植，可以作肥、条、饲料多用，是很有前途的一种绿肥。河北省青县每年可采紫穗槐青体 3.3 亿斤，相当于标准氮肥 1.1 万吨。

通过多种途径，因地制宜地开辟有机质源，增加有机肥施用量的同时，还要重视有机肥的积制保运施各个环节，以提高施用效果。

继续增施化肥和施好化肥，对当前和长远的农业发展有着重要意义。近年来，化肥的生产和施用量迅速增长。大量调查说明，化肥的施用量和产量密切相关。上海亩施化肥 322.6 斤，粮食亩产 1 606 斤；北京分别为 199 斤和 701 斤；天津分别为 62 斤和 406 斤（按 1978 年资料）。当前，广大农民和基层干部把施用化肥作为增产的重要措施，争相购买。世界上的许多国家也有同样的经历。据美国、俄罗斯以及东欧其他国家的统计，在近二三十年农业产量的迅速增长中，化肥起了 50% 的作用，另外 50% 是靠品种改良，水利、机械和病虫害防治共同起的作用。在世界各国的资料中，也可以看到化肥施用量和产量之间明显的相关性。

化肥施用量越低，其增产效益越高。黄淮海平原还处于低施水平。1981 年，氮肥消费量为 632.4 万吨，磷肥 120.2 万吨，钾肥 0.6 万吨，平均每亩施化肥 74.3 斤，低于全国平均水平。按播种亩和有效成分折算，亩施化肥 7.9 斤，只有日本和西德的 1/7。继续加强化肥生产和扩大施用量，必将取得良好增产效果和提高农业的系统生产力。

化肥可能引起土壤物理性质变坏，环境污染和增加成本，因此，有控制和减少化肥施用，提倡有机肥的主张。实际上，化肥和有机肥结合施用和讲究施用方法，提高化肥利用率，这些问题是可以解决的。以投能投氮的开放式物质循环为特征的现代化农业大大优越于以有机能投入为主体的封闭式物质循环为特征的古老的传统农业。没有投氮和化肥的施用，有机质源也难以扩大。

在黄淮海平原的化肥施用中，元素配比的失调现象很严重，$N:P_2O_5:K_2O=1:0.1:0.000\,96$。磷的不足和各要素不能按比例的均衡增长限制了氮肥和整个化肥作用的发挥。根据黄淮海平原的情况和农业发展战略目标的要求，我们初步提出如下的化肥施用量的增长和调整配比的设想。

近期内，三要素配比调整到 1∶0.38∶0.002，平均亩施化肥 140 斤，每年增产粮食 290 亿斤。需生产氮肥 10 474 万吨，磷肥 407.2 万吨，钾肥 2.095 万吨，按 1980 年生产量分别亏缺 33.1 万吨，151.5 万吨和 2.095 万吨。远期内，三要素配比调整到 1∶0.6∶0.01，平均亩施化肥 360 斤，粮食亩产可达 800 ～ 850 斤。需生产氮肥 2 991.76 万吨，磷肥 1 795.1 万吨和钾肥 29.92 万吨。按 1980 年的生产量，分别亏缺 747.7 万吨、1 539.4 万吨和 30 万吨。亏缺化肥的解决途径可考虑通过扩建小化肥厂，做到氮肥生产能够本区自给；磷肥一是靠进口（三料过磷酸钙），一是有关省与云南省、贵州省合资在磷矿产地建年产 50 万吨的三料过磷酸钙，这比从云贵向本区运矿石要合理得多。

化肥施用中的另一个重要问题就是利用率很低，氮为 25%～35%，磷为 15%～20%。加强科学施肥方法的研究和推广是十分必要的。

综上所述，黄淮海平原的培肥施肥战略可概括为化肥起步，有机肥与无机肥结合和培肥土壤是基础。

11.4 在防洪除涝的基础上，合理调配和使用水资源

黄淮海平原承受着黄河、淮河、海河三个水系的上中游，包括西北黄土高原、秦岭、伏牛山、太行山、燕山、沂蒙山等山区的来水来沙，而后注入大海。这些水沙由海拔千米以上的山区进入海拔仅数十米的平原，造成该地区农业生产中极其严峻的水文条件。每遇集中连续的暴雨造成大量农田和城镇被淹，损失惊人。1963 年 8 月，海河水系连续大雨，河北发生大水灾，淹没农田 4 000 多万亩，大量人畜死亡，直接损失 60 余亿元。1975 年 8 月淮河上游暴雨，板桥、石漫滩两座大型水库失事，淹没耕地近 2 000 万亩，人口死亡数以十万计。

在淮河 1954 年的暴雨中，受灾面积近 8 000 万亩。黄河下游由于河床不断淤高，决口改道的潜在危险严重存在。据初步测算，如果原阳一带决口，直接损失将在 200 亿元以上。除上述特大洪涝灾害外，一般洪涝灾害在各地普遍存在，比如，永定河在芦苇桥河段的安全泄量为 2 500 米^3/秒，仅相当于 20 年一遇的标准。超过这个标准就要向小清河分洪，再由小清河泄入大清河。而大清河的标准很低，只能任其泛滥。洪涝对农业生产的危害往往是毁灭性的，一年受灾，几年难以复原。确保排水系统的流畅是黄淮海平原农业的生命线。河北省临西县 1981 年 8 月出现大暴雨，日降水量达 300 毫米。曲州于 1979—1980 年完成了清凉江排水系统的配套工程，耕地全部没有成灾，大水年获得大丰收。

在我国现有经济能力的情况下，有效地控制洪涝灾害的途径：一靠现有排水系统的维护和配套。目前排水系统淤积和被破坏的现象严重。红卫河平均每公里淤积泥沙 21 万米^3，占开挖量的 39%。徒骇河平均每公里淤积泥沙 8.6 万米^3，占开挖量的 19%。五堤口闸上淤厚 5 米，排涝能力降低 36%。在许多地方，由于排水系统不配套，不能发挥应有的排水效益。在海河治理后的 1977 年，河北省的受涝面积达 3 000 万亩，形成“大河不满小河满，小河不满地里淹”。近两三年来，一些地方的农民为了扩大分种的责任田，填沟平渠，出现“大河变梯

田，小河变坡田，小沟成良田”的现象。这些现象一定要扭转，把现有的排水系统配套好，维护好。二靠山区水土流失的根本治理。从长远看，黄淮海平原的治理和黄土高原的治理应该结合起来考虑。减少了黄河携带的泥沙量，可消减黄河决口的隐患。同时也可以较大地提高黄河年径流量的利用率（目前仅利用了17% ～ 19%），对发展本区的灌溉事业有重大作用。

黄淮海平原不仅有洪涝威胁，而且水资源也不够丰富。在海河流域，每亩耕地占有年径流仅188米^3，为全国平均值的11%。从长远看，须引调外来水以适应工农业发展的需要。但在20世纪，应立足于当地水资源，适水种植，厉行节水灌溉农业和旱作农业相结合的发展战略。

目前，一方面缺水，一方面水资源利用中又存在着很大浪费和污染。因此，狠抓科学用水，节约用水有着重大的现实意义。据初步估算，本区平均年总用水量约766亿米^3，其中引黄河水80亿米^3，利用当地河川径流380亿～400亿米^3，开采地下水280亿～300亿米^3，灌溉面积1.2亿亩。目前自流灌区渠系有效利用系数仅0.35左右。井灌区由于土地不平，单井出水量小，每亩每次灌水量也达七八十米^3，机井利用率不过0.4～0.5。引黄灌区每亩年引水高达1 000多米^3，生产一斤粮食要引水3 000多斤。如果能实行节水灌溉，加强用水管理（改按亩收费为按量收费，解决配套量水设备，调整水价政策，超定额供水累进加价，把单方水产值作为衡量生产水平的重要指标），全党动员，全民动员，广泛宣传，奖惩分明，树立节水爱水社会道德风尚，把自流灌区的渠系有效利用系数提高到0.45，净灌水定额压到每亩40米^{3}左右，仅就现有水资源，扩大1/3灌溉面积也是可能的。

水资源的开发利用应与农业结构和作物布局紧密联系起来考虑。水资源的开发、调度应满足农业生产的需要。农业结构和布局，则应考虑到水资源的条件。正如种植结构一节中所指出的，棉花、小麦和大豆等具有不同需水特点的作物要根据各地水资源的条件进行合理布局，适水种植。

黄淮海平原有一半左右的耕地没有灌溉条件。1981年，3/4的商丘地区耕地都是没有浇水的旱地。今后灌溉面积虽会逐步发展，但是在一个相当长的时间内，旱作农业仍要占重要地位，所以对旱农应当给以足够的重视。

旱作农业就是在没有灌溉条件下充分利用天然降水的农业。黄淮海平原发展旱作农业的条件首先是有500～1 000毫米降水作为物质基础。同时地下水位较高，作物在生育期间还可以利用一部分地下水。旱作农业主要有三个环节：一是蓄水；二是保墒；三是适雨种植和选用耐旱品种。蓄水旨在建立土壤水库。平地围埝，深翻增施有机肥料，改良土壤结构，充分接纳雨水，起到“秋雨春用”“春旱秋抗”的作用，以调节降水不均匀性，达到充分利用雨水的目的。在此基础上，加强耕作保墒和研究使用塑料薄膜覆盖，土壤增温剂和结构改良剂等保墒措施，尽量减少作物耗水量；另外，适当压缩耗水、耗肥的作物，恢复和发展耐旱抗旱作物；在黄河以北的贫水地区，可把一年两作改为两年三作，集中用水用肥，加强抗逆抗旱性强的品种的培育工作也是十分重要的。

从长远看，本地区，特别是海河流域，必须开源节流并举。关于引调外水，可考虑就近调水。黄河水资源总量为 560 亿米^3，进入黄淮海平原的水量为 470 亿米^3，目前仅引用了 83 亿米^3，所余 387 亿米^3 的水尽流入海。从水量上看是有可能的。引黄济卫，位临运河等都是已有输水线路，可以省投资，快见效，经济上是可取的。今后如能在中游增建水库，保证率会更大一些。

关于引调外水问题，往往容易走两个极端。要么在条件不具备的情况下急于上马，要么消极等待，放松应有的准备工作。为此建议组织必要力量，对引黄灌溉中的泥沙问题、合理用水问题、南水北调中各线方案、经济分析论证和有关的技术等问题开展认真的研究，在科学可靠的基础上，做出切实可行的规划。

全国农业区划办黄淮海平原农业发展战略研究组
执笔人：石元春　贾大林　李雨普
袁申盛　刘巽浩　赵守仁
毛达如　刘有昌　谢逸民

12 新疆农牧业考察报告

【本文写作背景】

2001 年 8 月，全国政协民族和宗教事务委员会和科技部组织了赴新疆考察组。本文是《文集》作者参加考察后代为起草的《农牧业考察报告》。该报告提出了新疆种植业结构调整起步晚、难度大和畜牧业严重滞后等 5 个问题，提出了 5 项建议。

2001 年 8 月下旬，参加了全国政协民族和宗教委员会及科技部组织的赴新疆考察组。在考察中，听取了新疆维吾尔自治区有关业务部门和新疆生产建设兵团的介绍；参观了新疆农垦科学院、石河子大学、石河子农业科技园区、节水塑料制品公司、呼图壁种牛场，并分别在石河子和乌鲁木齐与当地农牧业科技专家举行了座谈。由于考察的时间短，看的地方少，掌握材料有限，仅就看到和想到的做一简单汇报。

20 世纪 50 年代至今，新疆农牧业有了很大发展，生产建设兵团屯垦戍边做出了卓越贡献。自改革开放以来，农牧业生产以更高的速度增长，由缺粮到自给有余，农牧民生活有了很大提高。优越的气候和水土条件使新疆的农业生产一直居于全国前列，1999 年的粮食单产排全国第九位，其中棉花和杂交玉米两种作物的单产排第一位。但是考察中也感到在经济转型、农业结构调整和因应入世的新形势下，新疆农牧业出现了一些新的情况和问题，拉大了与东部地区的差距。

12.1 种植业结构调整起步晚，难度大

在近 50 年的新疆农业发展中，种植业最为突出，始终处于农业的主导地位。20 世纪 50—80 年代，新疆种植业以粮为纲，解决了粮食自给问题，20 世纪 90 年代开始的“一黑一白”战略，即能源—棉花发展战略，棉花播种面积由 1993 年的 60.6 万公顷猛增到 1999 年的 99.6 万公顷。棉花播种面积已占到农作物总播面积的 30%，棉粮播种面积之比达到 1∶1.5。新疆已形成稳定的棉花 – 小麦 –

玉米种植结构，三大作物占农作物总播种面积的 75%。

新疆的气候条件适合棉花生长，是我国重点棉区。种植结构的单一，便于规模化生产，但也带来大的风险，如今年北疆数百万亩棉田遭冷害侵袭，大面积受灾减产。棉田比例过大，造成重茬严重；棉铃虫、棉蚜等病虫害迅速蔓延；残留地膜对土壤肥力破坏日重。更为严重的是潜在的价格危机。这些年皮棉价格起伏很大，最高曾达每担 600 元，有的年份低于 400 元（盈亏平衡点是 360 元）。目前我国棉花尚没有保护性价格，但高生产成本使我国皮棉价格高于国际市场，这是入世后首先受到冲击的一种农产品。棉价是悬在新疆种植业头上的一把达摩克利斯剑。

一种作物和一种种植结构在一个地方的形成是自然和技术、经济和社会因素综合影响的结果，是一个较长的过程。改变这种种植结构和建立新的种植结构，并让农民和干部接受和适应也需要有较长的时间。在几天的考察交谈中，我多次感到新疆种植业的庞大体态和很强的惯性，改变这艘大船的航向和克服其惯性的难度是很大的。但是新疆的种植业必须面对这一严重现实和挑战。

在种植结构调整中，新疆的瓜果面积由 1993 年的 16.6 万公顷增加到 1999 年的 21.5 万公顷，仅占农作物播种面积的 0.6%。虽然能看出发展瓜果等特色农业很重要，但它在整个种植结构中的作用和分量毕竟是微不足道的。

12.2 畜牧业严重滞后

几千年来，西北地区一直存在着农牧的交错与矛盾反映了汉族和少数民族在生产和生活习惯上的差异、交融和互补过程。历史上的新疆是个以牧业为主的地区。近半个世纪，新疆的种植业有了很大发展，这是个进步，但畜牧业发展严重滞后又是个问题。下面列举几组对比数字说明这种情况。

- 新疆拥有全国 1/5 的草原和可利用天然草场，而 1999 年肉类总产量只占全国总产量的 1.4%，在全国 31 个省自治区市中排在第 22 位；
- 2000 年新疆奶牛存栏数（104.5 万头）占全国总数的 21.4%，而牛奶产量只占 8.8%；
- 新疆奶牛单产不到全国平均单产（1 700 千克 / 头）的一半和世界平均水平的 1/4；
- 2000 年新疆畜牧业产值只占农业总产值的 23.5%，低于全国平均水平（33%）。

12.3 天然草场严重退化

自新中国成立以来，新疆的大规模垦殖主要是在有灌溉水源的河流冲积平原。虽经20世纪五六十年代土壤次生盐渍化的侵扰，但随着人们对客观规律的逐步认识和多年的治理，农区的土壤次生盐渍化基本得到控制。可是草地畜牧业长期维持游 牧，牲畜头数由20世纪50年代初的1 033万头（羊单位，下同），发展到现在的4 600万头，超载近50%。超载导致低山和盆地的冬春草场沙化和高山亚高山的夏季草场毒草蔓延。据新疆维吾尔自治区畜科院专家介绍，夏草场的毒草乌头原来不到20%，现已蔓延到60%，形势很严重。

近年来，新疆维吾尔自治区在遏制草场退化上做了大量工作，人工草地、改良草地、围栏放牧和飞播的面积达87万公顷。对5 733万公顷的天然草地而言，毕竟是个小数，必须要从整体上控制天然草场的退化。

12.4 农业产业化经营刚刚起步

农业产业化经营是农业劳动组织和生产经营方式的一场革命，是促进传统农业向现代农业转换的推进器。20世纪90年代初，农业的产业化经营在我国东部地区就悄然兴起了。

在考察交谈中得知，在20世纪80年代开始的国家由计划经济向市场经济转型的大变革中，新疆晚了六七年，我感到新疆的农业产业化经营的情况也大体如此。在座谈中，一位新疆农科院专家介绍，目前新疆农业产业化经营的种植业有341个，养殖业112个，特色农业64个。在养殖业中，规模较大的如彩色棉生产的天彩公司、西红柿酱生产的德龙生命红公司、优质细羊毛生产者协会及其“萨柏乐”品牌等。目前的农业企业多属初创，规模小、初级产品多、技术含量低、机制不健全、市场开拓能力弱，有的产权和隶属关系不明晰，对有关政策及软环境的情况了解不多。

就乳业而言，新疆存栏奶牛104.5万头，年产奶72.5万吨，我们参观的始建于1955年的呼图壁种牛场是国家级重点种畜场。该场拥有年产奶14 560千克纪录的全国冠军牛和105头奶牛年产过万千克的全国高产纪录。2000年6月，以该场为主体组建了“新疆物华畜牧股份有限公司”，这是目前新疆最大的乳业产业。从整体上看，新疆乳业的生产水平和产业化程度均与内蒙古伊利集团公司和上海光明集团公司等有很大差距，如表1所列。

新疆农业产业化经营起步晚和发育程度差是进行农业结构调整和实现农业现

代化的一个重要不利因素，需要尽快赶上去。

表 1　新疆乳业和其他乳业公司的比较

公司名称	拥有奶牛数（万头）	收购奶量（万吨）	乳制品年总量（万吨）	年销售收入（亿元）	利税（亿元）	资料时间（年）	备注
内蒙古伊利	6.0	17	—	9.7	—	1999	
上海光明	—	28	27.7	15.1	—	1999	液态奶为主

12.5　农牧科技队伍情况和问题

新疆农牧方面的科技队伍是 20 世纪五六十年代由内地支援和以后培养成长起来的。这支队伍在传统和近代农牧业技术方面的基础扎实，实践能力强，特别是熟悉新疆特殊的自然和农牧业生产条件，热爱新疆的农牧事业，这些都是区外农牧专家所难以企及的。新疆的农牧科技专家为新疆农牧业科技和建设做出了不可磨灭的贡献，是发展新疆农牧业的功臣。在这次考察中，我们看的新疆细毛羊、胚胎工程、节水灌溉在全国都是领先的，新疆的棉花和玉米单产也居全国前列。

但是近年来，这支队伍出现了一些新的情况和问题。过去的计划经济体制下，科研任务和经费是稳定而有保障的，科技发展和信息节奏也比较慢。在改革开放使我国科技界有机会接触和跟上世界科技发展日新月异步伐的时候，新疆的区位弱势暴露出来了，即在生物技术和信息技术等现代先进农牧业科技上相对落后了。

西部大开发要引进人才，但主要是引进当地缺门断档和大量需求的人才。对地域性很强的农牧业领域，经过长期培养和形成的地方科技队伍是最宝贵的人才资源，要十分重视保住和充分开发当地人才资源。在提升他们的科技能力和水平的基础上，提高他们的生活待遇和社会地位，这是头等大事。谁都在说西部大开发首要的是人才，谁又在为当地的科技队伍做点实事？国家在西部开发中已经和还将投入大量资金，有多少用在了人才建设上？基础设施建设固然重要，而人才建设不仅是基础建设，而且是基础建设的基础建设。在西部大开发中，先要克服重物轻人，急功近利的毛病。

以上说的多是问题和差距。新疆在发展农牧业上也具有其独特的优势。一是天山南北有可利用水资源 600 多亿米 ^{3}、宜农荒地 1.4 亿亩、草地 8.6 亿亩、十分丰富的光热资源和亚欧大陆桥的地缘优势，这些都是西北地区以至全国其他诸省难以比拟的；二是经过 50 年的艰苦努力，新疆的农牧业生产已经打下了坚实基础，特别是机械化和规模化生产的种植业；三是新疆有一支战斗力很强的地方科技部队和生产大军；四是以上说到的种种差距正是有待开发的巨大潜力。下面就新疆农牧业开发和科技立项谈几点想法和建议。

1. 关于新疆农业结构战略性调整的考虑

农业在向市场经济转型和因应入世的转折调整时期，体态大而单一的种植业和严重滞后的畜牧业使新疆农业必须作战略性的结构调整而不是权宜性的适应性调整，仅靠发展几种特色农业是远远不够的。美国的重要农区——加州的 Central Valley 的战略性调整也是经过半个多世纪才逐渐明朗起来的。

我考虑新疆农业结构战略性调整的主体方向是：在保证粮食自给和安全的前提下，发展农牧结合，以牧为主的，高效率、高效益和可持续发展的现代农业、畜牧业在农业总产值中占到 60% 以上。其主要内容是改种植业的粮、经结构为粮、饲、经结构；改草地畜牧业与农区畜牧业的相分离为相结合；改初级农畜产品生产为加工增值的长链式生产；改重产品生产轻市场开拓为以市场开拓带动产品生产；改传统生产经营方式为以公司加农户为基本形式的产业化经营方式；改以传统技术为主为传统技术与现代农业高新技术的联合运用；改重物轻人为人才为本为上。

如果有的地方需要诠释的话，一是在保证粮田面积的前提下，压缩棉田面积，扩大以苜蓿和饲用玉米为主的饲料田面积，像种粮棉一样地种好饲草并逐渐形成草业体系和种植叶上的三元结构。二是草场重在扩繁，农区重育肥，将草场和农区串联互动，发挥两种资源优势，提高整体经济效益。三是天然草场必须坚持以草定畜，严禁超载，特别是春秋草场，并大力发展人工草场、围栏放牧和草场改良，天然草场得以休养生息。

以上说到了 7 项改变，不应是 7 个单项的集合，而是一个复杂农牧业生产和技术系统的改型和转轨，这需要经历一个长的时间和痛苦过程。农业结构的战略性调整将是新疆农业的第三次创业和书写向现代农业跨越的新篇章。我的这种考虑基于以下的依据：

- 新疆已具备粮食自给和安全保障的生产能力。
- 新疆具有养畜的良好天然资源，又有扎实的种植业基础。
- 新疆具有发展畜牧业的悠久历史和优良传统，又有畜产品及其加工产品广阔的境内外市场。
- 以养殖业为主导是现代农业的重要特征，这就取决于现代社会的发展和需求的演变。在具有综合发展型农业特征的法国和美国的农业总产值中，畜牧业分别占 56% 和 60% ；以畜牧业为主体的澳大利亚、新西兰和丹麦等国的畜牧业占农业总产值的 75%～90%。
- 区域化和专业化是现代农业的重要特征，新疆具有很强的区域性和适宜于向专业化方向发展。

• 在入世后，我国在国际和国内市场上具有竞争力的不是种植业产品，而是养殖业产品；养殖业具有良好的发展性和增值潜力。

• 现代农业必须建筑在人与自然的和谐，经济建设与生态环境协调和可持续发展的基础之上。

2. 项目建议之一

新疆农业结构的战略性调整只靠目前的顺向推动是不够的，一定要有一批高技术含量的大型产业的拉动。我建议在国家“863”或其他大型计划中设置以畜牧为主的高技术产业化重大项目。

3. 项目建议之二

培育以新疆生产建设兵团及其所属新疆农垦科学院和石河子大学为主体的羊业高技术产业化集团。

1）优势

• 拥有全国领先的美利奴（新疆型）细毛羊及其系列品种。

• 拥有以刘守仁院士为首的，新疆农垦科学院和石河子大学的一支实力很强，国内一流的羊育种和饲养的科技队伍。

• 新疆生产建设兵团在天山南北麓拥有一批从事羊养殖的团场，有丰富的羊生产经验。

• 新疆生产建设兵团有很强的组织管理和指挥能力，这是地方和一般农户无法比拟的，兵团还拥有经济实力的优势。

2）不足

一是对农业结构战略调整的重要意义认识不够；二是缺乏现代企业运作经验和市场意识。

3）研发的主要技术

研发的主要技术有应用基因改良技术选育 70 支以上的超细毛羊；应用胚胎工程技术，特别是体细胞克隆技术进行种群扩繁；培育高产优质绒山羊和提高山羊绒的生产水平等。

4）目标考虑

为建立全国一流的优质羊毛、羊肉生产的高技术产业集团，与内蒙古的额尔多斯品牌比美，与国际市场上的澳毛相抗衡。

4. 项目要注意带动一方经济，造福一方农民

改革开放前的奶业全由国有奶牛场包揽，在 1978 年后集体奶牛饲养量明显上升，进入 20 世纪 90 年代，个体饲养规模迅速发展。据中国奶业中长期发展战略研究课题组预测，今后 15 年间，个体饲养总量、规模和饲养水平都将不断上升，农户养殖规模以 50 头左右为宜。

“公司＋农户＋基地”是一种成功的模式。内蒙古伊利乳业集团拥有6万头奶牛，全由农户饲养，包括提供小牛、饲料、防疫服务、奶站挤奶收奶等全程的技术服务和企业化管理，以保证奶源质量，保护公司和农户利益。上海牛奶（集团）公司的奶源主要在外地，如内蒙古的鄂温克旗、黑龙江省的富裕县、西安、北京等地都建有控股联营的乳品有限公司，1999年收购奶源27.9万吨，乳制品总产量27.7万吨，营业额15.1亿元。1999年，以上三个乳业集团的销售收入37亿元，占全国乳品业总产值的23%。

石河子的节水设备塑料制品厂生产的滴灌、喷灌设施的最大优势是价格低廉，只相当于内地几个生产厂的20%～40%，这就大大扩展了这项技术在生产中使用的可能性。其降低成本的主要途径是：改进技术（如降低管厚、购买补偿技术等）、扩大生产规模以及密切与田间耕作栽培技术相结合，如机械化铺管覆膜，一次性回收再生等，形成一个体系，以利于使用和推广。这套系统主要适用于机械化耕作管理的中耕作物，特别是经济价值较高的棉花。它们突破了大田作物不能使用滴灌的禁区，但从更广泛的意义上，即从全国角度考虑，可能发挥作用的重点不会在大田上。建议在此基础上，扩展视野，面向全国，建立以滴灌和喷灌为主的节水设施产业化集团。

（2001年8月29日完稿于乌鲁木齐）

13 试论全生物质农业

【本文写作背景】

在多年积极推进生物质事业的发展实践中，一路从生物质的能源功能到环保功能走来，认为提出农业功能的时机已经成熟，这是生物质事业发展的一种归宿。这是对五千年传统农业观的历史性的发展，是一个艰巨而长期的任务，因此，本文用“试论”一词提出了一个重大命题——“全生物质农业”，与同行交流与切磋，发表于《科技导报》，2016年第13期。

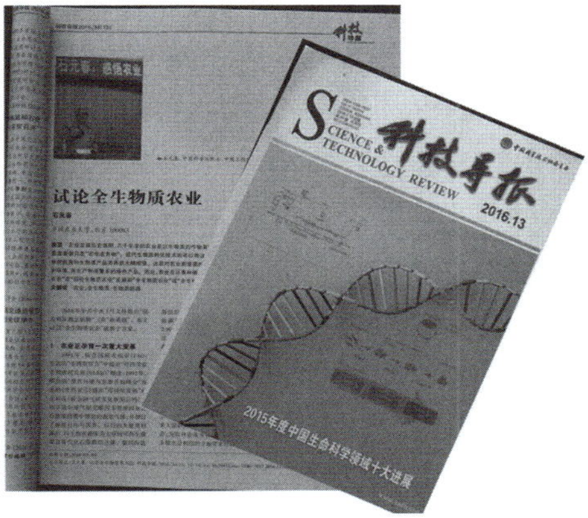

【摘　要】作者从农业发展历史的角度提出，几千年来的农业是以生物质的作物果实和畜禽肉蛋奶为生产对象的，而占生物量6成的作物秸秆和畜禽粪便等只是“农业废弃物”。现代生物质转化技术则可以将这些“农业废弃物”以及所有可利用的生物质转化为种类繁多的生物质能源和生物基产品并在获大幅增值。这是对农业新资源的开发和资源的循环利用，是在污染物的无害化和资源化利用中保护环境，并生产出种类繁多的绿色产品。因此，农业在从事种植和养殖的同时，应将“非粮生物质”纳入农业生产系统，由“半生物质农业”或“部分生物质农业”发展到“全生物质农业”或“全生物质利用农业”。

【关键词】农业；生物质；变革

On the Whole Biomass Agriculture

Based on the viewpoint of agricultural history, the author proposed a concept of “Whole Biomass Agriculture” that is contrary to the traditional agriculture whose biomass harvest only used by about half in forms of seeds, fruits, meets, eggs and milk, in the past thousands of years. In traditional agriculture, the residues and excretion of livestock are mere agro-wastes, on the contrary, modern bio-conversion technologies could convert them and all available biomass into bioenergy and bio-based materials, and receives much value-add benefits. Such model of agriculture can tap new resources from wastes even pollutants through recycling process, and realize "win-win" results of substances reutilization and environmental protection. Bioenergy and biobased materials are made from crop straw, livestock excretion, forestry residues, organic wastes of processing industry, MSW, as well as energy plants grown on marginal land. Such a "non-food" biomass system is of same nature of life process as common agriculture, with biological production and bioproducts as its system functions. It is then suggested that "non-food" biomass should be involved in modern agricultural production system, and promotes "Half Biomass Agriculture" or "Part Biomass Agriculture" into "Whole Biomass Agriculture" or "Biomass All-Used Agriculture". Five "non-food" biomass industry chains and growth points that could be commercialization were also proposed in the paper.

2016年中共中央一号文件提出“用发展新理念破解‘三农’新难题”。本文试以“全生物质农业”就教于方家。

13.1 农业正孕育一次重大变革

1991年，联合国粮农组织（FAO）发表的《登博斯宣言》中提出“可持续农业和农村发展（SARD）”概念。1992年，联合国“世界环境与发展首脑峰会”发表的《里约宣言》提出“可持续发展”概念和在《联合国气候变化框架公约》提出导致全球气候变暖的主要原因是化石能源消费中排放的温室气体，并制订了减排目标与任务。以后的大量资料提出以生物质能源为主导的可再生能源是替代化石能源的主体。据国际能源署（IEA）对2000—2011年全球一次能源供应的统计可知，总量的年均增速为2.96%。其中生物质能源是2.46%，占比为10%，是全球一次能源中的第四大能源，占可再生能源总量的75%。这与1999年比尔·克林顿的《发展和促进生物基产品和生物能源》总统令有关。

该总统令指出：“目前生物基产品和生物能源技术有潜力将可再生农林业资

源转换成能满足人类需求的电能、燃料、化学物质、药物及其他物质的主要来源。这些领域的技术进步能在美国乡村给农民、林业者、牧场主和商人带来大量新的，鼓舞人心的商业和雇佣机会；为农林业废弃物建立新的市场；给未被充分利用的土地带来经济机会；减少我国对进口石油的依赖和温室气体的排放，改善空气和水的质量。”自此，掀起了发展生物质产业的世界热潮，这是一件具有里程碑意义的事件。

《今日美国》有文说：“石油的‘能源之王’地位也许不久就会遭到废黜。如今，农田作物有可能逐渐取代石油成为获得从燃料到塑料的所有物质的来源。‘黑金’也许会被‘绿金’所取代”。美国科学院的研究报告说：“最迟到 2020 年，至少由生物基产品行业可以提供 25% 的有机化工原料和 10% 的液体燃料，最终将满足 90% 以上的有机化学品的消耗量。”。美国农业部就生物质产业发布的研究报告标题是“一个更具活力的美国农村”。早期人类以渔猎采集为生，用了 12 000 年驯化野生动植物，栽培作物与饲养畜禽的传统农业也有 5 000 千年以上历史，而今，农业正孕育着一次深刻变革。

13.2 发现农业新资源

太阳辐射是地球可获取的唯一外来能量来源，有光能、热能、次生的风能与水能，属难于储存与转化的物理态能量。植物之神奇在于它能通过自身的光合作用将太阳辐射的光能转化为化学态能量，并构成有生命的躯体，是地球上唯一能捕捉、转化、储存和再转化太阳辐射能的“植物工厂”，是动物和人类获得营养物与能量的主要来源。作为生物物质载体的生物质，其易储运和可转化为固、液、气态以及电与热的各种能源产品以及种类繁多的绿色材料和化工产品。亿万年前积存于地下的生物质在地质过程中转化为煤炭、石油和天然气供人类慢慢享用。生物质是上天赐给人类的珍贵礼物，是唯一的不可替代的永续造福于人类的珍贵礼物。

在地球生物圈，每年可新产生生物质 2 000 亿吨。其能量相当于全球人类全年能源消费总量的 10 倍，可惜人类利用的还不到 7%。即使在高度集约的农田里，生物量产出中也只利用了约 40% 的果实和肉蛋奶部分。而作物秸秆和畜禽粪便则是“农业废弃物”，在林产中也有 20% ～ 30% 成的“剩余物”未被利用。此外，地球上还有远大于耕地面积的不能生产的农作物，但能生长抗逆性强的植物的边际性土地也未被利用。而今现代生物质转化技术正在激活这些“沉睡的”资源。

据中国工程院资料，中国不含太阳能的清洁能源的年可开采资源量为 21.48 亿吨标煤，其中生物质占 54.5%，是水电的 2 倍或风电的 3.5 倍。8 类农林等有机废弃物的可收集作能源用的资源量为4.25亿吨标煤/年，和6类边际性土地种植能源植物的产能为4.95亿吨标煤/年，合计近10亿吨标煤/年。又据2014年国土资源部基于县级的土地调查资料，我国有宜林宜草的边际性土地面积为16 553万公顷，比全国总耕地面积还要大。

正是现代生物质转化技术在农田里发现了占生物量1/2以上的新资源，在农田外发现了比农田面积还大的可以种植生物质原料的边际性土地。技术创新发现新资源。

13.3 农业的多联产经营

继进口大豆、棉花和食糖占据我国市场之后，国产玉米吨价2 000元而进口玉米到岸价1 500元，出现玉米产量、进口量、库存量“三齐增”的奇怪现象，导致农户减收，国家受压。除设法减低农产品生产成本和提高竞争力外，多联产和降低系统成本乃一路径。

梨树县是吉林省以产玉米为主和养殖业发达的农业大县。据调查资料，作物秸秆与畜禽粪便两项即可年产12亿m^3生物天然气，产值60亿元，接近于2014年种植业产值（66亿元）或养殖业产值（87亿元）。因生产生物天然气的原料成本低而净收入高，可相当于种植业（6亿元）与养殖业（13亿元）之和，可年新增农民人均收入3300元和减排75万吨CO_2。

国内最大生物质发电企业——武汉阳光凯迪新能源集团董事长最近在《人民日报》发表文章，指出，“我国现已投产运营的200多家生物质电厂，每年消费约5 000万吨农林业废弃物，在减少季节性秸秆焚烧造成的环境污染的同时，带动超过百万的农村劳动力就业，每年支付给农民的燃料收购款约150亿元，帮助了约20万户农民家庭脱贫致富。”“我国是农林业大国，每年约产生12.5亿吨农林业废弃物，将其作为生物质原料生产可再生能源商品，可替代约7亿吨标准煤，减排CO_2 14亿吨，带动3 000多万农村劳动力就业。若对我国现有有林地、宜林地及耕地等进行科学、高效经营管护，每年产生的总生物量约相当于55亿吨标煤，将其全部应用于生物质能源产业则可带动8 000多万农村劳动力就业。”

开发非粮生物质新资源适应了国家创新发展需要。其“深绿”功能适应了国家绿色发展和实现经济转型的需要；其“三农”背景适应了推进农业适度规模经营、农村一、二、三产业融合发展、增加农民收入的需要；其小与散适应了吸引民间资本和发展中小企业，大众创业，万众创新的需要；其可提供的大量工作岗位适应了农村和新型城镇化劳动力就业的需要。发展非粮生物质农业上应天理，下顺国情。

13.4 农业－环保产业

我国煤炭消费占比居高不下，汽车尾气排放与时俱增，露地焚烧秸秆屡禁不止，高 COD 废水偷排不断，畜禽粪便剧增横溢，石化塑料任其泛滥，以致雾霾肆虐于蓝天，污染毒害于江河，塑料垃圾漂浮于大海。所有这些当今难题皆可通过生物质替代以及无害化和资源化转化过程一一得到缓解。

生物质燃料具有低灰低硫和低排放特性，“与常规火电相比，生物质直燃发电技术在环境性上的改善是极为显著的。”现全球生物质发电装机容量 50 吉瓦，可替代约 9 000 万吨标煤。截至 2013 年年底，我国 28 个省区的生物质发电累计核准容量 1.2 万兆瓦，上网电量 356 亿千瓦时，减少约 5 000 万吨作物秸秆的露地焚烧，替代约 1 000 万吨煤炭和相应减排了 2 300 万吨 CO_2。

减排克霾的难点之一是全国 50 余万台 20 吨位以下的中小燃煤锅炉。它们难以清洁燃烧，高度分散而体小量大，年耗煤 2.7 亿吨，排放烟尘 60 万吨、SO_2 226 万吨和 NO_x100 万吨。“煤改气”虽好，但气缺价高，环保部和国家能源局已在全国大力推进生物质成型燃料供热，以替代燃煤。其烟尘、SO_2 和 NO_x 排放浓度基本等同于天然气排放标准，价格是天然气供热的 60%。按 2013 年全国消费成型燃料 683 万吨计，相当于减少约 1 000 万吨秸秆的露地焚烧，替代约 500 万吨煤炭以及减排大量温室气体与粉尘对大气的污染。

畜禽粪便和加工业排放的有机废水废渣既是污染源，又是生产沼气的原料。将含甲烷 60% 的沼气提纯到含 95%，可获品质同于普通天然气的生物天然气（BNG）。如作车用，其每立方米比 1 升汽油可多驱动汽车行驶 15% 的里程，是汽油价的 85% ～ 90%，且尾气中有害气体排放量仅为汽油的 10% ～ 50%。1999—2013 年，德国沼气－生物天然气工厂由 850 个增加到 7 874 个，装机容量由 49 兆瓦发展到 3 364 兆瓦，超过了水电。2012 年，欧洲有 13 800 个沼气工厂，产沼气 140 亿米^3，其中有约 15% 提纯为并网生物天然气，其余的沼气用于热电联产。

2014 年，全球产燃料乙醇 7 200 万吨，减排温室气体 1.06 亿吨。添加 10% 生物乙醇的汽油汽车，可减排 $CO_2$30% 以上和 NO_x10% 以上；添加 20% 生物柴油的柴油汽车的颗粒物、CO_2 和 NO_x 大量减少，致癌物可减少 75% ～ 90%。当此二项产品受原料所累而难以大规模发展时，用热化学法生产先进生物燃油的第二代技术取得了突破。

为防治“白色污染”，20 世纪 90 年代，多国组织可降解塑料的技术攻关从裂解塑料到生物基全生物降解塑料。基于淀粉发酵的聚乳酸技术路线是当今主流，但成本较高和市场竞争力不佳。如正在研发的由木质纤维类转化乙酰丙酸，进而合成全生物降解塑料技术路线取得成功，这将是一次由淀粉到木质纤维素的一场原料革命。以污染源为原料生产减排克霾和防治白色污染的绿色产品是“点石成金”的“深绿”技术，是资源节约和绿色发展中冉冉升起的一颗新星。

13.5 新的农业生产要素

传统农业是低产出的闭合式物质循环和能量多级利用。科技革命和工业革命送来新的品种、化肥、电力和机械使近现代农业成为高产出的开放式物质循环和能量多级利用。

百余年来，以作物果实和畜禽肉蛋奶为生产对象的常规现代化农业取得了辉煌成就，但它只是利用了近一半的产出的“半生物质农业”。如果将作物秸秆、畜禽粪便等有机废弃物以及边际性土地上生长的林、灌、草生物质都纳入生产对象与新兴生物质工业的原料范畴，将“半生物质农业”进化为“全生物质农业”，也就是将农田生物质产出的全部都利用起来，人们将会豁然开朗地发现一片能够力挽当今资源紧缺和环境恶化狂澜的绿色天地就在眼前。这是一项意义重大的具有里程碑意义的“新的现代农业生产要素”的引入。

随着工农业发展而相应的流通和服务等其他产业也得到快速发展，经济学家罗纳德·费希尔于 1935 年提出了“第三产业”概念。在多媒体技术兴起而信息网络尚不畅通的情况下，阿尔·戈尔于 1993 年提出了“信息高速公路”概念。当生物质转化技术发展到一定程度时，比尔·克林顿于 1999 年提出了“生物质产业”概念。当互联网和物流业在中国发展到一定程度时，于扬于 2012 年提出了“互联网 +”概念和诞生了“阿里巴巴”。每当一个对社会发展有重要推动意义的事物发展到一定程度时，或早或晚地会出现一个这样的“概念助推器”。理念创新是战略层面上的创新，一个科学理念的发现就是一处宝藏的发现。

在比尔·克林顿提出的“生物质产业”基础上，现在到了该提出“全生物质农业”概念的时候了。如果用通俗语“农业 +”，即是“粮肉农业”加上“非粮肉”生物基产品和生物能源的农业，进而与“互联网 +”相通，前途无量。

13.6 农业系统的结构与功能提升

2004 年，在代表“国家中长期科技发展规划”农业战略研究组向温家宝总理汇报时作者提出“生物质经济已经浮出水面”；2005 年，在《科技日报》发表文章中提出“种出一个‘大庆’”。2006 年，在《求是》杂志发表的《农业的三个战场》中提出了“基础农业战场、加工农业战场和能源农业战场；提出了“现在需要的是从概念到国家政策上能够到位，将农业的三个战场联成一体，构建一个由第一、第二和第三农业组成的新型的农业结构，需要有一次观念的革命和解放生产力的革命。”

10 年过去了，生物质能源及其环保功能开始为社会所了解与认同，由国家能源局和环保部主管，而农业部涉足甚少。就作为一个统一的产业系统而言，这是远远不够的。生物能源与生物基产品是以作物秸秆、畜禽粪便、林业剩余物、加工业和城市的有机废水废渣以及利用边际性土地种植能源植物为原料的“非粮生物质”生产转化系统。系统的本质特征与农业的有生命的物质生产相同，而生物能源与生物基产品是系统的功能体现。

“非粮生物质”生产转化系统是农业生产大系统中的一个子系统。“粮果生物质”生产系统、“粮果加工”系统以及“非粮生物质”生产转化系统，三者相互依存、相互作用和相互制约地存在于农业大系统。20 世纪 90 年代，盛产甘蔗与蔗糖的巴西开始大规模生产甘蔗乙醇，并随着国际市场的糖价和醇价而调整糖与醇的加工量。在扩大沼气生产规模中，德国将部分未完全成熟玉米全株“青贮”，用作沼气生产原料；中国农业大学培育了一种采收玉米籽粒时仍保持“青秆”的粮能兼用的玉米品种；意大利科学家培育的“富能烟草”种子含油率高达 40%，其公顷产油量是油菜和向日葵的 2 倍，并拟用于生产航空煤油。其原料生产与转化是同一系统中密切关联的两个要素。

将生物能源与生物基产品纳入农业生产系统是“认祖归宗”，名正而言顺，有利于系统内各要素的协调，提升系统生产能力；有利于经营管理上的协调与组织，降低系统成本；有利于发展农工联合企业和一、二、三产业融合，推动新型城镇化与新农村建设；有利于转变农业发展方式和转型升级；有利于推进农业现代化和破解“三农”新难题。

13.7 全生物质农业

以农田种植和养殖，进行粮果和肉蛋奶生产可称为第一农业，以作物秸秆畜禽粪便等有机废弃物和边际性土地种植的耐瘠植物为原料生产生物质能源和生物基产品可称为第二农业。全生物质农业是指对农田和开发的边际性土地产出的全部生物质以及其他可利用生物质进行果实和肉蛋奶、生物质能源和生物基产品的全产业链生产的新型农业。

全生物质农业是指以农田种养殖过程中的全部生物质产出以及可利用的边际性林地和草地生物质产出为生产对象，进行果实和肉蛋奶、生物质能源和生物基产品的全产业链生产的新型农业。以粮肉为生产对象的是第一农业，以生物质能源和生物基产品为生产对象的是第二农业。要以“全生物质原料”概念替代过时的“农林废弃物”概念；要以“农业多联产”概念替代过时的“单一农产品”概念；要以“全产业链生产”概念替代过时的“初级农产品生产”概念；要以“一、二、三产业融合”概念替代过时的“单一农业”概念。根据国内外进展和我国国情，全生物质农业的“非粮”侧可商业化的产业链条和生长点如下：

- 生物质直燃发电技术成熟，对秸秆露地焚烧有立竿见影的效果，宜向热电多联产方向升级发展。当前盈利状况不好，应加大政策扶持力度。
- 以作物秸秆和林业“剩余物”为原料的生物质成型燃料供热技术成熟，对替代中小锅炉燃煤和治理大气污染有立竿见影的效果。目前从原料收集到供热间的产业－商业链条尚未建成，市场化程度还不高。
- 以规模化养殖场的畜禽粪便及周边作物秸秆等有机物为原料生产沼气和进而纯化为生物天然气的技术成熟。它是唯一的负碳排放和植物营养元素可最大程度回归土壤的生物质转化技术，宜大力提倡。我国有年产 1 000 亿米^3 以上的生物天然气生产潜力，相当于 2018 年开始由俄罗斯进口天然气量的 3 倍。目前产业－商业链条尚未建成，标准化和市场准入尚未实现。
- 在众多的生物基产品中，全生物降解塑料的社会需求与市场最大，特别是我国急需的可控全生物降解地膜，以保护农田因地膜覆盖而导致的土壤退化。在应用乳酸发酵技术路线的同时，由我国企业研发的以木质纤维素为原料的乙酰丙酸基塑料技术路线也有望取得成功。
- 以热化学方法转化合成先进生物燃油的二代技术已趋成熟和开始商业化生产。这项由淀粉原料变为木质纤维素原料的颠覆性技术创新，开启了我国亿万公顷边际性土地利用之门，这是一片实现国家绿色发展梦想的家园。国家应为此珍贵“处女地”的开发早做谋划。

参考文献

[1] The White House. Office of the Press Secretary. Executive Order of Developing and Promoting Biobased Products and Bioenergy. August 12,1999.

[2] U.S. National Academy of Sciences. Promising Resources Technologies, Processes and Product Line. 1999.

[3] USDA. A More Vibrant Rural America. Technology for Agricultural Research Service Bioenergy System：A Strategic Plan for Agricultural Research Service Bioenergy Research. ARS National Program 307 Bioenergy and Energy Alternatives, 2002.

[4] 中国工程院 . 中国可再生能源发展战略研究报告，2008.

[5] 中国工程院．我国交通运输用生物燃料产业关键技术开发、示范与应用研究报告，2014.

[6] 石元春等.2014 关于“十三五”我国生物质能源发展建议书（2015–2020）（内部资料）.

[7] 陈义龙．大力发展生物质能源 实现绿色产业精准扶贫．人民日报，2016-3-10（22）.

[8] 林琳等．生物质直燃发电系统的全生命周期评价．水利电力机械，2009，28（12）：18–23.

[9] 水电水利规划设计总院和国家可再生能源信息管理中心．2013 中国生物质发电建设统计报告，2014.

[10] 国家能源局．生物质固体成型燃料锅炉供热（宣传册）．2014 年 9 月

[11] 程序．国内外生物合成燃油和生物乙醇产业发展现状与动向，中外能源，2015，20(9)：23–33.

农业科技篇

以《20世纪的中国农业科学》为开篇，可先对过去百年中国农业科技有个全面回顾。《农业科技篇》的主体是新的农业科技革命、农业科技展望、现代农业和农业科技产业四个部分，共9篇文章。这是《文集》作者在世纪之交的1997—2002年，就农业科技问题发表的系列见解与观点。

农业科技篇目录

14 “科技兴农”和改善科技成果转化的运行机制

【本文写作背景】

1989年5月6日国务院在中南海举行了一次关于利用科学技术成果振兴我国农业的座谈会，本《文集》作者在会上做了关于“科技兴农”的发言，以下是发言文稿。

近百年来，农业生产率和水平每上一个新的台阶，都和科学技术上的某些突破性进展分不开，如施用化肥、现代灌溉技术、使用机械，还有“绿色革命”“白色革命”以及刚刚兴起的生物技术等。现在我们谈发展农业，一靠政策，二靠科技，三靠投入，进而提出“科技兴农”，这无疑是十分正确和符合农业发展客观规律的。在讨论科技兴农时，我认为还有必要提出对科技在促进农业生产上的巨大潜力要有足够的估计和认识。我想用北京农业大学的几个例子说明。

一种是可用于粮棉等多种作物的“增产菌”，近二三年推广2亿多亩，增产粮食40多亿斤，皮棉100多万担。另一种生长调节剂——缩节胺在全国十几个省市推广近亿亩次，增产皮棉300多万担。一种新型农药和涂抹技术较常规方法省药60%～70%，药效期增强1～2倍。最近，北京农业大学向农业部报告了北京农业大学参加黄淮海平原开发的1989年及1989—1991年三年计划。我们准备投入类似上述的成熟的实用技术38项和6项综合组装技术。1991年，通过此项技术计划的实现，靠此科技投入的年增产能力为22亿斤粮食、2亿斤皮棉、1亿斤油料和7.5万吨肉。这仅是一个高校的一部分工作，由此可见，科技对促进农业增产的潜力之巨大。每一小新的科技成果的取得和突破都可能给农业生产率的提高带来新的推动和提升。

现代农业是一种技术和智力高度密集的产业。从长远和战略上看，现代农业发展的根本出路在于科学技术，在资源相当缺乏的我国尤其如此。最近，一些科学家对我国的人口、环境和粮食问题进行了系统研究，对当前和未来我国面临的极为严峻的形势发出警报和呼吁无疑是十分必要和及时的，必须采用强有力的措施，合理利用资源，保护环境和增加粮食生产。但是，从中得出的某些悲观和无所作为的结论却是不妥的。导致这种结论的原因是没有充分考虑到科学技术在推动农业和社会发展中的重要作用。从农业发展的历史和从世界各国和地区，尤其是资源贫乏国（地区）的比较农业看，土地资源的约束不是无法突破的“瓶颈”，出路在于依靠科技和将中国旳广大人力资源转化为人力资本。下面对开展“科技兴农”提一点建议。

不能把“科技兴农”简视为筹集一笔钱，推广一批（技术）项目的短期行为，而要作为一项长远的战略。其内涵应包括实用技术、运行机制和资金物资支持三个部分。实用技术本身和资金物资支持无疑是重要的，但能否有一个良好的技术投入环境和有效地转化为生产力，核心问题是要有个良好的运行机制。关于科技在农业生产率增长中的作用，发达国家的科技在农业生产率为70%左右，我国科技在农业生产率只有30%。其原因不是我国缺乏有效的实用技术（提出几十、几百项并不难。当然，还要继续研究。)，而是缺乏一个良好的技术转化的运行机制。有了一个良好的运行机制，则技术和资金物资投入就会事半功倍，否则，步履维艰，高耗低效。国家抓“科技兴农”，要重视方法，讲究效益。

科技成果向生产转化比取得成果本身更难，因为它面对的是社会经济等复杂的环境。所以必须逐渐建立起符合本国本地实际和客观发展规律的一套运行机制。苏联、东欧按各级行政建立的推广－试验站体制，美国、加拿大等国的农业科技服务企业（公司）和各大学农业实验站相结合的体制以及日本的“农协”体制等均取得了不同程度的运行效果。我国目前情况基本类似于苏联和东欧其他国家，以行政推广系统为主体，随着我国商品经济的发展，这种体制越来越不适应形势发展的需要。最大的弊病是技、财、物三者分离，技术拥有者无财无物，有财者无物无技，如此等等，这就极大地制约了技术向生产的有效转化。此外，整个运行都是通过人来进行的，而两亿多文言和文化水平较低的农民，还有广大干部和技术人员的素质急待提高。否则，“科技兴农”仍然是在高耗低效和低水平上运转。

关于改善这种运行机制，我认为要在广泛提高干部、技术人员、农村1亿多初高中毕业生和广大农民的文化水平和素质的基础上逐步建立以科技服务企业为主体的多层次、多形式的技术推广服务体系。具体有以下三方面。

- 在县以下有领导地逐步发展农业技术推广站（包括种子站、土肥站、植保站等）为主体，与农资部门及有关工厂相结合（可做到技、财、物结合）的企业型技术服务组织——农业科技企业，以竞争和具有活力的形式取代吃大锅饭的行政管理体制。
- 高技术、新技术和较复杂、要求较高的技术，在中央和省级的层次上，鼓励科技机关、大专院校或以他们为依托建立高层次的科技服务公司或集团。科、技、工、农、贸一体化，类似于泰国正大公司、美国先锋公司、孟山都公司等。
- 通过“燎原计划”“丰收计划”和“星火计划”，农业部组织的干教、成教、电大；大专院校的继教和函授等多渠道、分层次、有计划地组织培训，并与技术推广密切结合，持续、长期和不断地提高干部、技术人员和广大农民的文化水平和素质，这是促使我国大量人力资源转变为人力资本的有效途径。20世纪以来美国经济发展的动因主要来源于人力资本的投入，而非资本的投入。从这个意义出发，是否将“科技兴农”改为“科教兴农”？

“科技兴农”是费少效宏之举。政府一方面是多方集资，同时需改变过去那种只对推广项目投资的办法，拿出一部分资金（如20%～30%）作机制性或导向性投资，用以改善运行机制。凡经严格审批的科技服务企业可以用部分贷款、部分拨款的办法，构成良性循环和“造血”机能，培训资金也按比例列入计划。这样可取得“科技兴农”的整体效果。

15 20 世纪的中国农业科学

【本文写作背景】

在中国科学院等学术单位支持下，福建教育出版社编纂出版一部条目形式的《20 世纪中国学术大典》，其中“农业科学卷”由本《文集》作者任主编。《20 世纪的中国农业科学》的综述由本《文集》作者与张湘琴教授撰写。“展望”部分与以后文章内容有重复，未被录入。

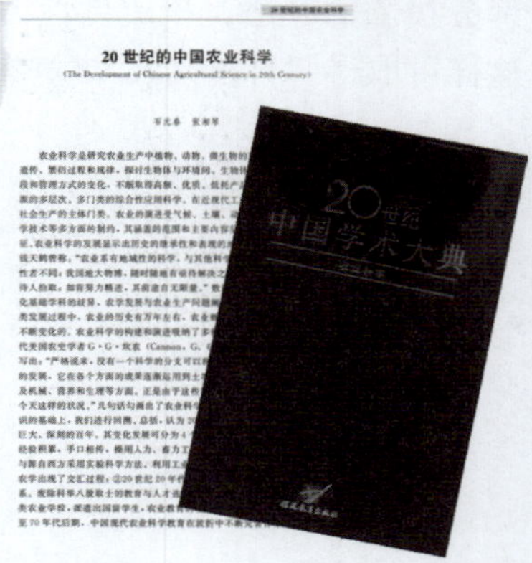

农业科学是研究农业生产中植物、动物、微生物的形态、性状、生长、发育、遗传、繁衍过程和规律，探讨生物体与环境间、生物体间的各种关系，通过调控手段和管理方式的变化，不断取得高产、优质、低耗产品，为民众提供主要衣食来源的多层次、多门类的综合性应用科学。在近现代工业体系建立前，农业曾是社会生产的主体门类。

农业的演进受气候、土壤、动植物资源、政治、经济、科学技术等多方面的制约，其涵盖的范围和主要内容呈现明显的时代属性和地域特征。农业科学的发展显示出历史的继承性和表现的地区性。20 世纪 30 年代，农学家钱天鹤曾称：“农业系有地域性的科学，与其他科学，如物理、化学等之有世界共性者不同；我国地大物博，随时随地有亟待解决之农业问题存在，无异铺金满地，待人拾取；如肯努力精进，其前途自无限量。”数语指明了农学应用学科与数理化基础学科的歧义，农学发展与农业生产问题阐释、解决的互动关系。

在人类发展过程中，农业的历史有万年左右，农业概念是在很长的时期里逐渐形成并不断变化的。农业科学的构建和演进收纳了多种学科的成果。20 世纪 70 年代，美国农史学者 G. G. 坎农（Cannon G. G.）在所著《近代农业名人传》中写出：“严格说来，没有一个科学的分支可以称作是农业科学。科学经过若干世纪的发展在各个方面的成果逐渐运用到土壤、植物和动物育种的遗传机理以及农业机械、营养和生理等方面。正是由于这些科学成果的运用，农业才得以发展到今天这样的状况。”几句话勾画出了农业科学的综合性应用学科的特点。在这种认识的基础上，我们进行回溯、总括，认为20世纪中国的农业科学是发展变化极其巨大、深刻的百年。其变化发展可分为4个阶段：① 19世纪末、20世纪初，凭借经验积累，手口相传，操用人力、畜力工具，以自给自足为目标。中国传统农学与源自西方采用实验科学方法、利用工业能源和产品，以商品生产为目标的实验农学出现了交汇过程。② 20世纪20～50年代，中国近现代农业科学初建体系。废除科举八股取士的教育与人才选拔制度，设置初、中、高级普通、实业各类农业学校，派遣出国留学生，农业教育的基础作用得到发挥。③ 20世纪50～70年代后期，中国现代农业科学教育在波折中不断完善体系建设。④ 20世纪80年代以后，中国农、林、渔、牧类各学科迈上迅速发展、分化、全面充实、提高的阶段。

在百年来中国近现代农业科学肇始、发展、成长的过程中，人们遇到无以计数的困难和曲折。中国数代农业科教人员披荆斩棘，含辛茹苦，甚至在战火弥漫、颠沛流离中，仍坚韧不拔地进行教学、调查和试验研究。他们为民众谋福祉而奉献青春，贡献终身，凝练了可贵的探索、奋进精神。

15.1 中国传统农业科学和西方实验农业科学的交汇

15.1.1 农产商品化趋势与经济作物种植的拓展

中国古代有较为发达的农业和丰富的农业科学技术创造。公元前3世纪，《吕氏春秋》“上农”“任地”“辨土”“审时”等篇农学论文问世，标志农业科学技术与理论已带有精耕细作的发展特点。公元6世纪，贾思勰撰《齐民要术》一书，对当时中国北方旱地农耕技术经验，做了系统的总结和概括，建立起影响深远的旱地精耕细作科学技术体系。公元12世纪，《陈旉农书》归纳了水田耕耙耖系列作业的经验，在中国南方水田精耕细作科学技术体系形成方面起着重大的作用。

明中叶到清中叶，中国传统的农业科学技术曾达到较高的发展水平。原产美洲的甘薯、玉米等作物，16～17世纪引进后，能够纳入中国的耕种体系，在广阔的区域传播，逐步变成中国民众主要粮食作物中的重要种类，引起作物结构发生变化。主要粮食作物由稻、麦、粟、黍等“五谷”型逐渐变成为稻、麦、玉米、甘薯等“杂粮”型。在世界范围近代农学肇发的18世纪，清康熙五十一年（1712年）制定了盛世“滋生人丁，永不加赋”的政策。康熙皇帝玄烨撰《几暇格物编》中记有生育期短、早熟、质优“御稻米”和味甘美“白粟”的选育。1715年，早熟的“御稻”品种传到江苏苏州，接着向浙江、江西、安徽等地广布，目的之一是希图缓解江浙一带棉花和其他经济作物拓展，每年“口粮不得不仰赖上江客米运济，粮价常贵”的局面。1724年，清雍正皇帝推行“摊丁入地”的赋役制度，也从一定程度上调动了农民的生产积极性，经济作物种植继续发展。王先谦《东华录》载，雍正五年（1727年），广西巡抚韩良辖奏已称：“广东地广人稠，专仰给广西之米，在广东本处之人，唯知贪财重利，将土地多种龙眼、甘蔗、烟叶、青靛之属，以至民富而米少。”为解决口粮问题，乾隆（1736—1795年在位）时，高晋《奏请海疆禾棉兼种疏》中提出田土在1顷以上者，“只许种棉一半，其余一半，改种稻田”，欲以政权的力量维持江浙沿海种粮自食、阻抑种棉图利趋势的发展。不过，在交通方便，人口密集，气候相宜的富庶地区，人们趋利种植经济作物，已无法阻挡。清代后期烟草种植发展迅速，19世纪初，包世臣《齐民四术》指明“各处膏腴皆种烟叶，占生谷之田”，认为当时的弊害是：“一曰烟耗谷于暗，二曰酒耗谷于明，三曰鸦片耗银于外夷。”19世纪中期，粮食供求已较紧张，一些地方出现民众纷纷开辟林地以为农田的情形。梅伯言《书棚民事》一文，就董邦达任安徽巡抚期间开放山林，让棚民开垦耕种事曾做调查访问与分析。文中提到主张开山林的人认为，“开种旱谷，以佐稻粱，人无闲民，地无遗利，于策至便，不可禁止”。当地世居农民则认为，“今以斤斧童其山，而以锄犁疏其土，一雨未毕，砂石随下”，“是为开不毛之地，而病有谷之田”。而汪士铎在《乙丙日记》中则径直把“山顶已殖黍稷，江中已有洲田”的情形与“人多之害”联系起来。尽管许多地区农业生产结构上出现这些变化，但鸦片战争以前，社会总体上仍沿着男耕女织、自给自足固有的轨道继续推进，粮食作物和经济作物的产量仍维持着较高水平。

15.1.2 近代中国农业科学发展呈现迟滞

在中国传统农学许多获至成就的人物中，明末农学家徐光启特别引人重视。他撰写了技术体系完善的《农政全书》，曾努力吸收同时期国外农业科学技术成果。在《农政全书》中，收进了欧洲取水、蓄水、用水技术和器械以及徐光启笔记的《泰西水法》，其卷首题为泰西熊三拔（Sabbathino de Ursis）撰。《徐光启集》“书牍二”还载有徐光启采用西洋方法栽插、修剪葡萄，取得良好效果的内容。他在《几何原本杂议》中提到，教授形式逻辑思维的《几何原本》，“能令学理者祛其浮气，练其精心；学事者资其定法，发其巧思”。认为它是举世无一人不当学的好书。并说此书可以有教人植桑饲蚕的启迪作用。从农业科学技术若干要素的构成来看，明末迄清中叶，中国在不少方面已接近实验科学的门槛。明末宋应星的《天工开物》（1637年初刊）在水稻秧田、本田间、水稻生长期间用水、撒豆作肥效用方面已找出一些相关的数量关系。同书还载述不同产地的黄茧种蚕蛾与白茧种蚕蛾交配后代产生变异，将早雄配晚雌，育出嘉种这种杂种优势利用的情形。清王筠在《说文释例》中已对豆类根瘤形态作具体观察描述，并指明其大小与年景丰凶有关。清杨屾在《知本提纲》（1747 年撰成）中发展了中国历史上流传颇久的金木水火土的五行说，提出天地水火四精与气，“四精合一气，五行流动而不息”的生命物质运动观。张履祥在《补农书》（1658 年撰成）提出，以 10 亩田分别栽桑、种豆、植竹、艺果，实行塘肥羊粪培壅植物、谷物残渣养鱼、老桑叶、作物秸秆糠秕饲羊、桑叶育蚕多种经营安排和“凿池之土，可以培基”的土地利用策略。这些是农业方面的精辟的见解与优异的技术。可惜，它没有能够实现向实验科学领域的突破。

1665 年，英国博物学家 R. 胡克（Hooke R.）用显微镜观察多种动物、植物，写出《显微图谱》，发现了“细胞”。1694 年，德国 R. J. 卡默拉留斯（Camerarius R. J.）以实验论证植物有性繁殖，揭示了去除雄蕊则不能结实的现象。1719 年，英国 T. 费尔柴尔德（Fairchild T.）开展植物杂交，首次获得人工杂交种。1773 年，荷兰学者 J. 英根－豪茨（Ingen-Housz J.）用实验证实植物更新空气的能力是植物绿色部分在阳光下共同作用的结果。生物学科在迅速发展。1804 年，德国 A. 泰伊尔（Thaer A.）在符里茨恩的墨哥林创办农学院，进行农业实践和科学论证相结合的教学。1840 年，德国尤斯图斯・冯・李比希（Liebig J.）撰出《化学在农业和生理学上的应用》，提出植物营养元素归还说和矿质营养理论，建立了农业化学学科。相比之下，中国的传统农学则呈迟滞状态。包世臣早年在家种过菜园，对农业生产技术有较系统的研究。1801 年所写《齐民四术》（1844 年刊行）的农业科学技术内容，划为辨谷、任土、养种、作物、蚕桑、树植、畜牧 7 个部分，停留在经验和古籍的引述范围。清李彦章在《江南催耕课稻编》（1834 年刊行）一书中劝人种早稻，阐述种早、晚两熟稻之法，力陈“昔无今有之物，无不随时可种，随时可移”的道理，但在近代农学发展上也没有能够给予新的添加。

15.1.3　中西农业科学的交汇

19 世纪 50 年代以后，中国的农业生产已直接受世界农产市场价格的拉动。19 世纪 60 年代，国外棉纺织业较快发展，棉花价格上提，棉花种植受其刺激。《申报》光绪二年（1876 年）七月二十八日载，上海、南汇以及浦东西，“均栽种棉花，禾稻仅十中之二”。《申报》光绪六年（1880 年）六月二十一日称“江西、浙江、湖北等处，向只专事蚕桑者，今皆兼植棉花”。19 世纪 50 年代前后，中国丝茶两项占出口总值高可达 90%，1893 年，则下降为 45.82%，且当时中国的进出口贸易 90% 都操纵在外国洋行手里。在极其不利的情况下，中西农产品和农业科学技术开始了广泛的对比和竞争。中国茶的出口与外贸收益一落千丈。印度、锡兰（今斯里兰卡）、日本大量发展植茶，剖制揉茶机、烘茶机，采用成套机器，进行加工制作，印锡红茶在英国迅速占领市场，日本绿茶在美国很快打开销路。中国丝产品也遇到手工作坊生产与工厂机器加工制作产品质量相差悬殊的困惑。陈炽在《续富国策》“种桑育蚕说”中曾提道：“中国出口之丝，每包百斤，仅值三百余金。上海西人所设缫丝各厂，购中国蚕茧，以机器缫之，每包值七百余金。高下悬殊，理不可解。后知中国手缫之丝不匀不净，不合西人织机之用，伊购归里昂各埠，必以机器再缫，则以三百金购之华人者，仍以七百余金售之西人，此四百余金者，约为再缫工本，而彼之获利无穷矣。”

在农产品出口不振、农产品质量对比失衡的严峻形势下，中国实业界、知识界日益感到引进、发展农业科学技术、推行新式农业教育的迫切。冯桂芬于1860—1861年撰成《校邠庐抗议》，其发在“筹国用议”中主张大力发展丝茶的生产和出口，提倡使用西方的火轮机来加速垦覆土地。“采西学议”中，对农具、织具等，认为多用轮机可达“用力少而成功多”的功效。出国留学生和涉外官员对本国农业的兴衰甚为关注。容闳在其所撰《西学东渐记》中叙及清同治二年（1863年）他在安庆晋见曾国藩时，曾提出建设机械厂，其目的之一是生产农机具。1876年被派赴美费城参加万国博览会的官员李圭，对博览会“机械院”“耕作院”中外展品做了比较，认为西人“不仅器具便巧，尤讲究种植之法”。清廷派出的首任驻英、法使臣郭嵩焘1876—1879年在英、法期间，颇为留心农业，对当时英国农田犁地、吸水、刈麦、刈草、出麦、锯木等各式机器甚感兴趣。他见到英国种子公司已将“其蔬菜及花草诸种子贩运各国”。郭嵩焘还曾到法国格立雍农业学馆（今巴黎格里农国立农学院）访问，参观其农田机器图式院、谷种院，了解课程设置和各种仪器设施，注意到有一馆“专讨论牛马诸兽骨骼及筋络血管及辨马齿年岁”。参观格致院，“始知西洋园户种花变易颜色，一出于格致之功，即所谓化学也”。当时郭嵩焘对外国农学的进展表现出惊异和兴趣。

1900年前后，中外农业科学技术对比已高低互见。经由官、商、学，宗教各界多种途径不断把新式农机具、棉麦蔬果林木等植物良种、优种畜禽、化学肥料、作物虫害病害防治药械、牛乳卫生检验、兽医防疫等农业技术产品和手段引入中国。

在引进西方农、畜优良品种，器械、化肥、药剂及各种技术手段的同时，先知先觉者兴办农业教育、开展农业试验研究、倡导新农学等具有重要意义。孙中山从1890年写《致郑藻如书》，1891年前后写《农功》，1894年写《上李鸿章书》、到1895年写《创立农会征求同志书》，竭力倡导兴办农会、创立农业学校、设置农事试验场、组建农政机构。他在兴农学中提到几个研究门类的作用。如考土性土质，“倘若明其理法，则能反硗土为沃壤，化瘠土为良田，此农家之地学、化学也”。动植物生长、发育方面，“别种类之生机，分结实之厚薄，察草木之性质，明六畜之生理，则繁衍可期而人事得操其权，此农家之植物学、动物学也”。在生长促抑、调控上，“日光能助物之生长，电力能促物之成熟，此农家之格物学也”。为减免农牧业的损失，“蠹蚀宜防，疫疠宜避，此又农家之医学也”。孙中山认为，讲究农学，“则能使同等之田产数倍之物，是无异将一亩之田变为数亩之田，即无异将一国之地广为数国之大也。如此，则民虽增数倍，可无饥馑之忧矣。此农政学堂所宜亟设也”。张謇在1894年中日甲午海战失利、朝野议论纷纷中，主张讲求农学，在光绪二十三年（1897年）《请兴农会奏》中称“考之泰西各国，近百年来，讲求农学，务臻便利，亦日新月异而岁不同”。其提倡“行西国农学所得之新法”，认为推行农业实验，即便对外来技术也要核夺。他在文中讲“不征实事，不特西人新法之与中土宜否，无从真知，即中国旧法之与今日宜否，亦无从真知。而且天度、温带、寒带、热带之不同，土地为埴为垆为壤之各异，非先以化学方法，分辨土宜物性，一一著明，无从消息”。张謇对发展农学、推行农业科学实验持积极态度。康有为在1895年《请开农学堂地质局以兴农殖民而富国本折》中主张兴农学、译农书，“令开农报，以广见闻，令开农会，以事比较”。梁启超1897年曾为罗振玉等在上海创办的《农学报》写序，历数当时中国“学者不农，农者不学”的严重情况。提出农学研究的十大门目：①农理；②动植物学；③树艺（麦、果、桑、茶等皆归此类）；④畜牧（牛、羊、猪、驼、蚕、蜂等物皆归此类）；⑤林材；⑥渔务；⑦制造（如酒、糖、酪等）；⑧化料；⑨农器；⑩博议（国内人们有关农务的文章等），为19世纪、20世纪之交中国农学的发展勾勒出大致的轮廓。

从19世纪中叶起，中国学术界已在翻译西方生物学及农学著作，1877年《格致汇编》记载《农事略论》文中曾叙及德国化学家J. 李比希，称“论农事之化学新得有益之法，大半靠化学家里必格（即J. 李比希）所考出者”。但尚无将中国传统农学与西方实验农学结合起来并加以分析的情形。罗振玉1897年开始主编《农学报》。罗振玉在主编《农学报》时，曾抽选其中的重要作品，并组织力量收集国内和翻译国外农学书籍汇编出《农学丛书》。《农学丛书》汇集了中国古代农学一些要籍，添加了民间农业生产经验调查的内容，再通过译述欧美、日本农书，较全面地引进实验农学的丰富材料，给出了不少按语与评说。《农学报》《农学丛书》在1900年前后中西农学交汇过程中占有重要的历史地位。

1979年，沈宗翰在《中国近代农业学术发展概述》文中称：“我国农业科学实发轫于清末学校教育。”“中国采用外国科学新法谋改良农业者，初由学校教育入手。”1890年前后，中国的农业教育是无从谈起的。朝廷沿袭科举的政策，“四书五经”是学人必读的材料。选拔任用人才凭“八股取士”的一套办法，虽1898年已议设京师大学堂，但直到1905年，清廷才明令废科举，实行办学堂的教育体制。

中国农业教育最早发展起来的是实业学堂。1896年，江西高安县曾筹办蚕桑学堂。1897年，在中国蚕丝主产区浙江杭州，由杭州知府林迪臣发起创办蚕学馆，传授养蚕栽桑新法，有桑园与蚕室以备学生实习。1898 年 3 月，张之洞在《设立农务工艺学堂暨劝工劝商公所折》里提出“于湖北省设立农务学堂，研究种植、畜牧之学”。延聘美国康奈尔大学农学士 C. 白雷耳（Brill C.）等为农学教习。1898 年 5 月，清光绪皇帝下诏各省州县皆立农务学堂。1990 年，光绪下诏：出茶叶的省设立茶务学堂，出生丝的省设蚕业学堂。1902 年 1 月，清政府又令各省为振兴农业，于省城设农务学堂。1904 年，北洋马医学堂在保定成立。1906年，在安东建起奉天中等林学堂。1910年5月在天津建立第一个水产讲习所。张謇从 1905 年开始在南方筹办水产学堂，1912 年才选址在上海炮台湾正式成立江苏省立水产学校。该校涵盖船舶驾驶、水产捕捞、水产加工、海水养殖、渔业经营等学科。

清光绪二十四年（1898 年），总理衙门在《遵筹开办京师大学堂折》中，所拟方案“学问宜分科”里面，第七项为“农学科，种植水利附焉”。1902 年，朝廷颁发的《钦定京师大学堂章程》有：“农业科之目四，一曰农艺学，二曰农业化学，三曰林学，四曰兽医学”的规定。1903 年又颁《奏定学堂章程》，其第六节农科大学项开列农学、农艺化学、林学、兽医学各科课程，教学时数，实习安排，已具有新式农业教育的格局。1898 年筹议的京师大学堂农科，于 1905 年被批准正式建为京师大学堂农科大学。学生来自各省，曾聘日本教授讲课，用日文讲义及日本图表标本讲解学理。辛亥革命后，1914 年建立的金陵大学农科等延聘欧美学者讲学，欧美农业教育、科研体制对中国农业教育发展有过重要影响。

1902 年起，河北、山东等不少省份建立了农事试验场。1906 年，在北京西直门外，由农工商部建立中央农事试验场，划分农林、蚕桑、动物、博物、畜牧等科，设置中外种子比较、中外农器比较、肥料、植物病虫害、农药、畜牧兽医等试验，试验场还开辟博览馆，展示优良品种等。1912 年在北京建立了农林部林艺试验场。为把农林生产、技术改进建立在科学实验的基础上开辟了途径。

15.2 近现代农业科学初建体系

15.2.1 从移引到结合中国实际的农业科学走向

中国是在列强压迫、掠夺，农村经济窘迫的背景下，也是在废科举、兴办学校教育、价值观念激变的形势下发展近现代农学的。1937 年行政院农村复兴委员会组织农学专家撰写的《中国农业之改进》一书中称，“我国专门人才不多，大都集中在各大学农学院”，这是中国近现代农学早期的活动特点。1914 年，高润生在《尔雅谷名考》中针对早期农学移植中的状况，“今农校教科书纯用东瀛译本，于本国农学言皆摈而不录"，提出"以经义说农事，以农事证经义""参与科学之理"，从农书古籍中纂辑出"群经农事考""中华农事历史""农事旧学新硎""农事风雅集"等，并以之"质诸农学、参人教科"。高润生提倡采用科学原理，大力发掘本国农学宝藏，促进农学发展，充实教学内容，刊行《笠园古农学丛书》的设想，可惜未能得到实行。

20 世纪 20 年代，各大学农学院逐渐摆脱建校早期延聘日本、欧美教授，移引成套农科教材、教具的局面，寻找结合中国实际、分析解决农业中突出问题的途径。许璇 1913 年从日本留学回国，历任北京农业大学教授、校长，曾提倡"融学术教育与农村事业于一炉"，他兼任过学校农场场长，讲授过农政学、土壤学、畜产学等课。所编农政学讲义，对于当时中国关税、土地、人口、粮食等问题，论述甚详。在农科创建上曾做出过重要贡献。陈嵘 1913 年从日本留学回国任教，从教数年后赴美、德再攻林学。他任过浙江农校校长、金陵大学林学系教授，曾被选为中华农学会会长，最早撰出具有中国特色的《造林学》。梁希赴日本学林，1916 年毕业回国在北京农业大学讲授森林利用、林产制造、木材性质等课。1923—1927 年又赴德国萨克森林学院研究林产化学，为中国森林利用、林产化学学科建设开辟了途径。丁颖于 1924 年日本帝大农学院毕业归国后，曾在中山大学农学院任教。他于 1926 年在广州石牌中山大学农学院创办稻作试验场。同年，在广州东郊犀牛尾沼泽地发现野生稻，用它与农家品种竹占杂交，育成"中山一号"水稻品种。这是世界上将野生稻的种质成功地转移给栽培稻种的首例科学试验。邹秉文 1910 年赴美留学，1913 年入康奈尔大学学机械工程，后转入农学院，1915 年毕业后，继续在该校研究院攻读植物病理学。1916 年回国后在金陵大学担任植物学、植物病理学、植物育种学教授。1917 年转到南京高等师范学校任教，筹建农科并担任主任，1918 年该校改为东南大学，1921 年又改为中央大学，他继续任教授兼农科主任、农学院院长。他在任教之初，即感到当时高校农科教材，多采用日本、欧美课本，不能结合中国实际，他经常带领学生到农村采集病虫害标本，反复修订讲义。并写出中国农科大学的第一部植物学教材。并指明"此书具改制之志，凡旧日因袭日本而不台学理之名称，概予改定"。

15.2.2　棉粮迫切需求推动农业科学发展

由于工业原料和对外贸易的推动，棉花、蚕桑的品种选育、选育原理与方法得到较快发展，且能得到实业界的具体支持。1914 年，肇发第一次世界大战，欧洲作为主战场，纺织商品不能东来。中国民族棉纺工业得以发展，但所需纺织原料棉花，国内所产纤维粗短，数量不足，国外又难供应，为当时厂商最感困难的问题。1917 年，穆藕初等在上海组织植棉改良社，刊印《植棉浅说》，购备、推广美棉种子，优价采收各地改良新棉。1919 年，上海组织纱厂联合会，其中设植棉改良会，穆藕初被举为委员长。同年，穆代聘过探先主持植棉推广事业，在江苏、浙江、湖北、河南、湖南、河北设场16处。1921—1924年，改由纱厂联合会每年捐洋2万银圆资助东南大学农科，由农科主任邹秉文和过探先主持植棉推广项目。这是中国企业界资助农科大学从事棉业研究的开端。过探先曾采用系统选种法，由中棉育成江阴白籽棉优良品种。穆藕初在《藕初五十自述》中亦称："我国植棉事业，迄今尚有可观者，皆赖邹、过二君及东大各农学专家热诚任事之结果，与纱厂联合会诸会员热心赞助之赐也。"1919年上海纱厂联合会以经费补助金陵大学为试验改良我国棉花品质与产量的研究费用，该校从美国农业部引进8个标准棉花品种，代表早熟、大铃、短绒与细长绒四个特性，在长江与黄河流域棉区试种。1919年8月请美国农业部植棉专家柯克等来华做技术指导进行考察，华商纱厂联合会派植棉专家叶元鼎同行，周历浙、鄂、豫、冀、鲁等省的棉区和棉业试验场。根据这次考察，认为脱字（Trice）棉最适于中国的栽培，其次为爱字（Acala）棉。柯克这个意见影响了中国此后十几年的棉种方向。

从1919年起，中国开始采用科学方法进行水稻品种选育的试验。试验由南京高等师范农科农事试验场原颂周主持。由各省征集多个优良水稻品种，经过严格比较选育，选出"江宁洋籼""东莞白"两个纯系优良品种，并在生产上得到推广。那一时期，农商部中央农事试验场也先后自江苏、浙江、安徽、河南、河北、吉林、湖北、福建、广东等省和日本、意大利等国引进47个水稻品种进行品种比较试验，曾选出数个公顷产3 750千克以上的品种。

自1922年起，华北连年发生大旱，接着长江流域又患大水，在水、旱灾害，粮食缺乏，大量输入洋米、洋面、洋棉的背景下，农业技术曾突出抓小麦、大麦、高粱、粟、大豆等的品种改良。1925年金陵大学与美国康奈尔大学建立合作改良华北粮食作物，训练遗传育种人才的项目。金大农学院及其他学校注重粮食增产，后金大与纽约洛氏基金世界教育会（International Education Board）及康奈尔大学建立中国作物改良合作项目。每年由康大派育种教授至金大协助指导作物改良，金大供给试验场与研究室设备，世界教育会则津贴康大教授旅费。H. H. 洛夫（Love H. H.）、C. H. 迈尔（Myers. C. H.）等教授相继来华指导作物育种。此一时期，中国育种、栽培、病理诸学科有着迅速的发展。1920年，南京高等师范农科建立小麦试验站，在900个小麦品种比较中，确认武进"无芒"、南京"赤壳"、日本"赤皮"为最佳小麦品种。1925年，沈宗翰从南京通济门外农田中选出单穗，育成"金大2905"小麦品种，于1933年推广。该品种具有丰产、抗病、成熟早等特点，甚受江苏、安徽等省农民欢迎。

15.2.3 农业科学提高迫切需求基础学科研究

近现代农业科研发展初期，较为简单的经验式试验也可取得显著的成果。随着学术的广泛探索和技术手段的提高，一般应用研究和实验已不能适应需求，而要更多依靠基础科学研究的开展。中国农学基础学科的开拓，是从农科教学改革和专业学者研究深化入手的。邹秉文在金陵大学、南京高等师范、东南大学、中央大学任教，曾兼农科主任、农学院院长。他认为改进农业教育，在于要有学有专长的教师。针对 20 世纪 20 年代当时的情形，他指出的问题是农业学校的课程太普通、太杂乱，不能造就专门人才。他说“盖农业范围极广，无论何种最聪明人物，亦只能精于其中之一二门，故世有作物专家、园艺专家、畜牧专家、植物专家等名目，而独不能有农业专家之名称”。邹秉文举出某畜牧专家在国外留学时，每个暑期均在牧场实习。回国后，在某农校所任课程竟有 8 门之多，包括农具、作物、植病。畜牧课每周仅 2 小时，其专长不能发挥。而当时部定章程每一专任教员，必须每周任课 18 ～ 24 小时。邹秉文力主改革农科教学，在东南大学农科，每一教授基本上只担任他的专业课程，每周授课时数按实际需要安排，强调教学、科研、推广三结合的重要。东南大学农科参照美国康奈尔大学与金陵大学农学院的方式，教授除教书外须做研究或推广。其教授与学生人数较多，功课较为完整，研究范围亦较广。农学基础学科研究富有成绩的有秉志的动物学，钱崇澍、胡先骕、陈焕镛等的植物分类，戴芳澜等的作物病害研究以及过探先等的棉花育种与栽培方法，原颂周等的改良水稻、小麦品种，葛敬中的蚕桑改良，罗清生的牛瘟、猪瘟研究等。农科院校曾是当时全国农业科学发展的重要策源地。

15.2.4 中央农业实验所等的建立和农业分支学科研究的开展

20 世纪 20 年代后期，中国学术界出现兴办科学研究的热潮。1929 年成立的国立北平研究院，其体制较为完善，对全国科学研究起到一定的推动、联络、指导作用。他们组建的气象、地质、动物等研究所（室），中国科学社生物研究所，北平静生生物调查所等官办民办的研究机构，其课题研究许多涉及农学。动植物、微生物考察已从个别专家学者的研究活动发展到建立机构、有计划地在更广泛范围有成效地进行。农业科学技术的发展与植物分类学、动物分类学及其中的昆虫分类学、真菌分类学等学科的发展关联越来越紧密。许多位研究植物病理、植物病害防治的学者，同时也是真菌分类专家；研究虫害防治的学者，同时是昆虫分类学家；研究兽医寄生虫病、细菌传染病的学者，同时是寄生虫分类或细菌分类学专家。研究土壤利用改良的学者，同时也是土壤分类专家。这是学科开创初始较为常见的现象。一些植物、虫、病分类命名中标有他们的姓氏。这一时期，动植物标本的采集、整理分类，土壤调查及其分类，土地利用调查与分析等基础性的资源技术、经济调查分析或分类工作多方开展，有关谱、录、志专著大量涌现。其突出的成果中包括：于 1936 年由 J. 梭颇（Thorp J.）汇聚侯光炯、李连捷等多位学者的调查成果，用英文出版了《中国土壤地理》专著，1937 年以

《中国之土壤》为书名的中译本问世，并制成中国土壤分类图。广东土壤调查所1930年成立，邓植仪所长于1934年曾汇总该所历年调查所得编著《广东土壤提要》一书。陈嵘将讲授树木学历年采集的标本，于1934年写成《中国树木分类学》专著，戴芳澜继续其中国真菌考察工作，写成了《中国真菌名录》。1942年胡先骕在国立中正大学农学会以《经济植物与农业之关系》为题做学术演讲时，仍强调20世纪二三十年代植物分类、野生植物资源考察对发展农业的重要作用。

1. 中央农业实验所等机构的建立可视作近现代农学体系初建的标志

1931年，国民政府实业部设立中央农业研究所筹备委员会，派实业部副部长穆藕初为主任，邹秉文、徐廷瑚、凌道扬、高秉坊、鲁佩璋、蔡无忌、葛敬中、刘运筹、谢家声、赵连芳、沈宗瀚以及美国农业专家H. H. 洛夫、J. L. Buck、C. H. 迈尔等共16人为委员，拟设植物生产、动物生产及农业经济三科。该会选定南京孝陵卫为所址，草拟工作规程，确定中央农业研究所（后改称中央农业实验所）主管全国农业技术改进。中央农业实验所占地面积160多公顷，规模宏大，主持者多方罗致专家，宽筹经费，实验设备完美，研究改良多收实效。那一时期，全国经济委员会设立中央棉产改进所，行政院设立全国稻麦改进所，实业部设立全国稻米检验监理处与全国小麦检验监理处，均在孝陵卫中央农业实验所内，人员互相兼职，工作密切配合，稻麦棉改良工作日臻完善。农业科学实验和技术推广逐渐由中央农业研究机构领导起来。中央农业实验所与高等农业院校配合，每年聘请世界农学权威前来指导研究工作并培训各省农业技术人员。外国专家讲授育种及田间试验技术，中国专家讲授肥料、病虫害、作物学等课题，中国农业科学曾有较快的提高。

2. 农业科学分支学科研究的开展

中央农业实验所、全国稻麦改进所、中央棉产改进所等，广延中外专家，改良全国农业，同时各省均设农事试验场，各大学多设农学院，对于稻、麦、杂粮、棉花、园艺、土壤、肥料、昆虫、病害、兽医、蚕桑、森林树木、农情报告、土地利用、农场经营、仓储、农产运销、稻麦棉的分级检验等，多方面研究改良，理论与应用并重。应用温室、细胞室等条件设备可以进行诱致棉花突变与杂交小麦细胞遗传的研究，新研究方法得到应用。各大学农学院多参照、采用中央大学与金陵大学农学院的组织、教课、研究及小规模推广结合方式。作物育种、土壤、肥料、植物病虫、园艺、兽医、造林、农业经济等教课与研究工作，在此时期进展明显。马保之在1934年《中国作物改良研究会议演讲集》“卷首语”中称“近十年来，我国作物育种事业进步奇速，成绩斐然”。但他强调理论基础学科发展的重要，指出：“夫育种为技术，不过为各种纯粹科学之应用，是以凡从事作物育种者，对于各种纯粹科学如植物学、生理学、细胞学、遗传学、病虫害学及统计学等均须有相当之基础，否则人云亦云，欲谋工作之进展，岌乎难哉。”

沈宗翰概括中国20世纪30年代育种事业的要务为：①集合国内研究人员，分工合作。②协助优秀农业机关，经济缺乏时，予以相当补助，俾内部充实，而得尽量发展。③聘请世界育种专家来华讲学，以介绍新学识而训练人才。④促进种子推广事业，使优良之种子为农民所乐用，故主持育种事业者，选种务必精当，推广务必普遍，以增社会对于育种事业的信仰。对农业技术推广的认识与措施已提到较高的程度。中央农业实验所、全国稻麦改进所、中央棉产改进所、稻米检验及小麦检验监理处等单位在农业科学发展和技术改进上做出许多贡献。

（1）稻麦棉等作物选种育种学科，有较快发展　①水稻。1924年，周拾禄提出：中国稻麦育种以采用美国康奈尔大学作物育种学洛夫教授的穗行纯系育种法为宜。1933年秋，中央农业实验所拟订计划，组织专家分赴苏、浙、皖、赣、湘、鄂6省农田中采选籼、粳、糯稻单穗4万余，并向国内外征集水陆稻优良品种664个。卢守耕等进行稻作育种、生态、生理、细胞、遗传、田间技术以及分类等项试验研究。1935年底全国稻麦改进所成立，赵连芳任稻作组主任，所内充实人才设备，并与中央农业实验所土壤肥料、病虫害、农业经济各系协作。自1936年起在苏、浙、皖、赣、鄂、湘、川、闽等省进行水稻品种区域试验，并订出稻米分级初步标准。②小麦。1931年中央农业实验所筹建后，当年在黄河流域、长江流域各省采集小麦单穗3 959种份，又征集当时苏联小麦202种份，美国小麦207种份。1932年秋，中央农业实验所与台湾中央大学、金陵大学两农学院合作，购得英国里丁大学J. 潘希维尔（Persival J.）征集的全套世界小麦品种1 700种份。汇集较多的育种原始材料，为小麦育种技术的发展提供了物质条件。那一时期，金善宝搜集全国小麦900余品种，完成中国小麦分类。沈宗翰协助长江以北各省繁殖推广小麦纯系改良品种，于1936年根据全国100个农家小麦品种在冀、晋、豫、鲁、浙、鄂、川等省区试验结果划分区域，为中国作物区划的最早研究，并按区域协调全国小麦改良工作。③棉花。棉产改进所孙恩麟所长曾根据气候、水利及运输等条件，提出将棉花增产重心放在陕、豫、鲁、冀等省，推广美棉品种，产量逐年增加，1936年接近自给。中央农业实验所总顾问洛夫等提出与1919年柯克凭经验观察所选中国推广棉花品种不同的主张。他强调方法是周密的比较试验，于1933年他主持征集中美棉31个品种，在苏、浙、鄂、陕、鲁、豫、冀等省举行区域试验。1935年，冯泽芳继他主持此试验，选出斯字4号棉（Stoneville No.4）为黄河流域推广新品种，德字531号棉（Delfose No.531）为长江流域推广新品种。棉花品种区域试验成果对其后几十年的中国棉花种植有重要影响。④其他作物。河南大学农学院李先闻研究粟细胞遗传，并选出粟抗黑粉病品系。山东大学农学院吴耕民调查山东胶州白菜，并以纯系育种方法选出若干优良白菜品系。管家骥改良甘蓝品种并使其在各省普遍推广。

（2）植保学科的推进　戴芳澜陆续发表中国真菌名录，中央大学邓叔群发表中国真菌志及开展水稻棉花病害研究，陈鸿逵等试验各小麦品系对秆黑粉病、锈病等的抵抗能力及有关病菌“生理小种”（Physiological race）的研究，沈宗瀚对小麦抗病能力的遗传及水稻、高粱等田间试验方法的研究，是其中的代表。吴福桢以药剂防治棉花、蔬菜蚜虫，于1935年获得成功。经推广，开始了大规模药剂治虫、华北美棉由此可以大量推广。

（3）土壤肥料学科开拓新领域　张乃凤等以全国化学肥效试验测定各种土壤的肥力，为作物施用肥料种类、数量的根据。1931年以前，对化肥的研究多侧重于作物吸收氮、磷、钾三要素比例、施肥方法、化验商品肥料有效成分方面。农民在化学肥料使用上，对种类、数量、配比等缺乏了解，受“肥田粉”的笼统概念影响很深。1936年，中央农业实验所土壤肥料系在江苏、安徽、山西、河北、河南、湖北、湖南、江西等省，后又增加云南、贵州、四川、广西、陕西等省进行全国规模的化肥肥效试验，当时称“地力测定”。1936—1940年在14个省68个试点的水稻、小麦、油菜、棉花、玉米、粟等作物上做了156个试验。张乃凤整理分析数据，发表《地力之测定》，总结这次大型试验成果。他认为无论哪一个省土壤中氮素养分均极缺乏，磷酸养分在长江流域或长江以南各省缺乏，钾素在土壤中丰富。作者还分析了氮、磷、钾三要素需要程度和土壤区域及作物种类的关系。

（4）畜牧兽医学术水平在提高　1935年，江苏句容种马场首次引进马的人工授精技术。1924年北京中央防疫处和青岛商品检验局的血清制造所生产了兽用血清、疫苗及马鼻疽诊断液。程绍迥等研制血清疫苗以防止牛瘟、猪瘟，并创办兽医训练班培训防疫人员。

（5）肇始动植物产品检验和动植物检疫　中国动植物检疫工作始于1929年。为结束外商借不平等条约把持垄断中国农副产品检验工作的局面，1928年工商部筹建上海商品检验局，主要检验出口的生丝、畜产品、桐油、茶叶、蜂蜜、蚕种等。农产商品施行检验技术目的有二：一是防止劣质商品输出，保证商业信誉；二是积极研究指导技术，以期产品得到改进，维护出口利益，加强竞争能力，发展对外贸易。建立动植物检疫和农产品商品检验技术体制，是农业生产与科学技术迈向现代阶段的重要标志之一。

（6）国际农业科学学术交流成效显著　1931年，金陵大学农学院举办农作物讨论会，聘请中央农业实验总技师、美国作物育种学博士H. H. 洛夫讲生物统计方法，将运用生物统计分析的田间试验新技术传播给中国作物育种界。1934年，中农所和金陵大学、中央大学农学院合办各省农科人员参加的中国作物改良研究会议，邀请英国生物统计专家J. 韦适博士（Wishart J.）来华主讲田间技术及生物统计。1936年又请美国作物育种专家H.K. 海斯博士（Hayes H. K. ）讲授作物育种方法。这些对提高中国稻麦育种技术和方法有很大的推动作用。经过聘请中外著名农业专家讲学，采用拉丁方和随机区组方式设置对比试验，中国农学研究中采用的生物统计方法和田间试验技术已接近当时国外先进水平。

可惜，中国农业科学这种发展势头由于 1937 年 7 月 7 日日本军国主义者掀起的侵华战争，中国被迫转入战时体制而遭受重挫。战后，经过几年艰苦的恢复，农业科学也难有重要的进展。

15.3 向现代型农业科学体系曲折前进

15.3.1 中国农业、林业、水产、农工科研院的组建是中国农学体系向现代型体系推进的重要标志

1949 年中华人民共和国成立，政府开始全力恢复、发展农、林、牧、渔各项生产，调整、增建农林院校和省、区农林科学研究机构，添加实验仪器，改善设施装备，为农科各领域学术工作的开展创造条件。1956 年，政府号召“向科学进军”，同年制定出《1956 年到 1967 年全国农业发展纲要》。其中许多条目涉及农、畜牧、水利灌溉、农家肥料和化学肥料、农具、改良土壤、防治病虫害、发展林业、水产养殖、气象水文测报等广泛的科学技术内容，对一定时期中国农业科学的发展有着决定性的影响。农、林、牧、渔各业的基础性研究、专业研究，高等农林院校的教学、科研不断充实提高。1957 年 3 月 1 日，在北京成立的中国农业科学院以及后来组建的中国林业、水产、农工科学院等，可将其视作中国农林科学体系向现代型推进的标志。

15.3.2 健全农林科技体制，改善生产条件，农业科学发展拓及多个领域

发展、健全了从中央、省（自治区、市）、地州、县旗以至乡村的农业技术领导与指挥体系，重视编制农业发展纲要和拟定作物增产指标，制定国家、省区市以至村和农场的总体规划和专业规划，使农业生产建立在试验计量和科学分析的基础上，农业科学获得全面发展的契机。

1. 土壤、肥料、农田水利、农用工业领域的研究发展较快

（1）进行大规模土壤调查和改良　中国土壤科学工作者，结合开垦、兴建水利和地区开发，对三江平原、江汉平原、黄淮海平原、黄土高原、内蒙古、新疆、青海等地进行了大量的土壤调查和综合考察，为这些地区的开发利用和综合治理提供了重要的科学依据。1958 年进行了以耕地为主要对象的第一次全国土壤普查，初步调查和评定了农业土壤资源，总结了农民鉴别、利用和改良土壤的经验，编制出农业土壤图、土壤肥力图，土壤改良图、土壤利用现状图和农业土

壤志。在土壤普查的基础上，针对盐碱土、红黄壤、低产水稻土、风沙土等不同类型的低产土壤，开展了大规模的综合治理，取得了理论和技术的丰硕成果。

（2）把施用化肥作为重要的增产技术　1958 年，组织的全国化肥试验网，先后在不同地区、不同土壤和粮、棉、油、豆、糖、茶、烟、果、菜等作物上进行试验，在氮、磷、钾肥效、化肥品种、施用期、提高氮肥利用率、氮肥与磷、钾肥配比、微量元素肥料应用等方面，取得了重要成果，为化肥生产和科学施肥提供了科学依据。1960 年，研究验证增施磷肥对低产土壤和豆科作物的作用、禾本科作物氯磷配合以及磷肥有效施用条件和方法。自 1970 年起，研究提高氮肥利用率技术，多种微量元素的诊断指标和施用技术，都曾取得明显成绩。

（3）兴修水利、扩大农田灌溉　中国历史上农田水利成就甚丰，如南方广阔的水田、四川灌县都江堰、内蒙古黄河河套、新疆坎儿井等，但到 1949 年总共只有约 1 600 万公顷标准很低的灌溉面积，80% 以上的农田面积仍为“雨养”农业。1950 年以后，在“水利是农业的命脉”的方针指导下，全国普遍兴建水库塘坝、打机井，使农田有效灌溉面积迅速增加，农田水利灌溉学科逐渐完善起来。

（4）逐步建立了农用工业体系，为农业生产不断提供农业机械、电力、化肥、农药等　中华人民共和国成立后，把发展农用工业置于重要地位，提出“农业的根本出路在于机械化”的战略口号。农业机械化、农业工程教学科研单位相继组建，学科得到较快发展。全国化肥研制和应用研究进展也很显著，化肥品种有尿素、硝酸铵、碳酸氢铵、氯化铵、氨水、液氨、硫酸铵、过磷酸钙、钙镁磷肥、磷酸铵、氯化钾、硫酸钾、微量元素肥料等。1949 年，化学农药基础极其薄弱，经过几十年的努力，已经建成从原药合成到成药加工的农药生产体系。为减少农药对农、畜、水产品和环境的污染和影响，中国积极发展了拟除虫菊脂类及生物农药等高效、低毒、低残留农药的生产。

（5）同位素和射线核技术广泛采用　自 20 世纪 50 年代起，中国已将同位素和射线核技术应用于农业，并且取得了很大成绩，创建了中国的核农学，为后来的发展打下了基础。中国曾通过辐射选育出 19 种作物 212 个品种，种植面积达 930 万公顷。其中面积在 67 万公顷以上的有 6 个品种。中国农科院原子能利用研究所研制出标记化合物 70 多种，已用于农药、除草剂和肥料等在作物和土壤中转移、分布和残留，以及对昆虫、病菌、杂草的作用机理和对人畜影响的研究，为农药、除草剂和化肥生产与合理利用提供了科学依据。

2. **作物种植有关学科的充实提高**

（1）重视征集各类栽培植物的品种资源，加强新品种的选育　据初步统计，1949—1977 年，全国共育成并推广 25 种大田作物品种 2 729 个，果树、蔬菜等 16 种园艺作物品种 316 个，其中推广面积在 6.7 万公顷以上的品种有 265 个。这些品种在生产上起着增加产量、改善品质的良好作用，既取得了显著的经济效益和社会效益，又在育种方法和理论上也有不少新的突破。如水稻品种对生态条件反应特性研究，小麦品种及其系谱分析通过染色体加倍使小麦与黑麦杂交育成异源八倍体小黑麦等。以农作物品种而论，中国自己培育的优良作物品种已经在粮、棉、油等作物生产上占主导地位，而且主要农作物的当家品种，一般都更换了 3 ～ 5 次，每次品种更换都使产量得到较大的增长、质量得到一定提高。

在育种目标和方法上发展变化也很大。中国原来种植的水稻品种均属高秆，随着施肥水平和密植程度的提高，容易发生倒伏而减产。20 世纪 50 年代中后期和 60 年代初期，采用系选和杂交方法，先后育成矮脚南特、广场矮、珍珠矮等矮秆品种。当时由于推广“三矮一粳”（粳指引进的农垦 58 粳稻品种），水稻每公顷单产由 3 000 ～ 3 750 千克提高到 4 500 ～ 5 250 千克以至 7 500 千克。20 世纪 60 年代中后期培育了适应双季稻和三熟制的早晚稻配套良种。20 世纪 70 年代，袁隆平等培育的籼型杂交水稻已在较大面积上推广，粳型杂交稻也取得成功。

小麦品种的更新主要是随着生产水平的提高和锈菌“生理小种”的变化而进行的。20 世纪 50 年代在育成的 153 个品种中，48.4% 为杂交育成的，系选品种占 19.6%，引进品种占 16.3%，地方品种占 15.7%。20 世纪 70 年代在育成的小麦品种中，地方品种已为 0，引进品种占 6.3%，系选品种占 9.8%，杂交品种占 81.8%，辐射选育品种占 1.4%，其他途径占 0.7%。

关于棉花品种选育途径，20 世纪 50 年代，在棉花品种选育的 43 个品种中，引进品种占 6.9%，系选品种 74.4%，杂交品种 18.7%。70 年代，系选品种占 56.6%，杂交品种占 35.8%，辐射选育品种占 5.7%，其他途径占 1.9%。呈现杂交方法逐渐增多的趋势。

玉米育种途径变化最大，品种产量水平提高最快。20 世纪 50 年代初，主要推广优良的农家品种。其中地方品种占 33.6%，品种间杂交种占 47.7%。20 世纪 50 年代中期，开始利用双杂交种，培育的品种占 13 .3%，1956 年育成的农大 4 号，增产显著，其他途径占 5.4%。20 世纪 60 年代初，中国开始单交种的应用研究。20 世纪 70 年代，关于玉米品种选育途径，地方品种占 0.8%，品种间杂交占 3%，双杂交占 10.4%，单杂交种占 77.6%，其他途径占 8.2%。李竞雄等培育的多抗丰产玉米杂交种“中单 2 号”曾是中国种植面积最大的玉米杂交种之一。

（2）重视总结农民群众的丰产栽培技术经验　20 世纪 50 年代前期，针对当时种植经验中播种过稀、种子混杂、耕层过浅、缺肥少水的问题，中央农业部门提出精耕细作、评选和推广农家良种、兴修水利、增施肥料、合理密植、防病治虫、采用改良农具、改进栽培方法等技术措施。1952 年，全国粮食总产量为 16 392 万吨，棉花为 130.4 万吨，均达到并超过 1936 年历史上的年产最高水平。在恢复发展农业生产中，农民丰产经验和中国古代农学遗产得到了重视。

1951 年，江苏松江陈永康创造了稻田单季每公顷产 10 500 多千克的成绩。

陈永康水稻栽培长期积累的经验是：落谷稀、浅水勤灌，培育壮秧，看苗施肥。他在单季晚粳稻每公顷产 7 500 千克的高产田中，摸索总结出控制水稻叶色出现三次“黑、黄”交替变化，在农科院所专家帮助分析总结下，作为有效的丰产原理和措施在江苏推广。

在北方，1950 年，吉林延吉崔竹松创造了水稻每公顷 6 000 千克的产量。崔竹松水稻种植技术的主要内容为：旱育壮秧，适时早插，精细整地，达到上软下松，看苗追肥，前重、中补、后巧，实行浅—深—浅的合理灌溉，前期促进，后期适当控制等。农学专家和农业劳动模范结合，现代农业科技与传统农业经验结合是几十年来重要农学发展的一个重要特点。

（3）推行种植制度改变，促进粮食作物高产　20 世纪 50 年代，中国农业科学工作者深入农村，深入实际，在北方总结推广耕作保墒、密植、施肥、减缓春霜冻害、防止倒伏以及麦棉、麦玉米等间套种等栽培技术。在南方系统总结水稻种植技术，为提高单位面积产量，从 1953 年起，南方水稻区推进了单季稻改双季稻、间作稻改连作稻、籼稻改粳稻的“三改”，或把单季稻改成油菜 – 水稻、小麦 – 水稻等多项内容的耕作栽培制度改革。20 世纪 60 年代，长江流域双季稻得到普遍推广。20 世纪 70 年代，除主要地区发展双季稻外，部分地区还发展了油菜 – 早稻 – 晚稻、小麦 – 早稻 – 晚稻、大麦或绿肥 – 早稻 – 晚稻等种植制度。20 世纪 50 年代初，北方相当大的地区是以小麦、粟、棉花、花生、玉米、薯类为主的一熟制。部分地区为两年三熟制，少数地区一年中种一季小麦加一季秋粮。20世纪50年代中期，在水肥条件有所改善的情况下，多数复种间套方式向小麦 – 玉米或其他作物两茬复种方向发展。

在纵谷提高种植制度的过程中，中国逐步完善了多熟种植学科体系的建设。多熟种植的发展和耕作栽培制度改变这样重大的技术改革涉及作物种类、品种、耕作、施肥、水利、机具等很多方面。中国是在粮食需求迫切的情况下进行这种改革的。种植制度改革中也曾出现过一些技术上的挫折。1955 年长江流域各省籼稻改粳稻 9.8 万公顷，1956 年增到 73.3 万公顷。在迅速发展中，曾出现技术上的失误。1956 年，湖南、湖北、四川等省，没有经过试验，从东北大量引进早粳“青森 5 号”等稻种，由于地区的差异，引到南方后，生长前期气温高，发生过早抽穗的现象，曾造成严重减产。自 20 世纪 50 年代中后期起，政策指导方针上侧重追求粮食高产，作物产量上的过高指标对栽培技术的发展甚有影响，也出现把适合于某地区某种土质的土壤深翻加以普遍化，推向各类地区各种土质的土壤；把作物种植密度绝对化，仿佛越密越好。1958 年，毛泽东把农业增产措施概括为“土、肥、水、种、密、保、管，工”，曾被称为“农业八字宪法”，对作物增产起了一定指导作用。但在“大办农业、大办粮食”和“以粮为纲”口号的影响下，滥垦放牧草地、滥伐林木、滥围湖沼情形严重，造成林、牧、渔、副各业与种植业不能协调发展。

农业及有关生物科技工作者在甚为困难的条件下针对农业生产实践存在的问题进行研究。1960 年，殷宏章提出作物生长的“群体”概念，主持了群体生理的研究，写出了《稻麦群体研究论文集》，把谷类作物单位面积株数、穗数、粒数的关系奠定在生理学研究的基础上。小麦栽培学家余松烈从精量播种入手，解决保证苗数、穗数、粒数问题，归纳出一套小麦精播高产栽培技术，当时曾取得小麦单位产量增产 15% 以上的效果。20 世纪 70 年代，河南省农民小麦栽培专家刘应祥针对本地小麦种植中生产成本过高、增产不增收的情形，提出“高产、稳产、低成本”的小麦栽培技术，在生产实践中受到重视，刘应祥曾应邀于 1981 年赴美国参加第二届国际集约农业会议，他的报告曾获得与会学者的一致赞赏。

（4）作物病虫草害综合防治　20 世纪 50 年代，科技人员深入蝗区，对蝗虫种类、发生规律、生物学特性和防治技术进行了系统研究，提出“改治并举”的治蝗策略，结合兴修水利、开垦荒地、植树造林等措施，基本控制了蝗虫危害；对水稻螟害提出农业防治和化学防治相结合的办法，常年防治 667 万～1 333 万公顷，螟害损失率由 10%～15% 控制到 1% 左右；小麦条锈病是一种毁灭性的病害，从 1956 年起组织协作研究，摸清小麦条锈病的流行规律，提出以“抗病品种为主、药剂防治和栽培措施为辅”的综合防治策略，基本控制了小麦条锈病的危害，在研究鉴定“生理小种”和品种抗锈性等方面达到了世界先进水平。后来对黏虫越冬和迁飞两个关键，取得了重大研究进展，为发展中国昆虫生态学，也为稻褐飞虱、稻纵卷叶螟、小地老虎等迁飞害虫的研究提供了借鉴。在水稻白叶枯病、棉花枯萎病、马铃薯环腐病、小麦吸浆虫等防治方面，也取得了不少成果。作物病虫草害采用综合防治效果明显。

生物防治研究有较快的进展。中国自 20 世纪 20 年代末起，不断有对天敌昆虫及寄生性菌类观察与发现的成果问世。将天敌昆虫及寄生性菌类大规模应用于生物防治是从 20 世纪 50 年代展开的。20 世纪 50 年代，南方柑橘产区的研究到用澳洲瓢虫、大红瓢虫，曾有效地防治了吹绵蚧壳虫。自 20 世纪 70 年代以来，利用赤眼蜂防治松毛虫、玉米螟、稻螟等均取得良好的效果；利用苏云金杆菌和白僵菌防治多种农林害虫，效果稳定，已大面积推广；利用农用抗生素防治病虫草害也不断取得新的成绩。

农药剂型筛选和施药技术上同样取得明显进展。中国科学工作者不断推出研制和引进的适用农药。20 世纪 50 年代开始应用有机氯，20 世纪 60 年代和 20 世纪 70 年代应用有机磷类和氧基甲酸酯类。中国走过研制、推广六六六等农药到禁用这类高残留污染型农药向高效、低残留的农药更新换代的发展过程。

3. 畜牧兽医学科形成体系

随着畜牧业生产的发展，畜牧兽医科技水平得到很大提高。全国、省、市、地县科研机构形成网络，先后建立起了实验动物楼、国家兽医生物实验室等科研设施，研制出猪、鸡、奶牛等的饲养标准、饲料配方；畜禽主要疾病诊断、防治技术有重大突破，马传染性贫血、气喘病等研究成果处于国际领先地位。

（1）畜牧学科发展完善　经过几十年的努力，完成畜牧业区划，畜禽、牧草主要品种资源调查，选育出 25 个重要畜禽品种。王栋曾对草原与农畜营养进行系统研究，1951 年出版了《动物营养学》。他还制定出以代谢能为指标的“王氏饲养标准”。许振英在 1960 年主持“猪的消化试验”，为中国动物营养需要量的测定方法奠定了基础。在饲料加工方面，1954 年，华北农业科学研究所用的石灰水处理小麦秸秆，比不处理的有机物、粗纤维、无氮浸出物的消化率分别高达 19%、23% 和 18%，并可以明显改善牛、马、驴、骡的适口性及饲养效果。20 世纪 70 年代末期，内蒙古畜牧科学院开发饲料热喷处理技术，可以提高劣质藁草、灌木、林业副产品的有机物消化率，降低菜籽饼中的异硫氰酸酯及噁唑烷硫酮含量，提高谷物饼粕、豆类等精饲料的淀粉的糊化度及饲养效果。1981 年，黑龙江省畜牧研究所进行小麦秸秆氨化后饲养牛羊试验，氨化后的小麦秸秆有糊香味，色泽棕黄，适口性好，有明显增重效果。20 世纪 80 年代以后，随着工厂化养鸡、养猪技术的发展，饲料加工工业的兴起，畜禽饲养、繁育学科有较快的发展。

（2）兽医各分支学科逐步建立起来　1949 年后，兽医技术获得迅速发展。20 世纪 90 年代初，全国建立国家和省级兽医科研所 30 余个，多所高等农业院校设有兽医学院（系），形成兽医内科、外科、产科、传染病、寄生虫及多种基础学科配套设置的教学科研体系。兽医生物制品由 1952 年的 26 个品种，增至 1987 年的 192 个品种。在研制的数十种疫（菌）苗中，牛瘟、猪瘟、马传染性贫血、牛肺痓、猪肺疫、羊痘、鸡马立克氏病、布氏杆菌病等弱毒疫苗和马淋巴管炎、羊支原体疫苗等居世界先进水平。畜禽疫病快速诊断新技术已应用于许多细菌性、病毒性或寄生虫的抗原和抗体的检测。在畜禽寄生虫方面，基本查清了中国畜禽主要寄生虫的种类、区系分布，并发现一些新种；对畜禽中毒症与营养代谢病的研究，查明畜禽白肌病、幼驹拉稀、马血 – 肌红蛋白尿、畜禽骨软症、水牛低血磷性血红蛋白尿症、牛甘薯黑斑病中毒、马霉玉米中毒等症的病因，并取得防治效果。

（3）中兽医有着较快发展　中国传统兽医典籍得到整理，经验得到总结、提高。中兽医对消化系统病、呼吸系统病、四肢病等取得多项研究成果，显著提高了治疗水平。兽医针灸学发展快速，创造了电针、水针、磁穴、电子捻针、激光针、微波针等新的针灸技术。电针麻醉、激光针麻醉研究和应用居世界领先地位。

用各种针灸术治疗马、牛、猪、骆驼的内科、外科、产科某些疾病有特殊功效。中草药和少数民族兽医药在有关地区防治畜禽疾病方面取得良好效果。

4. 林学各分支学科发展日趋完善

1949 年后，把发展林业摆到重要位置，从中央到地方普遍建立了林业机构。林业建设事业发展较快。全国森林覆盖率 1949 年前 8.6%，20 世纪 80 年代已提高到 12%。林业已成为一个包括造林经营、森林保护、木材采运、木材加工、林产化工、勘测设计等多种内容的产业部门，高等林科院校和林科院所的教学科研逐渐形成体系。

（1）造林　从 20 世纪 50 年代起，在东北西部与内蒙古东部、冀西、豫东、永定河下游一带重点营造农田防护林；在水土流失严重的西北黄土高原和北方石质山区营造水土保持林；在沿海各省营造海岸防护林。从 1978 年起，又在西北、华北北部与东北西部建设“三北”防护林。此外，还在平原耕地上建起农田林网。自治区、南方省营造以杉木为主的用材林，发展竹林。在地广人稀、交通不便的深山区、沙区的许多地方开展了封山育林、封沙育草。

（2）林木育种　1949 年以后，中国各地杨树杂交育种工作迅速展开　据不完全统计，全国各地进行 400 个杂交组合，既有种内、种间杂交，也有派间、属间和复式杂交，其中生长表现优良的杂交组合约有 40 个。在全国广大地区推广繁殖。20 世纪 60 年代，叶培忠等运用选择、引种、杂交授粉等技术，培育了一些杉木优良新品系。1972 年，从国外引进一批黑杨派南方型无性系插穗。经精心培育、试植，取得黑杨派南方型无性系引种栽培的成功。这对中国南方不能大面积栽培杨树的传统学术观点也是重要的突破。

（3）开始大规模森林调查　1951 年，中国在黑龙江大兴安岭林区进行首次森林经理调查。继而在长白山、小兴安岭林区开展大面积森林经理调查。1953 年开始在黑龙江大海林林业局进行航空测量和森林调查试验。接着对大兴安岭进行 700 万公顷的森林航空调查，编制出林区森林生长过程表和出材量表．重点确定了林型，调查了天然更新和森林病虫害．培训航测人员，建立了行业性航测技术队伍。1975 年，中国在林业方面肇始航天遥感技术，直接用陆地卫星多光谱扫描影像，从清查西藏地区森林资源、辽宁省林业基地规划调查、“三北”防护林体系规划调查等，向广阔范围应用展开。

（4）林工学科迅速兴起　林业生产涉及范围甚广，森林虫病防治、森林防火、水土保持、森林采伐运输、木材贮存、木材加工、林产制造等等都是重要领域。全国相继开发建设一批国营森工企业，建设林区公路、森林铁路，疏通木材水运河道，木材生产、加工能力急剧增长。自 20 世纪 50 年代末期以来。人造板工业迅速发展，林产化学工业品种增加，产量、质量都有提高。木材加工和林产化工企业实现了机械化和半机械化。一部分先进企业实现了生产连续化或部分自动化。

（5）森林保护学科有较快发展　从1950年起，国家提出“普遍护林，重点造林”的方针，着手建立森林保护机构，开展林政管理。在防止森林火灾方面，逐步建立、健全了护林防火组织，推行防火责任制，实行区域联防，加强防火设施，采用先进防火技术。全国建立护林防火站80个，开辟防火线13.5万千米，架设瞭望台1 998座和防火专用通讯线3万千米。在东北、内蒙古林区设立了航空护林局和9个航空站，配备了空降灭火队。在森林病虫害防治方面，建立了中华人民共和国林业部森林植物检疫防治所，设立了生物防治中心站和500多个森林病虫害防治站和2 000多个测报站。在防治措施上，由人工、药剂防治向着以生物防治为主的综合防治方向发展。为加强林木检疫措施，注意选用抗病虫害的优良树种，推广营造混交林。中国为保护某些有代表性的自然景观、珍稀动植物资源及生活环境，开展综合性科学研究，已建立自然保护区300多处。

5. ***水产科学基础研究和专业研究迅速发展***

（1）水产增养殖　从1950年起，山东省海水养殖研究所等单位研制可充分利用立体水域，不受底质、水层等海况条件限制的海带筏式全人工养殖项目，为利用浅海水域、增加生产开辟了新途径。1956—1957年，朱树屏等在浙江舟山海区进行培育水层、海水透明度对不同时期海带生长发育影响的试验研究，取得了海带南移养殖的成功。1958年，在完成实验和理论探讨的条件下，探索出海带自然光育苗法，由其取代了海带灯光为光源全封闭式冷库育苗法。1954年，曾呈奎发现紫菜丝状体阶段的壳孢子为自然生长紫菜的“种子”，全面地阐释了紫菜的生活史。他进一步提出紫菜丝状体阶段的大规模培养方法和紫菜人工采苗栽培法。曾呈奎还主持中国沿海底栖海藻的调查，开展海藻资源和分类区系的研究，撰出《中国经济海藻志》等专著。这些为中国海产增养殖领域的重要突破。

从1953年起，中国科学院水生生物研究所进行草鱼、鲢鱼人工授精、孵化试验。黑龙江水产研究所进行大马哈鱼的人工授精孵化及育苗试验，力求解决部分鱼苗的供应问题。1958年，广东水产研究所钟麟等创用“生态生理催产法”对亲鱼注射鲤鱼脑垂体，再辅以一定的生态条件刺激，雌鱼的卵巢在内外源激素作用下卵巢发育充分，完成排卵、产卵和受精的生殖过程，可获得大量鱼苗。鲢、鳙、草、青、鲮、鲂、鳊、斑鳢、鳜等十多种饲养鱼类都取得全人工繁殖成功，结束了人工养殖依靠天然鱼苗的历史。从20世纪六七十年代起，中国开拓网箱养殖、工业化流水高密度养鱼的增养殖领域，将增养殖学科推到了新的水平。

从20世纪60年代起，中国内陆水产资源出现衰退现象，河蟹资源锐减，长江水系河蟹几乎绝迹。1966年，江苏东太湖试行人工放养技术，收到河蟹生长良好的效果。由于蟹苗资源捕捞过度和环境污染等的影响，蟹苗呈现严重不足。从20世纪70年代起，水产科技人员即着手天然海水、人工半咸水培育蟹苗的研究。安徽省水产局赵乃刚等研制成功“河蟹繁殖的人工半咸水及其工厂化育苗工艺”，取得人工半咸水进行河蟹人工育苗的突破。在对虾方面，20世纪50年代末，中国开始了对虾人工育苗的研究。20世纪60年代初，黄海水产研究所、中国科学院海洋研究所、河北省农科院海洋水产研究所等单位取得了东方对虾育苗的成功，接着又取得网箱育苗和土池育苗的成功。从1980年起，组织“对虾工厂化育苗技术”的协作攻关，并取得成功，使中国对虾人工育苗技术进入世界先进行列。中国在亲虾人工越冬、提前产卵、北虾南移、对虾神经系统的生理特性等养殖技术及有关基础理论方面取得多项研究成果。这些成果结合对虾中小型水面高产养殖技术、虾病防治技术、人工配合饵料的研究应用，有力地推动了对虾养殖的发展，使对虾养殖成为一项新兴的产业。

（2）生产资源调查　从1953年起，科研人员做过烟台、威海渔场，东海、黄海、南海近海重点渔场鱼类分布、洄游、鱼类种群组成、渔场形成因子、鱼类生物学特性、捕捞量与鱼类种群消长规律的调查研究。1958—1959年，中国组织海洋调查船队对渤海、黄海、东海、南海渔场进行首次大规模渔业资源调查，获得大量近海水文、生物、水化学、底质及地貌等方面的资料。1970年对东海、黄海、渤海中上层鱼类资源进行调查、水产生物资源、环境资源的调查，为研究鱼类种群繁殖、摄食、生长、死亡、补充、洄游分布和数量变动及其与渔场环境和捕捞关系这一水产资源学科的发展，打下坚实基础。20世纪80年代以后，中国派出水产科学院东海水产研究所海洋渔业调查船队前往阿拉斯加海湾进行远洋水产资源调查和试捕，后又在西非、北美、南非等渔场从事远洋渔业调查和开辟新的生产作业区域。

（3）渔产轮机与加工　20世纪50年代初，中国曾开展以网型为重点的渔业轮机改造试验。1957年研制成轻型网快拖网具，取得显著增产效果。20世纪50年代中期，中国已批量制造29千瓦、44千瓦、110千瓦、147千瓦木质机动渔船和少量184千瓦钢质渔船。简易绞机采用皮带齿轮传动，绞钢用人工操作。后制成链条齿轮传动的双卷筒并联绞机，开始实现绞钢机械化。此一时期，中国研制成45毫米小型捕鲸炮，采用绞机等装在捕鲸炮上，开拓了中国捕鲸机械的历史。为了推广光诱捕鱼，1958年水产部调集科技力量，引进技术设备，相继解决了光源、光强、光色、集鱼、探鱼、渔网、鱼肝油、鱼肝油丸等水产加工机械。20世纪50年代后期，再继续推广轻拖网的同时，上海水产学院改进新型网板，使现有尾拖能在中层拖网中获得良好效果。渔具材料随着化纤工业的发展而更新换代。1967年，清除鱼池淤泥作业开始机械化，结束了养鱼只有排灌机械的历史。20世纪70年代，捕捞机械采用液压传递并逐步推广，助渔导航仪器得到广泛应用，拖网绞机、围网括网绞机、跑纲绞机和网头绳起网绞机，并在国有渔船上刚刚应用。沿海群众渔船开始大量使用小型垂直探鱼仪和定位仪，探鱼仪品种增多，性能不断提高。这一时期，在养鱼水体中采用增氧技术，成为鱼虾养殖中合理提高放养密度，增加饲料投饲量，促进鱼类生长，获得稳产、高产的重要措施。中国技术人员 60 年代开始探索鱼用颗粒饲料设备。1977 年以后，研制出平模硬颗粒造粒机，以及从加料到制成颗粒饲料的成套设备。接着，膨化颗粒饲料机研制成功，提高了饲料的品位与品质。

1979 年，中国水产科学研究院渔船设计研究室会同东海水产研究所、大连渔轮厂等单位为解决渔轮起网、保险技术难关，经反复试验，精心设计，大连渔轮厂建成中国第一艘配备有冷冻装置的现代化渔船，从此，改变了渔获物单一用机水保鲜的方式，实现了渔获物起捕后立即冷冻冷藏，提高了渔获物的鲜度质量。这类渔船为 20 世纪 80 年代中国代表船型，也为后来中国远洋渔业船型的开发奠定了基础。

15.4 农业科学各领域全面迅速提高

从 20 世纪 70 年代末起，政府推行改革开放政策，农村普遍实行家庭联产承包责任制，调动了农民的生产积极性，拆散搬迁的高等农林院校和农科院所得到恢复发展，延请外国农林专家来华，派遣本国专家出国进行考察，大量选送优秀青年出国留学，吸收国外先进理论和成果，引进新型设备，在实施社会主义市场经济体制、建设现代化农业中，中国农林科学、教育采取走持续发展的道路，进入全面、迅速提高的阶段。

分子遗传学、分子生理学、电子显微镜、电子计算机、卫星遥感遥控、光谱、色谱等高效自控分析仪器、系统科学等在农业领域的广泛渗透和应用是这一时期农、林、牧、渔各学科得以迅速发展的重要因素。在打破封闭的桎梏后，许多种农林分支学科缩短了与国外先进水平的距离，有些还居于领先地位。

15.4.1 原有学科恢复发展

1. 常规育种科学技术继续发展

农业生产的原材料是生物体自身，因而良种在农业生产中始终占有重要位置，具有承前启后的意义。1986 年《高技术研究发展计划》中，研制高产、优质、抗逆的动植物新品种项目确定后，农作物、蔬菜、花卉、林木、家畜、家禽、鱼类品种培育迈上新的阶段。杂种优势利用成果继续发展、提高。“三系”配套的籼型杂交水稻，再生产上广泛应用，是实现自花授粉作物利用杂种优势方面的重要突破，丰富、发展了遗传育种理论。1973 年，沔阳县（今仙桃市）农业科技人员石明松在晚粳农垦 58 田间发现一特殊雄性不育水稻株，1985 年被证实定名为“湖北光周期敏感核雄性不育水稻”。经研究确定，这种光敏核不育系既是不育系又是保持系，可一系两用，揭示出有些不育系的育性转换不完全受光周期控制，还受温度等条件的影响，对两系杂交水稻的研究有推动作用。在太谷核不育小麦的研究应用、波里马油菜细胞质雄性不育类型的发现和系统研究应用等方面取得世界瞩目的成果。

2. 在做物种质资源调查、征集和国外品种资源引进方面取得新的成绩

20 世纪 50 年代，在全国范围内大规模地进行作物品种资源的征集活动，共得到 40 多种作物约 20 万份品种材料。1979 年开展第二次全国性作物品种资源的补充征集，共得到各种作物品种资源 15 万份，其中有不少是稀有名贵品种。基本查清了中国普通野生稻、药用野生稻和疣粒野生稻的分布。全国野生大豆考察，共采集植株标本 4 000 多份，发现了白花、细叶新类型具有高蛋白（含量 55.37%）、抗病性强、分枝多、结荚多等优良性状，丰富了大豆基因库，并为研究大豆起源、演化和分类提供了宝贵材料。西藏农作物品种资源考察，共收集到各种作物品种资源标本 14 787 份。国外作物品种资源引种工作得到加强，1979—1987 年引进各种作物品种资源 92 781 份。1989 年，共收集作物品种材料 85 万份。有关单位已组织编写 18 种作物品种资源目录和 13 种作物品种志。

作物种质资源方面另一项重要进展是国家种质库的建立。1978 年以后，中国着手低温种质库的建设。1984 年和 1986 年在北京于中国农业科学院内建成两座国家种质库。20 世纪 90 年代，在青海省农林科学院内建成国家种质复份库，形成了国家库中、长期配套和异地相结合的种质资源保存体系。中国国家种质库的保存体系、保存资源数量、品种资源和丰富程度以及现代化管理和研究在世界种质库范围达到较高水平。

3. 养殖动物品种资源收集、保存、开发利用方面研究进展迅速

随着畜禽工厂化养殖和野生动物人工养殖业的兴起，育种、繁殖、饲养标准、饲料配方、饲料投喂、防疫、卫生检验、装备设施、调控技术等在解决关键性问题中，发展起来多门新的科学领域。母畜同期发情，低温保存公畜精液，家畜人工授精和胚胎移植，克隆牛、羊等已积有多项学术成果。

4. 土、肥、水等利用效益骤增

1978 年开展了更加全面、深入的第二次全国土壤普查。1989 年已有半数以上的县市初步查清了土壤资源现状以及各类土壤中阻碍生产发展的因素，采取适合中国国情的生物措施和工程措施相结合，单项措施和综合措施相结合，利用与改良相结合的路径，已大量开垦、改良盐碱土、红壤、黄壤土、北方风沙土，治理低洼易涝地，建设高产稳产农田。自 20 世纪 80 年代后期起，配方施肥在中国各地区迅速发展。它根据各种农作物的需肥规律与不同作物需肥特点、土壤供肥性能与肥料效应在以有机肥为基础的条件下，提出各种营养元素的用量与比例。配方施肥能节肥，增加作物产量，改善品质，可以显著提高经济效益、社会

效益和生态效益。进入 20 世纪 90 年代，配方施肥技术由定性半定量阶段走向定量优化阶段。农田水利方面体现了节水、增收原则，渠道防渗漏、滴灌、喷灌、旱区集水灌溉理论与技术有较快发展。1976 年中国进行地膜覆盖技术仅仅试验，1978 年大规模推广，已经成功地在玉米、棉花、西瓜水稻、小麦、花生、烟草、蔬菜等 40 多种作物上应用。

5. 开创高产、优质、高效、抗逆生产途径

自 1978 年起，推行联产承包责任制，农民生产安排上有充分自主权；实行改革开放政策，农业新技术的研究和引进转为活跃。作物栽培在良种选育、土壤肥料、水利灌溉、植物保护等单项研究深入的同时，发展了多项技术综合配套应用研究。作物高产栽培理论及配套技术研究 20 世纪 80 年代以后进展迅速。它以一种或几种作物生长发育规律和诊断为基础，以研究水、肥、化学药剂控制等为手段，以充分利用自然资源和生产资源潜力达到最高产量和最大效益为目的。研究作为产量形成生理和作物高产、高效、抗逆的作物生产理论体系和大田生产指导原则，为较大幅度提高作物单产和品质服务的作物高产高效生理学已经出现。自 20 世纪 80 年代以来，水稻、小麦、玉米、棉花等作物叶龄模式化高产栽培理论与技术措施在全国大面积普及推广。适应市场需求，蔬果传统上市节令已经突破，用多种调控抑促手段，构建了反季节立体栽培体系。应用各种不同植物生长调节剂，调节、控制植物种子发芽、营养体生根、生长发育和产量形成，提高产量和品质是学术进展较快的领域。化学药剂促长或抑制作用的利用与常规栽培技术的结合能更有效地达到作物高产、稳产、优质、高效的条件需求。作物栽培学科经过几十年的发展在传统技术和高新技术的交汇中创出了新的途径。

6. 作物产前、产后研究得到加强

为适应竞争，充分利用科学技术成果，实行科学管理，农业生产在可能的范围内出现“产前”“产中”“产后”的划分。中国从 20 世纪 80 年代加强“产前”“产后”的研究。特别是“产后”，包括农、园、林、牧、渔各业产品收获后的分级、保鲜、运输、贮藏、加工制作、包装、销售等环节的研究，已甚受重视。“采后生理”“气调”“速冻”“干制”“榨汁”等多种保持天然成分、富含营养、具有保健作用、安全无毒的产后加工、制作原理与技术得到较快的发展。

15.4.2 高新科技成果得到充分采用

由中国农、林、水产、农工等科研院及其所室中心，省区市农科、林科、畜牧及水产院所，地区以至县农科所构成的农、林、渔、牧科研体系，由全国各地农林院校和综合大学生物院系构成的农业及有关生物学教学、科研体系，它们互相结合，发挥所长，在推动农林多项技术改造，引进新手段、开辟新领域，如生物工程、电子计算机、遥感等技术在农业各业上的应用等方面起着重要的作用。

缩短了在同类项目上与国际先进水平的差距，填补了不少空白点。

1. **生物技术的采用**

中国生物技术的研究开发从20世纪70年代起步，经过80年代的努力，有些方面已达到了国际先进水平，生物技术在育种方面出现重大突破。常规育种基于对种内和种间杂交优势有限的利用，主要依赖育种家本身的经验在田间和畜舍对动植物作表型的选择。生物技术则能克服动物、植物与微生物间的界限作基因的转移，拓宽了种质资源和杂交优势的利用范围，而且可以直接作基因型的早期选择和在实验室内操作，有利于提高育种的目的性和效率，缩短育种周期，生物技术在品种培育方面已开辟多种途径。

中国单倍体育种和花药培养成功的植物达20多种，其中小麦、玉米、苹果、柑橘等19种植物在中国首先培养成功，不少已获得了品种，并在生产中推广。胡道芬用划分培育的冬小麦新品种“京花1号”，表现质优、高产、抗逆性强，已在大面积上种植。牡丹、唐菖蒲、三倍体无籽西瓜、甘蔗、猕猴桃等重要花卉、瓜果的组织培养技术已在中国建立，有的已转入工厂化生产。马铃薯茎尖培养生产无病毒植株、甘蔗组织培养均已在生产上应用。水稻、烟草、黄瓜、番茄、柑橘等原生质体细胞培养再生成株，接近或达到了国际先进水平。在转基因植物培育方面，已获得抗棉铃虫棉花、抗黄矮病小麦、抗青枯病马铃薯等多项成果。在动物育种方面，生物技术有着广阔发展途径。畜禽胚胎工程育种的超数排卵、体外受精、胚胎分割、性别控制、核移植、活体提取卵母细胞等技术已趋成熟。常规育种技术选育优种牛需要10年左右，应用胚胎工程可以一代成功。转基因的猪、牛、羊、兔等在中国已不鲜见。

2. **电子计算机与信息技术的采用**

20世纪70年代中期，电子计算机与信息技术开始在中国农业上应用，并取得了初步结果。农业是以土地为基本生产资料，利用植物的光合作用能力和当地的光热水资源，从事生物性生产的产业。因而呈现出生产的分散性，很强的地域性和时变性，很低的可控性和稳定性以及经验性强而量化、规范、集成程度差的行业特点和弱势。而先进的信息收集、处理和传递技术将有效地改变农业生产的分散化和小型化的行业弱势；强大的计算机能力、智能化和软件技术，使农业中极其复杂和多变的生产要素量化、规范和集成，改善了时空变化和大和经验性强的弱点。中国已开发20多个种植和养殖生产管理的农业专家系统，并在北京等地建立了国家级智能化农业信息应用示范区。中国接连建立了水稻、小麦、玉米和家蚕、畜禽品种资源数据库。为研究小麦、棉花、大豆产量与气象条件的关系，建立起数学模式，进行了产量预测预报。开展了塑料大棚黄瓜产量形成和光温条件关系的研究，初步查明影响黄瓜产量的限制因子，提出了日积温管理和黄瓜高产栽培变温管理技术与措施。在小麦遗传距离研究上，选出表征各亲本总体遗传方差的主成分因素，用来描述品种的性状特点，为小麦的亲本选配和组合设置提供了理论依据。进入 20 世纪 90 年代，作物高产栽培的计算机模拟系统和农业气象专家系统都取得明显进展。在这方面，北京农业大学的“小麦作物生产系统”、江苏农科院的“水稻栽培计算机控制系统”、中国农业科学院的“玉米低温冷害防御专家系统”以及玉米、棉花等作物高产栽培技术系统已开始在生产实际中应用。

3. 人造卫星与遥感遥控技术的采用

在遥感技术方面，20 世纪 60 年代初，中国曾进行了航空相片的土壤调查核制图研究，其误差为 8%；在边界轮廓信息评查的地区，误差只有 1%，而完成的速度只有常规量的 1/2。自 20 世纪 80 年代以来，利用遥感技术，对农业气象测报和森林放火、水旱灾情的监测已得到较好的应用效果。遥感技术还广泛运用于北方草地进行资源调查，绘制出各种资源图，在华北平原盐碱土区，应用系统科学、地理信息系统、计算机和遥感等现代理论和技术，提出对区域综合治理和节水农业具有意义的“区域水盐运动监测预报体系”。应用遥感技术预报北方冬麦区小麦产量，其准确率达 80% 及以上。随着卫星技术的开拓，由卫星导航飞机防治麦蚜虫等技术已取得生产验证试验的成功。1987 年，中国第 9 颗返回式卫星的发射，首次将小麦、水稻、辣椒等种子搭载升空。1997 年先后 8 次利用返回式卫星进行 51 种植物 300 多个品种的太空培育试验，已获得小麦、水稻、大豆、西红柿、辣椒多个优良品种，太空培育品种试验为植物育种开辟了新途径。

就农业科学技术发展来看，从19世纪末到20世纪末的百余年间，中国从“学者不农、农者不学”、农事囿于口传身授教的经验产地，农学依凭少数官员、学人著书绵延的局面，经过创办农业学堂，农事试验场，引进国外先进农学原理和科技成果，数代学者勤奋开拓，特别是自后半个世纪以来，农业科学教育机构层层建立，大量培育人才，增宽拓深试验研究领域，在缩短与国外先进农业科学技术水平，创建具有优势的学科领域方面，取得了巨大的成绩。迄 2000 年，中国近现代农、林、渔、牧及其各层次分支学科领域的开拓，著作的撰述，学术成就展现在许多方面。在当今世界，中国以占地球上不到 7% 的耕地，养活约占 22% 的人口，在为人类生存与发展做出的贡献中，农业科学有着不可磨灭的功绩。不可讳言，横向相比，中国农业科学研究水平、试验、检测手段，受综合国力和科学技术总体水平的制约，与国外先进水平在许多方面有着明显差距。迈向 21 世纪的中国农业科学，要做加倍的努力。

就世界范围农业科技研究来看，农业这种古老的产业，经历了漫长的自耕自食的自然经济和科技水平、生产率、发展速度都很低的资源农业时期。到 20 世纪上半叶，世界粮食年平均增长量每公顷只有 1.4 千克，而下半叶为 39 千克，相差近28倍。据研究，科技的贡献率在70%以上，做出贡献的主要技术是：良种、化学物质（化肥和农药）和灌溉，也就是说，在19世纪中叶的达尔文杂种优势学说和孟德尔遗传学理论基础上发展起来的现代育种技术、德国化学家李比希的植物矿质营养学说基础上诞生的化肥工业和现代施肥技术以及20世纪40年代开发的有机合成农药，正是这些当时的高新技术建立了现代的农业技术体系，推动了20世纪下半叶农业的高速发展。令人振奋的是，1953年沃森发现遗传物质脱氧核糖核酸的双螺旋结构和1973年玻耶DNA重组成功，开创了分子生物学和生物技术的新纪元以及20世纪50年代出现、20世纪八九十年代大发展的计算机信息技术开创了人类社会的信息化时代。

16 迎接农业的新技术革命

【本文写作背景】

《文集》作者参加国家高技术“S-863”计划战略研究过程中，形成了农业的新科技革命的认识。本文是在1996年的一次讲演基础上成文，后发表在1997年5月2日的《中国科学报》上。这是在国内首次提出新的农业科技革命概念并做了系统阐述。

中国科学报

CHINESE SCIENCE NEWS

三峡库区珍稀濒危植物迁地保护获成功

迎接农业的新技术革命

黑龙江省科技体制改革再进一步

贵州第二期重点科研基地建设启动

技术革命推动了产业革命，带来了现代工业和现代文明，这是人所熟知的。而技术革命对农业和农业的技术革命又是如何呢？本文将试述管见。

16.1 技术革命和产业革命

纺织机械和蒸汽机的发明引发了18世纪的产业革命。19世纪，以电力为代表的第二次技术革命为机械业的发展提供了新的动力，也开创了现代通讯的新纪元。20世纪40年代开始的，从核能利用到微电子技术和生物技术，展示了绚丽多彩的现代技术革命。每一次技术革命都是在一定的社会和科学发展的背景下，一两项具有根本性和普遍带动性的重大技术的突破，引发整个技术体系的变革和产业的革命。自18世纪以来，以机械、电力和核能—微电子—生物技术为主导的三次技术革命推动了产业的三次飞跃，将人类社会由农业社会推进到工业社会，创造了人类的现代物质文明。

技术革命产生了现代工业。技术的不断进步，推动着工业日新月异地发展。与集中、稳定和可控性强的工业生产相比，以土地为主要生产资料，从事生物性生产的农业，其分散性、地域性、变异性强以及稳定和可控程度差的特点影响了它在技术革命中对先进技术的吸收和应用，装备有内燃机的拖拉机到20世纪初开始出现，20世纪50年代才在欧美国家广泛应用。在技术和生产力发展水平上，农业明显滞后于工业。但是农业的技术革命也有着它自己的发展道路和规律。

16.2 农业的第一次技术革命

民以食为天，农业是最古老的产业。它伴随人类社会渡过了几千年自耕自食的自然经济时期，直到20世纪中叶才发生突破性的变化和进展。从20世纪初到1950年的半个世纪里，世界粮食单产由每公顷930千克提高到1 000千克，年均增长仅1.4千克，总量的增加主要靠耕地面积的扩大。也就是说，20世纪上半叶的农业，仍处于低生产率、低科技水平和低发展速度的资源农业时期。1950—1980年，农业取得了突飞猛进的发展，世界粮食单产由每公顷1 000千克提高到2 300千克，年均增长43千克，是前50年的近31倍。珀维里斯在总结这段农业高速发展时，提出科技的贡献率是73%。其主要技术是良种、化肥、农药和灌溉。这不得不引起我们对近代农业科学和技术发展的回顾和反思。

19世纪中叶，达尔文的杂种优势理论以及以后的孟德尔和摩尔根遗传学理论，奠定了现代育种技术的理论基础和推动了种子产业的发展。农业科学上的另一个重大突破是在19世纪中叶德国化学家李比希的植物矿质营养学说创立了现代农业化学，开创了化肥工业和现代施肥技术，也是在19世纪中叶，合成化学的发展推动了有机合成的农药工业和现代植保技术。19世纪中叶开始的农业科学上的这些重要突破，经过近一个世纪的孕育，产生了以现代育种技术和农业化学技术为主导的农业技术革命，使沉睡千年的古老农业焕发出勃然生机。

马克思将达尔文学说作为19世纪的三大发现之一；将李比希的新农业化学说成“比所有经济学家加起来还重要”；把科学看成是“历史的有力杠杆”和“最高意义上的革命力量”；邓小平提出了“科技是第一生产力”，一个多世纪以来农业和农业科技发展的历史证明了这个真理。

16.3 农业的新技术革命

令人振奋的是，20世纪中叶农业高速发展的同时，科学技术又出现了新的重大突破，孕育着一场新的农业技术革命。

1953年，沃森发现遗传物质脱氧核糖核酸的双螺旋结构和1973年波耶的基因重组成功，开创了分子生物学和生物技术的新纪元。生物技术突破了物种的界限，使目前常规育种技术难以解决和不敢想象的新品种培育成了可能，育种时间大大缩短，育种目标的准确性大大提高。生物技术对生物农药、动物疫苗、动植物生长调节物、生物肥料、生物反应器以及农业微生物发酵工程和酶工程等许多领域都将产生广泛而深刻的影响。

20世纪50年代产生、20世纪80年代大发展的计算机和信息技术，日益广泛和深刻地影响和改造着各个传统产业。它也将使从事生物性生产的农业的分散性、地域性、变异性、经验性强和可控程度差等影响自身发展的先天性弱势得到全面的改善。农业的信息化将成为现代农业的重要标志。此外，先进制造和化工、新型材料和自控等现代技术也在加速对农业的武装和促进农业现代化的进程，使农业新技术革命浪潮更是丰富多彩。

以现代育种和农业化学技术为代表的第一次农业技术革命孕育了一个世纪，带来了20世纪中叶农业的高速发展。而近三四十年的科技发展，特别是具有根本性和普遍带动性意义的生物技术和信息技术的突破性进展，即拉开了新的农业技术革命的序幕。在以微电子和信息技术、空间技术、生物技术等为代表的全球性现代技术革命浪潮中，农业终于赶上了时代的步伐，并将在生物技术领域中扮演着主力军的角色。

16.4 农业的新技术革命和新的农业技术体系

在农业新技术革命浪潮的推动下，传统的农业技术和技术体系正在快速地更新和发展，新的农业技术体系将逐渐形成。

农业是从事生物性生产的产业，主要的原材料即是生物体本身，因而育种始终占有重要位置。杂交优势理论和遗传理论开创了现代育种技术。但只能用小麦改良小麦，猪改良猪，也就是只能利用十分有限的种内杂交优势。生物技术的伟大之处在于突破了动物、植物和微生物之间的物种界限，极大地扩展了对物种间杂交优势的利用。细胞和胚胎工程育种、分子标记技术、转基因技术等已趋成熟和得到应用。季产吨粮的“超级稻”和日增重1千克的“超级猪”预计21世纪初能够实现。提高作物抗逆能力的基因工程育种已取得重要进展，抗虫棉、抗花叶病烟草、抗黄矮病小麦、抗旱耐盐水稻、耐贮藏番茄等已进入生产，全世界进入田间试验的转基因植物近千例。家畜胚胎工程育种的超数排卵、体外受精、胚胎分割、性别控制和核移植已实现商业化；活体提取卵母细胞技术也趋成熟；转基因牛、猪、羊、兔等已较普遍。生物技术也为农业通向制药和精细化工领域开辟新径，如通过复杂的基因操作，利用动物乳房生产医用和农用贵重蛋白的生物反应器技术以及当今世界关注的动物克隆技术等也都取得了成功。当前，生物技术虽尚处发展初期，但是它为人类进行生物遗传改良和育种开拓了广阔天地，带来了新的希望和巨大潜能。

农/兽药和动植物生长调节物等农业生物制剂也在生物技术的推动下进入一个崭新阶段。20世纪40年代以前，主要是天然物和无机化合物农药，以后进入有机合成时代。随着人们环保意识的增强，要求生物农药尽快替代有机农药。1992年的世界环境和发展首脑会议上，提出到2000年，将现在占农药施用总量不到5%的生物农药增加到60%。生物农药安全无残留，不污染环境。发展不起来的原因是药效缓弱、持效期短和自身抗逆性差。现在，利用微生物重组的基因工程技术构建的工程菌可以有效地克服这些弱点。目前用于畜禽水产的弱毒苗和灭活苗的许多难以克服的弱点，也因基因工程苗的出现而将完全改观。植物生长调节物也将由化学制剂向生物制剂方向发展；猪和牛的生长激素 *rpGH* 和 *BST* 等基因工程和发酵工程产品也应运而生，前景十分广阔。

肥料是作物的“粮食”，化肥和平衡施肥技术的出现是第一次农业技术革命的产物和重要标志。化肥经历了单质—复合—高浓/长效的发展阶段。但是，随着化肥的不当和过量使用，导致环境污染和果蔬品质下降，提高化肥利用效率和减少污染已成为当今重大课题。在现代生物学和生物技术推动下，一方面是向着作物营养基因型的遗传改良、根际微生态和生物固氮的方向发展，以提高作物的营养效率；另一方面是在现代生产工艺的推动下，化肥趋于专用化和控释化，以提高利用效率。同时，在信息和航天技术推动下，应用遥感技术、地理信息系统技术和全球定位技术（3 S技术）进行精确施肥也已开始取得成效。农业新技术革命推动着施肥技术的革命。

全球性农业资源的紧缺和动植物生长环境可控程度低一直制约着农业的发展。近年来，在现代科技推动下的设施农业发展很快。它是通过现代技术的集成，以最小资源投入，在可控条件下，半自动或自动化的工厂化方式进行动植物生产的高效集约型农业。它涵盖结构材料、环境控制、操作机具、自动控制、专用品种和栽培管理等多种系统，是现代农艺与工艺的结合。其生产效率可较大田高5倍，以至10倍。

与工业相较，从事生物性生产的农业，存在着高度分散，生产规模小、时空变异大，量化、规范化程度差而经验性强以及稳定性和可控程度低等先天性弱点。计算机和信息技术的出现将大大改善农业的这种弱势。农业专家系统将促进农业技术的量化、规范和集成；智能化多媒体软件将大大提高农业科技推广、生产经营和管理、教育和培训的效率；遥感、地理信息系统和全球定位技术（3 S技术）将对农业资源环境、自然灾害、生产状况和经济活动进行有效的动态监测预报和科学管理与决策；数据库、网络技术和广泛的信息服务将大大克服农业地域分散的不利地位而及时获取信息资源。计算机和信息技术将使传统农业和农业技术得到全面而深刻的改造和提高。没有农业的信息化就没有农业的现代化。

以生物技术和信息技术为主体的新的农业技术革命，渗透到传统农业和农业技术的各个方面，产生着深远的影响，冲击着人们的思想观念和知识领域。它也将注入强大的和新的活力，在更高的层位和水平上建立起新的农业技术体系。

16.5 农业的新技术革命和新的农业产业体系

技术革命引发产业革命，农业的新技术革命也必将引发一场新的农业革命，形成新的农业产业体系。它将有如下一些特征。

- 建立起新的和强大的技术支撑体系。生物体的遗传改良和生长发育过程的调控能力将上升到一个新的水平。高产优质和抗逆性强的新品种和生长调节物将越来越快和越来越多地涌现，形成新的强大的生产力。
- 生物体的生长环境和条件的调控能力明显增强，灌溉施肥、耕作栽培、植保防疫的技术水平和资源利用效率将上升到一个新高度。特别是施肥技术、生物农药、节水灌溉和设施农业将有一个大的发展。
- 计算机和信息技术将全面改善农业的高度分散、时空变异大、量化和规范化程度差、稳定性和可控程度低的行业弱势，显著推进农业技术的量化集成和转化推广，也将大大减轻自然灾害和市场风险损失，提高生产和经营管理水平，农业生产的稳定性明显增加。
- 技术的突破将带来生产领域的拓展。食物、蛋白质和纤维的生产将由动植物扩展到微生物，由陆地延伸向海洋。农业也将由初级产品生产拓展到食品、制药、生物化工、能源等领域。
- 技术驱动下的土地生产率和劳动生产率极大增长，产品农业逐渐向商品农业转化。市场竞争中，农业的生产组织将向着规模化、企业化、专业化和区域化方向发展，逐渐形成多样化的农工贸一体化经济体系。农业与工业和商业的界限趋于模糊，农业不再是弱势和低效益产业。
- 生物技术等各种高技术为人类带来了新的生产力和机会，处理不当，也会给人类的生存环境造成新的不安全因素。可持续发展将成为新的农业技术和产业体系的重要组成部分。农业生物基因工程的安全管理、水体富营养化、农药和农膜污染、水土资源、生物种质和基因资源、大气臭氧层的保护和酸雨防治、推进环保性生物性农药和施肥技术以及无公害食物生产等将成为新农业产业体系的重要内容和环节。
- 新的农业产业体系将走向集约化、规模化、专业化和企业化；新的农业技术体系越来越趋于规范、集成以及物化产品增加和经验性传授减少。传统的农业技术推广方式和体系的作用将减弱，而农业科技产业，特别是农业高科技产业不仅具有很强的开发研究实力，而且由于资金、技术、机制上的优势和很强的营销能力，他将成为科技成果向生产者转移的主力。

16.6 农业的新技术革命和我国农业的跨越发展

我国是个农业技术和生产水平还比较落后的农业大国，农业就业人口占全国总人口的 56%，而发达国家不到 5%；粮食单产相当于发达国家的 50%，劳均产粮、肉相当于 1/100 ～ 1/50，氮肥利用效率低 15 ～ 20 个百分点；科技成果的转化率和贡献率都不到 40%，发达国家在 70%以上。此外，人均占有资源量低、生产规模小而分散、生产设施陈旧落后、劳动者和基层管理者素质不高、资金不足等诸多问题都困扰着我国农业的发展。但是也要看到，在农业新技术革命和经济 / 技术全球化趋势日盛的今天，也有可能根据实际不是循序渐进，而是采用新思路、新技术，迎“头”赶上。大距离落后，反而可能超发展阶段的跨越，这样事例是屡见不鲜的。

在我国向社会主义市场经济体制转化和农业新技术革命的大形势下，实现我国农业跨越发展的可能性是：在家庭联产承包责任制和双层结构经营基础上发展的农业产业化和大力发展农业科技产业，将有效地克服生产规模小而分散、提高市场竞争能力和自我积累和发展能力以及科技成果的转化效率。生物技术和信息技术等现代技术将实现对农业紧缺资源的替代和传统农业的改造，将我国农业提高到一个新的水平。在可能性向现实性的转化中，以下几点是重要的。

- 大力推进适合我国国情区情的、多种形式的农业产业化的进程，这是实现跨越发展的基本前提和保障。
- 大力推进农业科技产业的发展，它是转化现代科技成果的主力军，是实现跨越发展的强大推动力。
- 大力推进生物技术、信息技术等现代高技术，并与常规技术相结合，在一批意义重大的技术上取得突破性进展，这是跨越发展的技术“源头”。
- 改造现有农业教育体系，使之适应新的技术和产业形势。特别是培养大批农业科技企业的经营管理人员和对广大县乡农业管理人员的职业培训。人是决定性因素。
- 农业新技术革命的形势和把握时代机遇，争取跨越发展的认识要能得到领导，特别是中央领导的认同、重视、支持和政策资金保证，这是问题的核心和关键。

全球性的农业新技术革命为我们提供了难逢的时代机遇，如果我们思路对头，办法得力，我国农业是可能实现跨越发展的。

（1997 年 5 月完稿于北京）

17 新的农业科技革命与我国农业的发展

【本文写作背景】

1997 年 5 月中国科学报登载《迎接农业的新科技革命》文章后，引起业界以及中央领导的关注。江泽民同志在“星火计划”实施十周年的表彰大会上提出了“必然要进行一次新的农业科技革命”。中共中央机关刊物《求是》杂志主要面向国内党政领导干部，经约稿，《文集》作者在原文基础上加重了新的农业科技革命对我国农业发展的影响的阐述，是 1997 文的延续与补充，前两节稍有重复。此文发表在《求是》杂志 1998 年第 3 期。

1996 年 9 月，江泽民同志在“星火计划”实施十周年的表彰大会上讲述我国农业发展问题时提出了“必然要进行一次新的农业科技革命”的科学论断，这将在我国农业发展上产生深远影响。本文就农业的技术革命与我国农业的发展谈一点粗浅体会和认识。

17.1 农业的第一次科技革命

自 18 世纪以来，人类社会经历了三次技术革命。每次技术革命都是由于某一两项具有根本性和普遍带动意义的重大技术的突破，引发了一个新的技术体系的建立和推动起一次新的产业革命。如以机械为主导的第一次技术革命，以电力为主导的第二次技术革命和以信息为主导的第三次技术革命。三次技术革命和引发的三次产业革命将人类社会由农业社会推进到工业社会，创造了人类社会的现代物质文明。从事生物性生产的农业，其分散性和复杂性的行业特点影响了它对现代技术的吸收和应用。装有内燃机的拖拉机到 20 世纪初才出现，20 世纪 50

年代初才在美欧较广泛应用。三次技术革命之所及，农业滞后于工业近200年。但是农业的技术革命也有着自己的发展规律和历程。

民以食为天，农业是最古老的产业。它伴随人类社会，度过了几千年自耕自食的自然经济时期，直到20世纪中叶才出现突破性进展。从20世纪初到1949年，世界粮食单产仅由每公顷930千克提高到1 000千克，年平均增长1.4千克，粮食总产的增加主要依靠扩大耕地面积，即20世纪上半叶的世界农业仍处在生产率、科技水平和发展速度很低的资源农业时期。1949—1988年，世界粮食单产由每公顷1 000千克提高到2499千克，平均年增长39千克，是前50年的近28倍。而我国后40年粮食单产年均增长量是前50年的43倍，比世界同期水平高出近1倍。

据研究报道，科技对此期农业高速发展的贡献率在70%以上。其做出贡献的主要技术是良种、化学物质（化肥和农药）和灌溉，所占份额分别为3、4和2。这不得不使我们想到，19世纪的达尔文杂种优势理论和孟德尔遗传学理论及其推动下的现代育种方法和种子产业；德国化学家李比希的植物矿质营养学说及其推动下的化肥工业和现代施肥技术以及20世纪30年代缪勒开创的有机合成农药及农药工业。技术革命是以科学上的突破为基础和先导的，继而推动产业革命和带来生产力的跨越发展。马克思将达尔文学说作为十九世纪的三大发现之一；认为李比希的新农业化学“比所有经济学家加起来还重要”；把科学看成是“历史的有力杠杆”和“最高意义上的革命力量”。邓小平同志发展了马克思主义的科技观，提出：“马克思说过，科技是生产力，事实证明，这话讲得很对。依我看，科技是第一生产力”。一个世纪来的农业和农业科技发展的历史证明了这个真理。

自19世纪40年代达尔文出版《物种起源》和李比希创立植物矿质营养学说以来，以育种技术和农业化学技术为主导的第一次农业科技革命，经历了一个世纪的科学和技术的孕育，才带来了20世纪中叶农业的产业革命和高速度的发展。

17.2 新的农业科技革命

在世界新技术革命浪潮的推动下，农业加快了科技革命的进程。20世纪中叶农业高速发展的同时，生物科学和技术取得了新的重大突破。1953年，沃森发现遗传物质脱氧核糖核酸的双螺旋结构；1973年，玻耶的DNA重组成功，开创了分子生物学和生物技术的新纪元。另一个重大突破是20世纪50年代初出现，20世纪80年代大发展和20世纪90年代形成高潮的计算机和信息技术，开创了人类社会的信息化时代，对农业和农业科技以及各个传统产业和学科产生着越来越广泛和深刻的影响。此外，新材料与新能源、航空与航天以及自动控制等现代技术也加速了对农业的武装。仅三四十年的科学和技术的孕育，农业又拉开了以生物技术和信息技术为主体的新科技革命的序幕，它必将推动一个新的农业技术体系和产业体系的形成和将农业生产提升到一个新的高度。目前，我们只能从已经和近期将会发生的科技进展来窥视这场新的科技革命序幕的精彩图景。

农业是从事生物性生产的产业，生产的原材料即是生物体本身，因而育种技术始终占有重要位置。20 世纪初开始建立和当今起主导作用的常规育种技术主要是利用有限的种内杂交优势。而现代生物学和生物技术的伟大之处在于突破了动物、植物和微生物之间的物种界限，极大地拓宽到整个生物界的种质优势的利用。目前，细胞和胚胎工程育种、分子标记技术、转基因技术等已趋成熟和在动植物育种中得到应用。季产吨粮的“超级稻”、日增重 1 千克的“超级猪”等预计下世纪初能够实现。提高作物抗逆能力的基因工程育种已取得重要进展，抗花叶病烟草、抗黄矮病小麦、抗虫棉、耐贮运番茄等已用于生产，全世界进入田间试验的转基因植物近千例。家畜胚胎工程育种的超数排卵、体外受精、胚胎分割、性别控制和核移植已实现商业化，活体提取卵母细胞技术也趋成熟。常规育种技术选育优种牛需要 8 ～ 10 年，现在一代即可成功。转基因猪、牛、羊、兔国内外已是多见，克隆羊轰动世界，动物生物反应器开创了生物制药业的新时代。当前，生物技术虽处发展初期，但它为人类进行生物遗传改良和育种展示了广阔天地，带来了新的希望和巨大潜能。生物技术与常规育种技术相结合，过去无法解决和不敢想象的，现在已经或可能成为现实。

在生物技术推动下，农 / 兽药和动植物生长调节物等农业生物制剂技术也进入了一个新的阶段。出于保护环境和可持续发展需要，1992 年“世界环境与发展大会”提出生物农药占到农药使用量的 60% 的目标。但自 20 世纪 40 年代以来，因药效缓弱、持效期短和自身抗逆性差而使生物农药长期得不到发展，现在，微生物重组技术构建的工程菌开辟了新径，带来了希望。同样，基因工程疫苗也将大大改进常规疫苗的弱点，生物反应器生产的疫苗，效率和效益可较常规方法高千倍以上。此外，猪和牛的生长激素 *rpGH* 和 *BST* 等基因工程和发酵工程的动植物生长调节物等生物制品也将有新的发展，人类对动植物生长发育的调控能力大大提高。

肥料是作物的“粮食”，化肥和平衡施肥技术的出现是第一次农业技术革命的产物和重要标志。但是化肥的不当和过量使用，带来严重后果。目前我国单位面积的化肥使用量是美国和世界平均量的 1.6 倍，而氮素化肥的损失率高达 45%，相当于年损失 1 000 亿元以上和浪费大量能源，且造成环境的严重污染。在我国，提高化肥利用效率迫在眉睫。化肥经历了单质—复合—专用复合的发展过程，当今，向着控释化专用复肥和 3 S 精确施肥方向发展。前者是现代农艺与工艺的结合；后者是农艺与信息技术（3 S 指遥感、地理信息系统和全球定位技术）的结合，是施肥技术的一场新的革命。淡水资源严重不足和节水是全球性，更是我国的重大课题。当今，农田节水由充分灌溉向非充分灌溉、畦灌向微灌、单一灌向肥药联用以及多种现代覆盖材料等方向发展和组成现代节水系统工程。正在迅速发展的设施农业，是以最小资源投入，在可控条件下，按工厂化方式进行动植物生产，效率和效益可较大田提高 5 ～ 10 倍的高效集约型农业。它涵盖结构材料、环境控制、操作机具、自动控制、专用品种和栽培管理等多种系统，是现代农业技术和工程技术的集成。

农业是以土地为主要生产资料，从事生物性生产的产业。因而存在生产规模小而分散、时空变异大、经验性强、量化规范化程度差以及稳定性和可控程度低等行业性弱点。计算机和信息技术的出现将全面改善传统农业的弱势。农业专家系统等智能化多媒体软件技术可明显提高农业和农业技术的量化规范化和集成化程度；数据库技术、网络技术和信息服务可以明显克服农业在信息获取和应用上的障碍；遥感、地理信息系统和全球定位技术等将对农业的生产环境和状况、自然和生物性灾害等进行有效的监测预报和宏观管理，提高了农业的稳定性和可控程度。农业信息化是农业现代化的重要构成。

以生物技术和信息技术为主导的新的农业技术革命，渗透到农业技术和生产的各个方面和产生着深远影响，也冲击着人们的思想观念。它也将注入强大和新的活力，促进新的农业技术体系和产业体系的形成。

17.3 现代农业的特征和走势

现代农业是在以下四个要素驱动下逐渐形成的：一是新的农业技术革命浪潮的冲击；二是农业的可持续发展已成必然趋势；三是社会对农产品的新的巨大需求；四是经济的全球一体化。现代农业的特征和走势大体如下。

第一，强大的技术支撑和驱动。生物技术与常规育种技术的结合，使高产、优质和高抗的动植物新品种，如“超级稻”“超级麦”“特种玉米”“抗虫棉”“耐贮番茄”“超级猪”“优种牛”等不断涌现；新型生物性农兽药、生长调节物等将扩大对化学物的替代和取得更好效果；新一代施肥、灌溉和设施农业技术将会高效利用和节约资源，保护环境，提高效益；新材料、先进制造和自控技术等将使农业机械和设施达到前所未有的水平；计算机和信息技术将促使传统农业的现代化。新的农业技术体系是现代农业的强大支撑。

第二，农业生产领域的拓展。现代农业将由动植物向微生物、农田向草地森林、陆地向海洋、初级农产品生产向食品、生物化工、医药、能源等多种产品生产方向拓展。单细胞蛋白、海洋农牧场、生物能源、农副产品综合和多层次开发、生物反应器生产多肽药物等都将成为农业新的生长点和蕴含极大潜力。传统的农业概念和内涵在改变，工农业界限渐趋模糊。

第三，农业生产组织的规模化、管理的企业化和生产的专业 / 区域化。近 40 年来，美国的家庭农场由 650 多万个集中到 260 多万个，场均耕地面积由 60 多公顷扩大到 170 公顷。40% 以上的家庭农场、70% 以上的家庭牧场拥有计算机和进入各种网络。为提高经济效益和竞争能力，生产专业化和区域化及管理的企业化成为现代农业的重要特征和发展趋势。

第四，高生产率和高效益。发达国家农业从业人口不到 5%；法美农民人均产粮和产肉分别为我国的 50 倍和 100 倍。近 30 年，美国农业投入的产出率指数由 72 上升到 135，1990 年的投入产出比为 1∶1.55。国土面积 4 万多平方公里、人口 1 500 万和人均耕地只有 0.06 公顷的荷兰的农产品出口总值仅次于美国，人均创汇 8 万多美元而大大超过美国。农业生产条件很差的以色列，1991 年农产品出口创汇 6 亿美元，占出口总额的 5.6%。高生产率和高效益以及后工业化社会人们对自然的趋近心理，现代农业越来越引起社会和一些投资者的关注。

第五，走可持续发展道路。有限的农业资源和日益增长的人口重负，农业资源的强度开发和现代技术成果的滥用，造成对水、土、大气、生物等资源和人类自身生存环境的严重破坏。可持续农业是为保持人与自然的协调发展，保持人的需求与生态环境良性循环的一致性。这就要求提高对光温水肥能的高效利用，寻求最佳的物质 / 能源投入产出模式以及减少和防止对环境和生态的污染和破坏。

17.4 现代农业和农业的生产经营组织形式

先进的农业生产经营体制是推动现代农业生产和吸收应用先进技术的组织保证和基础。发达国家的农业生产经营组织始终保持以家庭农场或农户为其基本形式。在讨论 21 世纪的美国农业时，专家们认为，家庭农场仍将是农业的主要生产经营形式。欧洲诸国和日本以农户为基础，生产规模虽小，但有多种多样的合作组织和与农业协会、专业公司、行业委员会等上层经济组织相结合，以提高经济效益和竞争能力，减少市场风险。我国 20 世纪 50 年代初的土地改革使耕者有其田，极大地调动了农民的生产积极性。但在解决生产规模和提高生产率中出现的人民公社严重挫伤了农民的积极性，破坏了农业生产力的发展。20 世纪 70 年代末实行的家庭联产承包责任制重新激发了农民的生产热情，生产力再次得到解放。从我国和发达国家农业所走过的道路说明，农业生产的自身特点决定了劳动者与劳动对象和生产资料的不可分割性，即农民与土地的不可分割性。保持生产者与土地使用者的一致是传统农业，也是现代农业的基本原则和经验。

但是随着社会和经济的发展，特别是在激烈的市场竞争中，规模小而分散的农户和家庭农场暴露了他们在资金、现代技术应用、经济效益和市场竞争中的弱势。美国的农场主联合会、欧洲诸国和日本在农户基础上的各种合作组织和上层经济组织正是适应形势发展需要而组合成的新的生产经营形式。我国农户生产规模更是小散，经济底子极薄，寻求一个适应我国国情的农业生产经营的组织形式已成为我国向社会主义市场经济体制转变和发展农业的紧迫任务。中央提出的家庭联产承包责任制基础上的“双层结构经营”为此指出了一条明径。

近年来，我国各地出现了农民兴办的专业技术协会、专业合作社、股份合作社等多种形式的农村合作和经济组织。特别是按产业化方式组织的种养加、产供销和贸工农一体化的形式多样的生产经营组织，如广西的糖、云南的烟、山东的菜等，以公司 + 农户的模式，生机勃勃地在许多省市发展起来。其实质和共性是以市场为导向，以产品为龙头，以农户为基础，以公司等形式，把分散的个体农户组织为贸工农一体化的生产经济组织和利益共同体，故可称之为“农户 + X”的农工贸一体化模式。这种模式可以扩大资金来源，可以使农产品多次增值和提高经济效益，可以增强吸收应用科技的能力，可以引导农民进入市场和提高竞争力，可以促进农村劳动力转移和加快城乡一体化进程。这种生产经营组织形式可大可小，可紧可松，可高可低，可分可合，在向社会主义市场经济体制转变过程中，具有很强的适应和应变能力。它将是继家庭联产承包责任制以后，农村生产力的又一次解放和推进我国农业现代化进程的新型的农业生产经济组织。

17.5 现代农业与农业科技企业

科学和技术是现代农业的强大支撑和驱动。发达国家农业拥有先进的科学技术，农业发展中的科技贡献率和转化率都在 70% 以上。在我国，发展农业要依靠科技已成共识，但科技成果转化率不到 40%，也就是说，国内的许多科技成果尚未用于生产，如果需要国外先进技术也可以引进，而“瓶颈”是如何提高科技的转化率?

农业生产的分散性和生物性生产的区域性决定了农业必须有一个强大的、对科技成果进行区域性检验和推广到农户的体系。20 世纪初的美国赠地法规定各州立大学同时建立机构，承担农业推广任务。欧洲国家和日本等都有各种形式的农业推广组织。20 世纪 50 年代开始，我国也建立了全国性的省、地、县、乡四级农业推广网。农业推广组织对促进 20 世纪各国农业的科技进步和发展生产上建立了卓越功勋。

传播先进技术，推动农业科技进步的另一支力量是农业科技企业。化肥和农药的生产、新成果的转化和品种的更新换代主要是通过公司实现的。从 20 世纪 40 年代前的无机物和天然植物农药到有机合成农药；从有机磷到高效低毒的拟除虫菊酯；从化学农药到生物农药，农药公司既担负对大学和研究所新成果的转化开发，自身也是很强的新成果的研究者。1990 年，世界农药销售额为 234 亿美元，拜耳等世界 10 大公司的农药销售额占 76%，它们的年研究开发经费达 20 多亿美元。杂交玉米对世界粮食产量的跨越增长发挥了重要作用。比尔在 20 世纪末提出利用玉米品种间杂种 F_1 的可能性后，1926 年，沃莱斯创办了世界第一家杂交玉米种子公司，即现在年销售额为 13 亿美元，占有美国杂交玉米种子市场的 42% 和为世界 22% 的杂交玉米种植面积提供杂交玉米种子的先锋种子公司。该公司在全球有 100 多个研究所和 300 多万块试验地，年研究经费达 1 亿多美元。泰国正大集团曾占有我国 30% 以上的饲料市场。

这些农业科技企业集科技生产经营于一体，资金雄厚，技术先进，机制灵活，营销手段有力，市场反应迅速，是一支充满活力的、科技成果转化应用的强大推进器。我们常提及美国农民只占人口的 2%，但忽略了还有 17%，近 2 000 万人以大大小小的公司形式为农户提供农业科技产品和服务。农业科技企业是现代农业的重要组成部分，是发达国家实现高科技成果转化率的重要因素。如果将区域性和事业型的农业技术推广组织比作“地方部队”，这些农业科技企业就是极富战斗力的“野战军”。

现代科技的发展一改传统农业和农业科技的经验性，科技成果的量化、规范化、集成化以及物化和产品化程度越来越高。育种成果可通过种子（畜、禽、渔）产业转化；生物农兽药和生长调节剂等生物技术成果以生物制品体现；平衡施肥技术可以物化为新型肥料；现代灌水技术和工厂化高效农业技术主要表现于设施产品；即使经验性很强的栽培、饲养、灌溉、病虫 / 疫病防治技术以及各类管理也将逐渐通过农业专家系统量化集成和物化为软件光盘。在传播工具上，软件光盘和信息网络将越来越多地替代传统农业推广的口授笔传。科技成果，特别是高技术成果的物化和产品化已成趋势和必然，传统农业推广的内容、功能和组织正在发生深刻变化。新的技术革命引发的技术和生产体系的变革以及市场经济和经济全球一体化的大趋势，越来越显示出农业科技企业的重要作用和强劲生命力。

在计划经济体制下，20 世纪 50 年代开始建立的相当完整的四级农业技术推广网对促进我国农业技术推广和农业生产发挥了重要作用。20 世纪 80 年代，这些推广网“线断、网破、人散”，社会化服务体系建设举步维艰，农业科技产业更是幼弱无力。转化环节如此，转化率如何能高？新的农业技术革命及新的农业技术和生产体系的形成中，面对 21 世纪的我国农业推广系统，绝不会是 20 世纪五六十年代的重复，而要寻求具有新的功能、方法和组织形式的农业推广系统。

但是有一点是肯定的，那就是在新的形势下，及时和大力促进农业科技企业的发展，无疑是一项识时务、把握机遇、突破科技成果转化“瓶颈”的一项重要战略选择。

17.6 抓住机遇，实现我国农业的跨越发展

自新中国成立以来，我国粮食保持着 7% 的年均增长速度，以世界 7% 的耕地生产了 24% 的粮食和养活了 22% 的人口，这是举世公认的伟大成就。但是我国人口多，人均资源占有量小，农业底子薄，生产规模和效率、技术水平和经营管理等均与发达国家相差甚远，实现我国农业的现代化是一个艰巨而漫长的过程。我国也有幅员辽阔、资源和智力潜力厚实以及良好的改革开放环境的优势。如果路数对头，办法有力，也能激发农业的跨越发展。人均资源占有量低可以科技对紧缺资源的替代；农业的产业化经营和在新的农业技术革命浪潮中突破科技成果转化的“瓶颈”，即可显著提高生产率和自我发展能力。

自 18 世纪以来，人类社会的三次技术革命和引发的三次产业革命都带来了科技和经济的跨越发展。在近三四十年我国农业发展中，20 世纪 60 年代初水稻的矮化育种和 20 世纪 70 年代杂交育种分别使我国水稻产量提升了 30% 和 20%；20 世纪 80 年代推广地膜覆盖，至今每年 200 多万公顷，增产 20% 以上，这些都是单项技术的“跨越”。如前所述，以育种技术和农业化学技术为主导的第一次农业技术革命使世界和我国粮食年均单产成十倍地增长，这是技术革命带来的“大跨越”。现在，我们欣逢新的农业技术革命和我国向社会主义市场经济体制转换的时代机遇。如果我们抓住农业产业化经营和突破科技成果转化的“瓶颈”，我国农业就可能实现跨越发展的。

量变与质变、渐进与跨越是发展的一般规律。技术革命本身就是质变和跨越，而不是一般意义上的技术进步，它对产业也将是跨越性的推动。这种客观的发展不以人们意志为转移，重要的是人们去发现和认识这个过程本身和激发跨越的动因，善于抓住机遇，因势利导地实现跨越。当前，面对新的农业技术革命的时代机遇，做好三件事很重要。一是大力促进“农业产业化”经营，他将使农业生产力获得新的解放和激发生产对科技需求的内因；二是在抓好常规技术的同时，将发展高技术提升到战略高度，“迎头”才能赶上，世界经济和技术竞争的焦点是“前沿高技术”；三是发展现代农业科技产业刻不容缓，它是现代科技和市场经济发展的必然，是新形势下提高我国农业技术成果转化率和贡献率的一把钥匙。

18 农业新科技革命的挑战

【本文写作背景】

这里是《人民日报》向《文集》作者约写的关于农业新科技革命方面的文章。此文发表于该报 1999 年 3 月 17 日海外版。

农业新科技革命的挑战

中华人民共和国宪法修正案

18 世纪的纺织机和蒸汽机，19 世纪的电力和现代通信，20 世纪的核能和微电子的技术发明，掀起了一浪高过一浪的技术革命和工业革命热潮，将人类社会由农业社会推进到工业社会，创造了现代的物质文明。在这个进程中，农业也有着自身的科技革命和产业革命的发展历程。

农业是从事生物性生产的产业，涉及的自然因素和社会因素十分复杂，因而影响了它在历次科技革命中对先进技术的吸收和应用，发展明显滞后于工业。20 世纪上半叶，农业的发展仍然很慢，世界粮食单产年均增长量每公顷才 1.5 千克左右。20 世纪 40 年代后期，农业才进入高速发展的轨道，后半世纪世界粮食每公顷年均增长 43 千克，是上半叶的 28 倍。专家们在总结高速发展的原因时提出科技的贡献率在 70% 以上的主要技术是良种、化肥、农药和灌溉。这正是 19 世纪达尔文杂种优势学说和孟德尔遗传学理论基础上发展起来的现代育种技术和种子产业、李比希植物矿质营养学说开创的化肥工业和现代施肥技术以及缪勒开创的农药合成技术所掀起的一场农业技术革命的结果，是孕育了近百年的育种技术和农业化学技术为主导的第一次农业科技革命的巨大成功。

令人振奋的是，20 世纪中叶，科学技术又出现了新的重大突破。这就是 1953 年沃森发现遗传物质脱氧核糖核酸的双螺旋结构和 1973 年波耶的基因重组成功，开创了分子生物学和生物技术的新纪元。生物技术的伟大之处在于突破了动物、植物和微生物之间的物种界限，极大地扩展了对物种间杂交优势的利用。细胞和胚胎工程育种、分子标记技术、转基因技术等已趋成熟。季产吨粮的“超级稻”和日增重1千克的“超级猪”预计21世纪初能够实现。提高作物抗逆能力的基因工程育种已取得重要进展；抗虫棉、抗花叶病烟草、抗黄矮病小麦、耐贮藏番茄等已进入农业生产；全世界进入田间试验的转基因植物已2 000余例，已被商业化的40余例。家畜胚胎工程育种的超数排卵、体外受精、胚胎分割、性别控制和核移植已实现商业化；转基因牛猪羊兔等已较普遍；体细胞克隆的“多利羊”震惊了世界；利用动物乳房生产医用和农用贵重蛋白的生物反应器技术等也取得了成功。生物农药、畜禽疫苗和动植物生长调节物等也因微生物重组和转基因技术的出现而柳暗花明，进入一个崭新的发展阶段。分子生物和生物技术是20世纪科学技术最伟大的发现之一，为人类进行生物遗传改良和设计，开拓了一片崭新而广阔的天地，带来了巨大希望和无限前景，掀起了一场新的农业科技革命。

在这场新的农业科技革命中，信息技术也异军突起使农业的分散性、地域性、变异性、经验性和可控程度差的先天性和行业性的弱势得到全面改善。农业专家系统将促进农业技术的量化、规范和集成；智能化多媒体软件将大大提高农业科技推广、生产经营和管理、教育和培训的效率；遥感、地理信息系统和全球定位技术（3 S技术）使经验农作进入精细农作，使农业资源环境、自然灾害、生产状况和经济活动得以有效的动态监测预报和科学管理；数据库、网络技术和广泛的信息服务将大大克服农业地域分散的不利地位而及时获取丰富的信息资源。此外，先进制造和化工、新型材料和自控等现代技术也在加速对农业的武装和促进农业现代化的进程，农业新技术革命浪潮更是丰富多彩。

以生物技术和信息技术为主导的新的农业科技革命是在现代科技发展和全球性科技革命浪潮推动下的一个客观的历史发展过程。它的特征一是强势性，即起步快，来势猛、推力大，发展迅速，影响广泛深远；二是突破性，即它将带来农业在观念、技术－生产体系和生产力水平上取得新的突破和进展；三是全球性，即在世界范围启动、扩散、交融和推进；四是严峻性，即各国，特别是发达国家竞相攻占现代高技术制高点，以获得其产品的最大市场占有率和利润，成为全球经济 / 技术竞争的新角逐场。

我国是个农业资源相对贫乏，农业生产和技术水平还相当落后的农业大国。但是也要看到，经济稳定上升的大环境、农业改革的成功和生产 - 技术上具有的较好基础。如果能发挥我们的优势在已有工作基础上注入以生物技术和信息技术为主导的新的农业科技革命的要素和活力，采用新思路、新技术，迎头赶上，就完全有可能超越常规，实现跨越。近代科技革命和产业革命历史的本身就说明某项重大技术突破所引发的跨越式前进。其问题在于是否能洞识和抓住起于青蘋之末的机遇。西门子发明电机后在给他的弟弟的信中写道：“电力技术很有发展前途，它将开创一个新世纪”；诺贝尔奖得主罗雷尔说：“曾重视微米技术的国家今天都已成为发达国家，而纳米科技又为人们提供了新的机遇”；诺贝尔奖得主李远哲说：“如果亚洲国家真要创造奇迹，也许要赶快投入科学的研究与高科技的发展，生物技术也许是亚洲国家能够创造奇迹的一个契机。”我们应当站在时代的战略高度看待滚滚而来的农业新科技革命浪潮，面对挑战，抓住机遇，另辟蹊径，开创我国农业现代化的新局面。

当前，我认为要做好以下三件事：一是以全新的观念和视角，对农业新科技革命浪潮下的农业科技和农业现代化进行再认识，特别是各级领导；二是常规技术与高技术结合，将农业高技术的研究开发提到战略高度并着力实施；三是大力发展民族的农业高技术产业，这是迎接农业新科技革命的关键和武器。

（1999 年 2 月 26 日完稿于北京）

19 农业和农业科技展望

【本文写作背景】

“上海科技论坛”有高与新之誉，2000年11月举办了主题为“世纪之交的思考”的讲演会。《文集》作者受邀讲演的题目是《展望21世纪的农业科技》。讲演一开场就说：“21世纪离我们不到百日了，现在，我们是站在世纪的门槛上翘首张望，看看未来的一二十年里，在新的农业科技革命推动下的农业和农业科技的舞台上，将会上演哪些精彩剧目。”讲演中提到了7个发展趋势，最后说到了上海。此文后以不同标题被多种报刊转载。

“世纪之交的思考”，2000年上海科技论坛的这个主题很好，我也就拟了个《农业和农业科技的展望》的讲演题目。近代农业曾经历了19世纪末开始的以农业化学和育种技术为主体的第一次科技革命，带来了20世纪农业和农业科技的繁荣。20世纪后半叶，又拉开了以生物技术和信息技术为主导的新的农业科技革命的序幕。21世纪离我们不到百日了，现在，我们是站在世纪的门槛上翘首张望，看看未来的一二十年里，在新的农业科技革命推动下的农业和农业科技的舞台上，将会上演哪些精彩剧目。抚今思昔和展望未来，是一件严肃而又令人备受鼓舞的事。

19.1 近代农业的第一次科技革命带来了农业的繁荣，供养了20世纪急剧增长的人口，现在又迎来了更加恢宏的、新的农业科技革命，更加激动人心的景象开始展示在我们眼前

人类最早是以渔猎采食为生的，在距今万年前后，才开始驯养动植物，开创了历经数千年的辉煌农业文明。在几千年的传统农业中，动植物品种不断改良，栽培养殖技术日益精细，农民过着男耕女织，日出而作，日入而息的田园生活。作物也是年复一年地从土壤里吸收水分和养分，从空气里吸收 CO_2，通过光合作用将太阳能转化为生物能和化学能，再经过动植物和人体，以有机质的形式返回土壤。这是物质能量的一种封闭式循环，人类从这个循环中截取了生存繁衍所必需的碳水化合物和蛋白质，所以农业是以光热水土等自然资源为原料，以植物体为“车间”，从事生物性生产的产业。这种封闭式的物质能量循环过程很慢，效率很低，但却养育了人类，推动了社会的进步。

16 世纪开始的科学和技术革命兴起和推动了工业革命，人类由农业社会逐渐进入到工业社会。由于传统农业是依赖于自然资源从事分散的小生产，因而在利用近代科技上显著滞后于集中性大生产的工业，直到 19 世纪末才出现农业的科技革命。正是这场农业科技革命打破了农业的封闭式物质能量循环，加快了循环进程，大大提高了生物性产出的效率，孕育了近代农业的技术体系和生产体系。

19 世纪中叶，生物科学发生了一系列的重大理论突破，可称是近代生物学的奠基时代。1838 年，德国植物学家施莱登（M.J.Schleden）发表的《植物发生论》，提出细胞是一切植物的基本单位；1839 年施旺（T.Schwann）发表的《关于动植物的结构和生长的一致性的显微研究》，将细胞学说扩大到动物。细胞是动植物有机体的基本结构和生命活动基本单位的伟大发现，奠定了生物学的基础，使之由经验走向科学，被恩格斯列为 19 世纪的三大发现之一。

从 1809 年法国拉马克（J.Lamarck）的《动物的哲学》到 1859 年达尔文出版《物种起源》，系统阐述了生物的遗传和变异、自然选择和人为选择以及由简单到复杂，由低级到高级的生物进化观，也被誉为 19 世纪三大发现之一。在这个时期，孟德尔（Mendel）进行了 8 年的豌豆杂交试验，揭示了人称遗传学第一定律的“分离定律”以及“独立分配定律”，认为性状遗传是受细胞里的遗传因子所控制。这一伟大发现被埋没 30 多年，直到 20 世纪初才被证实和公认。约翰生（W.L.Johnnsen）首次提出“基因”一词替代孟德尔的遗传因子概念，摩尔根（T.H.Morgan）以果蝇为试验材料，证明呈直线排列于染色体上，提出了遗传学上的第三规律——连锁遗传规律和染色体遗传理论。遗传学的发展为动植物育种

提供了理论基础。

农业化学在这个时期也取得重大理论突破。1840 年，德国化学家李比希（J.V.Liebig）出版了《化学在农业和生理学上的应用》，提出了土壤中的氮、磷、钾、钙、镁、硫、铁、硅等矿物质是一切绿色植物获取养分的唯一来源的“植物矿质营养学说”；植物从土壤中吸收的养分，必须以肥料的形式归还给土壤，才能保持土壤的肥力的“养分归还学说”以及“最小养分律”，为现代的植物营养和施肥奠定了理论基础。1859 年，马克思说：“仅仅一门化学，甚至仅仅亨弗利爵士和尤斯图斯·李比希二人，就使 20 世纪的农业获得了怎样的成就”。他还在一次经济学家会议上诙谐地说：“德国的新农业化学，特别是李比希和申拜因，对这件事情比经济学家加起来还重要”。

科学革命是技术革命的基础和先声，重大理论突破必将开拓一片新的技术和产业天地。

植物是怎样从土壤中吸收养分的？一直是人们关心的问题。在化学科学还不发达的时代，人们直觉地认为植物根系吸收的是土壤中腐烂的有机物质。这要以 19 世纪初泰伊尔（V.Thaer）提出的腐殖质营养学说为代表。他认为植物获取营养的唯一来源是土壤中的腐殖质。腐殖质营养学说反映了，也维护着千百年来农业的封闭式物质能量循环系统。而基于严密的化学测定和试验基础上的矿物质营养学说，揭示了客观真理，也为人类提供了矿物质肥料的有力武器，打开了传统农业的封闭式物质能量循环。李比希本人就提出了施用过磷酸钙以增加植物的营养，开化肥工业制先河，迎来农业的高速发展——新科技革命的序幕。

19.2 当生物技术出现以后，人们越来越依靠分子育种，在动植物的遗传改良上大做文章，新的品种层出不穷，品种在农业增产中的贡献率将由现在的 30% 提高到 50%

品种是农业生产的原材料，原材料好，生产效果和效益就好。一个好品种不需或稍需增加投入，就能显著提高产量和品质。品种还是重要的科技载体和橱窗。生物技术一出现，就在农业育种上首先引发了革命。常规育种技术主要是依靠育种家的经验，对农用动植物作表型选择，只能利用有限的杂种优势。生物技术的伟大之处在于可以对生物遗传信息进行实验室操作；可以在动物、植物、微生物，也就是在所有物种间进行基因的转移和重组；可以进行遗传改良的工程设计和施工；可以极大地扩展生物种质资源和杂种优势的利用，创造更加适合人类需要的新的物种，这是生物科学和技术的一次伟大革命。

在品质育种上，如赖氨酸含量比普通的玉米高近50%的饲用玉米、含油量高两倍的高油玉米、各类食品和工业加工用的特用玉米；富含可提高人体免疫力和抗癌能力的α维生素E和不饱和脂肪酸的油料作物、富含鞣花酸，具抗癌作用的草莓、能降低胆固醇的植物黄油、富含抗癌蛋白的大豆等功能食品；不仅超高产，而且品质也好的超级水稻；没有豆腥味的大豆；吸油少的煎炸用土豆等。在抗性育种上，如大家所熟悉的抗棉铃虫的棉花在我国每年有上百万亩的种植，还有抗玉米螟虫的玉米、抗除草剂的大豆等。

我刚得到一份关于转基因作物（GMO）22 000年全球种植情况的报告，大豆、棉花、卡罗拉（加拿大的一种油料作物）和玉米4种作物已分别占其全球总播种面积的34%、16%、11%和7%。2000年全球种植转基因作物面积达4 400万公顷，其中美国3 000万公顷、阿根廷1 000万公顷、加拿大300万公顷、中国70万公顷。根据预测，未来5年种植面积将增加2倍；未来10年市场交易额将由现在的30亿美元增加到250亿美元，这是2019年4月份美国商业杂志发表的。2019年年底，全球范围掀起了GMO风波，争论很激烈，但2000年全球种植面积仍有增加。最近，我在与有关专家和美国大企业接触中进一步感到，转基因作物主要不是科学问题，而是贸易问题。想必大家对这个问题很关心和感兴趣，如果时间允许，我最后做专门介绍。

这张照片上的两头猪都是一胎所生的基因改良猪，为什么一大一小呢？因为可以用启动子控制，小猪虽经基因改良，但是没有给它“启动”，仍和普通猪一样生长，当然就长不过已经“启动”的兄弟了。在1998年第六届国际遗传学应用于畜牧生产的学术会议上，专家们对遗传改良猪的预测指标列入了表1，2005年前后可能实现。按此估计，我国猪的生产能力可以提高1倍，即不用提高现在猪的存栏数，产量就可提高1倍，或是把饲养量减少一半，仍可达到现在的产量。

表1　遗传改良猪预测指标

项目	发达国家	预计目标	中国现状
日增重（g）	800	1 200	650
瘦肉率（%）	60	70	54
料肉比	3.3	2.3	4.5
产仔率（%）	11	15	11

此外，超数排卵、体外授精、胚胎分割、性别控制、核移植等动物胚胎工程技术和克隆技术趋于成熟，有的技术已实现商业化。过去培育一头优种牛要一二十年，现在一代即可完成。

动植物品种的遗传改良有很大的需求和广阔的发展空间。在病虫害抗性育种上已经有了好的开头，将不断得到扩展；全球性水资源的紧缺形势将在提高作物的抗旱性上取得突破；我国北方土壤含磷高而有效性低，提高作物对土壤磷有效利用率的育种将取得重要进展；随着人们对食物质量的不断追求，优质和功能性食品的动植物育种会有新的发展；生物质能源、新型材料、生物反应器生产医用蛋白等替代性和特用性动植物育种将成为新的热点。从整体上看，生物技术尚处发展初期，动植物基因组和功能性、动植物杂种优势的分子机理、光合作用机理和提高光合利用效率等基础性和理论性研究具有重要意义，将成为研究热点。

19.3 微生物基因重组技术的出现掀起了农用生物制剂产业的一场革命。新一代生物农药、动物疫苗、生物肥料和动植物生长调节剂等将为农业带来新的活力，也为环境保护和可持续发展带来福音

自 1939 年缪勒发现 DDT 的杀虫活性起，就进入了有机合成农药时期，农药对农业害虫的杀伤力被大大提高，为世界粮食生产做出了巨大贡献，但也造成严重的环境污染。1992 年，巴西里约国家首脑级世界环境与发展大会上提出了一个目标，即 20 世纪末的农药使用面积中，生物农药要占到 60%，以代替有机合成农药。现在已经是 20 世纪末了，美国才 15%，中国不到 1%，主要仍是技术上没有取得重大突破。

畜禽疾病主要靠防疫，防疫主要靠疫苗，而传统的灭活苗和弱毒苗都存在不少问题。1996 年，台湾口蹄疫暴发，养猪业几乎全军覆没，损失上百亿美元。我国年畜禽饲养量约 8 亿头（只），死亡率是发达国家的 3 ～ 5 倍，因疾病死亡和不能正常生长的年损失约 1 000 亿元，而疫苗生产的技术水平和能力远远没有跟上。

应用微生物基因重组技术可以将抗原基因导入对人体无害的微生物体而使之成为具有防疫能力的基因工程菌（或病毒），为生物农药和动物疫苗开拓了全新的领域。基因工程疫苗具有不产生自然复活或返强，安全性高；多联疫苗，一苗多用；多种给苗途径和可以大规模生产等优点。这里可以为大家举一个例子：年生产产值 10 亿元的 100 亿只鸡疫苗，与用生物反应器制法相比，采用常规制法在生产原料、厂房、用工数、耗能和成本上相差不是几倍，而是上千倍，可见高技术的巨大经济价值和前景。

生物技术使调节动植物生长的生物制剂也大放异彩。动物的生长是由其脑

垂体分泌的一种多肽蛋白激素调控的。猪在幼年时的生长激素分泌多，所以长得快，成年后分泌少了，长得就慢。科学家找到了猪生长激素基因，经分离、克隆和导入大肠杆菌，再通过大肠杆菌发酵生产出猪生长激素（PST），给成年猪注射，使成年猪也能快长。PST的生物实验结果是日增重可提高26%，节约1/4饲料，猪肉的风味品质更好。牛的生长激素（BST）1993年就在美国实现了商业化，这种牛奶和奶制品在美国已占有约30%的市场。

农用生物制剂一般是在微生物层次上做基因操作，比动植物要简单得多，更有利于操作和取得成功。加之，农用生物制剂及其换代产品的需求很盛，又适于大规模的工业生产。20世纪90年代的生物技术产品主要在医药方面。专家预测，未来10年，农业生物制剂将有个大的发展。

19.4 人口增长和环境恶化，人类别无他途地选择了可持续发展。凡能提高土、水、肥、气等自然资源利用效率和保护环境的技术都将成为农业技术体系中的新热点

我国化肥的生产量和使用量居世界首位，每年用掉世界化肥总量的27.5%。在单位农田面积的化肥使用量上，世界和美国平均每公顷不到10千克，而我国平均每公顷是265千克。但是我国的单位化肥与粮食产出之比由1∶16下降到1∶2.4，报酬严重递减；我国氮肥的损失率高达40%，即每年约有2 000万吨尿素，约380亿元被损失掉了，且严重地污染了环境。提高化肥利用效率已是当务之急，其途径一是改进养分比例结构和分配供应办法；二是深化植物营养理论和推广先进施肥技术；三是用现代技术生产新型肥料品种。

化肥品种经历了单质肥、复合肥和专用复合肥的发展过程。现在发达国家约80%为复合肥和专用复合肥，德国巴斯福公司已生产含10种以上营养元素的化学合成复合肥，日本三菱公司已生产上百种专用复合肥。这几年，我国复合肥发展很快，但质量层次很低，假冒伪劣充斥。控释性专用复合肥是一种新的发展趋向，即通过包膜材料和技术，肥料在土壤中能按作物不同生育期的不同需要而控制性地释放，做到合理供肥和最佳肥效，农艺与工艺的科学结合。另外，利用3S技术作精确施肥则是农艺技术和信息技术的结合，可以显著提高肥料效率，下面将有专门介绍。

水资源和节水是世界性的关注热点。我国人均水资源量排在世界的第109位，是第13个贫水国，每年因干旱而损失的粮食达0.7亿～0.8亿吨，相当于年总产的1/6。但是我国农用水损失率高达66%，每立方米水只能产生0.8千克粮食，仅为以色列的1/5。现代农业节水已成为一个工程体系，包括储水技术、输水技

术、灌水技术、保墒技术、提高作物耐旱性的技术等。据估计，我国的节水潜力在 500 亿～600 亿米^3，相当于黄河的全年径流量。在农业节水中，除大力推行低压管道输水、畦灌、微灌等成熟的节水技术外，生物性节水、保墒物质和全生物降解地膜技术等将成为研究重点且大有发展前途。

以温室和塑料大棚为主要内容的设施农业是对土、肥、水、气综合高效利用的一种工厂化生产形式，在品种和季节上的调节功能是一般露地种植所不能比拟的。设施农业是结构设计、新型材料、自动控制、专用品种、专门栽培技术和植保技术的结合，是工程技术与农业技术的结合。设施农业在欧洲以及日本、以色列等发达地区和国家已相当普遍，我国起步较晚，但发展很快。20 世纪 80 年代初我国园艺设施栽培面积仅 7 000 公顷，现已达 140 万公顷，据专家预测，2010 年将达到 167 万公顷。国外温室的发展重点在材料和自控，我国仍以普及型为主，特别是适合我国北方的日光温室。建立适应我国不同农业生态条件和农区要求的不同档次和类型的温室系列。设施条件下的专用品种、栽培和植保技术由经验到智能化是今后相当长时间的一项重要任务。养殖设施也有很大发展空间和许多工作要做。

节水、节肥、温室、畜（禽）舍、农业废弃物资源化、农产品无公害等技术和产品将有个很大的发展。

19.5 信息技术在对传统产业的改造中，农业首受其惠，智能化、网络化、3S 技术等使农业得到全面提升，农业由经验走向科学

首先是农业呼唤信息技术。农业是利用光热水气土等自然资源从事有生命物质生产的一种产业，因而具有分散性、区域性、时变性、经验性以及稳定和可控程度低的行业弱势。在我与计算机和信息技术的接触中，逐渐悟出信息技术将成为克服农业行业弱势的有力武器的道理，并提出新的农业科技革命是以生物技术和信息技术为主导的观点。

其次是农业专家系统（AES）。美国 1986 年首次提出著名的 Gossym 棉花专家系统；1996 年，在荷兰召开的计算机农业应用国际会议上就有了上百种农业专家系统软件；中国也有 20 多个较成熟的农业专家系统和 4 个应用示范区。1998 年 12 月国家科技部召开的全国农业信息化技术工作会议提出，农业专家系统是农业信息技术的突破口。农业上每一种产品的生产都是个很大的动态系统，如种小麦就涉及气候、土壤、水分、品种、植物营养和施肥、病虫草害和植保、栽培技术和耕作等庞大的动态变量系统。面对这个大系统，专家只有某一专长，

农民凭经验种地。只有以计算机为工具的智能化的农业专家系统才能总其大成，使之由定性到量化，由零散到集成，由经验走向科学。

进一步提高农业专家系统的智能化和本土化程度，通过网络传送和PDA走到田间将成为一种趋势。虚拟技术正受到广泛重视和应用，如能引入农业专家系统，即可以形象地描述专家的系统推理和辅助决策，进行农田作物种植和畜禽饲养的生态和生产设计，使之上升到一个新的境界和平台。

网络技术无疑可以弥补农业的分散与闭塞弱势。据权威杂志DHM和SF的调查，1995年美国41.6%的家庭农场和46.8%的奶牛场已经使用计算机管理和进入各种专业网和因特网；荷兰稍低一些，分别为11%、35%；欧洲和日本也已进入实用阶段。我国于20世纪90年代中期起步，这两年发展较快，2000年有综合农业网站40多个，种植业网站30多个、畜牧业网站15个、水产业网站17个、地方性网站100多个。光纤化和宽带化的国家网络建设为农业网提供了良好的硬件条件，但农业的信息源和数据库、信息处理和服务、用户素质和培训等将是一个十分艰巨和长期的任务。

最后是3S技术和精确农业（PA）。3S技术是指空间宏观信息采集的遥感技术（RS）、地面信息处理的地理信息系统（GIS）和全球定位系统（GPS）。三者的联合运用，构成一个信息采集、处理和可精确操作的体系，目前其精度已达12米^2，即地面上出现这样微小的改变，操作就会相应地调整到最佳状态。如果将农业专家系统配置上去，就可以精确地进行犁地、播种、施肥、灌溉、喷药等农事操作。正是因为3S数字化技术适应了农田综合要素空间变异大的特点，农事操作由粗放到精确。1999年，美国9%的玉米农场的20%农田，明尼苏达州60%～80%的经济作物农场已采用PA技术。这才是近三四年的事，发展得很快很火，成为美国现代化农业体系中一颗耀眼的新星。精确农业是大势所趋，但现在刚刚开始，很不完善，特别是在为GIS准备各种地面信息资料和开展PA服务上，我国的任务特别大，要做长期的努力。

3S技术也是一套大地监测体系，可以进行农业资源和生态环境调查与动态监测、农业气象和生物灾害的测报、水土资源的科学管理、农作物种植状况和估产等的宏观测报，农业由微观管理到宏观管理，由经验决策到科学决策。

19.6 世界各国农业发展的自然条件和历史背景千差万别，但却惊人地趋同于产业化经营，这是科技、经济、社会发展的一种必然，是市场经济的一个侧面

自工业革命以来，在工业化和市场化竞争中，人们不断寻求解决小农生产和

社会化大生产之间的矛盾的途径。美国的主要办法是扩大单位生产规模。近40年，美国的家庭农场由650多万个减少到260多万个，场均耕地面积由65公顷扩大到172公顷。欧洲和日本是在农户的上面，发展如劳动组合、行业委员会、市场指导委员会等各种各样的经营组织，即农户+经营组织的模式。

20世纪80年代我国在家庭联产承包责任制的基础上提出双层结构经营的模式，但一直在探索中。20世纪90年代初，各级地方组织的实践以及学界都提出了农业的产业化经营，得到广泛响应和推动。1996年，中共中央二号文件对此做了很好的总结，文字是这样表述的："发展贸工农一体化经营，把农户和国内外市场连接起来，实现农产品生产、加工、销售的紧密结合，是我国农业在家庭联产承包经营基础上，扩大规模，向商品化、专业化和现代化转变的重要途径"。

在刚刚闭幕的全国农业产业化工作会议上，温家宝同志在讲话中指出，通过农产品生产、加工、销售的有机结合可以把一家一户的分散生产与国内外大市场连接起来。扩大农户经营的外部规模有利于采用先进技术和物质装备，是适合中国国情的一种规模经营形式，是在坚持农村家庭联产承包经营基础上，推进我国农业现代化的正确选择。本次会议确定了当前工作重点是积极推动各类龙头企业组织的建设，强调龙头企业要按照现代企业制度和市场规则运作。我国终于找到了在市场经济条件下，适合我国国情的现代农业的组织经营形式，它将像加速器一样地推进我国现代农业的发展。

土地改革极大地调动了农民的生产积极性，但为解决大生产而搞的人民公社失败了，农业和农民遭受重大挫折。1978年，党的十一届三中全会提出的家庭联产承包责任制又激发起了农民的积极性，农业又健康发展起来。一反一正的经验证明，生产/经营者与主要生产资料，即农民与土地的不可分离性。即使在农业已高度发达的美欧日诸国的今天，仍以农户和家庭农场为基础，仍将农民与土地密切地联系在一起，我国坚持以家庭联产承包责任制为基础是非常正确的。19世纪末，德国经济学家李斯特曾提出农业发展的三阶段论；20世纪50年代美国戴维斯教授提出agribusiness，即农业企业的概念，对市场经济国家的影响很大。农业产业化是市场经济条件下农业生产力发展的一种必然。

农业的产业化经营具有区域化和专业化的特点。加利福尼亚州的中央河谷是美国的重要农业区。经长期的农业经营，近一二十年才进一步明确其区域优势的农业产业是发展葡萄和葡萄酒，形成以现代科技装备的世界级葡萄酒产业化生产基地。这两年，我几次去云南，有些体会。省领导认为一个边远的山区省份如按东部地区发展路子跟进，永远也赶不上，于是采取了"你打你的优势，我打我的优势"的战略。1993年，他们就搞了"生物资源工程"，大力发展天然保健药物、生物制药、特种动植物、花卉、香料、食用菌、无公害蔬菜、旅游、观光和休闲农业等。并将全省区划为红河葡萄酒、文山三七、思茅咖啡、西双版纳的澳洲坚果、程海湖的螺旋藻等 9 个农业生态区，向区域化、专业化、企业化和市场化方向发展，进而形成云南省绿色经济的三大支柱产业。它们的花卉业已占有国内 40% 左右的市场，拟走向东南亚诸国，成为东方的荷兰。云南走上了一条发展现代农业的健康道路。

19.7 现代技术和市场法则使农业摆脱了粮、棉、油，猪、牛、羊的初级产品生产的束缚，向着食品、医药、能源、生物化工、观光休闲等多元化方向拓展，一、二、三产业界限趋于模糊

生产、加工、销售结合，科农工贸一体，形成不同层次终端产品的生产链条，有利于各个环节的衔接和整体效率和效益的提高，有利于农业的延伸和拓展，有利于农民的增收和农业人口转移。下面举一个特用玉米生产链条的例子，这种玉米的生产性状和产量同于普通玉米，但收获时通体茎叶仍保持鲜绿，是养牛的优质青饲料；它的籽粒含油量是普通玉米的 2 ～ 3 倍，可以生产保健用的玉米油；通过四级开发，可以生产高果糖浆、低聚糖、乙醇、工农业用酶、乳酸、全生物降解塑料等二十多种产品，增值十多倍。1986 年，美国的可口可乐和百事可乐两个大公司签署了以低热值、易分解和价格便宜的玉米糖替代蔗糖的协议就为公司增创数十亿美元。美国玉米带的玉米种植面积扩大了数十万公顷。20 世纪 80 年代初，美国成立了特用玉米协会，推动特用玉米生产链的发展。

塑料和我们关系太密切，几乎无处不在，农用地膜的显著增产效果已为农民广泛采用。但是石化产品生产的塑料极难降解，地膜残片在土壤里一百年也降解不掉。现已陆续得到因多年使用地膜引起土壤肥力下降的报道，塑料已成为白色污染之源。这两年在市场上出现一些“可”降解塑料实际上是在聚乙烯塑料中加了 20% 左右的淀粉或碳酸钙，大块塑料变成小块，但 80% 的聚乙烯塑料变得更难回收，更加糟糕。全生物降解塑料是世界性的攻关目标。目前世界年生产塑料约 4 000 万吨，我国也有 300 万吨，可见其市场潜力之大。我国用玉米或魔芋淀粉生产全生物降解塑料即将取得突破，国外通过基因工程已取得含 PHB（聚羟基丁酸酯）的植株。用栽培农作物的方法生产全生物降解塑料的原料 PHB 将更加价廉易行。

1992 年，英国约翰·克拉克教授宣布，他获得了 6 头转基因绵羊，羊奶中含有人的抗胰蛋白酶，引起世界轰动。科技界的轰动是因为这是首次成功地将人的基因转移到了动物；企业界的更大轰动是因为它将引发生物制药业的一场革

命，蕴藏着巨大商机。动物乳腺是最佳的生产蛋白的器官，利用动物生物反应器技术将目标基因在动物乳腺特异表达。生产价值昂贵的医用和农用多肽蛋白已成为当今生物技术的重要前沿和市场竞争的热点，被称为朝阳产业和钻石产业。英国 PPL 公司的 Antitrypsin 已获准上市，美国的 Genzyme 公司和 GTS 公司，荷兰的 PHP 公司和 Genpharming 公司等利用生物反应器生产抗凝血酶Ⅲ、人乳铁蛋白、EPO、干扰素等已进入临床实验阶段。我国也已获得含人血白蛋白、胰岛素、干扰素等基因的牛、羊和兔。

化石能源终将有尽日，人们在为下个世纪寻求新的洁净的可再生的能源。2000 年 2 月份的《今日美国》报刊上有篇文章，我摘下了其中的两句："石油的能源之王的地位也许不久就会遭到废黜，农业作物有可能逐渐取代石油，成为获得从燃料到塑料的所有物质的来源，黑金可能被绿金所取代。""在今后的 25 年内，工业农场主能种植出足够的燃料和原料，我们几乎可以不依赖于外国的石油，据专家估计，利用 5 000 万英亩尚未得到应用的农田，美国最终将每年可以生产 750 亿加仑的乙醇，而我们目前每年利用进口石油提炼的汽油总量也就是 700 亿加仑。"这是美国的战略性前瞻和思考。煤炭和石油是地质时期的植物以其光合作用储存的氢能，成为化石性的能源。植物是最佳的氢能加工厂和贮存器，为什么不更加有目的地和科学地，直接利用现代的植物呢？能源界将这种"生物质能源"作为 21 世纪最具潜力的一种新能源。

应用生物技术对动植物作遗传改良，通过生物体对可再生资源的利用，生产新能源和新材料、医（农）用蛋白和生物化工产品、无公害和功能性食品等，为 21 世纪的农业开辟了全新的无限广阔的空间。农业正在由耕地向草地和林地，由陆地向海洋，由动植物向微生物，由物质生产向生态环境建设和旅游观光休闲等多元化方向拓展，一、二、三产业的界限趋于模糊。

19.8 现代技术越发展，农业科技的含量和物化程度就越高，科技产品的品种和服务内容越多，农业科技产业将成为现代农业的兵工厂和后勤部，农业科技产业必将有个大的发展

传统农业技术的经验性强，物化程度和传播效率很低。现代农业技术的量化和精确化、制作和加工工艺的提高大大增加了技术的物化和产品化程度。优良品种、生物制剂、肥料农药、温室大棚、灌溉设施、信息产品等都是技术物化的产品。随着技术物化和产品化程度的提高，农业科技产业也兴旺起来，农业科技产品公司犹如雨后春笋。这些公司拥有技术、资金、机制、经营和开拓市场的优势，成为技术开发和传播的主导力量。我们知道，美国就业人口中从事农业生产的只

有 2%，不仅能满足国内需要，还有大宗农产品出口，但却忽略了另一个数字，即有约 17% 的就业人口以公司等形式为农户提供先进的科技产品和服务，这是美国农业取得成功的重要因素。

现代育种技术是 1913 年首先在杂交玉米上取得突破的。先锋种子公司创始人亨利·华莱士于 1924 年开始出售杂交玉米种子，1926 年成立公司，现占有 44% 美国市场和 22% 的世界市场。杜邦和孟山都是有 100 年和 200 年历史的跨国大公司。自 20 世纪 80 年代初，在生物技术出现不久和很不成熟时，它们就投巨资做战略性开发研究，现已成气候，成为世界转基因作物技术和市场的垄断者。我们熟悉的泰国正大集团也是一个有数十亿美元的大型跨国农业科技公司，曾占有我国 37% 的饲料市场。

1998 年 11 月的 *Chemical & Engineering News* 上，有篇文章报道了 ICI、Basf、Bayer、Dupont、Monsanto、Hoechest、Ciba-geigy 等世界排名前十位的化工公司，都在做历史性的战略转移。下面摘引 Hoechest 公司主席 J.Dormann 说的一句话："致力于生命科学就意味着从高投入、低产出转向稳定的低投入、高产出，从无序的盲目投资转向有序的理性投资，甚至不惜放松化工产品，而集中精力于生命科学产品。"杜邦公司说："生物工程在农业和医药领域就会像 30 年前的聚合物化工一样掀起一场产业革命，它是生长点，是发动机。"不少的这类公司都把它视作救世观音，像下赌注般地投资。自 20 世纪 90 年代中期以来，这些大公司紧锣密鼓地进行重组、调整方向、马拉松式地巨额投资。它们不仅在产品开发上，而且对上游研究做了战略部署。Novatis 公司投资 6 亿美元建农业发现研究所，进行植物基因组研究，孟山都公司与千年制药公司合作成立 Cereon 基因组公司，投资 2.2 亿美元。这些公司是要抓住新的农业科技革命中如日东升的生物技术发展契机，建树自己下个世纪的霸主地位。

我国有 56% 的就业人口从事农业生产，现代农业和市场经济发展很晚，农业科技产业尚在襁褓之中。我国种业的技术层次低，规模小，不成气候；90% 的祖父母代原种鸡每年都要进口；农药的原药依靠进口，主要是组配制剂；优质多元化肥也要靠进口；温室大棚追求荷兰、美国、法国，节水设施言必以色列。我国生物技术产品的第一战役就"窝脖"，中国农科院的抗虫棉在市场上被孟山都公司压得抬不起头。至于猪、牛生长激素，超级猪，生物反应器等的前景尚难预料。我国拥有最大的农业科技产品市场，但是我们的民族农业科技产业却十分幼弱。发达国家的高科技产业发展的历史长，基础好，实力强，动作快，野心大。在世界经济一体化中，每个跨国公司就是一支舰队。如果我们不能卧薪尝胆、奋发图强，也许不要 10 年，农业高科技产品市场将被这些舰队所占领，经济和技术殖民地的历史不应当在 21 世纪重演。发展我国的民族的农业科技产业是一项十分紧迫的战略任务。

19.9 上海将在率先实现农业现代化、缩小城乡差别和发展农业高技术产业方面为全国做出表率和重要贡献

以上讲了7个趋势，简而言之，即优种化趋势、生物制剂趋势、可持续化趋势、信息化趋势、产业化趋势、领域拓展趋势和科技产业趋势。从这些发展趋势中，可以窥视到现代农业如下的一些特征。

- 现代农业领域将向食品、医药、生物化工、能源、观光休闲等方向拓展；
- 现代农业是区域化、专业化、产业化和科农工贸一体化经营的现代企业；
- 现代农业是资源节约、环境保护和可持续发展的绿色产业；
- 现代农业是面向两种资源和两个市场的全球化的商品农业；
- 现代农业要有强大的科技支撑和农业科技产业体系。

中国农业正处于由产品经济向商品经济，传统农业向现代农业过渡的转型时期。如果把握得当，运用先进科技、推动产业化经营，农业将会发生飞跃，农民的收入大幅度增长，十五届五中全会提出的“十五”全面小康社会才有基础和可能。

根据以上对农业发展趋势和现代农业特征的认识，对上海农业谈一点不成熟的看法。

江泽民同志提出上海要率先实现农业的现代化。但是目前对农业现代化的认识莫衷一是。农业部提出了一个指标体系，但多经济发展指标少内涵。2019年，冯国勤副市长在报告中提出上海市农业现代化的开放型、科技型和产业化。以上我也谈到现代农业的发展趋势和特征，因此建议设置一个软课题来研究提出上海农业现代化的科学目标和指标体系。这样，说话和工作就更加科学和有依据了。

关于现代农业和上海城乡格局问题，这是受徐匡迪市长报告的启发而想到的。上海是个现代化大都市，但就面积而言，农村仍占85%，这是中国的特色。那么，农村这块怎么考虑？城乡格局如何作战略思考？我想，这里的“乡”不应当是现状模式，而是定位在现代农业和农村上，也就是随着现代农业的发展，农业将是以龙头企业为主体，科农工贸一体化经营，面向国内外市场，从事商品性生产的现代企业。在未来的农村，相关的工、企、商、贸和服务业将如雨后春笋；中小城镇和文化社区将星罗棋布；农业人口不断向科农工贸企业和服务行业和中小城镇转移。随着物质生活水平的提高，上海市区居民在享受城市文明的同时，自然文明和田园文明的享受也将成为一种时尚，居民的别墅和休闲胜地成为未来农村的一道风景线，“宁要市内一张床，不要郊区一大套房”也将成为历史。

在工业化初期，为适应大生产需要而城乡差别急剧扩大，城市成为生产、商贸、金融、文化和居住的中心。随着技术进步、交通发达和信息化程度的提高，大城市的一些功能在弱化，中小城镇在发展。刚才高锟先生谈到大企业与小企业

各有优势和逐渐转化和平等。在我看来，大中小城市之间、城乡之间的差别也在缩小，企业追求降低投资成本，白领阶层追求良好居住环境，都会推动这个趋势。生物工程技术和现代农业的发展使农业和农村成为一个新的经济增长点，而不再是拖累。上海的市区和农区将相辅相成，比翼起飞，形成众星捧月之势。这种考虑是否会在徐匡迪院士报告中的“工程技术”中加大了生物工程的分量，“城市建设”中加大了农村和中小城镇的分量？

上海有很好的工业基础和人才技术优势，希望在率先实现农业现代化、缩小城乡差距和发展农业高科技产业上，为全国做出表率和更大贡献。上海不仅是上海人的上海，而且是中国的上海。

不当之处请批评指正。谢谢大家！

20 现代农业

【本文写作背景】

从新的农业科技革命到现代农业，是认识与逻辑上的延展，新的农业科技革命必然会体现在现代农业上。《文集》作者在一次讲演中系统阐述了他对现代农业的见解并形成此文。文中对现代农业的概括是：“现代农业是以生物技术和信息技术为先导的，现代技术高度密集的科技型产业；是面向全球经济和农工贸一体化经营的商品农业；是正在拓展中的多元化和综合性的新型产业；是资源节约和可持续发展的绿色产业。”本文首先发表在《世界科技研究与发展》2002 年第 4 期，同年被中国农业科技导报、中国高教研究、高等农业教育、科技日报等杂志、报纸转载。

院士论坛

现 代 农 业

中国科学院、中国工程院院士　石元春

（中国农业大学，北京 100094）

Modern Agriculture

Member of The CAS and CAE　SHI Yuanchun

（China Agriculture University, Beijing 100094）

【摘　要】农业有万年以上的历史，每一次技术和劳动工具上的突破都会使农业生产力水平提升到一个新的台阶。原始农业始于野生动植物的驯化；金属农具和精耕细作技术开创了 5 000 年辉煌的传统农业文明。而近代生物学和农业化学的理论突破以及育种、化肥、农药、农业机械的出现又将传统农业推进到了近代农业时期。近代农业使 20 世纪的农业高速发展，但也带来了化学物质污染、资源被破坏以及高能源的投入。20 世纪后期，可持续发展的时代理念以及以生物技术和信息技术为主体的新的农业科技革命又揭开了农业发展历程的新的一页，现代农业时代出现了。

现代农业是以生物技术和信息技术为先导的现代技术高度密集的科技型产业，是面向全球经济和农工贸一体化经营的商品农业，是正在拓展中的多元化和综合性的新型产业，是资源节约和可持续发展的绿色产业。

【关键词】现代；农业

Agriculture has a history of over 10,000 years. Every significant break-through of technology and tool of labor promoted agriculture up to a new technical platform and made a leap for productive force. Primitive agriculture originated in animal and plant domestication and use of stone farming tools. Usage of metal farming tools and intensive cultivation initiated the traditional agriculture. Furthermore, the theoretical break-through in recent biology and agro-chemistry as well as creation of breeding technology, chemical fertilizer, pesticide and agricultural machinery promoted the traditional agriculture into recent agriculture. Recent agriculture made a high speed development for the agricultural productive force in 20th century, which was never achieved in the history. However, it caused tremendous troubles to the modern society with chemical pollution, damage of natural resources and heavy investment of energy. In the late 20th century, the era principal of sustainable development and a new science and technology revolution in agriculture guided by biological technology and information technology turned a new page for agriculture development. Era of modern agriculture has arisen.

Although modern agriculture has just begun, its distinct feature has been shown. Modern agriculture is a scientific and technical industry with highly intensive technology guided by biological technology and information technology; a modern enterprise with combined management of agriculture, industry and commerce; a new diversifying and comprehensive industry and a green industry with saving natural resources and sustainable development.

40 年前，我国就提出了建设四个现代化，但是当时对农业的现代化只是个模糊的概念和远景。20 世纪 90 年代后期，农产品由长期短缺到总量基本平衡，江泽民同志又提出了“经济发达地区率先基本上实现农业现代化”，农业现代化就成为一个现实问题，需要从理论和实践上做出科学回答的时候了。

20 世纪六七十年代，认为农业现代化就是机械化、水利化、化学化和电气化；20 世纪 90 年代提出了“生态农业”“可持续农业”“集约型农业”等；《百科全书》中的农业现代化是“用现代科学技术、现代工业装备和现代管理方法改造农业的过程”；卢良恕认为，“在时间上没有确定的外延，在空间上也没有确定的内容，而且可以一直用下去。农业现代化这个词严格地说来，既不是什么科学的范畴，又不是什么理论概念，而是一个特定的俗语。”

学界见仁见智，实践众说纷纭，无所适从。现代农业是个什么样子，该怎么走都不清楚，怎么去搞农业现代化？本文提出笔者的一点心得和一管之见。

20.1 现代农业是农业发展的一个新的历史时期

人类以石器和木棍进行渔猎采集已有200余万年历史，而史学家则以一万年前人类对野生动植物的驯化作为农业的发端，这是人类自学会用火后的一次最伟大的发明。达尔文在《物种起源》中写道："家养族的最显著的特色之一，是我们所看到的它们，确实不是适应动物或植物自身的利益，而是适应人的使用或爱好"，"这种选择的原理的伟大力量不是臆想的"。据D. R. 马歇尔的研究，人类曾栽培过3 000多种植物，当今全球种植的150多种作物，几乎都是原始农业时期驯化完成的。据考古学研究，"六畜"中的马、牛、羊、豕、犬、鸡均驯化于11 000～5 000年。

用石质农具做简单种植和养殖的原始农业经历了五六千年，金属农具，特别是春秋战国时代铁质农具和铁犁牛耕的出现引发了劳动工具、土地加工、水利灌溉、施肥改土、耕作制度等一系列的革命性进展形成了精耕细作的技术和理论体系，开创了4 000年辉煌的古代农业文明。古代农业或传统农业是以农业生物质为中心的一种相对封闭的物质和能量循环系统。由于没有外源性物能的介入，它遵循着农业生物质及其运动的自身规律和极限、人口的增长给这个系统的压力越来越大。

天无绝人之路。在世界人口激增和工业革命的双重压力下，近代科技和工业革命大潮为农业带来了植物矿质营养学说、进化论、孟德尔遗传学和内燃机，激发了近代的农业科技革命，出现了化学肥料、合成农药、育种技术、拖拉机和农用电力，外源的物质和能量打破了古代农业封闭式的循环，带来了20世纪农业的高速发展。高投入，高产出，也付出了高代价。化学物质的污染、自然资源的破坏、能源的高消耗深深地困扰着当今社会。近代农业陷入困境，人们在求索新的路径。

《坦博宣言》和《21世纪议程》吹响了"可持续发展"的时代号角。DNA双螺旋结构的发现和计算机信息技术的发明掀起的新的农业科技革命浪潮，翻开了万年农业发展历程的新的一页——现代农业是继原始农业、古代农业和近代农业之后出现的一个崭新的历史时期。

生产力是社会发展的原动力。作为第一生产力的科技，它的每一次重大突破都会将生产力提升到一个新的水平，不断发展和发展的阶段性是客观世界发展的基本规律。

20.2 现代农业是以生物技术和信息技术为先导的技术高度密集的产业

19 世纪的农业科技革命创立了近代农业的技术和生产体系。新的农业科技革命又在此基础上为现代农业搭起了一座崭新的技术和生产平台。

动植物品种是农业生产的原材料。原始农业的动植物驯化、古代农业的人工选择、近代农业的杂交育种都处在农业技术体系的中心位置。生物技术的出现首先引发的也是育种技术上的革命。近代的常规育种技术主要是在依靠育种家的经验在田间对育种对象做表型性状的选择时，只能利用有限的种内杂交优势。而基于分子生物学理论的生物技术则可以对生物的遗传信息做实验室操作，可以在动物、植物、微生物，即所有物种间作基因转移和重组，可以做遗传改良工程的设计和施工，因而极大地扩展了生物种质资源和杂种优势的利用。

通过生物技术，可以注入作物某些新的特性，显著提高其耐旱、耐涝、耐低温、耐盐碱、耐瘠薄、耐储运和抗虫、抗病、抗除草剂等抗逆的性能，也可以产出某些新的特性，如富含不饱和脂肪酸的油料、富含抗癌蛋白的大豆、富含鞣花酸的草莓、可食性疫苗等。通过遗传改良的猪，日增重和饲料利用效率等指标比普通猪种提高 1 倍；动物的体外受精、胚胎分割、性别控制、核移植等胚胎工程技术和克隆技术已趋成熟和实现商业化。生物反应器技术可以通过动植物体生产昂贵的蛋白质药物、新能源和新材料。动植物品种成为现代技术的重要载体和橱窗。

微生物基因重组技术的出现掀起了农用生物制剂产业的革命。新一代生物农药、动物疫苗、生物肥料、生长调节剂等将如雨后春笋。有害生物的综合防治、农业生态系统的调控等也将为农业环保和可持续发展开辟新的途径。

信息技术正在对农业进行广泛而深刻的改造。智能化农业专家系统使农业由定性到量化，由经验到科学；网络技术使农业由分散封闭到信息灵通；PA 技术（精准农业）使农业由粗放到精准；3 S 技术（遥感、地理信息系统和全球定位）使农业管理由微观到宏观。信息技术正在大大改善农业的分散性、区域性、时空多变性、经验性以及稳定性和可控程度低的行业弱势，农业登上信息化的历史巨轮。

精细化工、新型材料、自动控制和航空航天等现代工程技术也加速了对农业的武装。紧密贴近作物营养需求，工艺农艺相结合以及高效、多元、无公害的肥料生产和施肥技术体系正在形成；灌溉正由传统的沟输畦灌向着激光平地与低压管道输水，精细灌溉与水肥药联用相结合的节水农业方向发展；工厂化种植和养殖是工程设计、新型材料、自动控制、专用品种、专门栽培饲养和植保防疫技术相结合的一种先进生产和管理方式。

生物技术、信息技术和现代工程技术不是常规农业技术在一般意义上的发展，而是在分子和信息化层次上的一次重大技术突破，一个崭新的现代农业技术平台。在未来的二三十年里，将逐渐完善以生物技术和信息技术为先导的技术和生产体系，现代农业将成为现代技术高度密集的产业。

20.3 现代农业是面向全球经济的一种农工贸一体化经营的现代企业

农业劳动和经营方式的现代化是现代农业的基本内容和特征。

长期以来，农业是以土地为基本生产资料和以农户为基本生产单元的一种小生产。在工业化和市场化进程中，人们不断寻求解决农业小生产与工业社会大生产之间的矛盾。早在19世纪，德国经济学家李斯特就提出了农业发展的“农业—农工—农工商”的阶段论；20世纪50年代美国经济学家戴维斯提出的“农业综合企业”等都在理论上做出了很好的阐述。近半个世纪，美国家庭农场的场均耕地由50多公顷扩展到200多公顷，在扩大经营规模的同时，近几年又发展了多种形式的农工联合体；欧洲和日本虽仍维持小农户经营，但有着发达的劳动组合、行业委员会、市场指导委员会等多种形式的经营组织，走农户与经营组织相结合的道路。

我国经历了互助合作、人民公社和回到家庭联产承包责任制的曲折道路。20世纪90年代后期，中央文件正式提出：“发展贸工农一体化经营，把农户与国内外市场连接起来，实现农产品生产、加工、销售的紧密结合，是我国农业在家庭联产承包经营基础上扩大规模，向商品化、专业化和现代化转变的重要途径”和“当前工作重点是积极推动各类龙头企业组织的建设，龙头企业要按照现代企业制度和市场规则运作”。农业的产业化经营和公司加农户的模式是在实践中长期摸索得到的一种适应于我国的农业社会化经营道路，是继美国和欧洲以后的第三种模式。

理论一旦为群众掌握，就会形成一股强大力量。内蒙古伊利乳业集团拥有6万头奶牛，全部由农户饲养。该公司为农户提供小牛、饲料、防疫、奶站挤奶收奶等全程的技术服务和企业化管理。

马克思认为，只有在商品经济高度发达的情况下，才可能形成社会化的大生产。正是商品经济使长期处于自然经济状态下的农业获得了强大的推动力。19世纪后期，美国农产品出口占总出口额的80%以上，是美国经济起飞的重要支点；20世纪中叶，其出口农产品占到世界农产品交易量的一半以上，商品经济是美国现代农业发展的推进器。在计划经济体制下，20 世纪 70 年代末我国农副产品的商品率仅为 30%，蹒跚于农业发展的慢车道上。面向全球经济的贸工农一体化经营和公司加农户的模式必将使我国农业进入现代农业发展的快车道。

20.4 现代农业是正在拓展中的一种多元化和综合性的新型产业

新的技术平台、新的生产经营方式以及商品经济的良好外部条件正在推进着农业领域的拓展。现代农业正在由传统的初级农产品生产向着以生物质产品生产为基础的农产品加工、医药、生物化工、能源、环保、观光休闲等领域拓展。农业这个庞大系统的结构和功能正在发生深刻变化，传统的一、二、三产业界限趋于模糊。

在现代市场经济条件下，对产品品质和安全性的严格要求、降低生产链的系统成本的降低和竞争力的提高，促进了初级农产品生产与其后续性加工的紧密衔接。2001 年年底，我国农产品加工企业实现增加值 6 968 亿元，占全部工业增加值的 24.6%，是增长最快和最具发展活力和后劲的产业。它对农业的结构调整和改造起着强力的拉动作用。

据美国红十字会和遗传学会预测，2005 年美国用生物反应器生产药物的产值可以达到 350 亿美元；2010 年的基因工程药物中生物反应器技术的生产份额将占到 95%。生物反应器技术即是以动植物为载体，将目标基因作特异表达，生产价值高昂的药用生物制品的。生物农药、动物疫苗、生物肥料、生长调节剂等农用生物制品工业也将如雨后春笋般地发展。在生物技术的驱动下，现代农业将成为医药和生物化工的一支新的生力军。

现代农业将异军突起于生物质能源领域。《今日美国》的一篇文章中写道："石油的能源之王的地位也许不久就会遭到废黜。如今，农田作物有可能逐渐取代石油成为获得从燃料到塑料的所有物质的来源，黑金也许会被绿金所取代"。英国在 150 万英亩土地上种植了一种芒属能源植物，德国以此为燃料建了一座 12 万千瓦发电能力的发电厂，并大力开发生物柴油等洁净能源。我国是个石油资源短缺的国家，生物质能源生产必将成为我国现代农业中的一个新兴领域。

生物技术和现代工程技术正在使现代农业成为环保产业的一支重要力量。以淀粉为原料的全生物降解塑料取代以石化产品为原料的难降解的现行塑料已成世界性趋势。据最近的报道，日本丰田公司用白薯淀粉塑料制成了汽车配件，并在日本《时代》周刊以《白薯拯救地球》为题发表了文章；以玉米淀粉为原料的 PLA 生物材料在美国已经商业启动，工业与环境生物技术组织副主席埃里克森指出"我们刚刚开始看到它在制造业的所有部门中得到应用，这可能会彻底改造旧经济”“用转基因作物和家畜改变了农业，现在它正在改造工业”。

现代农业领域的多元化和综合性不是主观臆想，而是技术发展、市场竞争和社会进步使然。不从观念上跳出传统的初级农产品生产的羁绊，农业也就得不到自我的解放和超脱。

20.5 现代农业是一种资源节约和可持续发展的绿色产业

程序在《可持续农业导论》一书中深刻分析和反思了以美国为代表的“工业化农业”、中国实施的“常规农业现代化”和以印度为代表的“绿色革命”所面临的自然资源、生态环境、财政经济、社会代价等的严重挑战，提出“可持续农业是不可抗拒的历史潮流”。现代农业是以资源节约和可持续发展为最高理念，以新的农业科技革命为技术基础的区别于高投入、高产出和高代价的近代农业的。

对生物体及其系统所蕴含的巨大潜能的挖掘是最大的资源节约。现在植物的光能利用效率只有3%左右。有科学家估计，如提高一个百分点，仅用全球1/10的耕地就可能提供现需的能源燃料。动植物和微生物的遗传改良、农业生态系的优化、有害生物生态系的调控等都将极大地调动生物体及其系统的潜能，这个重担自然地落在了现代农业的肩上。

土、肥、水、药和动力等投入的高效化是现代农业的重要特征。高效率、低投入和低负面影响的现代施肥和灌溉体系；从保护作物到保护农业生产系统的病虫害综合防治（IPM）体系；改善作物生长条件和保护土壤肥力的保护性耕作体系、设施种植和养殖体系等都体现了技术对紧缺资源的替代，体现了现代农业的高效、低投和对资源环境最少负面影响的内核。现代农业是以生物为中心的一种优化的生物—技术—经济—社会复合人工生态系统。

农业生产的过程和产品直接关系到人类的食物、营养、健康和安全，因此，生产过程必然是清洁的，产品是绿色的。高质量生活的社会需求、产品的商品化和国际化，现代农业必将成为实行质量标准、安全性以及环境质量严格监管的一种绿色产业。它不仅着力于产品的生产，还在于对人类生活质量和生存环境的维护与改善。

现代农业是农业发展的一个新的历史时期，是在可持续发展理念和新的农业科技革命推动下出现的一种资源节约和可持续发展的，从事多元化生物质生产和贸工农一体化经营的新型产业。现代农业时代的到来给世界提供了一个历史机遇，要想抓住这个机遇，首要的是有个科学的现代农业观和正确地把握其基本特征，实践才能有所依从。值此农业转型时期，既要继承，又要对近代农业的扬弃，自觉地在喷薄而出的现代农业理念和技术指引下，及时地向新的轨道上转移，这样可以少走弯路，少受损失。机不可失，时不再来。

2001 年 8 月

参考文献

[1] 中共中央 1996 年二号文件 .

[2] 王思明 . 中美农业发展比较研究 . 北京：中国农业科技出版社，1999.

[3] 中国农业年鉴编辑委员会 . 中国农业年鉴 1998. 北京：中国农业出版社，1998.

[4] 石元春 . 迎接农业的新技术革命 . 中国科学报，1997.5（2）.

21 新兴农业科技产业

【本文写作背景】

《文集》作者在提出新的科技革命、高技术与农业以及现代农业等观念过程中，敏感地发现农业科技产业的重要意义，这是逻辑思维的一种必然结果。当科技日报记者向《文集》作者约稿新的农业科技革命时，作者则前瞻性地提供了此农业科技产业文。这是作者第一次阐述了他对农业科技产业的认识。文章不长，但全面而真切，发表于2001年6月11日的《科技日报》。

专家看法
农业科技产业紧扣农民生产和市场需要，提供多种多样的最佳科技产品和服务。以农民为受体的是农用工业，以农民为主体的是——
新兴农业科技产业
绿姑娘就在眼前
新兴农业科技产业

农业科技产业的特点一是科学观念新和技术层次高；二是产品与生产需求细腻相融，工艺与农艺密切结合；三是高度多元化和商品化。如果说传统的农用工业主要是以化工方法生产工业品卖给农民，农业科技产业则是紧扣农民生产和市场需要，提供多种多样的最佳科技产品和服务。农用工业以农民为受体，而农业科技产业是以农民为主体的一种全新的产业体系。

我国56%的就业人口从事农业生产，而农业科技产业却很不发达。数以万计的小复合肥厂、小农药厂、小疫苗厂、种子公司、设施公司和节水公司的规模小，技术层次低，市场混乱，更不用说那些假冒伪劣的种子、肥料和农药了。目前，我国主要农药原药、优质化肥、90%的祖父母代原种鸡等年年靠进口，基因工程疫苗至今不能生产，现代化温室大棚依赖于荷兰、美国和法国，节水设施言必以色列，第一例生物工程产品，转基因抗虫棉一进入市场就被国外大公司压得抬不起头。至于猪、牛的生长素，超级猪，生物反应器等的前景又会如何？发达国家农业科技产业发展的历史长、基础好、实力强、动作快。它们将拥有世界最大农业科技产品市场的中国作为进军的主要目标，特别是那些跨国大公司。如果不卧薪尝胆、奋发图强地发展民族农业科技产业，也许不要10年，我国的农业高科技市场就有可能被外国的跨国公司所垄断。

农业科技产业不是直接从事农业生产，而是为农业生产提供先进科技产品和服务的产业，是现代农业的“装备部”和先进技术转化传播的“主力军”，是农业大家庭的重要成员。从科技和社会生产力的发展看，它是一种新兴和活跃的生产力要素；从经济和科技的国际竞争看，它的发展是维系民族利益的一项紧迫任务；从当前农业的结构调整、产业化经营和农民增收看，它能高效地提供技术支持；从转移农村劳动力和发展小城镇建设看，它开辟了一条新的就业门路。

发展我国农业科技产业，第一，进行革新，即摒弃传统的农用工业概念，划清与农业产业的界限，确认农业科技产业是一种新兴的生产力要素，一种用新的科学思想和现代高技术武装起来的能适应当今时代发展的新型科技产业。第二，两手抓，一面抓现有企业的改造、提升和扶持，一面抓策划和建立高素质的农业高技术企业，逐步形成我国农业科技产业体系。第三，纳入国家“863”“火炬”和科技成果转化等计划，建议设置国家农业生物工程中心和国家农业信息工程中心。第四，制定政策，鼓励研究院所和高校的科技人员献身我国农业科技事业。第五，相应建立风险投资、信贷融资、孵化中介等，提供多渠道资金来源和良好的软环境。

如果抓得好，不出10年，一批生机勃勃的农业科技企业将百花争艳于锦绣的华夏大地。它们是新的农业科技革命的先锋、农业现代化的生力军、国际经济和科技竞争中的强者、8亿农民的功臣。

22 发展中国农业科技产业

【本文写作背景】

如果说上文“新兴农业科技产业”是先提出了概念，半年后在《人民日报》上发表的本文则是一次系统的、具有丰富内容的阐述。本文提出在第一次农业科技革命推动下，形成了以化肥、农药、农机和农膜为主的农用工业和种子产业，而在以生物技术和信息为主导的农业新科技革命推动下，必然会有更加绚丽多彩的物化产品与装备来武装现代农业，也必然会催生农业科技产业的发展。本文发表于 2001 年 12 月 17 日的《人民日报》。

小城镇引来真凤凰
发展中国农业科技产业

近代农业曾经历了 19 世纪末开始的以农业化学和育种为主导的第一次科技革命，20 世纪后半叶又拉开了以生物技术和信息技术为主导的新的农业科技革命的序幕。第一次农业科技革命诞生了农用工业。新的农业科技革命正孕育着一派生机的农业科技产业。

22.1 农业科技革命与农用工业的兴起

几千年的传统农业是在一个封闭的物质和能量循环中进行的，即通过植物的光合作用能力将来自空气的 CO_2 和取自土壤的水分和养分，形成碳水化合物和蛋白质，实现日光能向生物能和化学能的转化，又以有机物质形式返回土壤。人类正是从此循环中获取能量而得以生存和繁衍。在传统农业条件下，推进的这个循环过程，运行很慢，转化效率也很低。

1840 年，德国化学家李比希提出的植物从土壤中吸收的不是腐烂有机物，而是氮、磷、钾、钙、镁、硫、铁、硅等矿物质和植物从土壤中取走的养分，必须以肥料的形式归还土壤，才能维持土壤肥力的“养分归还学说”，建立了科学施肥理论，也开创了化肥工业之先河。马克思曾说："仅仅一门化学，甚至仅仅亨弗利爵士和斯图斯·李比希二人就使20世纪的农业获得了怎样的成就""德国的新农业化学，特别是李比希和申拜因对这件事情比经济学家加起来还重要"。化肥的大规模生产和应用主要是在20世纪的1913年、1949年和1994年的世界氮素化肥施用量分别是51万吨、360万吨和7 276万吨，前后增长了140多倍，特别是20世纪后半叶。1949—1999年，我国每公顷的化肥施用量由0.6千克增加到432千克。化肥作为一种外源性能量打破了传统农业的封闭式物质能量循环，显著提高了转化速度和效率。

3 000多年前，人类就知道用藜芦、莽草、硫黄等天然物来防治病虫害，直到19世纪末，欧洲才出现以除虫菊、鱼藤和烟草为原料的农药工业和生产砷酸铅、砷酸钙、硫酸烟碱等无机化合物的农药化工。20世纪40年代，农药化工开始进入以有机合成时代，出现有机磷、氨基甲酸酯、拟除虫菊酯类等1 500多种注册农药品种，形成了庞大的农药化工体系。1960—1990年的世界农药销售额由8.5亿美元上升到234亿美元。农机、农电和农膜是另一外源性投能大户。近半个世纪，我国的拖拉机由117台增加到1 297万台，农业机械总动力由8万千瓦增加到5亿千瓦；农村用电由空白到年用电2 124亿千瓦时；20世纪80年代开始使用农膜，现已年覆亿亩，用塑69万吨。

19世纪的细胞学说、进化论和孟德尔遗传学奠定了现代育种技术的理论基础，开创了种子产业。1910年提出杂交玉米假说，1913年开始育种，1924年开始出售，1926年在美国成立了第一个种子公司，其目前已在世界上形成庞大的种子产业。近半个世纪，我国培育推广了6 000多个农作物良种，良种覆盖率由0.06%提高到90%，主要作物生产用种更换了5～6代，每更换一代，增产一成以上。

在第一次农业科技革命推动下，形成了以化肥、农药、农机和农膜的农用工业和种子产业，打破了传统农业封闭的物质能量循环，带来了20世纪农业的高速发展。20世纪上半叶世界粮食每公顷年均增长2.9千克，后半叶33千克，相差11倍，中国则相差到46倍之多。

22.2 新的农业科技革命与农业科技产业的兴起

20世纪中叶发生了两个重大科技事件：一个是1953年发现遗传物质DNA的双螺旋结构和1973年DNA重组成功，开创了分子生物学和遗传工程；另一个是计算机、信息技术的诞生及迅速发展拉开了新的农业科技革命的序幕，兴起了农业科技产业。

生物技术首先引发了育种技术的革命。常规育种技术主要是依靠育种家的经验，只能利用有限的杂种优势，对农用动植物做表型选择。生物技术的伟大之处在于可以对生物遗传信息进行实验室操作；可以在动物、植物、微生物，也就是在所有物种间进行基因的转移和重组；可以进行遗传改良的工程设计和施工；可以极大地扩展生物种质资源和杂种优势的利用。技术上的重大突破使育种技术和种子产业进入到一个全新的阶段。

经过基因改良的抗虫棉和抗虫玉米、高赖氨酸玉米和高油玉米、抗除草剂大豆、富含可提高人体免疫力和抗癌能力的 α 维生素 E 和不饱和脂肪酸的油料作物、富含鞣花酸和具抗癌作用的草莓、能降低胆固醇的植物黄油、富含抗癌蛋白的大豆、没有豆腥味的大豆、吸油少的煎炸用土豆、优质高产的猪、牛和家禽；可生产适于加工用淀粉、工业用油脂、制塑原料 PHA、医用蛋白、绿色能源等特用动植物正不断涌现，琳琅满目，美不胜收。种子产业已摆脱种类固定、目标单一的束缚，正在按人类不断增长和市场变化的需求，向着多元化方向发展。

化学农药为防治病虫害和增产做出了贡献，但也带来严重的环境问题。1992 年在巴西召开的国家首脑级世界环境与发展大会上，提出了 20 世纪末生物农药占到用药总量 60%的目标，而今美国仅约 20%，我国才 1%。传统的畜禽疫苗存在的弱点带来防疫中的种种问题。微生物基因重组技术的出现突破了生物农药和传统疫苗的技术瓶颈，引发了农用制剂产业的革命。基因工程疫苗具有不产生自然复活或返强，安全性高；多联疫苗，一苗多用；多种给苗途径和可以规模化生产等不可比拟的优点。应用生物反应器技术生产疫苗的成本较常规方法低百倍。牛的生长素可提高产奶量 20%并已在美国实现商业化，猪生长激素可使育肥猪日增重提高 26% 和节约饲料 1/4，肉质更佳。植物保护也由单一治理到综合治理，由保护作物到保护农业生产体系，将病虫害防治与环境安全融为一体。种类繁多的新一代生物农药、动物疫苗、生物肥料、动植物生长调节剂等纷纷出台，打破了传统农药化工的一统天下。

化肥品种由氮、磷、钾等单质肥向着复合肥和专用复合肥方向发展，后者已占到发达国家化肥使用量的 80%。专用复合肥还可“量体裁衣”地根据不同作物和地块的具体条件专门设计制作，控释性专用复合肥可以按作物不同生育期的不同营养需要缓慢释放，是农艺与工艺融合的结晶。此外，各种生物性肥料、有机—无机复合肥料、农业废弃物资源化肥料等新型和繁多的肥料品种完全摆脱了传统化肥工业的单调格局。

灌溉技术也由沟输畦灌向着激光平地和低压管道输水，喷灌、滴灌、渗灌和水肥药联用等精细节水技术方向发展。以色列已形成庞大的跨国性灌溉设施公司。设施种植和养殖已形成世界性热潮。我国的温室大棚面积由 20 世纪 80 年代初的 7 000 公顷发展到现在的 140 万公顷。这种高效利用光、热、水土资源和高度科学化管理的生产方式，是建筑结构设计、新型材料、自动控制、专用品种和工业化管理的结合。丰富多彩的农业设施科技产业如日中天。

各种智能化农业专家系统、虚拟技术与农业生态生产设计、网络化信息服务、应用遥感技术、地理信息系统和全球定位系统的 3 S 技术形成对农业资源、生态环境、气象和生物灾害、农作物种植状况和估产等的动态监测和预报体系以及近几年在美国急速发展中的精确农业等都展示了。信息技术正在将农业由定性到定量，由经验到科学，由微观管理到宏观管理的方向推进。农业的信息化正带动并产生了一批以农业为中心的农业信息科技产业。

综上所述，农业科技产业的特点：一是科学观念新和技术层次高；二是产品与生产需求细腻相融，工艺与农艺密切结合；三是高度多元化和商品化。如果说传统的农用工业主要是以化工方法生产工业品卖给农民，农业科技产业则是紧扣农民生产和市场需要，提供多种多样的最佳科技产品和服务。农用工业以农民为受体，而农业科技产业是以农民为主体的一种全新的产业体系。

22.3 形势严峻和卧薪尝胆

工业化程度高的发达国家不仅拥有强大的农用工业，新兴的农业科技产业也得到迅速发展。在居世界农产品出口首位的美国，仅 2% 的就业人口从事农业生产，但有约 17% 的就业人口以公司等形式为其 200 多万个家庭农场全方位地提供先进科技产品和服务，这是美国农业取得成功的一个重要因素。

“春江水暖鸭先知”，科技革命动向和市场需求，企业最敏感。如果说美国先锋种子公司是第一次农业科技革命的先锋，而杜邦和孟山都公司则在 20 世纪 80 年代初就投巨资于萌动的生物工程做战略性开发研究，现已执世界生物工程公司之牛耳和当之无愧的新的农业科技革命的先锋。据报道，ICI、Basf、Bayer、Dupont、Monsanto、Hoechest、Ciba-geigy 等世界著名化工公司都在做历史性的战略转移。Hoechest 公司主席 J.Dormann 说：“致力于生命科学就意味着从高投入、低产出转向稳定的低投入、高产出，从无序的盲目投资转向有序的理性投资，甚至不惜放松化工产品，而集中精力于生命科学产品”。杜邦公司认为：“生物工程在农业和医药领域就会像 30 年前的聚合物化工一样掀起一场产业革命，它是生长点，是发动机”。自 20 世纪 90 年代中期以来，这些大公司紧锣密鼓地进行重组、调整方向、马拉松式地巨额投资不仅在产品开发上，而且对动植物基因组等上游研究也做部署，以保持其霸主地位。仅有 670 万亩农田的以色列就有 20 多家灌溉设施公司，其技术与产品领先于世界。

23 农业科技产业方兴未艾

【本文写作背景】

“农业科技产业”命题一经提出，就受到广泛的关注，报刊多有转引转载。教育部为发展高校人才与科技优势，推进高校科技产业发展，创办了《中国高校科技与产业化》杂志。该杂志邀请《文集》作者较详细地介绍农业科技产业，以便其他非农高校的参与。作者应此要求撰写了此内容比较具体的文章，发表于该杂志 2002 年第 10 期。这是作者就“农业科技产业”从提出概念到具体化的第 3 篇文章皆出自 2001—2002 年。

20 世纪后半叶，世界农业出现了一个高速发展期，全球粮食单产年均增长量是上半叶的 30 倍。根据研究，其中科技的贡献率是 73%，主要的科学技术是化肥和农药占到五成，育种技术占到三成，水利和灌溉占到两成。这不能不使我们想起 19 世纪的李比希和孟德尔这两位伟大的科学家和他们的植物矿质营养学说与遗传学所奠定的科学和理论基础。正是 19 世纪开始的以农业化学技术和育种技术为主导的第一次农业科技革命，建立了现代农业的技术体系和生产体系，现在的农业工作者所做的事情大体也出不了这个范围。第一次农业科技革命形成了以化肥、农药和农机为主体的农用工业，带来了 20 世纪下半叶农业的高速度发展。

20 世纪下半叶又发生了两件重大的科学事件，拉开了新的农业科技革命的序幕。第一个重大的科学事件是 DNA 的双螺旋结构的发现和 DNA 的重组成功开创了分子生物学和遗传工程的先河。第二个重大的科学事件是计算机和信息技术的出现。此外，还有包括先进制造、新型材料、航空航天和自动控制等现代工程技术也加速了对农业的武装。在新的农业科技革命的推动下，又兴起了超越了传统农用工业的农业科技产业。

23.1 化肥

第一次农业科技革命的一个重要标志就是化肥。自一个多世纪以来，化肥由单质肥向着二元、多元和专用复合肥方向发展。日本的三菱公司生产了80多种针对不同作物需要的专用复合肥。笔者曾经到广东考察看到有的荔枝园直接请肥料公司到园里根据土壤和荔枝生长的不同情况生产专用肥，笔者把它叫作“量体裁衣”，不是买的“成衣”，而是可以按照体形定做。

在国际上目前的肥料品种中，专用复合肥已经占到了80%左右，而我们国家还不到10%。专用复合肥可以进一步发展到控释性专用复合肥，这是农艺和工艺的一种结合。肥料可以根据作物不同生育期对营养成分的不同需求进行有控制的释放，所以也可称之为智能肥料。

由于生物技术的发展，生物性的肥料和生长调节物质越来越多，还有信息和航天技术结合的3 S精确施肥等。笔者的意思是肥料已经不再是简单的化肥厂的事了，它已经摆脱了靠几个大化肥厂生产单质肥的一统天下，向着紧密贴近作物营养吸收需求，工艺与农艺相结合的方向发展；向着高效、无公害和多元化的方向发展。于此，新的肥料科技产业体系正在形成。

23.2 植物保护

农药经历了由天然物发展到无机化合物，进而发展到20世纪40年代开始的有机合成农药的过程。有机农药在防治作物病虫害方面做出了重大的贡献，但也造成了对生态和环境的严重伤害。现在有机农药在向着高效低毒方向发展的同时，也向着生物性农药的方向发展。1992年在巴西里约热内卢召开的首脑级世界环境与发展大会上，提出了一个20世纪末农药施用面积中生物农药占到60%的指标。这个指标落空了：现在已经是21世纪，美国还没有达到10%，主要的仍然是有机合成农药，生物农药仍是个发展方向而已。

在生物防治方面，从保护植物到保护农业的生产体系、从IPM到INM一个新的理念是在20世纪90年代后期国际植保界提出来的。随着生物技术的发展，通过遗传改良来提高作物的抗病虫成为可能，有的跨国性的农药公司提出由生产农药到生产抗性品种的战略性调整。特别是在生物技术中的微生物基因重组和基因工程疫苗技术的发展对生物性农药和防治将起着重要的推动作用。

所以说，靠几个大的农药化工厂来生产合成农药的单调格局正在破局，农药产业正向着生物性、多元化和可持续方向发展，一个丰富多彩的植保科技产业体系也在形成之中。

23.3 兽药

防疫是养殖业的生命线，防疫的主体是疫苗，在动物疫苗技术上也正在取得重要突破。灭活苗和弱毒苗等传统疫苗曾经和正在做着重大贡献，但自身也有着不少弱点。而微生物重组技术产生的基因工程疫苗可以不产生自然复活或返强。安全性高可以一苗多治和多种给苗途径，可以大规模生产。杨凌那里上了一个基因工程疫苗项目，国家计委为此批准了 1.6 个亿元的投资。

再举一个 100 亿只鸡疫苗，年产值 10 亿元的例子。用常规方法和用生物反应器方法相比，厂房面积、用工数、耗能和成本相差不是几倍、几十倍，而是千倍和几千倍，这就是高科技的魅力所在。中国农业大学和深圳绿鹏公司合作已经得到了用鸡法氏囊疫苗蛋白基因导入的转基因绵羊，其中一只绵羊为高效表达，该疫苗产品的利润率可达 400%。

新型的动物生长调节剂也纷纷出台。例如，基因重组的猪生长素和牛生长素的发展就非常快，这也是中国农业大学的成果。生物试验的结果是日增重可以提高 26%，节省饲料 25%，脂肪的含量降低 17% ～ 40%。如果我国 40% 的猪使用这种猪生长素的话，就可以净增 100 万吨猪肉，节约饲料粮 500 万吨，新增产值 80 亿元。每头猪大概能够净增收 40 ～ 50 元，这对农民和一个猪场来讲，是个非常诱人的数字。经美国的 FDA 批准，牛生长素已经于 1993 年在美国实现了商业化。应用牛生长素技术生产的牛奶和奶制品在美国已经占有了 30% 的市场。种类繁多的新一代畜禽疫苗和动植物生长调节剂等农用生物制剂的产业将如雨后的春笋。

23.4 灌溉

现代农业灌溉和节水工程体系的内涵包括储水技术、激光制导平地和低压管道输水等的输水技术，畦灌、喷灌、滴灌、渗灌等的灌水技术，调整种植制度、抗旱分子育种和改善作物抗旱生理性的生物性节水技术，全生物降解的覆膜保墒和高分子保水剂等保墒技术。

灌溉技术已经由传统的沟输畦灌向着激光平地、低压管道输水、畦喷滴渗灌和与水、肥、药连用等精细灌溉和节水的方向发展。仅有 670 万亩农田的以色列拥有 20 多家灌溉公司，技术全球领先，产品行销世界。灌溉和节水的科技产业如日中天地发展着。

此外，种植和养殖的设施农业是工程设计、新型材料、自动控制与栽培、养殖技术、专用品种相结合的一种农业科技产业，现在也发展得如火如荼。

23.5 农业信息

可以肯定地说，农业的信息产业前程似锦，诸如，农业的智能化专家系统使农业由经验到量化、集成和智能化；农业的网络技术使农业由占有自然资源到占有信息资源，克服了农业的信息不灵和封闭；3 S 技术使农业管理由微观到宏观；PA 技术，即精确农业技术使农业由粗放到精确等。于此，传统农业正在进行信息化的改造，农业信息产业前程无限。

23.6 种业

生物技术的出现首先引发了农业育种技术的革命。其伟大之处在于可以对生物的遗传信息进行实验室操作；可以在动物、植物、微生物，也就是在所有的物种间做基因的转移和重组；可以对动植物做遗传改良的工程设计，生物技术使得种子产业进入了一个繁花似锦的全新时期。

基因改良育种是从注入特性开始的，即注入作物原来没有的抗虫、抗病、抗除草剂，耐寒、耐盐、耐低温等新的特性，如抗虫棉、抗除草剂的大豆，抗玉米螟的玉米，抗病毒病的马铃薯，耐储运的番茄，等等。根据科学院的测定，抗虫棉的“抗性”可以使棉花的喷药由 15 次减少到 1 ～ 2 次，农药用量减少 70% ～ 80%。河北省棉农几乎是非抗虫棉不种，这对农民来讲太重要了。

基因改良进一步发展到产出特性。如现在发展很快的特用玉米中有饲料用玉米、工业用玉米、食品用玉米；在功能性食品中有富含 α 维生素 E 和不饱和脂肪酸的油料、富含抗癌蛋白的大豆、富含鞣花酸的草莓、无豆腥味的大豆、吸油少的煎炸用土豆等等，还有可食用的疫苗。

据 2000 年 10 月的一个专门报告报道，在 2000 年转基因作物的全球种植面积中，大豆已经占全世界大豆种植面积的 34%，玉米占 7%，棉花占 16%，加拿大的一种油料作物 Canola 占到 11%，全球转基因种植面积达 4 200 万公顷。最近对转基因食品的争论很厉害，面对这样一个重大问题，中国要有自己的战略和策略，并采取积极的态度和灵活的做法。

对于养殖动物的育种问题，根据 1998 年第六届国际遗传学应用于畜牧生产学术会议上对遗传改良猪提出的指标是：日增重 1.2 千克、瘦肉率 70%、料肉比 2.3∶1、产仔率 15。如果达到这个指标，中国就具有翻番的潜力，就是在存栏数不增加的情况下，肉类可以增加 1 倍，或者把存栏数砍掉一半，仍然可以达到现在的肉类产量。科学家预计 2005 年前后可能培育出这种遗传改良猪。

畜禽胚胎工程的超速排卵、体外受精、胚胎分割、性别控制、核移植等胚胎工程技术和克隆技术已趋成熟和实现商业化，优质的牛、羊可以一代育成。美国现在已经有 170 多家的牛胚胎公司，有数百万头的胚胎工程牛。新疆已经开始在做，杨凌的张涌教授做得也很红火。在美国颇为有名的杨向忠博士则给笔者来信，准备到国内来发展胚胎工程产业。

23.7 农业领域的拓展

在新的农业科技革命的推动下，我们再也不能固步自封地把农业简单看成是稻、麦、棉与猪、牛、羊了，农业领域正在不断地拓展。其首先向制药领域拓展，这里只讲生物反应器。1992 年英国的克拉克教授获得六头绵羊，羊奶中含有人的抗胰蛋白酶，引起了世界性的轰动。利用动植物生物反应器技术将目标基因在动物乳腺特异表达，生产价值昂贵的医用和农用的多肽蛋白正引起生物制药业的一场革命，成为当今生物技术和市场竞争的热点。人们把它叫作朝阳产业，也把它叫作钻石产业。

这里还有个典故就是在庆祝克拉克教授获得世界上第一头转入基因的绵羊的庆祝会上，有人就说，你的这只羊是一只“Golden Sheep”，而这位教授却说，这是一只“Diamond Sheep”。果然他的一只羊在英国的保险是 4 000 万英镑，相当于 5 亿元人民币。

国际上应用动物乳腺生物反应器技术生产药物的公司有英国的 PPL 公司、荷兰的 Phraming 公司、美国的 Gengyme 公司等。中国主要有 7 个单位做这件事情。从中国农业大学和深圳绿鹏公司的合作进展的情况来看，只能说暂时领先，而且领先了好多年，在国际上也处于前列。鸡法氏囊疫苗蛋白已经在 5 只羊的乳腺中得到表达，其中一头是高效表达。牛是在深圳做的。这头被导入人的干扰素基因，已经有两头怀孕的克隆转基因牛。2001 年 5 月 1 日，笔者在深圳会见市长时，他们准备大力推进这项产业，让我们倒计时地安排进程。

农业也在向能源领域拓展。《今日美国》报的一篇报道说：“石油的能源之王地位也许不久将会被废黜，如今农田作物有可能逐渐取代石油成为获得从燃料到塑料的所有物质的来源，‘黑金’也许会被‘绿金’所取代”，这是第一句话。第二句话是：“在今后的 25 年内，工业农场主将能种植出足够的燃料和原料，从而我们几乎可以不再依赖于外国石油。据专家估计，利用五千万英亩尚未得到利用的农田，美国最终每年可以生产出750亿加仑的乙醇，而我们目前每年利用进口石油提炼汽油的总量是700亿加仑。”这是美国在能源问题上的一种战略性前瞻。

我国每年要用250亿美元进口石油，对我们的压力很大。美国和拉丁美洲一些国家在汽油里加10%的酒精，这是个成熟的技术，还可以给玉米找出路。将来农业产品和能源关系非常密切，搞农业的人不要把自己束缚在一个很小的圈子里。

人们都知道塑料的白色污染，特别是地膜覆盖5年以上就开始对土壤肥力产生不利的影响，土壤肥力下降，如果不早做控制，就等于砸了人类的饭碗。研制全生物降解的塑料地膜非常重要，其用的主要是淀粉。笔者正在抓这件事情，看来很有希望。据报道，用基因工程技术已经取得了能直接生产塑料原料PHA的植株了。

农业向食品和轻工领域方向拓展早已有之，但在现代农业中又赋予了新的意义和内容。例如，中国农业大学的高油玉米就有很多特点，可以开发出20多种产品，将种植业、养殖业、食品工业、生物化工连成一个产业链，实现多级增加科技含量和多层次增值，初算一下，至少可以增值10倍以上。

23.8 农业科技企业的动向和战略

现代农业的重要技术支撑是农业科技产业。农业主要是从事生物性产品生产的产业，而农业科技产业是为农业生产提供农业科技产品和服务的产业。品种不论是动物性的还是植物性的，都是农业生产加工的原材料。品种本身就是一个生物体。它是现代科技，特别是现代生物科学和生物技术最好的载体和橱窗。如果要把原材料加工成动植物产品，就要有土、肥、水、保、工、管、饲养、兽医、设施、信息等都围绕动植物生产来做，都为农业生产提供科技产品和服务。

这里笔者给大家提供两个数字，一个是2%，一个是17%。2%的意思就是美国的就业人口中直接从事农业生产的只有2%。但是就业人口中还有17%是以大大小小的公司为主体的形式来为家庭农场提供各种科技产品和服务的。这种结构笔者认为应该是美国农业取得成功的重要因素。农业科技产业就应当是一个兵工厂，为农业生产第一线不仅提供“三八式步枪”，还能够提供“巡航导弹”等先进武器。

美国在第一次农业科技革命中产生的先锋种子公司是杂交制种的先锋。1910年有了杂交玉米假说，1913年开始育种，1924年开始出售杂交玉米种子，1926

年成立了先锋种子公司。20 世纪 90 年代初，它就占有美国杂交玉米种子市场的 42%，世界市场的 22%，年销售额在 10 亿美元以上。这是第一次农业科技革命的一个卓越代表实实在在的先锋种子公司。

而敢为人先的孟山是家百年的跨国大化工公司。20 世纪 80 年代初，它拿出一亿多美元进入农业生物工程领域，三年后把它的 3 000 多职工砍掉了 1/3，配套地换进来 1/3 职工都是搞农业生物技术的，1983 年获得首例转基因植物，1987 年首次被批准进行田间试验，1995 年首例获准转基因作物的商业化，1994 年的销售额就达到 27 亿美元。

再看看卧薪尝胆的老杜邦，这是家已有 200 年历史的世界著名的化工公司。它也是在 20 世纪 80 年代开始进入生物工程领域的，但一直没有公开。1997 年突然拿出 30 亿美元收购先锋的 20% 股份，媒体为之哗然，不理解化工公司为什么要收购种子公司。杜邦公司说，我们已经卧薪尝胆十多年进行农业和医药生物工程产业的研究，现在已经取得了成果，我自己办种子公司太慢了，所以收购了先锋种子公司的股份。1999 年的春天，杜邦干脆百分之百买下了美国的先锋种子公司，也就是说，新技术革命所产生这些代表性的大公司把第一次农业科技革命的“先锋”吃掉了。

笔者曾经看到一篇文章，很受刺激。排在世界前十位的与农业有关的化工公司中，六七个公司都在做战略性转移，如 ICI、Basf、Bayer、Dupont、Monsanto、Hoechest、Ciba-Geigy。Hoechest 公司的主席 J.Dormann 在文章中说：“致力于生命科学就意味着从高投入低产出转向稳定的低投入高产出；从无序的盲目投资转向有序的理性投资，甚至不惜放松化工产品，而集中精力于生命科学产品”。杜邦公司这样说：“生物工程在农业和医药领域就会像 30 年前聚合物化工一样地掀起一场产业革命，它是生长点、是发动机”。现在这些跨国大公司紧锣密鼓地进行重新组合、调整方向和巨额投资。不仅如此，它们在上游，包括植物基因组、动物遗传等方面有大量的行动，主要是为了占领这个领域的制高点。

诺贝尔奖获得者李远哲在北京大学 100 周年的校庆会上说：“有些国家跟上了第二次产业革命（指信息革命，笔者注），它们仍将强大而富有，没有跟上的国家，将仍然悲惨。在以后的一两百年内我们将会看到急速发展中的生物技术，尤其是当生物技术对医药和农业的应用开始了实质性的进展以后”。他的第二句话是：“如果亚洲国家真要创造奇迹，也许要赶快投入科学的研究与高技术的发展，生物技术也许是亚洲国家能够创造奇迹的一个契机”。

2000 年 9 月份笔者参加了在西安召开的中国科协的第二届科学年会，杨振宁在他报告中提出：“19 世纪是物理科学的世纪由于信息科学的发展，20 世纪仍然是物理科学的世纪。但是我相信 21 世纪将是生命科学的世纪”。

1999 年日本的科技、文部、厚生、农林、通产五个省厅联合提出一个重要的战略报告，题目是《开创生物技术产业的基本方针》，里面有这样一句话：“就像以计算机为首的电子技术改变了 1/4 世纪的世界经济那样，以生命科学知识为基础的生物技术可望为 21 世纪经济社会带来重大的变化和进步。”同时，在该报告中还提出生物产业立国的新的国家目标。以上都是这几年里一些科学家、政治家、企业家的战略性思考。

其实，邓小平同志在 20 世纪 80 年代初已经指出：“将来农业问题的出路最终要由生物工程来解决，要靠尖端技术。”1997 年江泽民同志在一个重要批示中写道：“小平同志明确提出中国在世界高技术领域要占有一席之地，其意义极为深远。这个奋斗目标在我们这一代人手里定要争取实现”。

但是我们现在的情况并不妙。几年前，先锋种子公司对我们国内的种子市场已经是虎视眈眈了。原种鸡的祖父母代以上 90% 需要进口，每年要花几亿美元。中国的生物农药、美国的默克公司在这方面控制得很厉害，对我们的威胁很大。刚才谈的抗虫棉，中国农科院的也不错，但是仍然被孟山都的抗虫棉压得抬不起头来。还有我们的猪和牛生长素、超级猪、生物反应器，等等，竞争都十分激烈。说到温室大棚等农业设施也是荷兰的、法国的；喷灌、滴灌更是言必以色列了。发达国家的高科技产业发展的历史长、基础好、实力强、动作快、野心大。在全球经济一体化中，每个跨国公司就是一支经济舰队。如果我们不能卧薪尝胆、奋发图强，也许不要 10 年，农业高科技产品市场将被这些舰队所占领。经济和技术殖民地的历史绝不能在我们这一代人手里出现。

我们国家目前要进行农业的产业化经营。笔者认为这是农业发展中的历史性的革命，它代表着先进的生产关系和组织形式。同时我们要在传统农业的基础上大力发展农业现代高新技术，这是先进生产力的代表。但是光有这种先进的生产关系和生产力，而没有一个推进器也是不行的。笔者认为农业的科技产业就是一个强大的推进器，只有把这三者结合起来和协调发展才是一个合理的结构。

第一次农业科技革命中诞生的农用工业体系已经完成了它的历史使命，它将被新的农业科技革命中兴起的农业科技产业所取代。新型的农业科技产业方兴未艾，前程无量。在当前的农业结构调整和产业化经营中，在实现我国的农业现代化中，一定要大力发展农业科技产业，自觉地运用好这个强大的推进器。

高科技与农业篇

“农业没有高技术”,《文集》作者颠覆了这种过时观念。本篇以《高技术与中国农业》和《中国农业发展的高技术战略》二文开篇。生物技术和信息技术是农业高技术的领军技术，本篇选出1篇农业遥感技术、3篇农业信息技术和4篇农业生物技术文章。1983—2007年的24年间，作者四谈农业信息技术，体现了信息技术的快速发展和作者的认识进步。“基因改良风波”更加深了《文集》作者对农业生物技术的认识。

高科技与农业篇目录

24 高技术与中国农业发展

【本文写作背景】

在迎接新世纪到来的时刻，人们都会有一种冲动与憧憬。著名华裔美籍农学家左天觉先生倡议编纂一本展望中国农业30年的书，由中美两国著名农学家合著。该书于1998年以中英两种文字分别在中美两国出版发行，书名是《中国农业：1949—2030》。本文是《文集》作者提供给该书的一篇文章，为未来30年的中国农业提出了一个高技术命题。1999年8月在北京举行的“科教兴国国际研讨会”上，作者也以此题做了讲演。

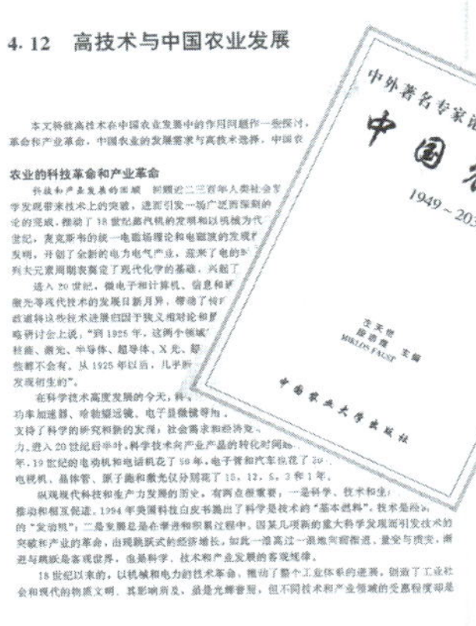

本文将就高技术在中国农业发展中的作用问题做一些探讨，依次谈到的有：农业的科技革命和产业革命；中国农业的发展需求与高技术选择；中国农业发展的高技术战略。

24.1 农业的科技革命和产业革命

24.1.1 科技和产业发展的回顾

回顾近二三百年人类社会发展的历史，常常因某一两项重大科学发现带来技术上的突破，进而引发一场广泛而深刻的产业革命。牛顿力学和古典物理学理论的完成推动了18世纪蒸汽机的发明和以机械为代表的第一次技术革命和产业革命。19世纪，麦克斯韦的统一电磁场理论和电磁波的发现推动了电机、电话、电灯和无线电通信的发明，开创了全新的电力电气产业，迎来了电的时代；道尔顿原子论、波义耳元素说和门捷列夫元素周期表奠定了现代化学的基础，兴起了现代化工产业的革命。

进入20世纪，微电子和计算机、信息和通讯、航天和航空、新材料和自控、生物技术、激光等现代技术的发展日新月异带动了传统产业一代一代地更新和新兴产业不断涌现。李政道将这些技术进展归因于狭义相对论和量子力学的重大发现。他在21世纪中国科技发展战略研讨会上说："到1925年，这两个领域完全了解了，并且由此发展了原子结构、分子结构、核能、激光、半导体、超导体、X光、超级计算机等等，假如没有狭义相对论和量子力学，这些都不会有。从1925年以后，几乎所有的20世纪的物质文明都是从这两个物理基础科学的发现衍生的"。

在科学技术高度发展的今天，科学、技术和产业三者间既是逐级推动，又是相互促进。高功率加速器、哈勃望远镜、电子显微镜等用于宏微观观测研究的大型精密仪器装置有力地支持了科学的研究和新的发现；社会需求和经济竞争也成为现代科学和技术发展的强大驱动力。进入20世纪后半叶，科学技术向产业产品的转化时间越来越短，18世纪的蒸汽机花了100年，19世纪的电动机和电话机花了50年，电子管和汽车也花了30年，而20世纪以来的雷达、电视机、晶体管、原子能和激光仅分别花了15年、12年、5年、3年和1年。

纵观现代科技和生产力发展的历史，有两点很重要：一是科学、技术和生产三者的逐级推动和相互促进。1994年美国科技白皮书提出了科学是技术的"基本燃料"，技术是经济增长的"发动机"。二是发展总是在渐进和积累。因某几项新的重大科学发现而引发技术的突破和产业的革命，出现跳跃式的经济增长，如此一浪高过一浪地向前推进。量变与质变，渐进与跳跃是客观世界，也是科学、技术和产业发展的客观规律。

自18世纪以来，以机械和电力为核心的技术革命推动了整个工业体系的进展，创造了工业社会和现代的物质文明。其影响所及虽是光辉普照，但不同技术和产业领域的受惠程度却是大相径庭。与进行集中生产和可控程度高的工业相比，以土地为主要生产资料，从事生物性生产的农业由于其行业特点和弱势而影响了对机械和电力技术的吸收和应用。装有内燃机的拖拉机到20世纪末才出现，20世纪中叶才较广泛应用，比工业晚了近200年。但是农业也有其自身的科学、技术和产业革命的历程。

24.1.2 农业的第一次科技革命和产业革命

农业是最古老的产业，经历了漫长的自耕自食的自然经济和科技水平、生产率、发展速度都很低的资源农业时期。20世纪上半叶，世界粮食单产由每公顷930千克提高到1 124千克，年均增加仅4千克。20世纪的下半叶，农业出现高速发展，1949—1988年的世界粮食单产由1 124千克增加到2 499千克，年均增长量是前半个世纪的 9 倍。据研究，科技对此农业高速发展时期的贡献率高达 73%，主要增产技术和物质投入是良种、化肥、农药和灌溉。世界氮素化肥的施用量在 1913 年、1949 年和 1994 年分别为 51 万吨、360 万吨和 7 276 万吨，即下半叶的年均施用增长量较上半叶高 17 倍。在 20 世纪 40 年代出现有机合成农药化工后，1960—1990 年的世界农药销售额由 8.5 亿美元增加到 234 亿美元，30 年增长了 27 倍。现代技术和物质投入是农业高速发展的物质基础。

20 世纪，中国粮食的每公顷产量在 1949 和 1995 年分别为 960 千克，1 027 千克和 4 240 千克。20 世纪后半叶的年均增长量 70 千克，是前半叶的 50 倍，远高于世界同期粮食单产年均增长量。在此期间，化肥施用量由 0.6 万吨增加到 2 142 万吨，公顷施用量由 1 千克增加到 1 041 千克；农药的年生产量由 9.3 万吨（1970 年）增加到 20 万吨；灌溉面积由 1 600 万公顷增加到 4 800 万公顷。

当我们高兴地看到在育种、化肥、农药和灌溉技术推动下，20 世纪下半叶农业的高速发展时，不得不使我们想到，19 世纪达尔文的杂种优势理论（1859）和孟德尔—摩尔根遗传学对现代育种技术和种子产业的贡献；维勒由无机物合成尿素（1824）和李比希植物矿质营养学说（1840）对化肥工业和现代施肥技术的推动；20 世纪 30 年代缪勒将合成化学应用于农药而使之进入有机合成农药新时代的理论贡献。

24.1.3　新的农业科技革命的序幕已经拉开

全球性新技术革命浪潮以前所未有的气势和速度推动着科学和技术的发展。20 世纪后半叶在农业高速发展的同时，又孕育了新的重大科学技术的突破。1953 年遗传物质脱氧核糖核酸双螺旋结构的发现将生物学推进到分子时代；1973 年 DNA 重组成功开创了生物技术和遗传工程的新纪元。以利用种内杂交优势的传统育种技术可以对生物的遗传信息进行实验室操作，在动物、植物和微生物，即所有物种间作基因转移，极大地扩展了生物种质资源和杂交优势的利用，有效地进行生物的遗传改良。过去育种上难以解决和不敢想象的问题现在已经或有可能解决了。此外，分子生物学和生物技术对动植物的生长调节、生物农药和生物肥料、动物疫苗和防疫、发酵工程和酶工程以及环境保护等涉及生物科学技术的农业领域均将产生深刻而广泛的影响。

20 世纪 50 年代开始、20 世纪 80 年代大发展的微电子、计算机和信息技术越来越广泛和深刻地改造着各种传统产业。农业是以土地为基本生产资料，利用植物的光合作用能力和当地的光热水资源，从事生物性生产的产业，因而呈现出生产的分散性，很强的地域性和时变性，很低的可控性和稳定性以及经验性强而量化、规范、集成程度差的行业特点和弱势。而先进的信息收集、处理和传递技术将有效地克服农业生产的分散化和小型化的行业弱势；强大的计算能力、智能化和软件技术使农业中极其复杂和多变的生产要素量化、规范和集成，改善了时空变化大和经验性强的弱点；与航空航天技术（RS，GIS，GPS 等）的结合大大加强了对影响农业生产的自然环境、气象 / 生物灾变和生产状况的宏观监测和预警预报，提高了农业生产的可控性和稳定性以及生产过程的科学管理。此外，日新月异的先进制造、精细化工、自动控制、新型材料等现代技术也加快了对农业的武装。

如果说在以机械和电力为主导的历次技术革命中从事生物性生产的农业滞后于工业的话，那么在以信息技术和生物技术为主导的新的技术革命中农业将处于大潮的中流和起着主力军作用。传统农业和农业技术也将在新技术革命中激发新的活力和建立新的农业技术体系和生产体系。

24.2 中国农业的发展需求与高技术选择

当前中国农业面临着两方面的挑战和机遇：一是国家由计划经济体制向市场经济体制转化的大背景和正在全国推行的农工贸一体化的农业产业化经营模式；二是上述的农业新技术革命浪潮。前者是向先进的生产经营方式转化和创造良好的技术需求环境，后者是农业发展的强大推动力。如不失机遇，把握得当，将有利于中国农业摆脱困境，取得发展上的新突破。其发展需求和高技术选择如下。

24.2.1 种子

种子是农业生产的原材料。良种是农业增产中的重要因素，可占技术贡献率的 30%。近 40 多年来，育成和用于生产的作物新品种 4 000 多个，主要作物品种更换了 4 ～ 5 次，每更换 1 次可获 10% 左右的增产，杂交玉米和杂交水稻现已分别占该作物播种面积的 75% 和 45%。种子工作中存在的主要问题是优异育种材料贫乏、后劲不足、生产用种的合格率低、管理不力和产业化程度差。我国常规育种技术力量较强，生物技术应用也有一定基础。当务之急是在常规育种技术基础上，加快生物技术的应用，在具有重大生产意义的优良品种培育上取得突破。在育种技术上，重要的是植物细胞工程、分子遗传标记技术和转基因技术的研究和应用；在育种目标上，“超级稻”有可能走在世界前列，超高产小麦、特种玉米、抗虫棉和抗虫玉米、抗稻瘟病和稻飞虱水稻、抗黄矮病和白粉病小麦以及耐干旱和盐碱的小麦和玉米等将是首选和有可能取得较大进展。

24.2.2 动物与水产养殖

近十多年，中国养殖业一直持续高速发展。1995 年的肉类产量是 1978 年的 6.1 倍（分别为 856 万吨和 5 260 万吨），同期水产品总量由 466 万吨提高到 2 517 万吨，增长了 5.4 倍，二者的年均增长率分别为 30% 和 26%。但是生产效率、技术和饲养管理水平仍然较低，猪的年存栏数是美国的 6 倍，产肉量只是美国的 2 倍，鸡年存栏 40 亿只，90% 以上的种鸡依靠国外。中国是喜食猪肉的国家，占肉类消费的 69%，猪年存栏数（4.6 亿头）占世界一半以上。现在正在进行的通过基因工程技术与常规育种技术相结合的“超级猪计划”可以跟上世界发展水平。1.4 亿头牛将大批由役用转为肉用和乳用，超数项排卵、核移植、活体提取卵母细胞等动物胚胎工程技术将有力地推进此项计划。转基因鱼的研究将向着“全鱼”基因导入发展，特别是能适应数千万公顷稻田养殖的鱼种的培育。此外，利用动物生物反应器技术生产医用蛋白和医用兽用疫苗亦将取得重大进展。

24.2.3 病虫害

1973—1989 年，因病虫害造成的粮食损失年均 920 万吨，棉花 22 万吨。1993 年棉铃虫暴发，直接经济损失 10 多亿美元。虾的毁灭性病害的病因至今尚未查明。化学农药年使用量已居世界第二位。过分依赖和不当使用化学农药导致农田生态系统被破坏。有害生物抗药性增强、天敌和有益生物减少以及环境污染已日趋严重。欧盟提出到 20 世纪末将化学农药用量减少 20% ～ 25%，1992 年的世界环境与发展大会提出到 2000 年生物农药占总用药量的 60%，而我国尚不到 1%。养殖业每年因疫病死亡造成的直接经济损失达 30 多亿美元，导致生产性能下降的经济损失约 80 亿美元。疫苗年需求量 800 亿头份，生产能力仅 130 亿头份，且技术、质量和市场管理问题甚多。生物农药因药效缓弱、持效期短和自身抗逆性差而难以发展。常规弱毒苗存在毒株难求、毒力返强难控和灭活苗免疫保护期短、成本高、要反复免疫等诸多弱势。生物技术，特别是微生物重组技术带来了传统生产建设的重大突破和革命出现新的生机和活力。高毒广谱抗逆性强的工程菌的构建和速效无公害生物农药的研制。基因缺失减毒和活载体等优势高效基因工程疫苗和相配套的分子鉴别诊断技术以及 SAR 蛋白 Haropin，Zearalanol，rpGH，bST 等新一代动植物生长调节物等都显示了强劲的生命力。新兴的农用生物制剂产业必将有一个大的发展，也必将在促进种植业和养殖业生产上做出重要贡献。

24.2.4 水资源

淡水资源不足是中国农业发展的一个重要制约因素，21 个世纪会更加严重。中国人均淡水资源占有量只有世界平均量的 1/4，时空分布上又极为不均。长江流域及以南地区的耕地占全国的 36%，拥有 83% 的淡水资源；耕地占 64% 的北方地区仅有淡水资源 17%。季风气候的降水年季变率高导致用水矛盾和旱涝灾害频繁。1941—1993 年年均旱涝灾害面积达 2 300 万公顷，造成年均 1 000 万吨粮食损失和 300 亿元经济损失。淡水资源严重不足而利用效率又低严重困扰着中国农业。灌区水利用系数一般为 0.4，田间单方净耗水量的粮食生产效率不足 1 千克，相当于世界一般水平的 1/3。中国要以极大决心和断然措施改善农田灌溉设施和水管理，同时以提高农田水利用效率为中心，在有条件的农区大力推进农田低压管道输水技术、滴灌渗灌技术、地面覆盖技术、蒸腾抑制技术和先进灌水制度等现代农业节水工程技术。

24.2.5 肥料

肥料，特别是化肥用量的稳定增长是中国农业增产的重要因素。1994 年中国的化肥生产量和施用量已分别居世界第二位（2 188 万吨）和第一位（3 318 万吨），占世界总量的 16.6% 和 27.5%，化肥制造耗能已占农业总耗能的 82%（1988 年）。1992—1993 年，中国氮肥年均每公顷纯氮用量为 184 千克，是世界和美国（分别为 54.7 千克和 55.5 千克）的 3 倍。但施用量高和利用效率低的问题日趋尖锐，1952—1994 年，化肥的肥粮比由 16.1 下降为 2.4。化肥氮素利用效率一般在 35% 左右，低于世界一般水平约 15 个百分点；稻田、玉米和小麦地的氮损失率分别为 50%、40% 和 30%，每年通过淋溶挥发损失的化肥氮量约 900 万吨，价值达 50 亿美元，并造成严重的环境污染。农田养分投入中的有机肥份额锐减引起人们的极大忧虑。1957 年、1980 年、1990 年有机肥养分分别占总养分投入的 95%、49% 和 37%。提高化肥利用效率和保护环境在中国农业发展中具有重要而紧迫的意义。除了通过政府职能调整不合理的养分比例和改进分配供应管理以外，应用现代技术促进生产、研究（平衡施肥）和施用的结合，发展高浓优质专用复合肥（发达国家占肥料品种的 80%，中国不到 10%）和控释性专用复合肥 CAF。近几年发展起来的 3S（RS，GIS，GPS）精确施肥技术在中国也会有广阔应用前景。由于中国农村广阔分散，基层管理者和农民的科学文化素质较低，现代先进施肥技术与肥料产品结合，研制和生产便于农民使用的新型肥料品种将具有重要意义。

24.2.6 种植与养殖设施

1986—1995 年，中国城市人口由 2.25 亿人增加到 2.95 亿人，预计到 2010 年将增加到 4 亿人以上。在资源紧缺和城市人口急剧增加情况下，资源节约和高效的工厂化农业将有一个大的发展。当前年产商品蔬菜 1.2 亿吨，温室和塑料大棚生产只占 8%。现有 30 万公顷温室大棚主要是简易（陋）塑料大棚，其需要技术含量高和效益好的设施产品更新替代。近几年在大城市郊区购置国外温室大棚的积极性很高，但因中国国情、农情复杂，存在问题甚多。因此，急需加强温室大棚的结构材料和环境控制、机械操作和节能、专用品种和栽培饲养技术的研究，发展适合中国不同农区特点的温室大棚。中国的猪年存栏数达 4.6 亿头，占世界量的一半以上，而年出栏 3 000 头以上的规模化饲养只占 7%。随着农业产业化和农村经济的发展，工厂化高效养殖设施和技术的需求将越来越大。

24.2.7 信息

中国国土辽阔，自然条件复杂，气象和生物性灾害频繁，农户规模小而分散，技术、生产和经营管理又偏经验少而量化和集成。无疑，信息技术将能明显改善这些行业弱势。对中国的传统农业进行有效的改造和推进科学的管理一是以软件技术和智能化技术（农业专家系统、辅助决策系统等）对农业技术、生产管理、经营决策、人员培训等进行量化、规范和集成，提高效率和水平；二是以数据库技术和网络技术进行包括市场信息在内的各种信息的传递和服务；三是与航空航天技术结合，对农业资源环境、生产条件、气象和生物灾害、生产状况进行宏观监测，预警预报，实行科学和有效的宏观管理，并推动精确农业的发展。加快农业信息化进程对提高农业生产和管理水平，发展农业经济，实现农业现代化具有重要意义。

24.2.8 持续发展

在农业的可持续发展上，中国面临着尖锐的挑战。人均占有耕地只有世界平均量的 1/3，在 1.3 亿公顷耕地中，土壤侵蚀、盐渍化、沙化、潜育化等障碍因子的土壤达 0.5 亿公顷。毁林开荒、坡地滥垦、草地过度放牧使水土流失和沙化仍在延展。59% 的耕地缺磷，23% 的耕地缺钾和因有机肥施用量的减少而基础肥力普遍下降。未来一二十年，300 万～400 万公顷耕地将被占用，而可垦的后备资源仅约 1 000 万公顷。高达 45% 的化肥氮素损失率。在 1.5 亿公顷化学农药年防治面积中，50% 以上进入了土壤和水体，900 万公顷农田已经受到农业化学品的污染。农田污染还祸及河、湖、沿海，富营养化破坏了水体生态平衡和使环境恶化。面临可持续发展严峻挑战的中国农业在实施“中国 21 世纪议程”和采取有关政策、制度和管理的同时，应积极采用有利于提高土地和水肥利用效率，保护资源和生态环境的现代技术，特别是通过生物技术与常规技术的结合，培育有利于荒漠化防治的高抗逆性林草和作物品种，研制生物 / 化学制剂，促进生物农药对化学农药的替代，生产新型肥料品种、节水设施、工厂化种植 / 养殖设施，以提高资源投入的利用效率，减少资源压力和保护环境；通过信息技术和以 3S 为主的航空航天技术与农业技术的结合，加强对农业资源环境的监测、管理和保护。可持续发展作为国策既要有强有力的方针政策和实施计划，又要有综合技术措施的保障。

24.3 中国农业发展的高技术战略

24.3.1 中国农业出路在于科技

40 多年来，中国以世界 7% 的耕地生产了 24% 的粮食，养活了 22% 的人口，取得了举世公认的成就。但是人口、资源、环境和需求的重负，底子薄、投入少、生产和技术水平低的现实使中国农业担负着艰巨而久远的任务。紧缺资源的替代要靠科技，技术和生产力水平的提高要靠科技，资金不足更要开发技术和人力资本。在工业化社会初期，财富来源于原材料、土地和资本（凯恩斯）。马克思提出了劳动价值论。而在科学技术和社会经济高度发达的当代，人力资本和技术资本成为创造社会财富的主体。罗默提出世界经济增长将其主要归之于知识的“新经济增长理论”，托夫勒提出知识将是一切经济活动中最终的“替代资源”。面对全球性激烈的经济竞争，1994 年，欧盟制订的“第四个科技发展和研究框架计划”；美国提出的“科技白皮书”以及国家标准与技术研究院（NIST）提出的“先进技术计划（ATP）”等都突出了“以技术促进经济发展”的主体思想；中国制订了“科教兴国”的战略。中国农业既要正视，但又不应沉沦于资源、基础、资金的困扰，以清醒认识时代提供的科技机遇，这对发展中的中国更加重要和珍贵。中国要站在战略高度重视开发技术资本和人力资本，加速传统农业向高效低耗和可持续发展农业的轨道上转移。资源条件相当差的荷兰和以色列的农业发展成就为我们提供了有益启示。

24.3.2 抓住“质变机遇”推动“跨越发展”

如前所述，科技及其对经济增长的推动是量与质。渐进跨越交互发展的过程要善于抓住科技发展进程中出现的重大突破的机遇，推动经济跨越发展。瓦特不是把蒸汽机说成是某一专门用途的发明，而是“大工业普遍应用的发动机”；西门子发明电机后给他弟弟的信中说：“电力技术很有发展前途，它将开创一个新纪元”。正是他们深刻洞察到这种质变和革命，高瞻远瞩地提出了无限广阔的前景和机遇。诺贝尔奖得主，发明扫描隧道显微镜的罗雷尔博士提出：“曾重视微米科技的国家今天都已成为发达国家，而纳米科技则为人们提供了新的发展机遇。今天重视纳米科技的国家必将在未来的高技术竞争中独领风骚”。回顾近代历史，从欧洲各成员国到美国，发达国家无不占科技领先之利，推动了经济和社会的进步。我们可以设想在工业化社会发展中，谁在钢铁和机械制造、汽车和航空、电力和石油；现代社会发展中的微电子和计算机、信息和通讯、航空和航天、核能和激光以及生物技术等方面冲在前面，谁就能在技术和经济发展上取得主动权和竞争优势，农业也如是。在第一次科技革命中，谁能站在杂交玉米、矮化和杂交水稻、尿素合成和化肥生产、有机磷和拟除虫菊酯农药、精细灌溉的前列；站在近代生物技术推动下的育种、农药、化肥、农用生物制剂新技术体系；计算机和信息技术推动下的设施农业、精确农业、宏观监控等新技术体系的前列，谁就能最有效地推动农业的快速增长。科学技术上的每一项新的重大突破都提供了一次机遇。中国和中国农业更要善于抓住和利用这些机遇，以获事半功倍之效。

24.3.3 高技术是发展战略的重点

在科技发展的长河中，任何时候都会有当代的一批高新技术立于技术发展大潮之巅，起着推波助澜的作用。在日益激烈的经济和市场竞争中，各国竞相将高技术作为推动技术和经济发展的战略高地。1991 年美国约有 31% 的资本投向高技术产业，1996 年一季度达到 42%；取得经济高速发展的韩国在 1982 年制订了“尖端产业发展计划”，1991 年又提出了“G–7 计划”；以色列的“高技术立国”推动了国家的整体水平的快速提高。这是因为高技术的创新性、先进性和广泛的带动性而使其在产业开发上具有成本和效益上的明显优势。产品和市场上的强劲竞争力也是改造传统产业的重大推动力。中国农业生产和科技取得了较好进展并有了一定工作基础，如果不停留于常规技术的渐进，而是乘新技术革命浪潮之风，发展应用高技术，将会有效推动农业技术和经济的跨越发展。积极发展细胞（胚胎）工程、分子遗传标记、转基因、微生物重组等生物技术及其上游研究，必将在具有重大生产意义的新的动植物品种培育、新型生物农药、动物疫苗和动植物生长调节物的研制上取得新的突破和重大进展。如能将传统化肥生产体系转移到高效优质专用复合肥料的研制和生产上来，将传统农田灌溉转移到管道输水和精细灌溉、覆盖和改土以及减少土壤蒸发和植物蒸腾的现代节水工程技术和设施体系上来，大力推进能适合不同农区特点的工厂化种植和养殖配套设施的研制和生产，定将在资源高效利用和环境保护上提高一个新的水平。此外，加快实现农业信息化和建立 3S 农业宏观监测和预警预报工作系统以及推进精确农业等将能大大提高农业的生产能力和效益。高技术多是近年发展起来的，中国也有一定基础，因而在起步上与发达国家差距不是很大。有些技术还可以引进，所以充分发挥高技术的优势，推动农业技术和生产跨越发展不仅是必要的，也是可能的，应当作为中国农业发展的一种战略选择。

24.3.4 发展农业科技产业是当务之急

随着科学技术的发展，农业科技成果的量化、集成和物化成产品的程度越来越高，加以市场的发达和信息传递的现代化，越来越凸显出农业科技企业在科技成果向生产者传递中的主导作用。100 多年来化肥的工业化生产发展到当今，生产含有近 10 种养分元素复肥的德国巴斯福公司、生产了 80 多种专用复肥的日本三菱公司、经营 3S 精确施肥技术设施的美国 AG-CHEM 农化装备公司等农业技术企业有力地推动着化肥生产和施用技术的前进。在瑞士化学家斯托丁格尔（H.Staudinger）1924 年发表了天然除虫菊有效成分的化学结构后的几十年间，日本住有、美国 FMC 等化学公司研制了 40 多种商品品种。

比尔在 9 世纪末提出利用玉米品种间的杂种 F_1 的可能性，沃莱斯 1926 年创办了世界第一家杂交玉米种子公司。现在已占有美国 42% 的杂交玉米种子市场和世界 22% 的杂交玉米种植面积的种子供应的美国先锋种子公司。是推进杂交玉米事业的名副其实的先锋。有百年历史，经营农药和化工产品的美国孟山都公司在 20 世纪 80 年代初人们对生物技术尚存诸多怀疑时，董事长 J. 汉利投资 1 亿美元开发生物技术产品，后又投资 2 亿美元建生命科学研究中心。其近期投入市场的抗虫棉、抗虫玉米、牛和猪的天然生长激素 BST 和 PST 等 10 多种生物技术产品可将成为新的农业科技革命的先锋。泰国正大集团在 20 世纪 30 年代以经营种子化肥起步，20 世纪 80 年代曾占有 30% 以上的中国饲料市场，现已成为拥有数十亿美元资产以农业技术产品为主体的跨国公司。

这些农业科技企业集科技、生产、营销于一体，资金雄厚，技术先进，机制灵活，营销手段有力，市场反应迅速。出于市场竞争的需要，一些大公司不惜以近 10% 的销售额从事技术和产品开发，以保持技术的不断创新和先进。这些企业不仅是技术传递的主力军，还是推动科技进步的一支重要力量。中国曾经有一个相当健全得力的全国性农业技术推广网，但在向市场经济转化初期，其就线断，网破人散。新的社会化服务组织一时难以奏效，农业科技产业又尚在襁褓之中，这是当前科技成果转化率低的重要原因。在向市场经济转换和经济科技不断发展中的中国，科技成果转化必然向着以企业为主体的方向发展。技术的主要功能在于推动经济和社会进步并以产品和商品形式体现。一个国家的技术水平不能止于实验室和论文，主要应体现在企业的生产技术、能耗成本、产品质量和市场竞争力上。中国要努力克服计划经济下形成的研究与生产分离体制的羁绊，借鉴发达国家的经验，大力发展农业科技产业，特别是农业高科技产业。它是科技兴农和把握科技革命机遇、实施农业高技术战略的重要组成部分和最活跃的突击力量。

25 中国农业发展的高技术战略

中国农业发展的高技术战略

沈阳高新技术产业实现超常发展

【本文写作背景】

自 1998 年提出“高技术与农业”，国内业界反应虽多，但多就事论事，也未得到政府主管部门的应有重视。《文集》作者深感需将领导和公众对农业高技术的认识提到战略高度，故撰写此文发表在 2001 年 2 月 19 日的《光明日报》上。

农业出路在于科技。自 20 世纪 50 年以来，中国以占世界 7% 的耕地生产了 24% 的粮食，养活了占世界 22% 的人口，取得了举世公认的成就。但是人口、资源、环境和需求的重负，底子薄、投入少、生产和技术水平低的现实使中国农业担负着艰巨而久远的任务。

紧缺资源的替代要靠科技，技术和生产力水平的提高要靠科技，资金不足更要开发技术和人力资本。在工业化社会初期，财富来源于原材料、土地和资本（凯恩斯），马克思提出了劳动价值论，而在科学技术和社会经济高度发达的当代，人力资本和技术资本成为创造社会财富的主体。罗默提出世界经济增长将主要归之于知识的“新经济增长理论”，托夫勒提出知识将是一切经济活动中最终的“替代资源”。

面对全球性激烈的经济竞争，1994 年，欧盟制订了《第四个科技发展和研究框架计划》；美国提出了“科技白皮书”，国家标准与技术研究院（NIST）提出了“先进技术计划（ATP）”等，它们都突出了“以技术促进经济发展”的主体思想；我国也制定了“科教兴国”的战略。中国农业既要正视，但又不应沉沦于资源、基础、资金的困扰，以清醒认识时代提供的科技机遇，这对发展中的中国更加重要和珍贵。中国要站在战略高度上，重视开发技术资本和人力资本，加速传统农业向高效低耗和可持续发展农业的轨道上转移。

25.1 抓住“质变机遇”，推动“跨越发展”

科技及其对经济增长的推动是量与质、渐进与跨越交互发展的过程，要善于抓住科技发展进程中出现的重大突破的机遇，推动经济跨越发展。瓦特不是把蒸汽机说成是某一专门用途的发明，而是“大工业普遍应用的发动机”；西门子发明电机后在给他弟弟信中说：“电力技术很有发展前途，它将开创一个新纪元”。正是他们深刻洞察到这种质变和革命，高瞻远瞩地提出了无限广阔的前景和机遇。诺贝尔奖得主、发明扫描隧道显微镜的罗雷尔博士提出：“曾重视微米科技的国家，必将在未来的高技术竞争中独领风骚。”

回顾近代历史，从欧洲各国到美国，发达国家无不占科技领先之利，推动了经济和社会的进步。我们可以设想，在工业化社会发展中，谁在钢铁和机械制造、汽车和航空、电力石油以及现代社会发展中的微电子计算机、信息通信、航空和航天、核能和激光以及生物技术等方面冲在前面，谁就能在技术和经济发展上取得主动权和竞争优势。农业也如是，在第一次科技革命中，谁能站在杂交玉米、矮化和杂交水稻、尿素合成和化肥生产、有机磷和拟除虫菊酯农药、精细灌溉的前列，建成近代生物技术推动下的育种、农药、化肥、农用生物制剂新技术体系，抢占计算机和信息技术推动下的设施农业、精确农业、宏观监控等新技术体系的先机，谁就能最有效地推动农业的快速增长。

25.2 高技术是发展战略的重点

在科技发展的长河中，任何时候都会有当代的一批高新技术立于技术发展大潮之巅，起着推波助澜的作用。在日益激烈的经济和市场竞争中，各国竞相将高技术作为推动技术和经济发展的战略高地。

1991 年美国约有 31% 的资本投向高技术产业，1996 年一季度达到 42%；1982 年取得经济高速发展的韩国制订了“尖端产业发展计划”，1991 年又提出了“G–7 计划”；以色列的“高技术立国”推动了国家的整体水平的快速提高。这是因为高技术的创新性、先进性和广泛的带动性使其在产业开发上具有成本和效益上的明显优势，产品和市场上的强劲竞争力，也是改造传统产业的重大推动力。

中国农业生产和科技取得了较好的进展并有一定的工作基础。如果不停留于常规技术的渐进，而是乘新技术革命浪潮之风，发展应用高技术，将会有效推动农业技术和经济的跨越发展。积极发展细胞（胚胎）工程、分子遗传标记、转基因、微生物重组等生物技术及其上游研究，必将在具有重大生产意义的新的动植物品种培育、新型生物农药、动物疫苗和动植物生长调节物的研制上取得新的突破和重大进展。如能将传统化肥生产体系转移到高效优质专用复合肥料的研制和生产，将传统农田灌溉转移到管道输水和精细灌溉、覆盖和改土、减少土壤蒸发和植物蒸腾的现代节水工程技术和设施体系，大力推进能适合不同农区特点的工厂化种植和养殖配套设施的研制和生产，定将在资源高效利用和环境保护上提高到一个新的水平。

此外，加快实现农业信息化和建立 3 S 农业宏观监测和预警预报工作系统以及推进精确农业等能大大提高农业生产能力和效益。许多高新技术是在近年发展起来的，中国也有一定基础，因而起步上与发达国家差距不是很大，有些技术还可以引进，所以充分发挥高技术的优势，推动农业技术和生产跨越发展不仅是必要的，也是可能的。

25.3 发展农业科技产业是当务之急

随着科学技术的发展，农业科技成果的量化、集成和物化成产品的程度越来越高，加上市场的发达和信息传递的现代化，越来越凸显出农业科技企业在科技成果向生产者传递中的主导作用。

100 多年来，化肥的工业化生产发展到现在，生产含有近 10 种养分元素复合肥的德国巴斯福公司、生产 80 多种专用复合肥的日本三菱公司、经营 3 S 精确施肥技术设施的美国 AG–CHEM 农化装备公司等农业技术企业有力地推动着化肥生产和施用技术的前进。在瑞士化学家斯托丁格尔（H.Staudinger）于 1924 年发表了天然除虫菊有效成分的化学结构后的几十年间，日本住有、美国 FMC 等化学公司研制了 40 多种商品品种。比尔在 19 世纪末提出利用玉米品种间的杂种的可能性。沃莱斯 1926 年创办了世界第一家杂交玉米种子公司。现在已占有美国 42% 的杂交玉米种子市场和世界 22% 的杂交玉米种植面积的种子供应商美国先锋种子公司是推进杂交玉米事业的名副其实的先锋。有百年历史，经营农药和化工产品的美国孟山都公司在 20 世纪 80 年代初人们对生物技术尚存诸多怀疑时，董事长 J. 汉利投资 1 亿美元开发生物技术产品，后又投资 2 亿美元建生命科学研究中心。其已经和近期投入市场的抗虫棉、抗虫玉米、牛和猪的天然生长激素 BST 和 PST 等 10 多种生物技术产品将成为新的农业科技革命的先锋。泰国正大集团在 20 世纪 30 年代以经营种子化肥起步，20 世纪 80 年代曾占有 30% 以上的中国饲料市场，现已成为拥有数十亿美元资产以农业技术产品为主体的跨国公司。这些农业科技企业集科技生产营销于一体，资金雄厚，技术先进，机制灵活，营销手段有力，市场反应迅速。出于市场竞争的需要，一些大公司不惜以近 10%

的销售额从事推动科技进步。

中国曾经有一个相当健全得力的全国性农业技术推广网，但其在向市场经济转化初期就线断，网破人散。新的社会化服务组织一时难以奏效，农业科技产业又尚在襁褓之中，这是当前科技成果转化率低的重要原因。在向市场经济转换和经济科技不断发展中的中国，科技成果转化必然向着以企业为主体的方向发展。技术的主要功能在于推动经济和社会进步，并以产品和商品形式体现。

一个国家的技术水平不能止于实验室和论文，主要应体现在企业的生产技术、能耗成本、产品质量和市场竞争力上。中国要努力克服计划经济下形成的研究与生产分离体制的羁绊，借鉴发达国家的经验，大力发展农业科技产业，特别是农业高科技产业。它是科技兴农和把握科技革命机遇、实施农业高技术战略的重要组成部分和最活跃的突击力量。

25.4 问题还在于 R&D

以上战略思想和工作的实现需要有相适应的体制、政策、计划和良好的环境等“软件”条件，但必须有资金投入的保证。自改革开放以来，中国经济建设取得了辉煌成就，但 R&D 在 GDP 中所占的比例一直较低且有下降趋势。1990 年 R&D 在 GDP 中只占 0.7%，1996 年下降到 0.48%，现在也不过 0.65% 左右，其中农业份额更是有限。目前发达国家一般为 2.5% ～ 2.8%，发展中国家也在 1.5% 左右。在以高科技立国的以色列的 GDP 中，R&D 份额高达 3%；1991—1996 年，在韩国 GDP 中，R&D 的比例由 1.9% 上升到 3.5%。联合国第九届贸发会议资料指出在发达国家经济增长中科技贡献份额是 70%，东亚是 10% ～ 40%。联合国教科文组织《1996 年世界科学报告》提到世界经济合作组织 27 个成员国的 R&D 投入占世界的 85%。

在科技和经济迅速发展和竞争日益激烈的形势下，强者更强、弱者更弱，富者愈富、贫者愈贫的两极分化趋势日益昭然。

26 遥感影像的地貌解译

——土地资源遥感讲习班讲稿

【本文写作背景】

改革开放迎来了科学春天，现代科技一拥而入被封闭多年的中国。联合国粮农组织 1979 年在中国举办农业遥感讲习班，农业部将此任务交给了北京农业大学，李连捷教授任中方组长，本《文集》作者和林培老师协助。为了做好准备，《文集》作者利用 1980 年春节机会，将自己"禁闭"在遥感实验室半个月，通过亲手解译卫星影像，写下了《遥感影像的地貌解译》讲稿，作讲习班辅导用。这是作者首次接触现代高技术。

现代空间技术的发展使我们这一代人首次对地球进行全面的观察，并逐渐形成了许多从空间观察地球的概念，大大丰富和改善了人们对地球的认识。随着遥感技术的产生和发展，地球科学的许多学科都在不同程度上发生着越来越深刻的变化。无疑，地貌学、地质学等地学科首先接收和采用了这门新的技术。尽管现代遥感技术用于地貌学的研究只是近十多年来的事，但是却已显示其巨大的优越性。完全可以相信，它对地貌学将产生着越来越深刻的影响。

关于遥感技术在地貌研究中的应用，以下将讨论 6 个方面的问题：①概论——遥感技术和地貌学；②地貌解译的一般标志；③地貌的判读和解译；④几个常见的地貌类型及其解译；⑤地貌综合判读举例；⑥地貌解译中的一些工作方法问题。考虑到这些内容是在"遥感技术在土地资源研究中的应用"的训练班上介绍的，因此，有必要结合谈一些地貌学方面的一般知识。

26.1 概论——遥感技术和地貌学

26.1.1 地貌学

地貌学是研究地球表面起伏形态及其发生、发展和分布规律的科学。它是以地球表面的形态为其主要研究对象的。地球表面形态的形成、发展和在空间上的分布是在多种自然力的复杂影响下有规律地进行的，主要是内力和外力的相互作用的结果。内力是指地球内能所发生的作用，主要是地壳运动，包括水平运动、垂直升降运动、褶皱运动、断裂运动以及岩浆活动和地震等；外力是指地球表面受太阳能和重力而产生的各种作用，如风化、块体运动、流水、冰川、风力、冻融、波浪、潮汐、海流等外力的作用。内力形成了地表的起伏，外力则对地表进行塑造加工，也就是不断地进行夷平。内力产生地面的隆起和沉降，外力则将隆起部分的物质剥离、搬运、堆积和沉降到低地。内外力的这种相互斗争、彼此消长的过程就是地表形态形成、演化的过程。

从上述的基本论点出发，地貌学研究的 3 项内容主要是：①地球表面的形态特征以及各种形态在空间分布和组合的规律；②各种地貌类型的物质构成；③各种地貌形成、演化和发展趋势，即地貌的时间观——历史、现在和未来。

气候、地貌、沉积物、水文和水文地质状况、土壤、植被等自然要素构成了各种的自然景观和生态类型，也可以说，它们在地球表面上展布了具有不同结构的复杂的系统。从上述的地貌学的 3 项研究内容来看，地貌学所研究的地表形态的特征、空间分布、物质组成及其演化过程在整个地理景观和生态系统中占有及其重要的位置。大量研究材料说明，在一定的生物—气候带内，不同的地貌类型总是有其相应的地面形态特征、沉积物质、水文和水文地质状况、土壤和植被类型，所以在土地资源的勘测和研究中，地貌的研究是必不可少和极为重要的内容。

26.1.2 地貌研究和遥感技术

遥感技术的理论依据是地球表面各种物体均具有不同的物理和化学的性质，在它们接收太阳辐射时反射和发射出不同波长的电磁波。遥感技术也就是人们以各种遥感的工具和器材，如航空摄影（可见光）、多光谱扫描、热扫描（红外辐射波段）、天线扫描（微波波段）等来接收地面各种物体各发出的不同信息（主要是不同波长的电磁波），通过一系列的处理，将光信号转化成图像，供各使用单位和专业解译应用。

各种地表形态和地貌类型及其物质组成（如山地、丘陵、河谷、冲积扇、阶地、冲积平原等）均具有明显的几何学和光学特征，各自的反射和发射特性使得我们可以从遥感影像中直接进行判读。而基岩、土壤、地下水等自然要素较之地貌则更多地依赖间接判读。另外，在不同的地貌类型和部位上所相应出现的土壤、植被、农业利用上的特点不仅不会发生干扰作用，而且可作为地貌的间接标志以利于对地貌的分析和解译。在岩石、土壤、水文地质等方面的解释中常常需要排除一些干扰因素，而在地貌解译中这个问题要小得多。此外，地貌学主要是研究宏观现象，这也有利于遥感技术发挥其作用。

在对地貌这种宏观现象的研究中，主要是进行典型地貌现象的现场研究（地貌和沉积物的描述和分析）及以地形图为主要手段作空间上的推论（外推法）和制图工作。而遥感技术则使这种研究手段和方法发生了根本性的变化。遥感技术在地貌研究中有哪些特殊意义呢?

1. 遥感影像可以为地貌研究提供丰富而重要的信息

在地貌研究和制图中，一般多偏重于地面形态和组成物质方面的观察分析，地形图也只能提供方位高差和一般地物标志。特别是在小比例尺地形图上，等高距大，地物标志稀小，常常不能满足地貌研究的需要。此外，在进行详细的地貌类型的研究和区分以及确定地貌类型的边界时，一般的地表形态特征的分析是很不够的，常常需要借助于土壤、植被、水文地质等状况等方面研究结果和资料，这些资料有时不易得到或是虽有而可资利用的又不多。一份遥感影像不仅可以提供大量地貌信息，而且提供了十分丰富的关于沉积物质、土壤（颜色、质地、泽度等）、植被、土地利用等信息。这些信息对于综合研究地貌类型和确定边界很有参考价值，使用又十分方便。

2. 遥感影像可以提供一些我们用一般手段和肉眼所观察不到的信息

从 0.5 ～ 0.6 微波段影像中可以分辨水底（水面以下 10 ～ 20 米）的地形和水中悬移的泥沙含量，利用微波波段可以判读冰雪覆盖下的地形；利用遥感影像中沉积物、土壤和水文地质状态等方面的丰富信息可以恢复古河道的分布。红外摄影可以相当详细地揭示古河道所留下的各种痕迹等。

3. 利用不同年代拍摄的航片和地球资源卫星可以 18 天覆盖地球一遍的优势，可以深入地在大范围内从宏观上研究某些地貌现象的形成和演化过程

遥感技术对滑坡崩塌和泥石流的发生和发展；冰川雪线的年度动态和多年的消长变化；河曲的演变；湖泊沼泽的展缩以及河口和三角洲的发展演变等均可相当详细地记录下过程的各个分段。这是任何其他的研究方法所不能比拟的。

4. 地貌学主要是研究地球表面的宏观现象

每幅卫片的控制范围是 3.4 万千米^2（185 千米 ×185 千米），对宏观现象的观察很有利。通过缩宏，许多地貌现象明显显示出来，各种地貌组合历历在目。不仅冰川、山地、高原、平原、沙漠、黄土、海岸等大型地貌可以鲜明可辨，而且小型的微观的地貌、如流水地貌中的河谷、阶地、自然堤、河间倾斜平原和洼地；构造地貌中的水平岩层，单斜构造、褶曲构造、穹窿构造以及断层火山熔岩流；风沙地貌中的沙丘类型、雅丹地貌等均可判读分辨。此外，在地貌制图中，许多地貌界限是逐渐过渡和不明显的，在现场和利用地形图均难以准确确定。当遥感提供大量综合因素的信息而又经缩宏后，许多过渡性和不明显的地貌界线都鲜明而准确地显现出来，大大提高了地貌制图的速度和精度。

以上只是根据遥感技术及其在地貌研究中应用的现代水平而得到的认识。随着这项新技术日新月异的发展，其巨大的潜力是难以估量的。在各学科的研究中，最常用的方法是显微和缩宏。随着显微和缩宏技术的发展，多少学科因此而大大深化以至完全改变对其研究对象的认识。遥感即是缩宏技术的一个巨大发展和突破。它必然会冲击着许多的学科，以研究地球表面宏观现象为主的地貌学必将首先受到冲击而引起自身的一场革命。

26.2 地貌解译的一般标志

26.2.1 影像解译的基本原理

各种地物具有不同的理化性质和千差万别的电磁波特性，通过遥感器材接收了这些信息，并转化为遥感影像。遥感影像是以反射、辐射光谱对地球表面各种地物所做的一份真实的记录，它是地物景观的直接而综合的缩影。

遥感影像的判读和解译则是在了解地物性质、电磁波性质和影像特征三者的关系的基础上，从影像特征来判断电磁波的性质，从而确定地物的属性，所以遥感影像是解译各种地物的主要依据。

26.2.2 影像解译标志

各种地物及其电磁波特征转化成的遥感影像主要是提供色与形两大类信息，即光学上的特征和几何学上的特征。色与形不是孤立存在，而是共同反映一定地物及其电辐射特性的，所以在判读中二者是相辅相成，综合使用的。色只有附之于形才有判读的实际价值。以下对色形信息做些简单介绍。

1. 色调

色调是指影像上相对的黑白深浅的程度，也叫灰度或灰阶。卫片和航片上通常划分为 10 ～ 15 级。色调是地物反射、发射光谱的综合表现，是影像解译的主要标志。有经验的解译人员可以更多和更确切地掌握不同色调所表示的地质性质。通过光密度仪和密度分割仪的测定，可以相当精确地测定出绝对的和相对的光密度值以做定量分析。

在利用色调作判读解译标志时，有两件事是值得注意的。一是相片影像的色调会受很多因素的影响，如摄影扫描的季节、时间、材料、相纸、冲洗技术和条件等均能影响色调的变化，所以色调深浅的等级一般只能在同一张相片上做比较。二是地物在影像上的色调表现往往不同于我们通常在自然界中所得到的习惯印象。黑白航片如此，多波段卫片的物质色调和人们直观印象差异更大。红外影像色调的差异是地物温度差异的反映。雷达影像的色调是地物反射到传感器上的雷达能量大小的表现。要逐渐熟悉和掌握不同遥感影像的色调与地物的对应关系。

2. 颜色

人眼分辨色彩的能力比分辨灰度的能力要高千倍，所以彩色影像较黑白影像具有好得多的解释效果。彩色影像有自然色和假彩色两种。假彩色是一种重要的增强技术。它可以根据解释的需要，采取不同的合成办法，取得各种假彩色合成的影像。

3. 阴影

阴影是判读解译中的一个重要标志，在航片上阳光斜射到物体上形成阴影，构成透视影像，十分有利于鉴别地物的种类、大小和形状。特别是当地物很小，与周围环境缺乏色调反差时，阴影起着更加重要的作用。显著的色调梯度和强烈的反差对地物判读十分有利。

4. 形状

随着遥感高度的增加，近于垂直地物的摄影和扫描在判读地物时乃是垂直观察所得的形状。俯视形状与我们所习惯的侧视形状截然不同。判读解译人员要通过大量的实际观察来提高俯视判读能力。形状的辨认在地貌判读中具有十分重要的地位。如火山锥、冰川、山脉走向、洪积扇、沙丘、海滩和湖泊等地貌类型都要依靠影像中的形状加以辨认。

5. 大小

解译人员要时刻留意所用影像的比例尺及其所反映的某一地物的大小与实际情况上的对比，否则常会做出错误的判断。如果在大小上不易区别，则必须考虑在形状等其他标志上，求其差异。如航片上的灌溉渠道和道路在其宽度上不易区别，则可在色调、反差和分布方式上找到它们之间的差异。

6. 图形和格式

一种或数种形状的地物在遥感影像上按一定的格式排列和布局，构成一定的组合和图形，这在地貌判读中有着重要意义。因为某一种地貌类型和区域总是由一些小的类型按一定形式构成一个地貌组合的。例如，一个洪积冲积扇不仅有一个顶端、扇轴和两翼，而且常常是由指状的大量废弃河道所遗留的带状沙垅、垅间倾斜平地和两个冲积扇的扇间洼地等均在遥感影像上构成一组有规律的图形和格式。从局部特征的组合有利于对整体做出判断，整体的图形和格式又为局部的判断提供了线索。

7. 纹形

遥感影像上的纹形是由一群个体很小而又有规律的地分布和密集存在的地物所产生的。如森林、果园、沙丘、黄土侵蚀沟等。这种纹形经解释后可以通过密度分割技术对各种地物或侵蚀割切、森林覆盖等做出定量的说明。

26.3 地貌解译

26.3.1 地貌的直接判读

地貌的直接判读主要是根据地貌现象在遥感影像上所反映的形态特征、大小、图形和格式等信息对地貌现象作为判断和研究。

1. 地貌形态的判读

地貌形态是地貌判读中最重要的标志。地貌形态总是和它的发生形成过程及其物质组成分不开的，通常是各种地貌类型以一定的格式构成各种地貌组合的形式而存在。以下是一些地貌形态的举例。

①不同构造地貌的山顶所显示的形态有平顶式、峰林式、山岭式、角峰式或是块状、馒头状、垅状等；山坡有单面山式、褶皱山式、断层山式，还有火山、穹隆、喀斯特等形式。

②山麓的重力堆积多呈倒锥形、A 形、舌形（滑坡）、弓形等；山地河流则有 U 形和 V 形之分。

③黄土区（高原）的主要地貌有原、梁、峁、平谷和平川地，黄土坡多冲沟、栅状沟、微型沟和黄土劈理，大比例尺航片尚可辨认天生桥和某些黄土喀斯特现象。

④山前平原以倾斜度较大的扇形的洪积扇、冲积扇和复合洪积－冲积扇群为其主要形态。其他形态如被强烈切割的丘陵等。

⑤冲积平原以不同发育阶段的河曲可以分为阶地、河间平原、自然堤、决口扇形地、槽形或碟形洼地等。

⑥风沙地形中有各种侵蚀和堆积的形态并组成一定的组合。

除做地貌形态的定性描述外，还可以根据研究的需要和实际的可能，在遥感影像上进行地貌形态的数量描述。如①海拔高度可参考地面测点和地形图标高。②相对高度根据相对的立体观察和计量得到，并由此计算地面坡度比降等。③割切深度和密度。在石质山区，特别是黄土区，计量割切深度和密度具有重要意义。

2. 水系格式的判读

在地貌形态的直接判读和解译中，对水系的格式、密度和方向性的研究很重要，它们对很多地貌现象的解释很有帮助。因为水文网的平面展布和轮廓是和地形、岩性、岩层走向、地质构造的特点分不开的。

水体在航片及卫片中均表现为明显的深暗的色调。MSS-7 的影像对水体反映得更为清楚。水系格式历历在目。在假彩色合成卫片中，水体呈蓝至黑色。随着水层厚度的增加，其颜色由蓝逐渐加深至黑色。其在水浅处呈蓝绿色。如水中含有泥沙，其则有棕黄色反映，并随泥沙量的多少而在棕黄色调上也有明显反映。这对于了解水系流经处的岩性很有帮助。

水系的格式主要是指水文网的平面形态，平面轮廓。它们决定地形的特点、岩性成分、岩层状况和构造特征。就地貌解译而言，最重要的是分析由支流汇集而成的组合图形。水系格式常见的如图 1 所示。

1. 树枝状；2. 钳状沟头；3. 格状；4. 格状树枝状；5. 放射状；6. 环状；7. 向心状；8. 倒钩状；9. 菱格状；10. 平行状；11. 交织状；12. 热溶状；13. 羽状；14. 扇状；15. 星状；16. 辫状。

图 1　水系格式

①树枝状水系：发生在岩性均一、土层分布均一、水平沉积岩层或被削平的抗蚀性均匀的结晶岩。目前水系发生在具有平缓坡度的地区。

②钳状沟头水系：发生在花岗岩或基性侵入岩上。上游表现为钳状沟头，它显示水系发生在块状岩石因风化剥蚀形成的圆丘状花岗岩体上。

③格状水系：发生在正交的节理裂隙比较发育的地区，干旱和半干旱地区，裂隙发育的砂岩区，大面积的结晶岩体，水平或缓倾斜的沉积岩区，坚硬稳定岩层中均可形成格状水系。

④格状树枝状水系：多发育在沉积岩褶皱构造区，主流顺软弱岩层面发育，长而平行，两侧的支流主要受节理劈理的控制，短而密集为其特征，另外在变质岩区的“丰”字形水系，也是矩形格状水系的特征。

⑤菱格状水系：多发育在两组平等的其轭扭性节理裂隙发育的灰岩区。

⑥平行状水系：多发生在黏土、页岩、或玄武岩等的倾斜地表，单面山的一侧或海滨平原上。

⑦羽状水系：多发生在红色黄土出露地区，土层中粉砂含量高的黄土平原上。

⑧放射状水系：多发生在火山锥和上开穹隆构造地区。

⑨向心状水系：多发生在盆地和局部沉陷地区。水系向中心汇集。

⑩环状水系：呈环状绕花岗岩体或沉积岩穹隆构造发育。

⑪倒钩状水系：构造影响的结果，或为河流袭夺的结果，支流与主流呈钝角相交。

⑫扇状水系：发育在三角洲，洪积扇上的水系多散开呈扇形。

⑬星状水系：岩溶发育区的水系多呈星状，它们是岩溶漏斗、凹地与地表流水结合而成的图形。

⑭热溶状水系：它是冻土区，地表冻层融化之水汇流而成，流路紊乱不定。

⑮辫状水系：多发育在有游漫型冲积平原，河道变迁不定，水系散乱呈辫状。

3. 岩性解译

地质构造作用构成了地球表面的轮廓，近地面的组成物质（剥蚀区的基岩和堆积区的松散沉积物）直接影响着地貌的发育。反之，对组成物质的认识也有利于对地貌现象和类型的分析。对近地面组成物质的研究（岩性、成因类型等）既是地貌学本身的一项研究内容，也是地貌影像分析中的一个参考要素。

不同的基岩各有其光谱特性，图 2 列举了几种岩石的光谱曲线。一般情况下，从酸性基岩到基性基岩和超基性基岩，其光谱反射率逐渐下降，这种现象和基岩本身的颜色有关。从图 3 中可以看到白色白云质大理岩、淡灰绿色石英砂岩、灰白色大理岩风化石和淡黑色辉石岩的反射光谱曲线。

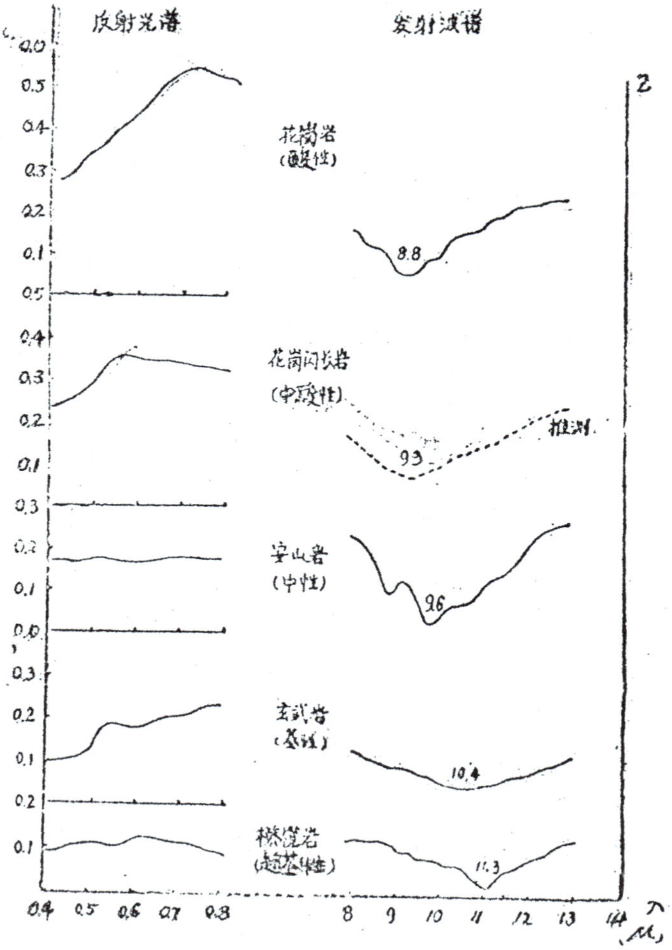

图 2　几种岩浆岩的发射和反射光谱

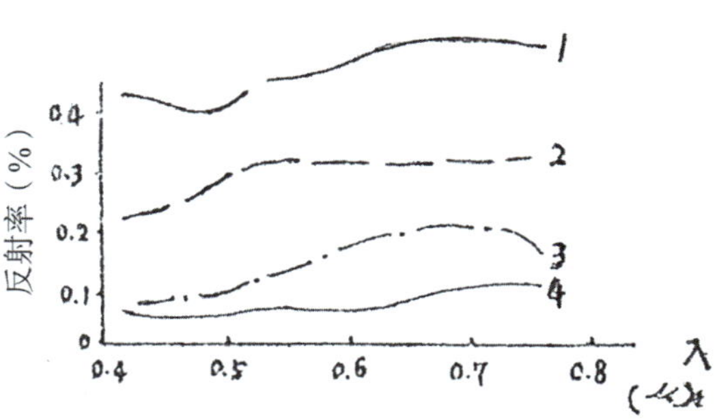

1. 白色白云质大理岩；2. 淡灰绿色石英砂岩；3. 灰白色大理岩风化石；4. 淡黑色辉石岩。

图 3　4 种岩石的反射光谱

反射率高则影像色调明亮，反射率低，色调偏暗。光谱曲线的峰和谷在什么波段出现均可在多波段影像上得到反映。不同岩石的光谱曲线是作岩性解译的基本依据。不同岩性所表现的地形、水系、植被以及影像色调可以参见表 1 和表 2。

表 1　各种岩浆岩的地貌景观特征

岩类		地形	水系	色调	沟谷形态	植被与土地利用
块状花岗岩	湿润区	弯形凸丘	末端弯曲的树枝状，中密	均一灰色调	L1 形谷	林地和耕地
	干旱区	A 形丘	末端弯曲的树枝状细密	浅色调，具有裂痕	少或无	荒地或草地
脉状花岗岩	湿润区	狭窄的线状				
	干旱区	岭脊	无	浅或深	无	天然覆盖
火山		火山锥	放射状 粗到细	暗灰	多变	荒地、天然覆盖
玄武岩流		台地（平地）	平行水系 粗到细	暗色调 有流痕	柔软的 山形	耕地或荒地
熔岩与沉积岩石层		阶梯状山坡	平行水系	条带状	多变	耕地或天然覆盖
火山凝灰岩		兴脊丘	树枝状、细密	模糊的浅灰色	多变	天然覆盖

表 2　各种沉积岩的地貌景观特征

岩性	地形	水系	色调	沟谷形态	植被和土地利用
砂岩					
湿润区 干旱区	块状，陡坡 平顶，桌状	粗树枝状 中、细树枝状	浅 浅（条带）	稀少（V 形） 稀少到没有	林地 荒地
页岩					
湿润区 干旱区	缓丘 圆顶 陡丘	中、细树枝状 粗树枝状	斑点到阴暗 浅（条带）	宽浅（L1 形） 陡壁	耕地 荒地，劣地
灰岩					
湿润区 干旱区 热带	岩溶 平顶 桌状 热带岩熔	地下水系 中、细树枝状 地下水系	斑点（斑块） 浅 均匀浅色调	带白边的 稀少到没有 没有	耕地 荒地 荒地或林地
白云岩					
湿润区 干旱区	互和谷 （与灰岩干旱区特征相似）	中树枝状 同左	浅灰 同左	宽浅 U 形 同左	耕地或林地 同左

续表 2

岩性	地形	水系	色调	沟谷形态	植被和土地利用
珊瑚礁					
热带	阶地状、礁状	地下水多	白到灰	没有	荒地或林地
水平岩层（厚层与互层）					
湿润区 干旱区	阶梯状斜坡 阶梯状斜坡	中粗树枝状 中细树枝状	柔和浅色条带 条带	多变 多变到稀少	耕地或林地 荒地
水平岩层（厚层与互层）					
湿润区 干旱区	均一斜坡 短小阶梯	中树枝状 细树枝状	中灰 模糊到细条带	宽浅 U 形 稀少到没有	耕地和林地 荒地
倾斜岩层（互层）					
湿润区 干旱区	平行的岭脊 锯齿状岭脊	中　条格状 粗　条格状	模糊条带 条带	多变的 多变的	林地和耕地 荒地

26.3.2　地貌的间接解译

地貌是自然景观中的一个因素。不同地貌类型和部位往往有着相应的地形、沉积物质、土壤、水文和水文地质状况、植被和土地利用特点等。在地貌的遥感影像判读中，常常利用土壤、植被等因素与地貌之间的相关关系，间接地对地貌现象进行判读和解译。

1. 地貌判读中的土壤标志的利用

遥感影像的土壤判读比地貌的难度要大得多。这里所说的地貌判读中的土壤标志的利用是指那些易于辨认的土壤标志以间接地判读和解译一些地貌现象。在地面形态变化大的山地和丘陵地貌信息丰富，但是平原地区地形起伏和形态变化小，地貌信息不够丰富的情况下，利用土壤标志作地貌的间接解译，具有特别重要的意义。

①从土壤湿度上的差异所提供的不同信息做地貌的间接判读。干燥的土壤反射绿光的能力较弱，反射红光较强，而反射红外光又居中，所以反射波谱的曲线峰值在红光波段。潮湿的土壤对 4 个波段的反射能力都较弱，且随着湿度的增加而反射强度降低，所以我们可以在遥感影像中能够较好地取得土壤湿度的信息，并用以作为地貌判读的参考。从图 4 的光谱曲线的特性中可以看到，MSS–6 和 MSS–7 所提供的土壤湿度方面的信息显然较 MSS–4 和 MSS–5 丰富。

冲积平原和山间盆地的草甸性土壤的水分状况较好，肥力较高，自然植被或农作物生长较好。在第 6 ～ 7 波段影像上其灰度较地带性土壤增加（非植物生长季节），草甸型土壤在平原上多出现在冲积扇的下部、第一级阶地、河间冲积平原的倾斜低地和内陆盆地的中下部等地貌部位。

沼泽化土壤含水量很多，有机多，色暗，在遥感影像上灰度很高（第 6 ～ 7 波段），容易辨认。此类土壤多出现在扇缘洼地、扇缘交接洼地、河漫滩、河间洼地和盆地底部等地貌类型和部位。

盐渍化土壤植被和作物稀疏，反射率高（第 4 ～ 5 波段），遥感影像的灰度很低，易于辨认。在干旱、半干旱以及半湿润季风区，盐地土壤一般分布的地貌部位是扇缘洼地的外缘、河间倾斜平原的下部、自然堤外洼地等。

②从土壤质地（沉积物的岩性）所提供的信息和影像特征做地貌的间接解译。在冲积平原上，土壤质地的变化十分复杂，在分布上并非杂乱无章，而是和地貌有着明显的相关关系。沙质土壤一般分布在洪积冲积扇的上中部、古河道的河泛地、决口扇形地和河床等地地貌部位。由于所处的地形部位相对较高，组成物质中以浅色石英质砂粒为多，通常水分不足和腐殖质缺乏，所以沙质土壤在各波段的遥感影像上都因反射率高而灰度很低。

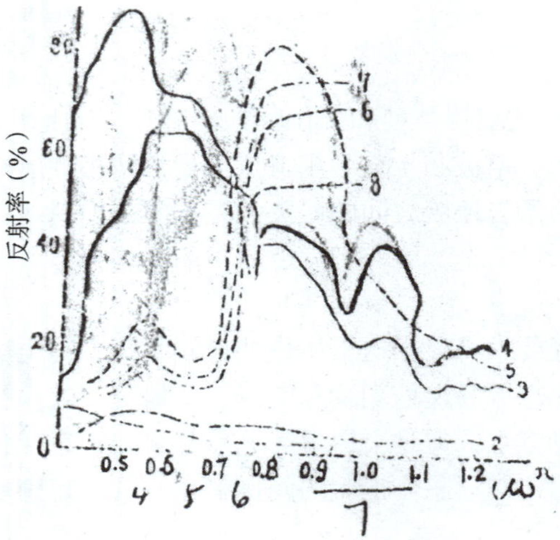

1. 水；2. 湿地；3. 雪；4. 沙漠；5. 小麦；
6. 草地；7. 落叶松；8. 针叶树。

图 4　几种地物的反射光谱

此外，沙质土壤吸收红光较强，对红外光更是强烈吸收，而反射绿光能力最强，反射波谱曲线的峰值在 4 波段。从图 4 中也可看到，在第 4 ～ 5 波段可以较好地区分沙土地与植被，以排除植被对土壤质地解译的干扰。

黏质土壤粒细，反射率高。由于土壤水分状况较好，多为深色矿物和有机质，因此，影像上一般灰度反而较沙质土壤高得多。黏地土壤多分布在扇缘洼地、河间洼地和湖泊沉积区等地貌部位。

③土壤质地在空间分布上的特点反映在影像上的影纹和图形对地貌解译很有参考价值。

在沉积物分选良好的湖盆、黄土、河间洼地等的地面影像表现得色调均匀一致，变化小。某些地貌类型的沉积物的影像图形不均匀，但是呈现有规律的一些形状的组合，如风沙区的各种类型和形状沙丘的组合图形；冰渍物上斑块状与条带状的一定格局所构造的图形；牛轭湖、潟湖等的影像图形比较紊乱和多呈不同弧度的牛轭状图形；洪积和波积物多呈粗糙花斑图形等。

在利用土壤标志作地貌判读中，应当注意：①通过选用不同季节的卫片或航片，消除或利用地面覆盖物的影响。如以了解土壤质地和岩性为主要目的，最好选择干旱和植被稀少的季节的影像；如需了解地貌类型部位和确定其界限，则可利用雨季以后的土壤湿度状况来体现明显差异的季节的影响。②要注意剔除一些人为因素干扰的现象和灌区、水利建筑物（闸等）所引起的土壤湿度状况的差异以及某些植被所反映的条带、斑片等图形等。③不同比例尺的航片和卫片的标志的解译及其效果不是都一样的，但可以互相补充和参照使用。

2. 地貌判读中的植被和土地利用标志的利用

与土壤一样，植被及作物种植和生长情况也是地貌判读中的一个重要标志。在自然景观中，植被对土壤和地貌有着明显的相关性。无论是大区，还是中区以至小区地貌上的变化，多在植被上有所反映。

在山地不仅不同气候带有着不同的植被类型，而且在同一气候带（指水平地带内）植被也有着明显的垂直分带现象。如以我国北方山地为例，山顶部分有高山草甸，其下为针叶林，再往下为针阔叶混交林和阔叶林，进而为森林草原和草原，且阴阳坡不同，不同岩性和坡度的植被也不同。植被对气候（包括小区气候）、岩性、地形、土壤相当灵敏的反映能力是我们可以在地貌判读中充分加以利用的。

同样的，平原上由于地形起伏小，地貌的直接判读信息较少，随着地形的细小变化，土壤质地、水分状况的改变都会引起植被在类型、群落和覆盖度上发生明显的差异。例如，天山北麓的广大平原做地面起伏变化很小，即使比例尺较大的航片也不易辨认，但是植被却在地貌判读中帮了大忙。除低湿的草甸性植被（以芨芨草为主）外，在广阔的黄土平原上，主要有两个植物群落——琵琶柴群落和琐琐群落。这两种群落可以清楚地在航片上辨认，在卫片上也可加以区分。这两种植物群落代表着平原上的两种地貌类型，前者为河间平原，后者为河间洪汙平原。两者的差异在实地上仅从地形起伏和形态上也难以区分。

在农业区常以人工植被（农作物）及田间工程方面的信息在影像中得到反映。有时因人工影响而使问题复杂化和造成错判，但它仍不失为地貌判读中可资利用的标志。尽管人为活动有其主观能动性，可以改造自然的一面，但是在相当大的程度上还会受到自然条件的制约，特别是在遥感“缩宏”以后。一般性的现象（如作物布局、长势等）和特征突出了少数的特殊现象（如人对自然现象的强烈干预）相对地退居到不明显的和次要的位置。此外，某些土地利用方面所提供的地面特征可以为地貌判读提供重要线索。例如，黄淮海平原上古河道密布，不少古河道宽仅百米，这种遗存下的地上或半地上河故道常较两侧地面高出一二米。在田块的布局上则往往随古河道的走向布置而不同于两侧地面，我们可以从航片上田块布置方向的标志中顺利地恢复古河道的分布。

另外，以植物标志作地貌判读的另一个有利之点是遥感影像中的植物信息比较丰富和较易于解译，植物吸收红黄光而绿光的反射力强，对红外光的反射能力更强。其反射波谱曲线的峰值在 MSS-6 和 MSS-7。因此，在假彩色合成片中，植被表现为红色（主要由 MSS-4 的黄色和 MSS-5 的品色合成）。

在假彩色合成片中，针叶常绿林常呈暗红色，色调的季节变异不大。落叶阔叶林及灌丛的红色色调较浅，且随季节变化而变化，由粉红而红而棕红色。不同作物的红色色调也不相同，即在苗期和生长前期色淡，而在成熟期加深，水稻多呈暗红色。红外摄影的相片可对植被做较为详细的判读。利用黑白片和彩色红外片作植被解译的资料整理于表 3。

表 3　黑白航片及红外航片中植被解译特征

群落	种类	垂直构型形态	黑白全色片		近远红外	备注
			色调	圆形		
森林	云杉冷杉松落叶松	圆（浓密）毛茸状球形星射	深、点浓匀（浅黑）中度（灰、深灰）	粒点状（黑色小针点，有稀有密）	紫色、淡紫色	
	桦杨	卵、倒卵	叶面反射光强，色调浅		暗紫色	茶园、果园整齐红条线或红点
灌丛			深灰、随郁闭度而加深	夹细黑点、毛茸状、不平整、灰－深灰	稀疏红色细点，淡红色	
草木植被	草原		中度、复杂（色调均匀）	斑块（变化大）	无颗粒	淡黄、白色、淡草黄色
	荒漠（草原）		淡	斑点（披）		
	草甸		上下之间	上下之间		
	沼泽		色暗微密	黑迹云雾状		可见光域内光谱反射率低

当在地貌判读中利用植被（包括农作物）标志时，应当注意的是，根据各地的物候特征选择影像取得的季节和时间。例如，华北平原在五六月正是小麦黄熟或收割，春至半长势旺盛，而夏末刚刚播种，从影像上可以了解作物的种植和布局的情况。如果是 9 月的影像，假彩色卫片上即会呈现一遍红色。在 9 月下旬的

东北林区，桦树落叶呈金黄色，栎树叶红，而云杉、冷杉和红松等仍表现为深绿色，此时所得的相片可以有明显的反差，自然彩色片和红外彩色片可有更好的解译效果。

26.4 几种常见的地貌类型

26.4.1 构造地貌

地球表面的形态和基本的轮廓和骨架主要是由内力作用所决定的。大陆与海洋、山地和平原、高原和盆地等大的地貌单元均由地壳的构造运动所形成，并在此基础上受各种外力的作用塑造而成现在的形形色色的地貌现象。

影响构造地貌形成的主要因素是：构造运动及其所造成的地貌的基本结构和轮廓；地层及其岩性和外力作用的塑造中。常见的构造地貌简述如下。

1. **水平岩层的构造地貌**

在水平岩层地区，若岩层是软硬相间交互出现，顶部为硬质岩石覆被，经侵蚀剥露后，则表现出明显的水平岩层构造地貌。在广东北部第三纪钙质胶结的红色砂砾岩组成的水平岩层地区，受侵蚀、溶蚀和重力崩塌综合作用的影响而造成陡崖和深谷。峡谷与峡谷之间则是平坦的分水高地。这种地形以韶关丹霞山为典型，故也叫丹霞地形。由水平岩层顶部覆以硬岩层所组成的分水岭地区则成平坦的高原在受到强烈切割后，就会形成桌状台地和方山、悬崖和峡谷等。

2. **单斜构造地貌**

单斜构造地貌可以出现在大的构造盆地边缘或舒缓的穹隆、背斜和向斜构造的侧翼上。当它由软硬岩层交互组成，经侵蚀，剥蚀后就会出现独特的地貌，如单面山和猪背脊等（图 5 和图 6）。

单面山沿岩层走向延伸，两坡不对称，与岩层倾向相反或与层面近乎垂直的一坡短而陡，叫作单面山的前坡。与岩层倾向一致或与层面近乎平行的一坡长而缓，叫作单面山的后坡。

如果岩层倾斜较大，倾角大于 40° 的单斜构造，前坡与后坡角度相差不大所构成的地貌叫猪背脊。

单斜构造地貌多出现于山麓地带。随着岩层倾斜度由大到小，地貌上常常出现由猪背脊—单面山—方山—台地的过渡组合。

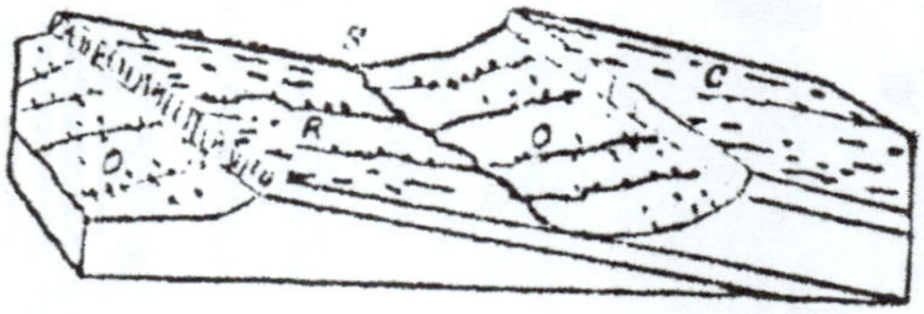

C. 顺向河；S. 次成河；D. 逆向河；R. 再顺向河。

图 5　单斜构造上的水系

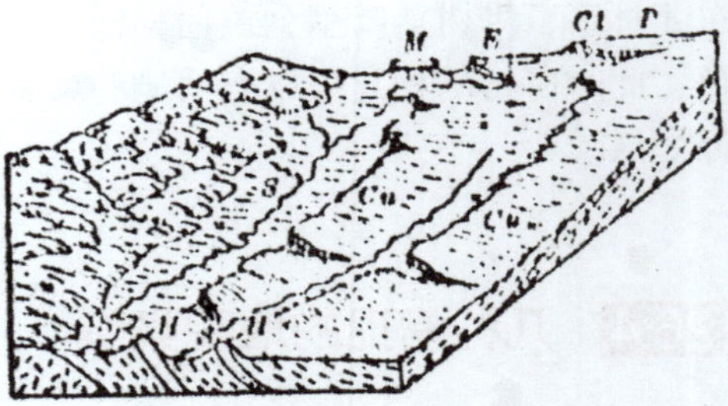

图 6　山麓地带，随着岩层倾角的减小，猪脊背过渡为单面山，单面山再过渡为方山和台地

3. 褶曲构造地貌

褶曲构造地貌主要有背斜山、向斜谷、向斜山和背斜谷。前者通常称为顺地形，后者称为逆地形，也叫倒置地形。所谓倒置地形，即背斜轴部节理发育，侵蚀作用进行得较快，形成背斜谷则成为向斜山。

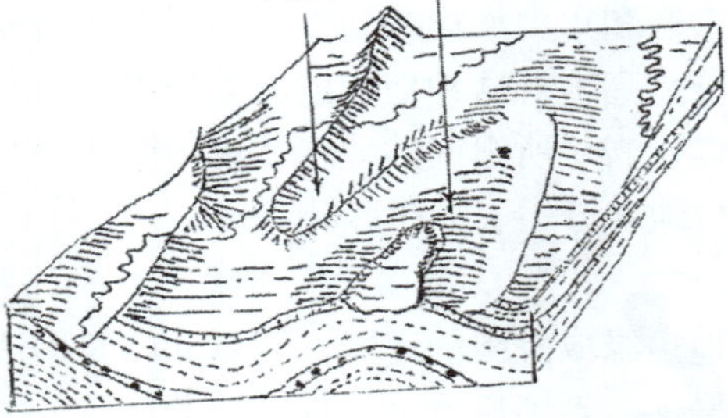

图 7　倾伏褶曲上的之字形

由刚性与塑性岩层交互组成的长而平行的规则褶曲常表现为平行岭谷地貌。在褶曲构造比较年轻时，背斜为岭，向斜为谷。以厚层硬岩为主的梳状构造（向斜宽阔，背斜狭窄）顺地形得以长期保持。

由短轴背斜和短轴向斜组成的倾状褶曲，在地貌上则表现为山脊作“之”字形转折（图 7）。

4. 断层构造地貌

在地质构造运动中，断层发生得很普遍，且与其他构造相伴而生。由于断层的类型和位移的方向不同，在发生断层的地方表现出各组不同的地貌现象。

由于地层受力的方向和大小的不同，形成正断层、逆断层、平移断层和推掩断层等类型（图 8）。通常断层崖的走向线比较平直，随着侵蚀过程的发展，断层崖被分割成不连续的，排列于一线的断层三角面和在山麓带形成一系列的洪积扇。三角面和洪积扇裙是判断断层线的重要证据。

由于断层所在的部位正好是岩层的破碎带，河流常常利用这种软弱地带侵蚀发育成断层谷。河谷两侧的地层不相对应，一岸高陡，一岸低缓。河谷在平面上随着断层线发展，比较顺直（图 9）。

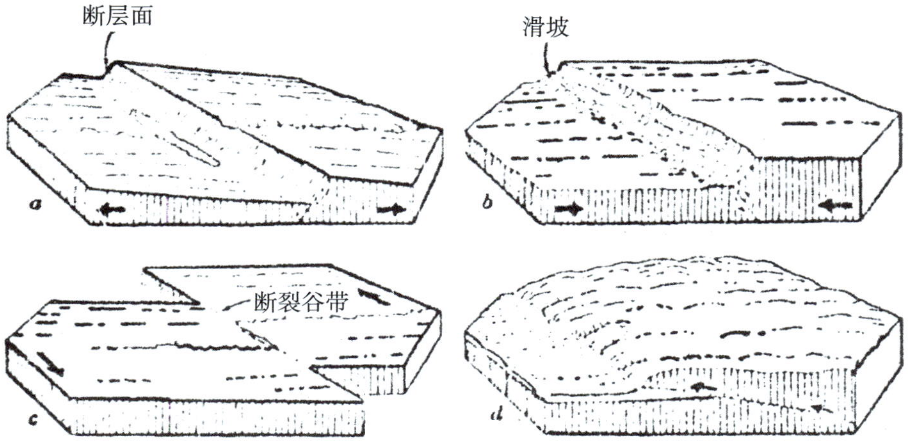

a. 正断层；b. 逆断层；c. 平移断层；d. 推掩断层。

图 8　不同类型断层的地貌表现

断层的出现可以是单一的，也可以是成组的。成组断层使地壳断裂成块，产生梯级构造地貌，如地堑、断裂山、断陷盆地等。

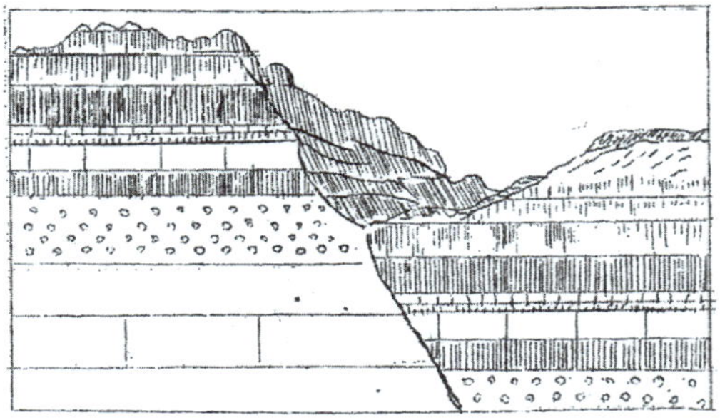

图 9　断层谷

构造地貌在解译上有着许多共同的特点。第一，构造运动是在较大范围内发生的一种宏观现象。它往往在地面上留下一定走向的构造线，并按其构造运动的类型形成有规律分布的不同形式的构造线及其组合。构造线上也常常有着明显的地形变化，如单斜构造的前坡、断层崖、桌状山等。因此，遥感影像上的构造地貌通常都有比较清楚的线性特征。构造线附近地形上的骤然变化所形成的阴影是判认和确定构造线的重要标志。第二，每一种构造地貌均包含其一定的地貌类型的组合，如水平岩层构造地貌的方山、高原、峡谷、悬崖；单斜构造地貌的单面山、猪背脊；断层构造地貌的断层线崖、断层谷、三角面和洪积扇等。构造类型和各组包含的小的地貌类型组合在解译中可以互相印证，互相提供线索。第三，构造地貌是一种宏观现象，因此，多种构造地貌及其类型组合常常可以在影像上多次呈现，这也是构造地貌解译中的一个特点。第四，构造地貌往往是和水系的格式相对应的。我们既可以通过水系格式的分析来判断构造地貌，也可通过构造地貌上的特点来分析水系的格式。另外，要注意对构造地貌中不同岩性的解译。

26.4.2 流水地貌

地表流水是塑造地球表面的最主要和最普遍的一种外力。只要有大气降水和地面坡度，地面流水就会发挥其塑造地貌的作用。在地面水流动过程中，一方面发生侵蚀作用，形成各种形态的流水侵蚀地形，另一方面又将其在侵蚀中所携带的物质沿途堆积，构成各种的流水堆积地貌。山区以侵蚀地貌为主，平原和低地以堆积地貌为主。流水的侵蚀、搬运和堆积作用在地质构造所形成的地形基本轮廓和骨架的基础上塑造了一系列的形形色色的地貌类型。

流水侵蚀和堆积的方式和程度一方面受地质构造及其所形成的地形和岩性的影响，另一方面受各地区的降水状况所控制。当然，植被、土壤和人类活动都发挥其不同的作用，所以地貌在空间上的表现是十分复杂和多种多样的。

1. 山区流水地貌及其解译

山区流水地貌主要有沟谷、坡地、（深）切河曲和阶地等地貌类型。

（1）坡地地貌　坡地上的地面流水以片流和细小股流为主，这种片蚀逐渐减缓山坡的坡度一般是自坡顶到坡的中上部，片蚀强度逐渐增加，以下则逐渐减弱，到坡麓即转化为片流堆积带。

在判读中（主要是航片）可有一些形态标志：①坡地形态有凸坡、凹坡、直线坡、阶梯坡、复和坡等，如干旱区坡形多上凹下凸，湿润区多上凸下凹。②坡麓的片流堆积地带主要有坡积裙和冲出锥。在航片上可以明显看到堆积带与其上的片蚀带之间的界线。③冲沟是由相邻和相对的两坡及其谷底所构成。冲沟的形态主要有 V 形和 U 形两种，取决于岩性和侵蚀发育的阶段。冲沟的平面观察分析内容有沟网的格式（如树枝状、平行状、羽状等），割切的密度和深度，各条冲沟的沟头形态（如黄土类沟头多呈陡坎围椅状，中粗粒岩层沟头多呈缓浅集水盆地状），纵剖面的纵坡及其变化情况等。

坡地地貌的另一种类型是由地面水入渗所形成的暂时性的地下潜流，坡土块体物质内部的摩擦阻力小于其上部的重力而发生整个块体的下滑运动，这种运动在地貌学上称之为滑坡（图 10）。这种情况经常出现在透水性不同的两种岩性的界面上，黄土地区常有所见，有时单个出现，有时成组存在。顶端的新月形裂隙、围椅状陡坎、舌状和表面多横形裂隙的滑坡体、前缘微有翘起的滑坡脚等形状特征均可作为航片上的滑坡判读标志。泥石流、土层蠕动、融冻土溜等也是坡地上常见的地貌现象。

（2）阶地地貌　由于河流下切，河床加深，原来的河漫滩超出一般洪水水面在河谷两侧留下阶梯状的地面通常称之为河流阶地。阶地产生的原因主要是构造运动、气候变迁和基准面的变化。阶地是地质构造运动处于上升时期所出现的一种普遍的流水侵蚀地貌，多见于山地、山麓丘陵和山麓平原。

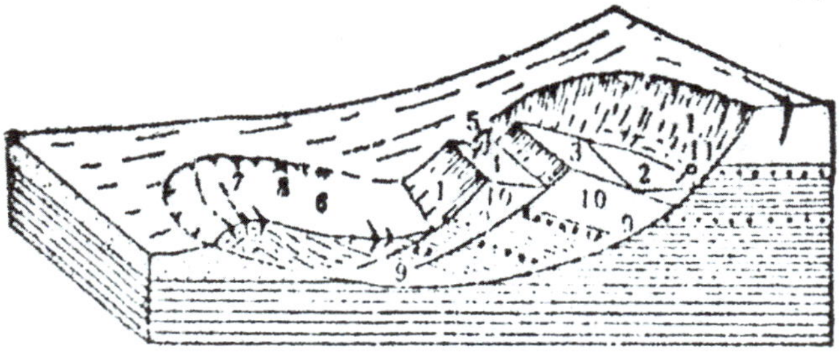

● 块状图

图 10　滑坡

阶地地在航片（大型阶地在卫片上也可判读）上的几何学和光学特征比较明显，可得出较好的判读效果。

①侵蚀阶地。多在构造抬升的山区河流的上中游。阶地的侵蚀面上基岩裸露，其上很少有河流冲积物的覆盖。

②基座阶地的上部是由河流冲击物，下部是由基岩，在河流后期的下切深度超过了原冲积层而深切入基岩所造成的，多见于山区河流的上中游。

③堆积阶地全由河流冲积物构成，多出现在河流的中下游。河床和阶地宽阔在深厚的河流堆积物上，河流侧向侵蚀而成阶地。

④在阶地判读中，首先，利用阶地坎的明显变坡作为轮廓线，勾画出各级阶地的几何学特征。其次，要充分利用色调、阴影和反差上的不同，判读阶地坎的走向和阶地面的特征。侵蚀阶地面的色调取决于基岩的性质，一般色暗。堆积阶地和基座阶地的冲积物一般要求色调均一和色调较淡，色调偏暗。老阶地向两侧展开与坡麓相接，常因流水割切而阶地面比较破碎，有时以残丘陵的形式出现。

2. 山麓流水地貌及其判读

山区地面坡度大，河床纵坡陡，每过大雨，常生洪流。洪流的流量大，水势湍急，携带大量碎屑物质，一经流出山口，河床展宽，河床坡降骤减，洪流携带砂石能力降低，将粗大物质弃存山口。随着出山后流水分散，流速渐减，沉积物质渐细，从而以流水出山口处为顶点，构成一个放射性的扇面，即洪积扇（图 11），顶端最高，向外渐低。洪积扇上部的地面坡度可达 15° ～ 20°，向外渐减，前缘坡

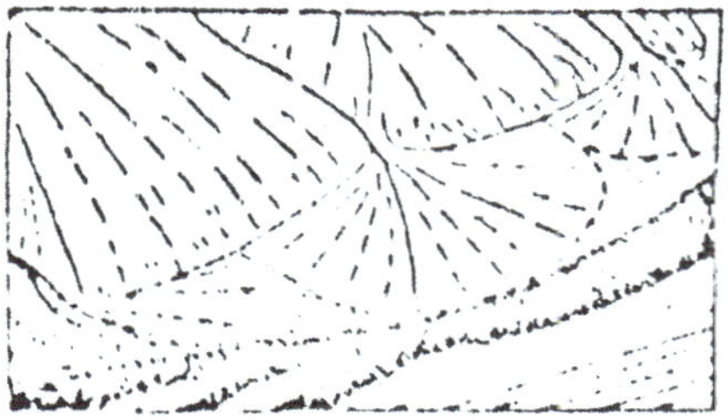

图 11　洪积扇

度仅一二度，河流自扇顶分开或游移，呈放射状。

洪积分选很差，特别是顶部和上部，这是由河水流速骤减砂石俱降导致的。在山地和山前带，一些源流不长，积水面积小仅由阵雨暴洪堆积的为洪积扇。一些较大的河流有经常性水流，洪水期水量很大，其扇形地兼具洪积和冲积的特点，故也称为洪积冲积扇，较一般山地的洪积扇规模要大得多。如华北的滦河、永定河、（滹）沱河、漳河以至黄河等。

受新构造运动的影响，洪积扇常生变形。①垒叠式（图 12a）：洪积扇形成后，山体继续抬升，山前平原相对下降，新形成的扇形地部分覆于老洪积扇的上面。②串珠式（图 12b）：如山体上升规模和幅度较大，新洪积扇形成于老洪积扇的外缘，呈串珠状。③不对称垒叠式（图 12c）：在原洪积扇的两侧山体呈不等量的升降运动，则新的洪积扇轴线向一侧偏移，新老洪积扇不对称地相垒叠。

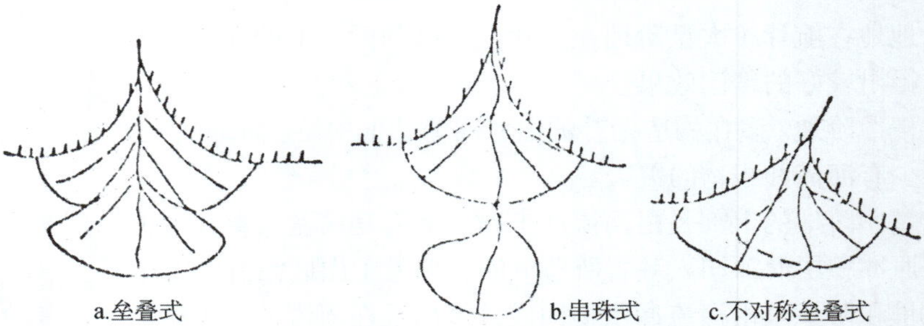

图 12　洪积扇的变形

在从山地向平原过渡的过渡带中，大大小小的山前平原有洪流和经常性水流出山的山口以下，从而形成一个大小不一的洪积扇或洪积冲积扇。它们列置于山麓，组成一系列的洪积冲积扇群，是山前平原的主要组成部分。

在遥感影像上，洪积扇是较易于识别的。其主要原因是其所处空间位置稳定、图形清楚和地貌沉积规律明显。在解译中需要特别注意的是，搞清洪积扇的多种地貌现象及其组合的关系和在影像上的反映。

①以河流出山口，即洪积扇顶端为起点的在扇面上呈放射状的水系及废河道，决口大溜所构成的砂带网络，一般色调浅而明亮。在水系和废河道的砂带网络中所填充的是壤质的河间倾斜平地及以黏土为其特征的河间洼地，随之色调逐渐增深。各种沉积物镶嵌构成一定的花斑状的图形。不同洪积扇的岩性组成和分选程度是不同的，色调上的差异也大小不一。一般是干旱地区的差异小，半干旱、特别是半湿润地区的差异大；花岗岩和片麻岩地区的差异小而黄土等含泥沙量高的地区的差异大。

②注意对不同部位的解译。如扇轴部分和侧翼部分，自顶端往下的不同部位，

即洪积扇的上部、中部和下部。由于在地面坡度、沉积物、地下水状况、土壤、植被上等不同部位，因而都有明显分异，可以充分利用遥感影像所提供的信息加以区分。

③洪积扇扇缘往往具有特殊的地形、水文地质、土壤和植被等，在影像上要注意判读和进一步区分。扇缘多呈洼地形式（扇缘洼地和两扇之间的扇间洼地），地下水位高，干旱半干旱地带常有潜水溢出，以草甸和沼泽的植被和土壤为主，所以扇缘的色调呈深暗色，在 MSS-6 和 MSS-7 卫片上可以较好地加以辨认和区分。

④山麓由于构造运动（包括新构造运动）而使得洪积扇表现出各种叠置和割切现象，因此要十分注意其地文的分析。

3. 平原区流水地貌及其判读

在构造下沉地区，河流以堆积作用为主，即河流将经流山地时所携带的物质堆积于构造下沉区，构成冲积平原（也叫堆积平原）。这里地面平坦开阔，河流多表现为曲流。有时由于受构造作用的影响，某些河段可呈直线或折线形式。冲积平原的河流地貌主要有两种类型，即曲流型和流漫型，以下分述之。

（1）曲流型河流地貌　这种地貌的形成条件是：地质构造下沉地带，地面比降很小，河流含砂量低，流量变化不大和洪水很少漫槽外溢。

河流的作用一方面表现在对凹岸的侵蚀，同时又将一部分泥沙堆积在凸岸。每经过一次洪水就会冲刷一次凹岸，凹岸的曲率加大和增强了下次洪水经过时的环流。在掏蚀凹岸的同时，洪水在凸岸堆积一道砂坝，构成迂回扇（图 13）。随着河流弯曲度不断加大，河流自行截弯取直，被废弃（河水不径流）的弯曲河段被封闭。由于其形同牛轭而被叫作牛轭湖。

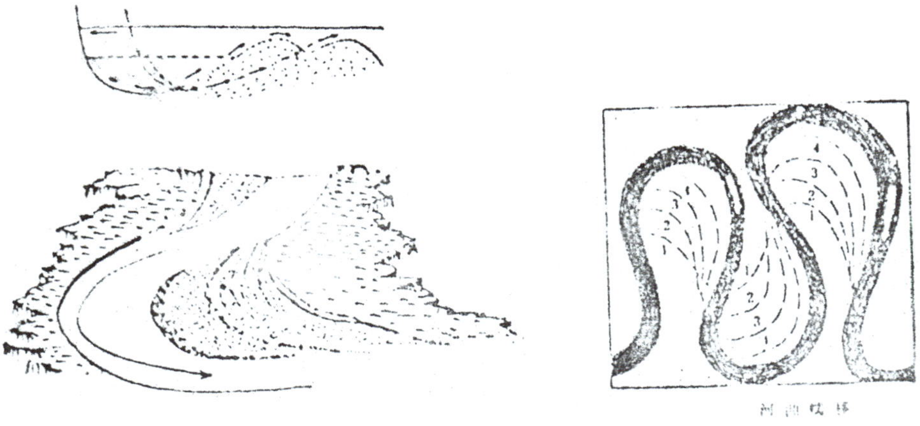

图 13　河岩沙堤的剖面和平面

在曲流型冲积平原上，除自由曲流、砂坝、迂回扇以外，地貌组合中尚有不明显的自然堤和两河之间的泛滥平原，在泛滥平原上也留下了大量的古曲流的痕迹（图 14）。

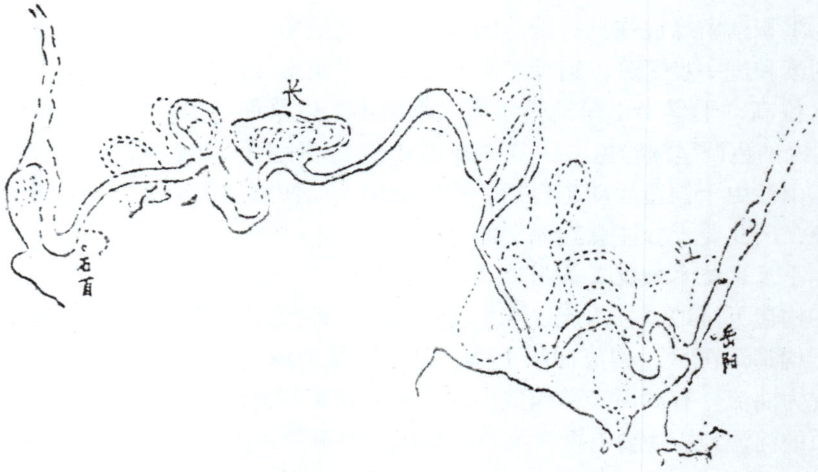

图 14　平原区曲流型河流

自由曲流在航片和卫片上均可明晰可见。砂坝及由砂坝组成的迂回扇在航片上表现为一条明暗相间的弧形条带。牛轭湖不仅形象易辨，而且废迂回扇下部及河槽低洼处积水在影像上的色调均比周围地面深暗得多。在泛滥平原上的土地尽管人为改造，辟为良田，但是在航片和红外片上曲流的许多痕迹，特别是牛轭湖仍有明显迹象。

（2）游漫型河流地貌　游漫型河流地貌的形成条件是：河水含泥沙量很高，雨量较大而集中，河水流量变幅很大，河床连年淤积垫高，河槽及两侧自然堤高出于两侧地面，构成地上河。由于地上河河槽高出两岸地面，一旦洪水泛滥和决口漫溢，就易形成新的河床。河流游移改道频繁，造成冲积平原上新老地上河床纵横交错，网络密布，有时主河道不能归槽改道低处。我国的黄淮海平原即为一个广阔的以黄河为代表的游漫型河流所构成的冲积平原。游漫型河流地貌的主要类型及其组合是河床、自然堤、决口扇形地、背河洼地、河间倾斜平面和河间洼地（碟形、槽形）可参见图 15。

河床的流水和河床冲积沙在影像上是易于识别的。航片上还可清楚看出不同游移和扩展方向的江心洲。自然堤的地势相对较高，以沙质土为主，影像上列布河流两侧，色调浅淡。决口扇形地则在自然堤的某一点上（决口处）向外侧散布出一个扇形地。顶端质粗在影像上多为一亮点，以下色调渐淡。背河洼地一般呈断续的条状列于自然堤外侧，因低洼地湿而色调较暗。背河洼地多出现于较大河流的两侧，中小河流一般无明显的背河洼地。

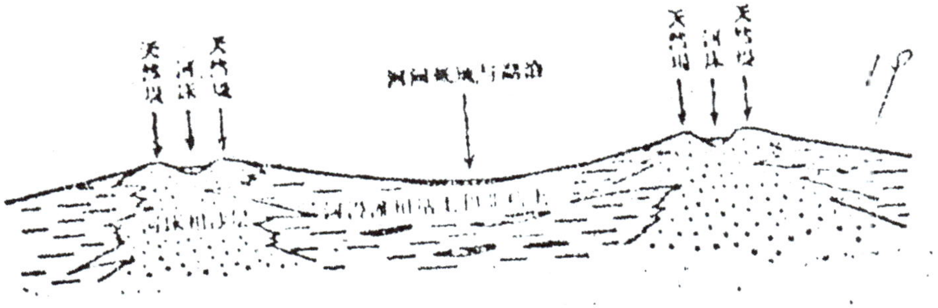

图 15 天然堤和河间洼地

两河或古河道间的倾斜平原是冲积平原的主体部分，地势比较平坦开阔，影像上色调均匀和向其他地貌类型在色调上逐渐过渡。由河间槽形成的碟形洼地多为黏土质组成，土壤颜色较深，且多潮湿和作物生长较好，故影像上色调暗而均匀。

在游漫型河流地貌的判读中，要抓住河道及古河道，以此为线索，进一步做其他地貌现象的分析。

平原区的地形、植物和土壤等自然条件的变化比山区为小，故在判读上的难度高于山区。但是只要能掌握多种地貌类型部位在空间上的组合和影像上造型的特点以及在影像中几何学和光学上的特征，即可做出相当可靠的判断。当然，这必须与地面工作（特别是抽样调查）结合和解译者的经验密切相关。虽然不同地貌类型和沉积物的地物光谱特征已经累积了一些资料，但仍处于初期阶段，我国在这方面的工作才是刚刚开始。

26.4.3 地貌的成因类型分类

在地貌的成因类型分类中，冰川地貌、黄土地貌、风沙地貌等将通过幻灯片做课堂介绍。

1. **外生地貌类**

外生地貌类如表 4 所列。

表 4 外生地貌类

重力作用形成的	崩塌剥蚀坡 滑坡围谷 滑坡阶梯 重力陡坎	岩屑堆积坡 岩屑锥 滑坡　滑坡体 滑坡流　滑坡浅凹地 丘状滑坡　滑坡堤 崩离体　土屑蠕动 泥石流　倒石堆

续表 4

流水作用形成的	坡面冲刷坡 浅凹地 集水漏斗 侵蚀沟、纹沟、细沟、犁沟、切沟、冲沟、坳沟 河床、干河床、峡谷 深槽、跌水、离堆山、基岩坎 河成凸岸和凹岸、牛轭湖、三角湾 侵蚀阶地、基座阶地、曲流阶地 先成河段、风口、袭夺湾	坡积裙 坡积斜坡 冲出锥 洪积扇 洪积阶地 浅滩（边滩、心滩）沙滩、河漫滩（弓形的、迁移的、岛状的、堤状的） 滨河床砂坝 三角洲（扇状的、鸟爪状的、鸟嘴状的、三角湾的） 堆积阶地
喀斯特作用形成的	石芽（尖脊式、车轨式、石林式)、石芽地 溶沟、溶沟源 漏斗（坍陷的、渗透的、表面淋溶的、潜蚀的） 竖井、落水洞、溶蚀洼地 坡立谷（坡立谷凹地或盆地坍陷碟形地、湿陷浅凹地） 干谷、盲沟、盲谷 潜蚀洞、地下潜蚀沟 峰林（锥状、塔状、单斜状） 溶洞（管道状、水平的、袋状的、长廊状地下厅、多层的） 地下河	石钟（乳） 石（荀） 石柱 石幕或石幔
冰川和冰水作用形成的	冰斗、刃脊、角峰、悬谷 冰槽谷、槽谷肩和斜坡 刨蚀盆、羊背石、磨光面 冰水径流浅沟 冰水侵蚀凹地 锅穴	前碛堤（终碛堤)、冰碛阶地 鼓丘、冰碛垄、冰碛丘、冰碛垄岗 冰碛垄间凹地、冰碛浅凹地 冰碛堰塞湖盆、鼓丘间凹地 冰川漂砾 冰水扇、外冲平原冰砾阜、冰砾阜阶地 蛇丘
冰融作用形成的	冰楔、裂隙 冻丘、泥炭丘、坟丘、（土丘）冰核丘 秃峰或冰冻风化残丘 冻蚀凹地 雪蚀凹地 土溜剥蚀坡 热喀斯特漏斗 热喀斯特沉陷盆地	石海、石川、山顶砾块 冰锥 冰丘 网状土（环形、网形、多边形、条带性） 石环、石带 冻融夷平台 土溜堆积坡

续表 4

冰雪、土溜和重力综合作用形成的	冰雪剥蚀坡 雪融围谷和漏斗 雪崩槽、冰雪夷平台 雪蚀风化残丘 冰雪悬崖	冰雪堆积坡、雪水坠石堆积坡 雪、土溜蠕动堆积坡 雪崩锥、雪崩堆积
风力作用形成的	石窝、风蚀垄岗 风蚀残丘、风蚀柱 风蚀残墩 风蚀蘑菇、雅丹、风蚀槽 风蚀凹地、风蚀浅沟、风蚀谷	沙丘、沙舌、盾状沙饼 沙堆、草丛沙堆、灌丛沙堆 新（月）形沙丘、新月形沙丘链 横向沙垄、纵向沙垄 格状沙地、金字塔形沙丘 抛物线形沙丘、环状和矛状沙丘
风、流水和重力综合作用形成的	劣地 山足面（山前夷平面） 山前剥蚀残丘 沙漠风化残丘或岛山 流水 – 风蚀凹地、干谷 泥石流谷地 风蚀 – 重力坡、片蚀浅沟 风化壳蠕动与冲刷坡 龟裂地、黄土桥、黄土碟、黄土陷穴	泥石流锥 山麓裙 沙漠岩漆或结皮 岩漠、沙漠（岩屑准或戈壁） 沙漠、泥漠
海、湖水作用形成的	海蚀穴、海蚀崖 海蚀穹、海蚀残丘（柱） 海蚀台（海蚀阶地） 海蚀水下斜坡 水下岩脊、涨落潮流沟道 热蚀崖、湖蚀阶地 盐沿地、泻湖底	水下岸坝、海滩、滨岸堤 贝壳堤、离岸坝、拦湾坝、连岛坝 海积阶地 海积水下斜坡 沙嘴、箭状沙嘴、环形沙嘴 泥滩岸、湿地岸
生物作用形成的	土拨鼠穴	珊瑚礁（环礁、堡礁） 泥炭沼泽草丘 盐沿草丛草丘 河漫滩草地

2. **内生地貌类**

内生地貌类如表 5 所列。

表 5　内生地貌类

直接由新构造运动形成的	短背斜高地 背斜高地 地垒高地 盐丘高地 构造断层崖（三角面）	短倾斜凹地 向斜凹地 地堑凹地

续表 5

直接反映古构造的	剥露的岩层面 要沉积岩或岩浆岩保护的构造面 构造阶梯、断层线崖 剥露的侵入岩体（岩基、岩盘、岩脉、岩颈、岩墙） 猪背脊、单面山、方山	断层谷 断层沟
火山作用形成的	火山口、马蹄形火山口 火山濑 熔岩槽 熔岩洞 喷气孔	火山锥、寄生火山锥 火山渣锥 盾状火山、马蹄形火山 熔岩石、熔岩流、熔岩柱 熔岩高地、熔岩垄岗 波状或多孔熔岩石 火山弹、火山沙砾、火山灰
泥火山作用形成的	泥火山热泉	泥火山、泥火山丘 泥火山锥 泥水火山原

3. **人为地貌类**

人为地貌类如表 6 所列。

表 6　人为地貌类

人类形成的	露天采矿场、矿井口 运河、渠道、梯田 土坑、石坑、坑道 浅井、钻孔 路堑	土堆、石堆 路堤、河堤、拦河坝 防坡堤、丁坝 古代城（墙）及建筑物废墟、居民点（城镇村）塔、史前遗迹

26.5　地貌解译中的一些工作方法问题

在地貌解译中，有的遥感影像所提供的信息是直接用作地貌解译，有的是通过相关分析，对地貌做间接的解译。地貌解译的一般过程是影像（或相片）的增强—影像解译—综合分析—解译结果。具体内容和程度如图 16 所列。

26.5.1　在地貌解译中，要注意区分不同气候带在地貌形成和演化上的差异

如果地质构造和岩性相同，但处于不同的气候带，则其在外部形态上可表现出很大差异。如石灰岩在湿润区有喀斯特地貌现象，干旱区即不出现这种现象。风沙地貌、黄土地貌以及流水地貌等都深受气候因素的影响和制约。

26.5.2 任何一种地貌现象和类型总是在一定的时空条件下有规律和有关的地貌现象类型相伴而生，以地貌组合的形式而存在的

例如，断层、褶皱等每个构造地貌都有其各自的地貌现象和类型的组合。冲积平原上的曲流型地貌和游漫型也各有其组合形式。我们就可以更加自觉地运用地貌学的理论知识和客观上的这种规律所提供的线索来指导我们做地貌解译。

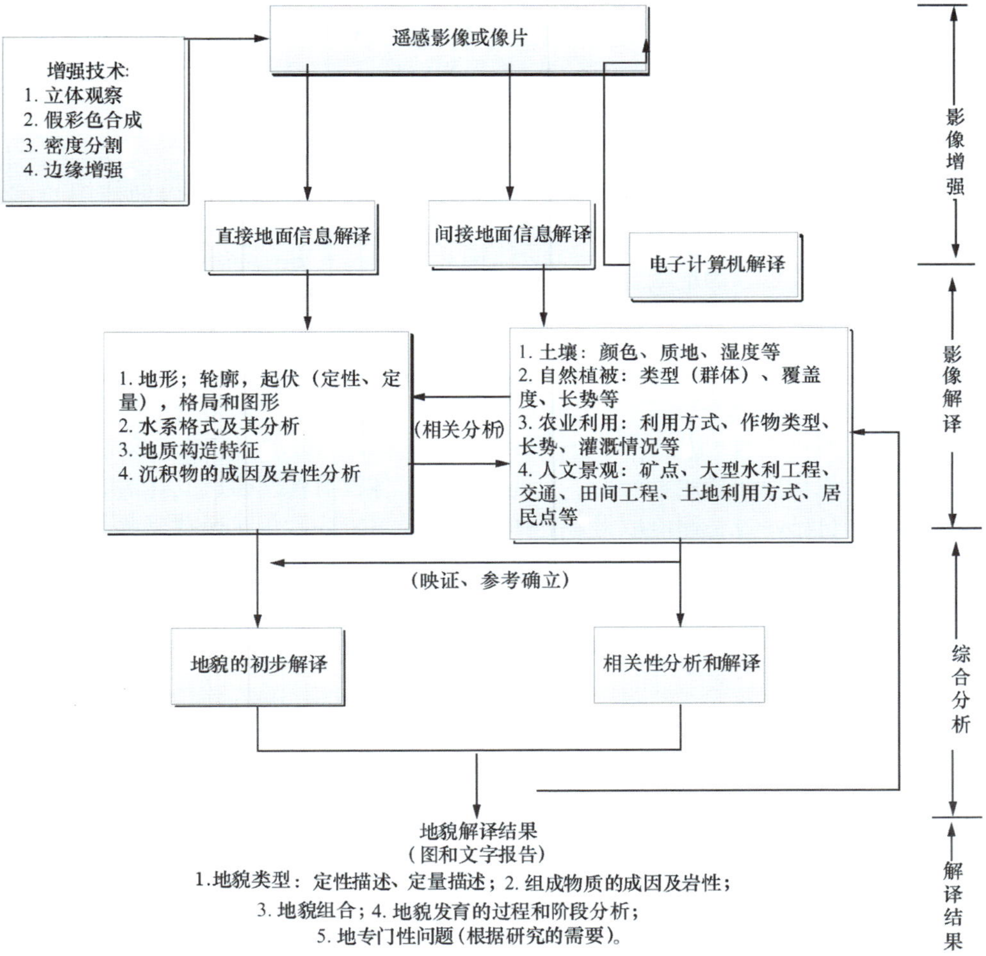

图 16　地貌解译注释

26.5.3　在地貌解译中，要注意对地貌发育过程和阶段的分析

这不仅是地貌学和景观学的重要研究内容，而且在地貌解译中常常会遇到同样的地貌类型（气候和地质构造、岩性条件也相近）。由于所处的发育阶段不同，其外部形态特征存在很大差异。如黄土地貌中的塬、墚、(峁)、流水地形中的 V 形谷和 U 形谷，风沙地形中的砂新月形沙丘和沙垅等均属此种情况。

26.5.4　对工作地区的多种遥感资料以及地质、地形、土壤、植被、水文、水文地质等图幅和资料应当尽量收集

在做地貌解译前和过程中，熟悉和分析这些资料对解译工作的质量和进度有很大帮助。当然，通过地貌的解译又可进一步丰富、深化和订正已有的某些资料。

26.5.5　在地貌解译中，地形图具有十分重要的地位

①一般提供解译的影像和相片是未经纠正的，最后成图需以地形图为据；②地形图提供了地形高程，这是地貌的定量分析不可缺少的；③地形图本身可以帮助进行地貌分析，为地貌解译提供资料和线索。④地形图上的许多地物标志可为解译工作提供很多方便。

26.5.6　充分进行立体观察

在航片解译中要利用像对反复做立体观察分析（利用立体镜）。如果具备条件，重点地貌现象应做定量研究。目前的卫星影像没有像对供作立体观察用，可将阴影朝向自己一方，即能取得正立体效果，也可以先找出某个或某些已知的沟谷以取得正立体像，以此推导到全片做正立体观察。要注意的是，不要以反立体观察而错判。

26.5.7　在地貌解译中，对各种遥感影像的解译要先易后难，先整体后局部，先清楚（指影像）后模糊，先外部特征后组成物质

要从“已知”“未知”，从熟悉到不熟悉，先从自己到过或熟悉的地方开始，模糊影像与实地现象的相关关系，然后再推导到那些不熟悉的地方或类型。

26.5.8　必须进行野外验证

遥感影像虽然具有视野广、信息丰富等不可比拟的优点，但是绝不能全部代替野外工作。相反，如果没有充足的野外验证工作，室内地貌解译结果得不到最后的确认。当然，野外验证不是对所有地貌现象和每条界线的实地检查，而是做典型抽象分析。一般着重于在以下方面进行野外验证：①对于重要的、经常出

现的地貌现象在野外选一二处典型地貌做重点分析，进一步弄清影像与实地的相关关系。②对把握性不大，有疑问的地段做野外验证。③对具有重要理论和实际意义的地貌现象需进行野外观察工作。④在相关分析（间接的古信息）中具有重要意义的地区和现象做野外验证。⑤需采取标本和做地面摄影的地段要进行野外工作。

26.5.9 在地貌解译中，要注意排除某些干扰，以免造成错判

如 MSS-7 中的植物和砂地往往容易混同，区分工程蓄水所引起的土壤湿度状况与不同地貌类型和部位的土壤湿度状况，分析岩性时植被的干扰等。

26.5.10 在地貌解译中，解译者的广泛知识和丰富的经验起着十分重要的作用

另外，熟悉解译地区的情况或对某些地貌观察研究较多均可在解译中发挥很大作用，可以大大提高解译的质量和速度。

27 我国农业的信息化改造

【本文写作背景】

在参与“农业遥感”教学的基础上，1983 年《文集》作者与几位青年教师联合写作了“农业资源系统——一项信息革命中的新技术”文章。10 年后，《文集》作者又参加了国家 21 世纪高技术发展计划（“S-863”计划）战略研究，有机会广泛接触信息技术，大开了眼界。作为农学家的作者，像一块干涸的海绵，尽力汲取信息科技乳汁的营养。在 1996 年中国工程院召开院士大会期间，《文集》作者做了题为“我国农业的信息化改造”的讲演，后形成文字。文中阐述了信息化是社会和技术发展的大趋势、信息技术对传统产业的改造、信息技术在农业上的特殊意义、信息技术在农业领域的应用现况，以及对发展中国农业信息技术的思考。

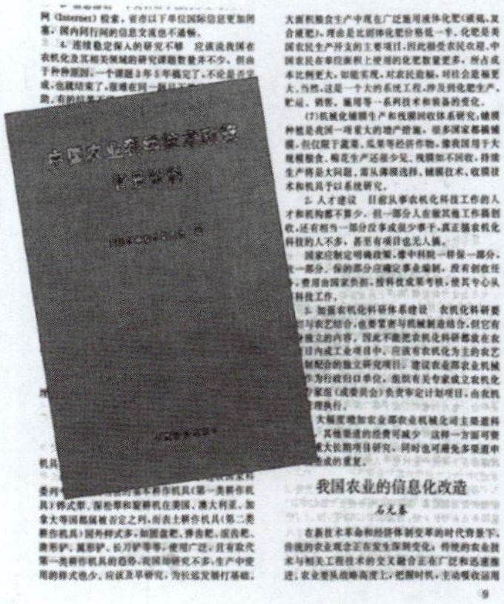
我国农业的信息化改造

在新技术革命和经济体制变革的时代背景下，传统的农业观念正在发生深刻变化，传统的农业技术与相关工程技术的交叉融合正在广泛和迅速推进。农业要从战略高度上把握时机，主动吸收和运用相关的先进工程技术，加速自身的改造、提高和现代化进程。对于相关产业和工程技术而言，这也是一个寻求对农业领域的支持和向农业领域开拓和得到自身发展的良好机遇。因此，促进和正确引导这种双向的互动和结合无疑是十分重要和有益的。本文仅就引用信息技术改造我国传统农业的问题谈一些粗浅看法。

27.1 信息化——社会和技术发展的大趋势

信息技术在 20 世纪 60 年代开始崭露头角，20 世纪 80 年代大发展，20 世纪

90 年代形成高潮。美国的信息高速公路和 NII 国家信息行动计划、欧共体的《信息研究和技术发展总体规划》、日本的《支撑 21 世纪日本未来的技术》、韩国的《G–7 高技术发展计划》等纷纷出台，已形成汹涌澎湃之势。面对“新的工业革命”“信息型经济”“全球信息社会”“信息技术对传统产业的全面改造”、提供“新的思维、学习、工作和生活方式”等一系列新的观念和发展态势，各个产业和技术领域以及个人和家庭都要面对这个时代的挑战和做出自己的选择。

世界上第一个信息网络（ARPANET）于 1969 年产生在美国。美国现有 1.3 万个以上的信息网络，涉及军事、海洋、气象、能源、科研、教育等各种专业领域以及许多地区性和大学校园网等独立单位，20 世纪 80 年代开始形成全国性的 Internet 网。1994 年，全世界已有信息网络 2.14 万个。信息技术发展的基础是计算机和通信技术，而软件技术日益成为信息技术发展的核心和重要的驱动力。1994 年世界软件销售额为 774 亿美元，预计到 2000 年年增长率可保持在 17% 的水平。

随着微电子、大规模集成电路、高性能计算机、网络、信号处理和软件等技术日新月异的发展。其在信息技术在传输上向着高速、宽带、大容量、多功能和网络化的方向发展；在服务上向着多媒体、多样化、智能化和自动化方向发展；在用户上向着家庭、个人和社会化的方向发展。汪成为认为，计算机和信息技术发展的趋势是“从人围绕机器转发展为机器围绕着人转，以专业用户为主发展为以非专业用户为主，以硬件利润为主发展为以软件利润为主”。

27.2 信息技术对传统产业的改造

重大和关键技术的突破性进展必将引发全面性的生产方式变革，蒸汽机和纺织机导致了第一次产业革命；电力和电机引起了第二次产业革命以及原子能和有机化工带来了第三次产业革命。20 世纪后半叶，以计算机和信息技术为主导的新技术革命又掀起了一次新的产业革命，日益广泛地推动和改造着各个传统产业以至个人的工作、生活和思维方式。

我国的信息技术起步较晚。但近 10 年，信息基础设施和设备制造业、通信和广播电视业发展很快，信息服务企业增长 7 倍，营业额增长 12 倍，以 50% 的速率增长。2000 年，将建成覆盖全国的光缆干线网。1995 年个人用 PC 机的销售额占总销售额的 20%，各种信息通道和媒体逐渐进入家庭。目前，统计、银行、财税、邮电、电力、铁路、民航、海关和气象等 9 个国家信息服务系统已经建成；医学信息网（CHINET）和教育和科研计算机网（CERNET）已经建成和开始启动；中文信息处理和编辑排版技术的发展使我国印刷出版业结束了几千年铅与火的历史；CIMS 技术已在机械、航空、纺织企业试点取得重大进展，对传统制造业的改造将日益发挥重大作用；计算机辅助设计（CAD）全国大中型建筑设计院已经普及，替代了 90% 以上的计算工作量、50% 左右的设计和 25% 的绘图工作量，改变了工程设计与管理的传统工作方式；企业管理信息系统（MIS）在航空、造船等大中型骨干企业已相当普及；武汉大学“华软”的系列多媒体智能教育软件带来教学思想和方法的变革；为推动国家经济的信息化发展，先后启动了金桥、金卡、金关、金税等“金”字工程，信息技术对传统产业的改造在我国已经形成一股强劲的势头。面对历史的挑战和机遇，农业将如何应对和做出自己的选择？这是众所关切的。

27.3 信息技术在农业上的特殊意义

农业是从事生物性生产的产业。生产对象是有生命的生物体，生产条件和资料是生物体本身、光、热、水、土、气等自然资源以及人为地对生产对象、生产条件和生产资料的改善。因而，农业涉及的因素极其繁多复杂，且时空差异和变异性大，气象和病虫灾害频繁，生产稳定性和可控程度差。农业自身的这些特点决定了对信息的极大需求和依赖。其一，农业生产的地域辽阔生产个体的规模很小、高度分散以及面对着复杂多变的国内和国际大市场，生产者和各级领导都迫切需要信息的支持。其二,一些农业技术经验性强，数量化、集成化和规范化程度较低，无疑，智能化信息技术将有利于它们的集成、量化、规范和提高其科学性和实用性。其三，农业生产上的复杂性和区域性决定了必须有一个健全而庞大的推广体系。信息技术可以为此推广体系和广大推广人员提供最先进的工具和全新的武装，以大大促进农业技术成果的转化和生产的发展。

自 19 世纪末以来，农业形成了自己的育种技术、施肥技术、灌溉技术、植保技术和机械技术等技术体系。近一二十年，生物技术的出现和在农业上的应用日益广泛和深刻地影响和推动着农业生产的发展。信息技术也必将如生物技术般地为农业带来革命性的变化和光辉前景。在农业技术大家族中，又增加了生机勃勃的年轻的一员。生物技术、信息技术以及传统农业技术的全面发展和提高将成为 21 世纪现代农业的强大技术支柱。

27.4 信息技术在农业领域的应用现状

信息系统包括信息源（信息获取、数据库）、信息处理、信息传输与交换以及信息终端设备。农业中应用的主要信息技术有计算机、信息储存和处理、通信、网络、人工智能、多媒体、遥感、地理信息系统等。

27.4.1 农业信息网络

首先得到发展的农业科技文献领域已形成全球信息网络。其主要有 BIOSIS、CAB、AGRIS、AGRICOLA、IFIS，有来自 1 200 多种的农业期刊的年约 30 万篇文章入网。我国已引用的有 CABI、AGRIS 和 AGRICOLA 网络系统，在近 50 个城市开通了国际联机检索服务。目前，发达国家的农民可以远程直接存取大型数据库和信息网络中的信息资源。世界最大的农业中心网络系统是美国内布拉斯加大学的 AGNET 联机网络，现有这类系统数十家。美国农业部的信息资源管理办公室负责搜集、整理、分析和发布农业信息，3 600 个农业信息站点遍布世界。欧洲的农业网络已进入实用阶段，多为可视图文系统（Videotex）。日本农林系统建立了通过日电信电话公司承办的全国病虫害监测预报防治信息网，还普遍借助公众电话网、专用通讯网、无线寻呼网、气象情报网、个人计算机用户等提供农业信息服务。各农林部门多已进入 Internet。

自 1994 年开始农业部筹建农业信息网络，现已初具规模。基础设施是以 ALPHA-7710 为主机，开通了 5 000 门程控电话并进入 Internet。网络覆盖范围是部内、有关部委间、各省农业厅、约百个县和农副产品市场。信息服务的主要内容是为部司领导决策提供农业生产信息、农业灾害预警信息、农产品 / 生产资料的市场信息以及国内国际贸易信息等。

27.4.2 农业专家系统

自 20 世纪 70 年代以来，荷兰对农业的一些复杂因素和过程进行了数字模拟和建模的研究。荷兰多进行作物生长发育过程的建模，如 MACROS 模型。美国重视作物生产管理的模型化研究，如小麦、玉米等主要作物生产管理的 CERES 系统以及美国农业部组织的 GOSSYM 棉花生产管理专家系统。此外，灌溉、施肥、植物保护等农业专家系统也取得较好进展。自 20 世纪 80 年代中期以来，我国少数高校和研究院所开始了农业专家系统的研究，水稻、小麦和玉米生产技术管理专家系统比较成熟，另外，在作物引种、施肥、土地管理、畜禽生产经营管理等的专家系统方面也做了工作。我国在这个领域已有一定基础和水平技术接近实用化，但尚未开发利用。

27.4.3 信息采集和处理

由于农业具有很强的区域性和实时性，遥感技术（RS）和地理信息系统技术（GIS）是实时获取和处理信息的手段。RS、GIS 主要用于及时掌握作物种植、生长、产量状况、气象和病虫灾害监测预报。发达国家已有十多年这方面的应用经验。我国的此项技术具国际先进水平，但限于条件，实用化程度不高。

27.5 农业信息的类型和用户

信息是一个总和的概念。对一个具体的领域，全面和具体把握本领域信息的内容、类型和不同的用户是十分重要的。农业信息类型的划分既要根据内容，又要考虑用户的不同和技术上的特点。据此，其类型和内容可划分如下。

①生产信息（生产资料、市场、政策、实用技术等）。

②生产状况信息（作物种植和生长状况、作物估产、自然和病虫灾害监测和预警、畜禽养殖状况、疫情及防疫情况等）。

③科技文献信息。

④数据库和手册性信息（资源 / 环境 / 区划、农业机构、农业知识 / 教科书、动植物检疫、农业政策 / 法律等）。

⑤智能信息——农业专家系统（AES）。

◎农业生产技术专家系统（作物生产技术综合管理 AES、作物生产管理 AES）。

◎农业生产经营管理专家系统（种植业、养殖业、农场 / 农家）。

◎监测预报专家系统（资源 / 环境 / 灾害、生产 / 市场 / 贸易）。

前三种类型的实时 / 动态性很强，后两种类型则有着相对的稳定性。表 1 列述了 6 种类型的用户和主要传递技术。

表 1　6 种类型的用户和主要传递技术

用户	生产信息	状况信息	手册信息	文献信息	智能信息
1. 生产者（2 亿人）	★★		★		★
2. 推广人员（120 万人）	★★	★	★★	★	★★
3. 研究人员（10 万人）	★	★	★	★★★	★★
4. 教师（4 万人）	★	★	★★	★★★	★★★
5. 在校学生（30 万人）	★		★★	★★	★★★
6. 各级领导（6 万人）	★	★★★	★★	★	★
主要传递技术	网络	网络	P、PD、光	网、光、P	P、PD、光

农业信息技术有利于各级领导对农业的宏观决策和指导，有利于提高生产者组织管理生产的能力和减少自然灾害可能造成的损失和市场的风险，有利于使分

散、不规范和经验性的农业技术集成、量化、规范和提高其科学性和实用性，有利于提高农业推广人员的业务水平和掌握先进的推广手段，有利于推进科技成果转化，有利于农业教育和农业科技知识的传播，有利于提高农业研究和教育人员的效率、质量和水平。

27.6 对发展我国农业信息技术的思考

农业具有地域辽阔、区域性强和生产个体分散的特点，如多目标、多用途和多类用户，因此，信息传递方式和技术既要强调网络化，又要重视发挥 PC 机、PDA 机和高密度光盘的灵活性和分散化传递工具所具有的优势。此外，网络化的建设需要强大的资金支持和较长的时间，随着网络的发展，PC 机和 PDA 机等可入网运行。根据我国情况，在相当长的一段时间内，以 PC 机、PDA 机、高密度光盘为主的分散化的信息传递工具仍将发挥重要作用。

考虑到农区广阔分散，尽量利用国内已有和将建的各类网络系统（电话通信网络、图文电视、公用数据网等），采用统一数据标准与规范，提供标准网络接口。在利用我国光纤通信传输主干的同时，卫星通信网络技术（VSAT 系统技术）对农业信息传输具有很大实用性。在分散化传递技术以及网络终端中应广泛采用多媒体技术。

当前，农业系统中的各类人群在不同程度上的信息意识和接受能力不强。因此，在发展我国的农业信息技术中，必须用“引导发展”的方针，政府在资金、政策、管理和宣传上采取有力措施，同时，必须坚持以市场需求为导向，以用户为目标，大力开发用户。重“修路”“造车”而轻开发用户既失却目标，又无效益可言，这是农业信息建设中的大忌。

农业信息系统的建设，特别是综合农业信息网基础数据库和各类实时监测系统的建设，应为国家目标和政府行为。由于国家大，农业地域性强，应把省级网放在突出位置。

充分发挥社会主义市场经济及企业机制的优势，大力扶持各类农业信息产业，特别是农业软件产业的发展。农业专家要主动和积极参加农业专家系统的软件开发。

农业信息技术是综合性很强，学科交叉跨度很大的一项专门技术。这个系统的基础设施建设和管理、信息的采集处理和分析、产业化开发和用户培训服务等都需要有一支训练有素的专门队伍，这是农业信息系统建设的重要基础。北京农业大学在 1993 年成立了我国第一个农业信息和计算机系。

农业信息系统的建立是一项十分重要，关系农业全局的大事，需要尽快提到议事日程，整体规划，分步实施。

农业和农业科技正处在历史性的转折时期，需要高屋建瓴，把握机遇，主动以现代科学和技术武装自己，促进自身的更新改造以提升到一个新的高度。传统农业的信息化改造是关键一役。

（1996 年 6 月完稿于北京）

28 农业呼唤信息技术

【本文写作背景】

当时，农业界对信息技术之于农业的意义了解不多。《文集》作者积极倡导与呼吁，在多种场合发表己见与认识。此文是应邀在《中国科学报》上发表的，题为《农业呼唤信息技术》简单直白，反映了作者当时的心情。文章刊登在1998年7月20日《中国科学报》头版。文章登出不久，就有云南等地刚刚进入此领域者来访来信。

农业呼唤信息技术
中国科学报

在计算机和信息技术出现之初，人们难以预想到它会对人类社会产生如此广泛而深远的影响。就传统产业改造而言，近十多年，它对通讯电力、冶金机械、铁路航空、印刷出版、金融财税等产生了多么大的影响，而对农业，则更有特殊意义。

农业是利用光、热、水、土、气等自然资源，从事有生命的动植物生产的产业，影响因素十分复杂，且高度分散、时空变异大、生产的可控性和稳定性差。这种先天的行业弱势影响了农业在以机械和电力为主导的历次技术革命中的发展速度，导致其远滞后于工业。而信息化革命的核心是智能化和信息传输的高效化对农业行业弱势的改造却有着很强的针对性。农业应当抓住这个机遇，对传统的技术和生产体系进行全面而深刻的信息化改造，将农业转移到现代化运行轨道上来。

在农业上，其是指信息技术对传统和经验性的生产管理实现量化、规范、集成和智能化，形成各种农业专家系统或辅助决策系统，如1989年美国农业部开发的GOSSYM/COMAX棉花生产管理系统和加州大学开发的可用于多种作物的COMAX系统以及20世纪90年代初的CERES系统等。目前美国、日本、巴西和欧洲一些国家开发出100多个此类系统用于育种栽培、施肥灌溉、饲养管理、养殖防疫等各个方面。在信息传输上，美国的卫星传输系统AgDailyh和FamDayta已开展农业气象、政策、新闻、价格等多方面服务。世界最大的农业中心网络系统是美国内布拉斯加大学的AGNET和美国农业部信息资源管理办公室在全世界设置的3 600个农业信息站点。欧洲的EUNITA、德国的DAINET、丹麦的PlanteInfo等Videotex

系统也都投入运行。据 DHM 和 SF 两个杂志社的调查，1995 年美国拥有计算机的农户占总农户的 41.6%，拥有计算机的奶牛场占 46.8%；荷兰分别为 11% 和 35%。

精确农业（precision agriculture）是最近兴起的新热点。这是在遥感技术 RS 和地理信息技术 GIS 农业应用的基础上，由 1993 年美国的全球定位系统 GPS 民用后才开始发展起来的，所以也称 3 S 技术。它是利用 RS 宏观控制，GPS 将地面点精确定位到米或厘米级，通过 GIS 采集、存储、分析和输出地面或田块所需的要素资料，再与地面的信息转换和实时控制系统相配合，按区内要素的空间变量数据，精确设定最佳播种、施肥、灌溉、用药等多种农事操作。3 S 技术改变了农业生产中因时空变异大而农作粗放的弱点，大大提高了农业资源利用效率和生产效率，农业生产管理由经验到科学，由粗放到精确。

进入 20 世纪 90 年代，农业信息技术在美国和欧洲等发达国家和地区已进入实用阶段和正以高速度在发展。我国于 20 世纪 80 年代开始 RS 和 GIS 以及水稻、小麦、棉花、玉米等主要作物和鸡、猪、牛的生产管理的农业专家系统的应用研究，20 世纪 90 年代部分成果达到应用水平。农业部于 1994 年开始筹建农业信息网络，已开通 5 000 门网用电话，覆盖部内及与各省农业厅百余县和农副产品市场联网；江苏省农业信息网最近也开始运行。总体说来，我国在农业信息方面起步不算晚，也有不少研究成果，但整体水平，特别是实际应用上与发达国家的差距很大。我认为当前需要抓好以下几个方面工作。

28.1 首要问题是更新观念

长期以来，农业上形成了比较稳定的水、肥、土、种、保、管、工的农业技术和生产体系，对新兴的信息技术不熟悉，认为是“远水不解近渴”和“锦上添花”。再则，传统和小农生产方式，产品和计划经济体制之下的农业依靠的主要是水土资源、“风调雨顺”、农用生产资料和农民种田积极性，对市场经济和产业化经营条件下的商品农业的市场风险和信息需求体验不多。因此，在信息革命和经济体制转换的时代变革中，树立和强化信息是新的资源和生产要素的观念。信息是改造传统农业的强大武器的观念对中国农业的发展具有十分重要的意义。农业工作者对此要有紧迫感和使命感。

28.2 问题关键是激发需求

无论对传统农业的信息化改造，还是对市场经济条件下信息资源重要性的认识，都是理性的和潜在的，只有转化为现实的市场需求，才有真正的意义。引导和激发这种需求首要是政府行为，像修水利工程、治中低产田、建化肥厂一样地去建设农业信息设施，加大科研投入和在广大干部和农民中宣传普及。农业信息化是促进农业科技成果转化和推广，建设现代农业和迎接知识经济的一项全局性的战略部署。

28.3 找好技术切入点

一是在已有工作基础上尽快形成一批适应我国农情和生产管理需要的经济和市场、技术和管理、教育和培训、资源和环境等各种适用的农业专家系统和决策咨询系统以及移植、改造和建立适用于网络环境的农业数据库和信息采集系统。农业软件建设是农业信息化建设之本。二是在农业信息传输上一方面充分利用国家公用数字通信网和“金”字工程以及 Internet 和 WWW 技术，建立农业 Web 站点和提供农业信息服务；另一方面有计划地建设 VSAT 全国综合农业信息服务系统和专业性局域网。此外，加强 3 S 技术及农业宏观监测预警和精确农业的适用性研究具有特殊意义。

28.4 把握技术的特殊性。

除多媒体、软件、网络、数据库等信息技术外，农业信息技术中的多变量、多因素综合、决策的群体综合效应、作物 / 畜禽的生长 / 生产过程系统模拟、三维和图形化以及虚拟等技术具有重要位置。农业信息技术的发展将成为信息技术新的生长点和分支。

28.5 农业信息企业是主体

目前我国农业信息软件工作分散在研究院所和高校进行。一般性农业信息服务靠农业行政部门发布，因此，很难形成高效和整体效应。作为一种产业，农业信息主体应为农业信息企业群，但现在仍是空白。如果主体不到位，“群龙”就会“无首”，步履艰难。政府在整体规划和宏观调控的同时，要从政策、资金、人才等方面大力促进农业信息产业的发展，以企业带动研究开发，以企业强化信息服务。希望农业信息企业如雨后春笋般地在这块处女地上耕耘和收获。

29 我国农业信息化发展战略

【本文写作背景】

信息技术迅猛发展，不断地冲击和武装着农业这个传统产业。正如本文开篇所述："一面是信息技术的发展日新月异和农业上忙不迭地引进、消化和吸收；一面是信息技术不断地展示其魅力和影响，古老的农业得到新的雨露滋润"。作为非专业人士，《文集》作者坚持不懈地关注着信息技术在农业战线的发展，不断丰富和深化自己的知识和认识。2003 年 3 月，科技部在北京召开了关于农业信息技术论坛，作者做了题为《我国农业信息化发展战略》的讲演，经整理成此文，发表于《科技导报》2003 年第 8 期。与 20 年前和 10 年前的信息文相比，确是有了弥足的进步。

信息技术用于农业才是近二三十年的事。信息技术的发展日新月异，农业上也在忙不迭地引进、消化和吸收。一面是信息技术不断地展示其魅力和影响，古老的农业得到新的雨露滋润；另一面是农业按其自身特点，形成自己的技术体系，不断应用和丰富着信息技术。本文拟在回顾和评述的基础上，探讨我国农业信息化的发展战略。

农业是以土、肥、水、光、温、气等自然要素为基本生产资料，从事生命物质生产的产业，是个变量因素很多和时空变异很大的复杂系统，是个信息需求很强而接受力又很弱的群体。这些特点都使农业有别于其他行业，形成了具有自身鲜明特性的农业信息技术体系。农业信息技术体系是由一项项具体信息技术的引入而逐渐形成的，时间还不长，所以在一些概念、内涵，以至名称上有诸多不一，这也难免。本文拟以功能为主线，辅以相应技术，提出如下农业信息技术体系的框架。

- 农业信息管理（agri-information management，AIM）主要基于数字化和数

据库技术。

- 地信息监测（geo-information Monitor，GIM）主要基于遥感、全球定位和地理信息系统（RS、GPS、GIS）技术。
- 精确农业（precision agriculture，PA）主要基于 RS、GIS、GPS 和农业专家系统（AES）技术。
- 智能农业（intellect agriculture，IA）主要基于模拟模型、专家系统（AES）和虚拟现实（VR）技术。
- 农业信息服务（agri-information service，AIS）主要基于网络技术。

29.1 农业信息管理

信息的采集、处理、存储和管理是信息化的基础。自 20 世纪 70 年代，计算机即由单一的计算功能扩展成为信息处理、存储和管理的工具。在农业上，用于科技文献的信息管理，如当时的 BIOSIS、AGRIS 等数据库每年从全球 1 200 多种农业期刊中收存 30 余万篇文章。在数据库技术上，其也由数据、文字、表格、图形发展到图像、音频、视频等多种媒体以及与互联网的衔接。随着分子生物学的发展，美国的农业植物基因工程数据库 ARS-Genome，法国的畜禽基因图谱数据库 INRA 以及大豆、玉米、棉花、水稻等作物的基因数据库也相继建成。目前生物基因数据库数据量每年以 10 个 G 字节的速率在递增。

20 世纪 80 年代后期，我国创建了“中国农业科技文献数据库”，后来创建的中国作物种质资源信息系统 CGRIS 收集了 180 多种作物的 37 万份种质信息，是世界最大植物遗传资源库之一。目前我国已有资源环境、农业经济以及作物、果树、昆虫、肥料、土壤等各种专业性的数据库上百种。在数据库建设中，存在着标准化、规范化和共享程度低，人员配备技术水平低，政策法规建设差，投入明显不足的问题。正在策划中的“国家科技基础条件建设”计划正是以共享为核心，在数据库的整合、重组和优化的基础上，建成科学数据管理和服务的国家平台，这必将使我国的农业信息管理提升到一个新的水平。

我国地域辽阔，农业的区域性强，故地方性数据库系统的参与、互联和共享显得特别重要。此外，农业的不确定因素多、时效性强、航天航空的对地信息量大、受众分散和接受能力弱的特点都需要在未来的“国家科技基础条件建设”中，设置有专门的共享式的农业信息管理平台。

29.2 地信息监测

由于土、肥、水、光、温、气等农业生产基本要素的时空变异大和时效性强，所以 RS 和 GIS 一经出现很快就被农业所引用，成为现代农业管理中不可或缺的一种手段，农业也成为这项技术的最大用户。

早在 20 世纪三四十年代，航空遥感就用于地形测量。1972 年发射了第一颗资源卫星 Landsat，特别是 1975—1985 年美国发射的 TM2、TM3、TM4 和 TM5 使航天遥感异军突起。1986—1998 年法国发射的 SPOT-1-SPOT-5 将几何分辨率逐步提高到 2.5 米；美国的 IKONOS（1999 年）和 Quick Bird（2001 年）又分别提高到 1 米和 0.6 米。航天遥感的对地信息采集可说是“无微不至”，采集周期也由 16 ～ 18 天缩短为 3 ～ 4 天，雷达遥感还能做到全天时地采集信息。20 世纪 80 年代后期开始的遥感资料商业化大大推动了遥感信息的广泛应用。

丰富的地信息催生了 GIS，其术语和概念是 1963 年加拿大测量学家 R.F.Tomlinson 提出的，还建立了世界上第一个地理信息系统（Canadian GIS）。20 世纪 70 年代智能化和人机对话引入了 GIS，20 世纪 80 年代 GIS 技术趋于成熟，出现了 ARC/INFO、TIGRIS 等具有代表性的软件。数据的标准化和规范化、快速输入、大容量存储、高速运行、高清晰度显示、空间分析模型、决策支持系统等支持环境的发展使 GIS 日臻完善和功能不断扩展。GIS 和 RS 成为地信息采集和处理的黄金搭档。

GPS 是 20 世纪 80 年代初美国斥巨资研究的一项在全球任意地点、任何时间获取精确位置数据的技术。这项技术首先应用于军事，1993 年解密后，被广泛用于与地学相关的领域。近年来技术发展很快，定位精度达到亚厘米级（DGPS），数据获取速度可在 3 秒内，重量与体积与一部手机相仿，而价格下降到万元以内。GPS 对 RS 和 GIS 的数据来源是一个有力的补充。这三项技术相互融合补充，整合成“3 S”技术，大幅度地拓展了各自的应用范围。

我国在 RS 和 GIS 的研究和应用上起步不晚，1976 年召开了全国遥感技术规划会议。1980 年联合国粮农组织（FAO）在北京农业大学举办了农业遥感培训班和农业部在此成立了“全国农业遥感培训中心”。1985 年，我国发射了第一颗国土普查卫星以后，又相继发射了多颗遥感卫星。我国开发了如 MAPGIS、GEOMAP、SUPERGIS、GEDSTAR 等一批自行编制的微机 GIS 软件平台，正在研制“面向网络海量空间大型 GIS”制定系列化的 GIS 国家标准、技术规范以及行业应用标准。

“3 S”已经是成熟和商业化程度很高的技术，可以在大（全球和全国）、中、小各个尺度上高精度和短周期地获取和处理农业信息。20 世纪 90 年代初，我国即已成功用于农业气象和灾害测报、资源环境和土地利用状况的调查与动态监测和作物估产。目前我国对全国范围的小麦、玉米、大豆、水稻等 4 种作物的遥感估产已经进入实用业务化运行，精度达 90% 以上。

29.3 精确农业

precision agriculture（PA）译为精确农业，也有译为精细农业或精准农业，是 10 年前因 GPS 技术的引入才兴起的。

GPS 首先成功用于农业的玉米螟迁飞监测，不久就与 RS、GIS 和 AES 相集成，产生了一个新的可以在农田上实现精确操作的功能。它能在机具上实时定位地获取数据，以 12 米^2 为最小单位地识别地形、土壤、作物长势、病虫害等的空间变异，自动生成优化的耕作、施肥、灌溉、喷药等的操作指令，故早期被称之为“精确农作”（precision farming，PF）。由于它可以明显提高土、肥、水、药等投入的效率，降低成本，提高产品的质量和经济效益，减少对环境的负面影响，故一经出现，就深受美国农户的欢迎。

PF 由农田的农事操作很快就传到了畜牧生产以及农产品质量安全的信息采集、处理、动态监测管理等各个方面，因而在概念和名称上也由 PF 发展到 PA。杰弗里·莱克进而延伸为一种“管理策略”和“通用的管理理念”。他认为是“一种哲学思想，一种理念，一种思维方式，而不能停留在对工具和方法上的理解”。

PA 刚一兴起，我国农业科技界就予以很大关注，中国农业大学于 1998 年成立了精准农业的研究中心和开放实验室；国家计委于 2000 年批准和实施了“北京小汤山精准农业示范工程”项目；沪、粤、鲁及东北和新疆农垦开展了 PA 试验；上海成立了精准农业技术公司。

根据我国国情和农情，在农田空间基础数据和作物生长状况的实时采集、智能化变量作业机具以及决策支持系统等技术方面都有很多工作要做，要做到经济实用和农户接受更非易事。从总体上看，“目前，世界精细农业技术体系的研究与实践仍处于发展的前期阶段”。精确化是农业发展的大趋势。当前重要的是 PA 理念建设和加强适合我国国情和区情的 PA 试验研究，探寻相应的技术和设备配置。

29.4 智能农业

从事复杂的生命物质生产的农业一直依赖于经验性的生产与管理。信息技术为改善这种行业性弱势带来了希望。系统的模拟模型、农业专家系统和虚拟技术等人工智能技术可以对复杂的农业对象及其过程进行量化和集成，综合和分析，以达到科学的认识和决策管理。

系统的模拟模型是人工智能的基础。20 世纪六七十年代就开始了土壤溶质运移、土壤–植物–大气系统的水循环（SPAC）等进行模拟模型研究，以后在植物光合，叶片呼吸，气孔活动等作物生理过程以及农学、园艺、植保、土化、畜牧、兽医等各个学科和领域进行了广泛研究。

随着计算机处理能力的加强，农业专家系统（AES）在 20 世纪 80 年代后期得到长足发展。它是基于对某项农业生产或管理的各种相关要素和过程的模拟模型、专家的经验以及优化决策（DSS）集成编制的软件系统，具有很强的综合性和实用价值。1986 年美国提出了著名的 GOSSYM 棉花生产管理专家系统和以后的 CERES 系统。1996 年在荷兰召开的计算机农业应用国际会议上就有上百种 AES 提出。AES 发展的一个重要趋势是它的综合性和实用性以及与农业的生态环境和经济相结合，如美国在 CERES 基础上发展的 DSSAT、澳大利亚的 APSIM 等不仅具有很强的农业生态功能，还可用于不同环境条件下的不同作物。AES 在技术上的发展趋势是与 GIS 和互联网的联合运用，20 世纪 90 年代美国的 GRASS 堪称代表之作。

20 世纪 90 年代初，我国开始了 AES 研究。1996 年，国家 863 计划设置了“智能化农业信息技术应用示范工程”项目建立了 4 个示范区，后增至 20 个，建了 5 个 AES 开发平台和开发了 156 个 AES。高亮之等的含稻、麦、棉和玉米多种作物的 CCSODS 系统在我国 15 个省市的 3 000 多万亩农田得到应用。中科院合肥智能所近两年运行的“武陵山地区农业生产决策知识管理系统”包括了 8 项 AES、3 条农户与龙头企业间的产业链和 11 个应用示范辐射点，体现了 AES 的综合性和密切服务当前农业需要的发展趋势。

虚拟现实技术可使专家知识与模型量化相互补充，形象生成三维环境条件下作物或畜禽的生长与环境条件的关系，描述专家的系统推理和辅助决策，做农田或养殖的生态和生产设计，是智能农业的一项前沿领域技术。虚拟现实技术在智能农业中的应用主要集中在虚拟植物的建立，如法国的 AMAP 系统、加拿大的 Vlab 系统。在国内，中国农业大学已建立了虚拟土壤–植物系统实验室，其在虚拟玉米方面取得了较好进展。

29.5 农业信息服务

在现代社会，人际的信息沟通已不满足于书刊、信邮、电话和传真，而要求超大信息量、快速、高质、多种媒体和交互式。1969 年，美国防部高级研究计划署（ARPS）建立了世界第一个信息网 ARPAnet，20 世纪 80 年代后期，美国家科学基金会为使教育和科研的参与而建 NSFnet，首称因特网，1991 年又成立了商业网络交换协会（CIX）。商业和科教的参与使网上信息流通量骤增，促进了高速光纤网的铺设和与电话、有线电视、交互式计算机网络等系统的并网运行。举世震动的信息高速公路计划（National Information Infraturcture）也就顺理成章地在 1994 年启动了，目前宽带网的数据传输速率可达到 4Gbps。

农业信息网络和服务在我国起步不晚。1996 年农业部率先成立了"中国农业信息网"，2001 年，各级各类农业信息网站发展到 2 200 家，信息内容涵盖了农业和农村经济的各个主要方面，农产品的电子商务也开始在东部一些省市发展起来。"中国农业科技服务网"，即"九亿网"于 2001 年开通。2001 年，中国农业大学也开通了农业远程教育网，分布在全国的 19 个教学站，拥有学员 8 000 余人，进行着学历和非学历教育以及农业从业人员的远程培训。

农业地域性强的特点决定了处于农业一线的地方网站的重要性。2000 年开通的宝鸡市的农业信息网包括 9 个农业信息子网、40 个服务站点，其一直通到市辖的县、乡、村和农户、农民协会和龙头企业。为弥补网站之不足，辅以 19 个农业专家大院和农业信息服务电话"农业 110"，还结合市情、农情开辟了 8 大重点农业开发项目，"龙头企业""警惕农民上当"等专栏的信息服务。地方网站的最大优势在于能与当地农情及需要的紧密结合，这是一般性综合网站所难以替代的。

信息源越丰富，宏观监测越精准，信息管理能力越强，智能化程度越高，信息服务的质量也就越好，就是"路上跑的满是车，车上装的都是精品实料"，这是一个服务整体。

信息服务是农业信息化终端，是农业信息化的终极目标。

29.6 发展战略思考

信息科学的奠基人 C.E. 香农在他著名的《通信的数学理论》（1948）中提出了将一切对象的运动抽象为信息的流动过程和变换系统的理论。随着信息论的发展，人们对信息的认识已不是一项通信工程，而是观察和处理客观事物及其运动过程的一种方法论，信息成为与物质和能量相并立的一种概念。

信息的表示方法和基本单位是二进位制的数字符号 bit，可以用数字表示一切对象，数字化地球、数字化北京、数字化汽车、数字化飞机，等等；可以用数字表示事物的运动过程，信息的采集、识别、检测、提取、变换、传递、存储、检索、处理、再生、转化和利用。信息的流动也是 Bit 的流动，"bit 作为信息的

DNA 正迅速取代原子而成为人类社会的基本要素”。

信息观、信息技术影响和渗透到人类活动、众多的学科、所有的产业，以至人类自身的工作、生活和思维方式等各个方面。对农业的特殊意义在于它将使农业摆脱几千年来的经验性、粗放性、局限性和低效率，转移到数字化、定量化、智能化、精确化、高效化和管理科学化的轨道，这是一场极其深刻的革命，是一次古老和传统的产业搭上信息化时代列车的历史机遇。我们应当在这个高度上去看待农业的信息化。

我国农业信息化起步不晚，也有了个好的开端和一定的工作基础，但是存在基础设施、标准化程度、组织协调、应用研究、信息服务、人员缺乏和资金投入上的明显不足等问题。在我国 2 700 万互联网用户中，农业行业用户只占 1.45%，能通过互联网获取市场和技术信息的占 0.8%，网上购买生产资料的不足 0.2%，出售农产品的不足 0.5%。

信息化对农业的意义重大、农业转型期的紧迫需求、技术上的良好态势、应用上的严重滞后以及发展上的巨大空间与潜力等都提示我们当务之急是要加大推进力度和有一个能适应我国国情和农情的农业信息化发展的宏观战略及部署。为此，笔者试做了如下一些分解性的考虑。

第一类是为提升农业宏观管理水平服务的地信息监测，包括对农业气象、资源环境、气象灾害、生物灾害、土地利用和作物估产等的调查、监测和管理等。其主要用户是中央和省市级农业领导部门。鉴于 RS 和 GIS 的技术成熟度高和工作基础好，当前的工作重点应放在提高使用部门的主动性和积极性，促进使用单位与技术研究单位的紧密结合。

第二类是为提升农业生产过程水平服务的智能农业和精确农业。以 AES 为主体的人工智能技术趋于成熟，当前工作的重点是结合生产需要的实际，加大推广应用力度，在应用中继续改进和丰富。AES 的覆盖和影响面宽，用户广，涵盖了农户、农业企业、农业科技企业和农业管理部门。农户是生产一线的最大受众，由于接受能力差而需要“二传手”，即各级业务行政部门的组织和推动是非常重要的。精确农业尚处试验研究阶段，重在搞好试点，积累经验。

第三类是为提升农业经营管理水平服务的农业信息管理和服务。一方面，当前正处于结构调整、产业化经营，商品化程度迅增的农业转型期，信息已成为不可替代和急迫需要的重要技术资源，又是当前农业发展中的重要瓶颈。另一方面，数据库和网络技术成熟有了一定工作基础，宽带网设施已在 20 多个省市通到了乡级。因此，信息管理和服务无疑是投入少，见效快，造福农民，解困农业的关键之举。当前最需要的是，审时度势和不失时机地将它推到战略重点的宝座。

如果用一句话来概括这个战略和布局，即以农业信息服务为纲，带动农业专家系统和宏观监测，全面建设我国农业信息化的技术和服务体系。

农业信息化以各级农业信息技术人才为基础。农业部门，特别是基层农业部门技术人才的匮乏是制约农业信息化发展的重要因素。目前，我国只有 8% 的县拥有大学学历的信息技术人才，农业信息技术人才培养的数量和质量上都远不适应需要。实施农业信息化，要将人才培养放在重要位置。

农业信息化是个过程。农业的特殊性和复杂性决定了这是一个长期而艰难的过程，特别是在中国。我们已经走过了 30 年，至少还要走 30 年。如果走得快些和健康些，我国农业的现代化也会建设得快些和健康些。一个数字化、定量化、智能化、精确化、高效化和管理科学化的信息化农业在召唤我们。

参考文献

[1] 石元春 . 我国农业信息化的改造 . 中国农业科学技术政策，1996：9-12.

[2] 王人潮，黄敬峰 . 水稻遥感估产 . 北京：中国农业出版社，2002.

[3] 汪懋华 . 关于精细农业试验示范与发展研究的思考 . 中国农业科技导报，2003（2）：7−12.

[4] 石元春 . 农业呼唤信息技术 . 中国科学报，1998−7−20.

[5] Lajpat R. Ahuja，liwang Ma，Terry A. Howell. Whole System Integration and Modeling−Essential to Agricultural Science and Technology in the 21st Century//Agricultural System Moddels. CRC Press LLC，2002：1-7.

[6] 高亮之 . 国际农业模型研究的最新趋势 . 农业模型与数字农业通讯（内部刊物），2002（1）：2−5.

[7] 郭焱，李保国 . 虚拟植物的研究进展 . 科学通报，2001，46（4）：608-615.

[8] 李伟克 . 我国“十五”农业信息化发展战略 . 第三届中国国际高新技术成果交易会专题报告，2001.10.

[9] 付清波 . 发展有中国特色的农产品电子商务系统 . 第三届中国国际高新技术成果交易会专题报告，2001.10.

[10] 尼葛洛庞帝 . 数字化生存 . 海口：海南出版社，1996.

30 生命科学在农业

【本文写作背景】

世纪之交，学术界活跃，讲演会和座谈会很多。2000年3月，国家教委高教司在清华大学召开了“21世纪生命科学与高等教育”座谈会。在我国著名理工科大学介绍生命科学是别有一番意义的。《文集》作者讲演的题目是《生命科学在农业》，下文是由讲演PPT整理而成，未发表。

在世纪之交，召开“21世纪生命科学与高等教育”座谈会，意义很深远。一些科学家认为，21世纪将是生命科学的世纪，为此进行人才准备是有远见性和战略性的。农业是从事生命物质生产的产业，生命科学是农业科学的基础。我想谈些生命科学在农业领域的情况，希望能增加农与非农专家的沟通，增加教育部领导对农业科学的更多了解。

30.1 品种与生命科学

记得有句“一籽落地，万谷归仓”的歌词，的确，动植物品种是农业的基础，是从事农业生产的原材料。驯养动植物是一万多年前人类的一项伟大发明。被驯养的动植物的遗传性在人为选择中不断得到改善，逐渐形成了丰富多彩的农家品种。这些农家品种是千万年来人类智慧和劳动的结晶，至今仍是世界生物种质资源库中的珍贵宝藏。在分子生物学和遗传学日趋发达的今天，品种也成为现代生命科学和技术的重要载体和橱窗。

自19世纪以来，生物科学的重大理论突破为现代育种科学和技术奠定了基础。1838年，德国植物学家施莱登（M.J.Schleden）提出细胞是一切植物的基本单位；1839年，施旺（T.Schwann）将细胞学说扩大到动物，使细胞成为动植物有机体的基本结构和生命活动基本单位；1859年，达尔文提出生物的遗传和变异，自然选择和人为选择，由简单到复杂，由低级到高级的生物进化观。也是在这个时期，孟德尔（Mendel）进行了豌豆杂交试验，认为性状遗传受细胞里的遗传因子控制，提出遗传学中著名的“分离定律”及“独立分配定律”；20世纪30年代，摩尔根（T.H.Morgan）以果蝇为试验材料，证明遗传基因呈直线排列于染色体上，提出了连锁遗传规律和染色体遗传理论。现代育种科学和技术正是在这些伟大发现和理论成就基础上发展起来的。

现代育种技术首先在玉米上得到突破。1910年提出玉米杂种优势假说，1913年开始育种，1924年出售杂交玉米种子，1926年美国先锋种子公司成立，该公司现已占有美国44%和世界22%的杂交玉米种子市场。我国20世纪60年代初实现了水稻矮化的育种革命，产量提高了30%；20世纪70年代杂交水稻培育成功，产量又提高了20%，现超级稻一季亩产可达800千克。近半个世纪，我国主要作物品种更换了六七代，每更换一代，产量可提高10%，良种在农业增产中的贡献可占到三成。

20世纪50年代发现了遗传物质脱氧核糖核酸的双螺旋结构，20世纪70年代基因重组成功将生物科学推进到分子生物学和遗传工程的新时代。分子生物学和生物技术的出现在农业领域首先引发的是育种技术的革命。常规育种技术主要是依靠育种家的经验，只能利用有限的杂种优势，对农用动植物做表型选择。而生物技术可以对生物遗传信息进行实验室操作，可以在动物、植物、微生物，也就是在所有物种间进行基因的转移和重组，可以进行遗传改良的设计和操作，可以极大地扩展生物种质资源和杂种优势的利用，创造更加适合人类需要的新的品种。如赖氨酸含量比普通玉米高近50%的饲料用玉米和含油量高2倍的高油玉米；富含可提高人体免疫力和抗癌能力的α–维生素E和不饱和脂肪酸的油料作物；能降低胆固醇的植物黄油和富含抗癌蛋白的大豆；在我国每年已有上百万亩种植的抗虫棉可以减少80%的农药使用量；抗玉米螟玉米、抗除草剂大豆以及高耐旱耐盐等抗性作物品种等。2000年，转基因大豆、棉花、卡罗拉（加拿大的一种油料作物）和玉米4种作物已分别占到该作物全球总播种面积的34%、16%、11%和7%，全球转基因作物种植面积达4 400万公顷。

畜禽和水产育种上也出现了全新局面。1998年，第六届遗传学应用于畜牧生产的国际学术会议上，专家们预测遗传改良猪的日增重将达到1.2千克、瘦肉率达70%、料肉比降到2.3∶1，按此估计，我国猪的生产能力可以提高1倍。超数排卵、体外授精、胚胎分割、性别控制、核移植等动物胚胎工程技术和克隆技术已趋于成熟和实现商业化，过去培育一头优种牛要一二十年，现在一代即可成功。细胞工程与基因工程的结合使基因工程鱼的研究向着全鱼化和单性发育发展，比原种鱼生长速度快 30%～50%，数月即可上市。

新一代的动植物品种将层出不穷，特别是哪些可以减轻资源环境负担和改善产品品质的新品种，如在全球性水资源严重紧缺形势下的高耐旱性新品种；提高作物对土壤磷有效利用率的新品种；优质和具功能性食品的新品种；生物质能源、新型材料和应用生物反应器技术生产医用蛋白等替代性和特用性动植物育种等都将成为新一代育种的热点。分子育种与常规育种的结合开辟了育种科学和技术的广阔天地。

30.2 生产环境与生命科学

生物学是研究生物体及其与环境关系的一门科学，以生物体为生产对象的农业，有了好的品种还必须在整个生育过程中为之提供良好的水分和养分。土壤和耕作，植保和防疫，栽培和饲养管理等良好的生长环境和生产条件才能使品种的价值和优势得以实现。生命科学和现代生物学在为生物体提供良好生产条件方面也显示了旺盛的生命力，正在发挥着越来越重要的作用。

19 世纪 40 年代，李比希提出的“植物矿质营养学说”和“养分归还学说”，奠定了现代植物营养和施肥的理论基础，开创了化肥工业之先河，为作物创造了科学的和良好的营养条件。但是随着化肥使用量日增和失当，肥料报酬递减，环境污染严重。现代生物学和生物技术一方面通过改良作物吸肥用肥的遗传特性，以提高作物对氮、磷等肥料的利用效率；另一方面可以研制生物性肥料，提高有机肥肥效，农业废弃物利用以及寻求生物固氮上的突破，以扩大肥源、改进品种，提供肥效。在农业节水方面，现代灌溉技术已将农业水利用效率提到很高程度，工程性节水潜力趋小，而生物性节水日益显示其重要性。随着生物学的发展，土壤简单地视为作物水肥库的概念已经过时。当深入了解土壤颗粒的表面化学行为和溶质运移，根系分泌物与微生物群落时，它们已不是孤立的物理、化学和生物现象，而是构成了一个具有其独特结构和功能的“土壤根际微生态系统”。随着对这个微生态系统认识的加深，建立一个新的高效调节管理系统将为植物生长和农业生产创造更为良好的环境和条件。

人类开始栽培植物就开始了与病虫害的斗争。《诗经》中就记载了：“不稂不莠，去其螟螣，及其蟊贼，无害我田稚”；《荷马史诗》中已有用硫黄熏蒸杀虫防病的记载。20 世纪 40 年代兴起的有机合成农药为保护作物做出了重要贡献，但也造成严重的生态和环境问题。目前，由于不合理使用化学农药，出现了老病虫回升、新病虫出现、害虫抗药性发展、作物抗病虫能力减弱的严峻形势。1992

年在巴西召开的世界环境与发展大会上曾提出在20世纪末，生物农药在农药使用面积中占到60%的目标，但因技术制约而至今还不到10%。生物技术，特别是微生物的基因重组技术正在为突破生物性农药的技术瓶颈，开拓新的领域做出贡献。同时，在人们认识到强化单一防治所造成的生态恶果时，20世纪70年代开始提出综合防治（IPM）的概念。1995年在海牙召开的国际植物保护大会上提出了"从保护作物到保护农业生产体系"的概念，将植物保护看作为"人为干预下的多维多变的科学经济复合系统"。因此，无论在宏观意义上还是在微观意义上，植物保护都成为生命科学中的一个重要领域。

防疫是畜、禽、渔生产的生命线，散养如此，现代高密度规模化集中养殖更是如此。疯牛病、口蹄疫、禽流感等重大疫病不仅涉及养殖业，而且威胁着人体健康和社会经济。我国年饲养大牲畜8亿头，禽百余亿羽，居世界前列。但大牲畜的死亡率是发达国家的3～5倍，因疾病死亡和不能正常生长的年损失达千亿元，而疫苗的生产能力和技术水平远远没有跟上。在提高传统的灭活苗和弱毒苗技术水平的同时，应用基因重组技术产生的基因工程菌（或病毒）和生产的基因工程疫苗具有不产生自然复活或返强，安全性高；多联疫苗，一苗多用；多种给苗途径和可以大规模生产等优点。以年生产100亿只鸡疫苗为例，与常规法和生物反应器法相比，在生产原料、厂房、用工数、耗能和成本上相差百倍。

生物技术使调节动植物生长的生物制剂也大放异彩。动物的生长是由其脑垂体分泌的一种多肽蛋白激素调控的，科学家找到了猪生长激素基因，经分离、克隆和导入大肠杆菌，再通过大肠杆菌发酵生产出猪生长素（PST），猪的日增重可提高20%，饲料节约1/4，猪肉的品质风味更好。牛的生长素（BST）1993年就在美国实现了商业化，其奶和奶制品在美国已占有约30%的市场，并在54个国家和地区注册登记和实现商业化。

生物技术的出现掀起了农用生物制剂的革命，新一代的生物农药、动物疫苗、生物肥料、动植物生长调节剂等将为农业带来新的活力，为减轻资源负担，保护环境和可持续发展带来了福音。

30.3 领域拓展与生命科学

在市场经济和现代技术推动下，农业的产业化经营乃发展的必然。1996年的中共中央文件就指出，"发展贸工农一体化经营，把农户与国内外市场连接起来，实现农产品生产、加工、销售的紧密结合，是我国农业在家庭联产承包经营基础上扩大规模，向商品化、专业化和现代化转变的重要途径"。在生产、加工、销售结合，科农工贸一体化中，农产品将形成不同方向和不同层次产品的生产链条。

一种用现代育种技术培育的高油玉米在孟山都公司叫它“金豆豆”。其在收获时通体茎叶仍保持鲜绿，是养牛的优质青饲料。它的籽粒含油量是普通玉米的2～3倍，可以生产保健用的玉米油，可以做多级工业化开发，生产高果糖浆、低聚糖、乙醇、工农业用酶、乳酸、全生物降解塑料等二十多种产品，增值十多倍。以玉米为原料生产乙醇与汽油混合使用成为一种可再生新能源；美国和日本等以玉米淀粉为原料的乳酸聚合法生产出的全生物降解塑料已进入产业化生产阶段，我国用玉米或魔芋淀粉生产的全生物降解塑料即将取得突破。此外，通过基因工程已取得了含PHB（聚羟基丁酸酯为全生物降解塑料的生产原料）的植株。

2000年2月份的《今日美国》的一篇文章写道：“石油的能源之王的地位也许不久就会遭到废黜，农业作物有可能逐渐取代石油，成为获得从燃料到塑料的所有物质的来源，黑金可能被绿金所取代”“在今后的25年内，工业农场主能种植出足够的燃料和原料，我们几乎可以不依赖于外国的石油。据专家估计，利用5 000万英亩尚未得到应用的农田，美国最终将每年可以生产750亿加仑的乙醇，而我们目前每年利用进口石油提炼的汽油总量也就是700亿加仑。”

动物乳腺是最佳的生产蛋白质的器官将目标基因在动物乳腺作特异表达，可以生产价值昂贵的医用和农用多肽蛋白。英国PPL公司的Antitrypsin已获准上市，美国的Genzyme公司和GTS公司，荷兰的PHP公司和Genpharming公司等利用动物乳腺生物反应器生产抗凝血酶Ⅲ、人乳铁蛋白、EPO、干扰素等已进入临床实验阶段。我国也已获得含人血白蛋白、胰岛素、干扰素、生长激素等医用蛋白的转基因动物，并已获得高表达的鸡法氏囊病疫苗的转基因羊。这种生物反应器技术已成为当今生物技术的重要前沿和市场竞争的热点，被称为朝阳产业和钻石产业。此外，通过单细胞或藻类等生产蛋白质的研究也在进行。

初级农产品的梯级开发可再生新能源和新材料、医（农）用蛋白和生物化工产品、无公害和功能性食品等为农业开辟了全新的，无限广阔的空间。现代农业正在走出初级农产品生产的小圈子，由耕地向林地、草地；由陆地向海洋；由动植物生产向微生物生产；由初级农产品生产向食品、生化、医药、新能源、新材料生产；由物质生产向生态环境建设和旅游观光休闲等多元化方向拓展。一、二、三产业的界限正趋于模糊。现代生物学和生物技术无疑成为农业领域拓展的强大推进器。

30.4 技术平台与基础性研究

近代农业经历了19世纪末开始的以农业化学和育种为主体的科技革命，带来了20世纪农业和农业科技的繁荣。20世纪后半叶又拉开了以生物技术和信息技术为主导的新的农业科技革命的序幕。分子生物学和生物技术一经出现就在农业领域大放异彩，显示出强大的生命力。就农业领域而言，当前的技术平台的主体内容包括重要经济性状基因的发掘和定位技术、基因转移重组技术、分子标记育种技术、生物芯片技术和系统生态模式化技术等；基础性研究的重要内容包括主要农用动植物功能基因组、基因种质资源、病原物分子结构与功能、光合作用和光能转化机理、生物固氮机理及化学模拟、农田土壤–作物生态系和农田有害生物生态系等。

30.5 关于战略展望

一项新技术的诞生必将开拓一片新的产业领域，谁能把握先机，谁就拥有未来，这对一个国家具有战略性意义。西门子在发明电动机后给他弟弟的信中说，电动机的发明将开创一个新的世纪，人们将会看到这个历史。诺贝尔奖得主罗雷尔在北京大学讲演时指出，曾重视微米科技的国家今天已成为发达国家，而纳米技术则为人们提供了新的发展机遇，今天重视纳米科技的国家必将在未来的高技术竞争中独领风骚。生物工程在正缓解当今世界面临的人口、粮食、资源与环境的严峻挑战。其巨大潜力和经济价值使一些远见卓识的科学家、政治家和企业家站在时代的战略高度上认识和评价生物工程的意义。

英皇家学会副会长R.B.Heap指出："到2020年，全球80亿人口若要保证现在的营养水平，全球粮食必须再增加现有量的50%。正如不能用40年代的种植方法来满足现今粮食的供应一样，要满足三四十年后的粮食供应，一定要有新的农业解决途径。无论以动植物生产的形式，还是变更生产方式，生物工程都已成为解决粮食保障问题的潜在的新途径"。

在企业界，特别是一些跨国性的大公司对此十分敏感。在1998年11月的*Chemical & Engineering News*上有篇文章报道了ICI、Basf、Bayer、Dupont、Monsanto、Hoechest、Ciba–geigy等世界排名前十位的化工公司，都在做历史性的战略转移。Hoechest公司主席J.Dormann说："致力于生命科学就意味着从高投入、低产出转向稳定的低投入、高产出，从无序的盲目投资转向有序的理性投资，甚至不惜放松化工产品，而集中精力于生命科学产品。"杜邦公司说："生物工程在农业和医药领域就会像30年前的聚合物化工一样掀起一场产业革命，它是生长点，是发动机。"不少的这类公司都把它视作救世观音，像下赌注般地投资。自20世纪90年代中期以来，这些大公司紧锣密鼓地进行重组、调整方向、巨额投资。它们不仅在产品开发上，而且对上游研究也做了战略部署，Novatis公司投资6亿美元建农业发现研究所，进行植物基因组研究，孟山都公司与千年制药公司合作成立 Cereon 基因组公司，投资 2.2 亿美元。

邓小平同志早在 20 世纪 80 年代初就提出："将来农业问题的出路最终要由生物工程来解决，要靠尖端技术"。我国农业正处在由产品经济向商品经济，由个体经营向产业化经营，由传统农业向现代农业过渡的历史转折时期，科技将成为之提供强大支撑和推动力量；农业的发展也将极大地推进现代生物科学和生物技术的进步。正如恩格斯所说的："社会一旦有技术上的需要，则这种需要就会比 10 所大学更能把科学推向前进"。农业生物学是生命科学的重要组成部分，加强农业高校的生命科学的学科建设具有重要意义，在有 9 亿农民和农业处于历史转折时期的中国尤其如此。

（2001 年 5 月完稿于北京）

31 关于生物工程产业

——一个敏感的话题

【本文写作背景】

中国工程院院办刊物《中国工程科学》于世纪之交向《文集》作者约稿。作者曾提出新的农业科技革命是以生物技术和信息技术为主导的论点，因业界对信息技术接触较少，故着墨较多。此次约稿则是以农业生物技术主题形成此文，发表于该刊2000年2卷7期上。此时正值“基因改良风波”，故加了“一个敏感的话题”的副标题。

【摘　要】 本文论述了生物工程技术的重大意义、主要内容和产业化的前景。继而，介绍了当前国际上基因改良食品风波的产生背景和最新动向，并就此发表了作者的见解。在文章最后，对我国在发展生物工程产业上应取的态度和对策提出了看法和建议。

【关键词】 生物工程；产业；基因改良；对策

The Industry of Genetic Engineering—a sensitive topic

Abstract: This article explains that modern biotechnology has not only a powerful spreading, driving force and economic value, but it has also reserved a great potential to play an important role to relax the global pressures from population, food, natural resources and environment. None of other technologies has such a power or can substitute to biotechnology. The article also discusses the main content of biotechnology and its new trends of industrialization. The author holds GMO food must be put in order both by science and relevant regulations, after reviewed the background and new trends of present GMO debate. The current debate has focused on the public acceptability, trade benefit and relevant policy on GMO food. GMO food will only be interrupted for the time being, and will have another development tide under the supervision of relevant laws and regulation. Finally, the paper proposes suggestions for the countermeasure and attitude that China should hold during the development and industrialization of modern biotechnology.

Key words: genetic engineering; industry; gene modified organisms; countermeasure

生物工程产业自20世纪80年代兴起，20世纪90年代形成热潮。仅基因改良作物的种植面积在1996年为280万公顷，在1999年为3 990万公顷，三年增长了13倍。最近因发生“Pusztai事件”和“斑蝶事件”，国际上掀起了一场不小的转基因食物（GMO）风波，国内却比较平静。这件大事对国家和个人都很重要，故本文拟就此发表一管之见。

31.1 伟大的科技成就

在回顾20世纪最伟大的科技成就时，几无例外地会提到遗传物质DNA双螺旋结构的发现和DNA重组的成功。它开创的分子生物学和遗传工程使人类有可能在分子层次上深入认识生命现象和对生物体的遗传改良进行实验室设计和操作。尽管这才是近二三十年的事，发展速度都惊人，人的基因组计划将提前完成；水稻和猪等农业动植物的基因组计划在紧张进行中；生物工程技术在农业、医药、环保、能源和材料等应用领域的发展日新月异；生物工程产业方兴未艾，前景诱人。生物工程技术越来越广泛和深刻地影响和改变着人类的经济社会生活以至人类自身。

生物工程正在引发一场新的农业科技革命。通过基因工程和细胞工程可以定向和有效地对农用动植物进行遗传改良，培育出抗虫、抗病、抗除草剂，耐旱、耐寒、耐储运的品种可以大幅度减少农药、化肥和水的投入，增加产量，提高效益，保护资源和环境，促进农业的高效和可持续发展。分子育种技术可以培育出更加适合人们口味和保健需要的功能性食物，如能降低心血管病和癌症发病率，增强免疫力的富含α维生素E和不饱和脂肪酸的油料植物、富含抗癌蛋白的大豆、富含具抗癌作用的鞣花酸的草莓、富含能降低胆固醇的植物黄油、富含赖氨酸和脂肪的玉米、没有豆腥味的大豆、吸油少的煎炸用土豆以及水果蔬菜的延熟保鲜，等等，将品质口味和保健医疗融为一体。目前全球已有120种植物转基因成功。截至 1999 年 4 月，全球累计批准田间试验的基因改良作物 4 987 例，商业化的 47 例，1999 年种植面积达 3 990 万公顷。

经过遗传改良的猪可日增重 1.2 千克，瘦肉率为 70%，料肉比达 2.3∶1，比我国目前的这些指标约高出 1 倍。继美国、澳大利亚后，我国已中试成功的猪生长素可以使猪的日增重、饲料利用效率和瘦肉率分别提高 12%～25%、15%～32%和 6%以上，且肉质口味俱佳。此外，超数排卵、体外受精、胚胎分割、性别控制、核移植等动物胚胎工程技术已趋成熟和商业化；优质牛可一代培育成功；动物体细胞克隆技术也取得了成功，多莉羊轰动世界。

植物保护和动物防疫是农业技术体系中的重要环节。1992 年在巴西里约召开的国家首脑级的世界环境与发展大会上出于环保考虑，提出到 20 世纪末生物农药施用量占农药总施用量的 60%的目标，因传统技术所限这个目标远未达到。畜禽防疫用的传统的弱毒苗和灭活苗也因技术制约而问题甚多，效果不佳。微生物重组和基因工程菌技术的出现如柳暗花明一般掀起了生物农药、动物疫苗以及动植物生长调节剂等各种农用生物制剂的一场技术革命，带来勃勃生机。

生物工程在医药领域也是突飞猛进。目前世界上 70%的国际性制药公司采用了生物技术，上百种细胞因子、激素、受体和抗体及近 10 种反义核酸或寡核苷酸药物经美国 FDA 批准进入临床试验，其中 20 余种已投放市场，年产值达百余亿美元。动植物生物反应器技术正掀起医药业的一场革命。其将目标基因在动物乳腺特异表达，可以生产稀有和昂贵的医用多肽或蛋白（胰岛素、抗胰蛋白酶、人乳铁蛋白、红细胞生成素、干扰素、人血白蛋白等）。据专家估计，用细胞培养方法生产 1 克药物蛋白的成本为 800～5 000 美元，而乳腺生物反应器方法只需 0.02～0.50 美元；传统药物的研制生产周期是 15～20 年，乳腺生物反应器方法一般为 5 年。生物反应器技术已成为当今生物工程技术的制高点和市场竞争热点。利用动物转基因技术作器官异种移植也取得重要进展，1998 年美国等待器官移植的病人就有 13 万余人。此外，基因治疗由遗传病扩展到肿瘤、心血管病和艾滋病等重大疾病的治疗。人基因组计划的完成和某些疾病的功能性基因的发现将使生物工程技术在医疗和诊断上发挥越来越大的作用。

能源与环境是可持续发展的重大主题。化石能源的严重污染和日趋匮乏呼唤新的洁净能源的替代。在可再生和洁净的氢能中，生物质制氢储氢具有广阔前景；以淀粉生产的多种醇类可成为替代性能源原料；经基因改良的油料作物可以生产重要化工原料变性脂肪酸等；聚合乳酸生产全生物降解塑料和利用基因改良作物生产 PHA 等均可能替代和优于石化产品。《今日美国》2000 年 2 月的一篇文章中提出："石油的能源之王的地位也许不久将被废黜，农田作物可能逐渐取代石油成为获得从燃料到塑料的所有物质的来源。……在今后的 25 年内，工业农场主将能种植出足够的燃料和原料，从而我们几乎可以不再依赖于外国石油"。此外，微生物重组的生物降解污染物技术将成为环保的支柱性产业，如现已发现多种微生物对土壤、水体和空气中的多种污染物具有生物降解作用；美国生物能公司开发的高效专一性原油脱硫工程菌远优于传统脱硫方法；通过微生物转化和降解使农业有机废弃物无污染和资源化等均取得了可喜成果。

生物工程技术及其产业不仅在于它的广泛应用和巨大潜力，还在于它对当今人类社会面临的资源与环境、农业与食物、人口与健康，以至人类自身的遗传进化等重大课题都将产生十分广泛而深刻的影响。难怪一些科学家预言，21 世纪将是生命科学的世纪。

31.2 生物工程产业热潮

重大的科学突破必将推动技术的革命和雨后春笋般地滋生出一片新兴产业。“春江水暖鸭先知”，企业界对此新兴领域最敏感。首例基因重组成功于 1973 年，在其应用前景依稀朦胧时，美国孟山都公司就于 1984 年斥资 1.65 亿美元建生命科学研究中心从事生物工程产业化的探索。当初见端倪时，毅然更换进千余名生物工程人才（其中 300 多位博士）和与康奈尔等名牌大学合作研发，1994 年又投下了 6.1 亿美元巨资。功夫不负有心人，世界首例转基因植物的田间试验（1987）和商业化产品（1995）均出自该公司，抗虫棉、抗玉米螟玉米、抗除草剂大豆、防全蚀病小麦、牛和猪的生长激素等生物工程产品源源问世，产值年年剧增。化工巨人杜邦公司也于 20 世纪 80 年代初开始生物工程产品研发，十多年埋头苦干，潜心进行生物工程的植物特性改良。在取得成果后，该公司于 1997 年以 30 亿美元收购美国最大的种子公司——先锋种子公司的 20% 股份，于 1999 年全部收购了该公司，媒体为之哗然。

进入 20 世纪 90 年代，越来越多的著名跨国大公司，如英国的 ICI、德国的 Basf、Bayer、Hoechest，美国的 Dupont、Monsanto，瑞士的 Ciba-Geigy 等都向生物工程产品做战略性转移。Hoechest 公司主席 J.Dormann 说：“致力于生命科学就意味着从高投入低产出转向稳定的低投入高产出；从无序的盲目投资转向有序的理性投资，将精力集中于生命科学产品而放松化工产品是必要的”。杜邦公司认为：“生物工程在农业和医药领域就会像 30 年前的聚合物化工一样地掀起一场产业革命，它是生长点和发动机”，“生物技术应用于农业，是和其他的技术革命，如蒸汽机、半导体和电脑一样，将被列入商业上的最重要的级别”。

自 20 世纪 90 年代以来，这些大公司紧锣密鼓地进行重组兼并，搞“马拉松式的投资竞赛”。由英 ICI 分离组建的 Zeneca 公司，瑞士 Ciba-Geigy 分离合并组建的 Novatis 公司，美国、法国两公司组建的 Merial 等已是名闻遐迩，效益斐然了。这些大公司已不满足于技术下游的研发。为了抢占技术制高点和源头，Novatis 公司以 6 亿美元创建“农业发现研究所”，从事植物基因组研究、Monsanto 公司与千年制药公司合作投资 2.18 亿美元成立 Cereon 基因组公司。1998 年，全球由已有生物工程公司 3 600 多家，主要集中在美国和欧洲，1999 年的产品销售额约 500 亿美元，并保持 25%以上的增长速度。

自实施“863 计划”以来，我国生物技术取得了不小进展，近几年产业化发展较快，有生物工程公司 300 余家，批准商业化的有 18 种基因工程药物和 6 种转基因作物。但是在技术、R&D、产业规模和竞争力上远不适应形势需要，与发达国家的差距相当大。世界十大医药公司和十大生物工程公司已开始角逐于我国的巨大市场，Monsanto 公司的抗虫棉在我国的年种植面积超过了 300 万亩，我国自行研制成功的抗虫棉却举步维艰。我们应当有很强的危机感和紧迫感。

31.3 时代性的战略和机遇

生物工程正在缓解当今世界面临的人口、粮食、资源与环境的严峻挑战。其潜在的发展势头和巨大经济价值使一些远见卓识的科学家、政治家和企业家能站在时代的战略高度上认识和评价生物工程的意义。英皇家学会副会长 R.B.Heap 指出：“到 2020 年，全球 80 亿人口若要保证现在的营养水平，全球粮食必须再增加现有量的 50%。正如不能用 20 世纪 40 年代的种植方法来满足现今粮食的供应一样，要满足三四十年后的粮食供应，一定要有新的农业解决途径。无论是以动植物生产的形式还是变更生产方式，生物工程都已成为解决粮食保障问题的潜在的新途径”。孟山都公司总裁 R. 夏皮罗也认为：“要实现全球的可持续发展，关键是采用新技术。而在未来人口大爆炸或生态灾难到来之前的所剩不多的时日里，可行的技术只有生物技术和信息技术”。

诺贝尔奖得主李远哲在北京大学 100 周年校庆的学术报告中说：“在以后的一二百年内，我们将会看到急速发展中的生物技术，尤其是当生物技术对医药和农业的应用开始了实质的进展后”。他又说：“如果亚洲国家真要创造奇迹，就要投入科学的研究与高技术的发展，生物技术也许是亚洲国家能够创造奇迹的一个契机”。李远哲是在看到发达国家已经在信息领域遥遥领先和垄断的态势，而前瞻性地提出了方兴未艾的生物工程技术。日本科技、文部、厚生、农林和通产五省（部）于 1999 年 1 月联合签署的《开创生物技术产业的基本方针》文件中提道：“正像以计算机为首的电子技术改变了 1/4 世纪的世界经济那样，以生命科学知识为基础的生物技术，可望为 21 世纪的经济社会带来重大的变化和进步”。该报告还提出了“生物产业立国”的新的国家目标。

31.4 基因改良食物风波

火药、核能、激光、化工等任何一种新技术的出现都将极大地造福于社会，但如处置失当，也会带来负面作用，生物工程技术亦然。如转移到作物上的抗虫 *Bt* 基因有可能在自然状态下“漂移”到种源相近的杂草，导致现有生态种群失衡；也可能某种经基因改良的食品对人体健康产生不利影响；基因导入和克隆也可能引起感染性疾病、生物性药物，以至伦理上的一些新的问题。但是生物工程学家对此持十分谨慎的态度，各国也有极严的审批规定。我国也于 1993 年和 1996 年先后公布了《基因工程安全管理办法》和《农业生物基因工程安全管理实施办法》，对生态效应和环境影响也在加强跟踪监测和研究。

1998 年秋，A.Pusztai 关于转基因土豆喂养大鼠造成生长异常的报道，虽经英皇家学会组织权威性专家评议和做出该试验有 6 项缺陷的结论，但仍引起绿色和平组织组织的多次反对事件和国际上的关注。1999 年 5 月，美国发生斑蝶吃转 *Bt* 基因玉米死亡事件，百多名反对者集会游行和迫使美国两大婴儿食品公司宣布不采用转基因作物做原料。其实，转 *Bt* 基因的杀虫晶体蛋白是特异毒杀玉米螟等鳞翅目害虫。斑蝶也属鳞翅目，当然也会受到毒害。现在常用的农药久效磷和杀螟丹等在防治害虫的同时对鳞翅目、鞘翅目等类昆虫有更广泛的毒杀作用，也许是化学农药用得太久，人们见怪不怪了。

从动植物的遗传和进化看，现在的栽培/饲养的作物和畜禽经长期人为选择，其遗传性和基因型都已远离野生的祖先种。同位素育种和航天育种等则是人为地通过某种超强物理刺激，打破作物的遗传稳定性，诱发突变，产生自然界从不存在的新种。就这个意义上说，基因改良育种是同样性质的，只是通过基因操作的方法，更具目标性和有效性，更加高明和先进。基因导入和整合到宿主的染色体基因组是个难度很大和非常复杂的过程。不同种类的动植物各具其特异性。经过烹饪和进入消化道，这些蛋白质和氨基酸可以完全被降解和失活，所以从科学上说，基因改良食品对人体影响的可能性是极小的。遗传改良的玉米和大豆制品包括婴儿食品，迄今在美国市场上已接近 4 000 种，并未有一例安全事件的报道。

目前转基因食品问题似乎主要已不是科学问题，而是比科学问题更复杂的公众接受程度、环境极端主义者态度、贸易保护、企业利益和反垄断情结等各种社会和经济问题的交织。1999 年 6 月八国首脑会议上专题讨论了这个问题；2000 年 1 月，联合国在蒙特利尔召开的有 133 个国家参加的基因改良食品会议上，以美国和加拿大为代表的一方和以欧洲为代表的另一方，经过激烈争论达成了《生物安全议定书》草案。其中的“预防性原则”提出，当基因改良食品出口到一个国家时，这个国家如果认为对环境和人的健康有害，有权禁止进口。2000 年 2

月末，400多名科学家、环保行动者、企业界人士和政府官员又在爱丁堡围绕转基因食物问题举办大型论坛，该论坛“希望澄清一场混乱的争论：这场争论使科学蒙上了阴影，给民众带来了恐惧，在欧洲和美国之间种下了一场潜在的贸易冲突”。2000年3月，国际食品规格委员会在日本召开会议，对基因改良食品的国际安全标准做了专门讨论。

出于利益和公众接收程度的考虑，不同业界和国家的看法和政策取向各异，如欧盟规定GM含量超过1%（日本为5%）的产品必须标明，美国农业部则认为应加强公众的了解，没有必要强调GM和非GM，这场纷争还在继续中。

31.5 应取的态度和对策

像机械、电力、化工、信息一样，生物工程技术及其产业不仅具有很强的扩散和推动力，而且在改善人类健康与生活，节约资源，保护环境，缓解全球性的人口、食物、资源、环境压力方面具有巨大潜能和意义，此非其他技术所能企及和替代。农用动植物的基因改良是生物工程产业河滔中的一支涓流，在一时强大的社会力量和利益驱动下，其科学声音似乎显得微弱乏力。只要它与社会的整体和长远利益相关联，就必将突重围而一往无前。食品丰富和粮食过剩的欧洲何必要吃转基因土豆？可是世界上还有8亿人口食不果腹和营养不良；未来人口增长对食物供应的压力越来越大。面对提高作物抗性以减轻化学农药对环境的破坏以及发展中国家农民渴求新技术以降低成本，增加收入等全球性的重大长远需求，怎能因噎废食地使基因改良食物长期受到抑制？公众的接受程度可以提高，贸易和利益关系也是可以改变的，基因改良动植物及其产品将会更加规范和有序地出现一个新的高潮。

中国要跨越发展，就要善先知，争先机，出奇兵，生物工程技术已经摆在面前。如果我们在传统产业上，起步比西方国家晚了一二百年，信息产业的差距已经拉得很大，那么生物工程技术上的起步和差距就不那么大了，且与其他产业投资少，技术含量高，建设周期短，适合我国国情。如果抓得好，“一席之地”没有问题，“出人头地”完全有可能。20世纪60年代我国“两弹一星”的辉煌，20世纪90年代印度的信息软件业不都是发展中国家的成功范例吗？事在人为嘛！重要的是，认识要上得去，布置要周密，推动力度要到位，还要处乱不惊，有识有胆，不因小波细折而犹豫不决，坐失良机。当前基因改良食品风波导致的暂时低潮在某种意义上说也是一次机遇。一则有利于我们争取时间，缩短差距，发展自己；二则我国是个人口和农业大国，有提高技术含量和生产效益的强劲内需，有得天独厚的世界最大的生物工程产品市场。蒙特利尔的“预防性原则”既有利于拥有，又有利于保护我国这个大市场，这可是个稍纵即逝的机遇。科学和安全性上一定要严格把握，市场和政策上则要以国家利益为重，灵活机动。

我国生物工程产业尚属起步，装备落后，规模很小，研究投入严重不足，自主创新产品很少，政策和运行机制不到位。建议国家对我国生物工程产业做战略性的研究、定位和布局，以“S-863”计划为依托，以企业为主体，以三峡和西气东送工程的力度，相信不出10年，必见功效。

参考文献

[1]石元春. 共同走向科学. 中册. 北京：北京新华出版社，1997.

[2]范云六，张春义. 21世纪农作物生物工程的发展与展望. 中国工程科学，2000，2(1)：28-33.

[3]吴常信，张源，李宁. 畜禽遗传育种的分子生物学基础研究. 中国畜牧杂志，1998，34（2）：52-54.

[4]曾溢滔. 转基因动物与生物医药产业. 生物学通报，1999，34(4)：1-3.

[5]ANN M.Thayer.Living and Loving Life Sciences. CHEMICAL & ENGINEERING NEWS. Nov. 23. 1998：17-24.

[6]朱棣文，杨振宁，李远哲，等. 聆听大师. 北京：北京大学出版社，1998.

32 从基因改良风波说起

【本文写作背景】

世纪之交，生物技术领域发生了一件大事，“基因改良风波”震惊了世界。1999 年的八国首脑会议、2000 年联合国召开的由 130 个国家参加的“基因改良食品会议”等重要会议都对此做了专题讨论，会议上针锋相对，唇枪舌剑。针对如此敏感议题，《文集卷》作者及时发表了自己的见解，在多次讨论会上做了发言和讲演，并写作此文发表在 2002 年 4 月 22 日的《科技日报》上，表明了自己对“基因改良风波”的观点和态度。

科技日报　科普·探索
从基因改良风波说起

日益深入的生命科学研究已引起人们对相关伦理和安全问题的广泛关注。自 1998 年以来，基因改良的大辩论不仅澄清了一场混乱的争辩，还为把握机会的人们提供了契机。

正当生物技术和动植物遗传改良工程如日东升、方兴未艾的时候，1998 年秋在英国发生了 Pusztai 转基因土豆事件，1999 年 5 月在美国发生了斑蝶事件。尽管这两个试验后来被权威机构所否定，但仍引发了一场长达 3 年之久的基因改良（GM）问题大辩论的世界浪潮。

32.1 风波

1999 年 6 月，八国首脑会议专题讨论了这个问题；2000 年 1 月，联合国在蒙特利尔召开了由 130 个国家参加的“基因改良食品会议”，形成了以美国与加拿大以及欧盟的两军对垒并通过了“预防性原则”；2000 年 2 月，在英国爱丁堡召开了参加成员广泛的“世界生物技术论坛”。该会议“希望澄清一场混乱的争论”。这场争论使科学蒙上了阴影，给民众带来了恐惧，在欧美间埋下了一场潜在的贸易冲突的种子；2000 年 3 月，在日本召开了围绕 GM 的国际食品规格委员会会议；2000 年 6 月，中国、美国、英国等科学院发表联合声明，高度评价 GM 的社会和经济意义，认为科学可以控制 GM 可能产生的负面影响；2000 年 10 月，在美国召开的有高层政府官员（美国副国务卿 Alan Larson 参会和讲演）和专家参加的 GM 国际论坛，双方唇枪舌剑，面红耳赤，互不相让。

GM 技术对解决世界粮食短缺，提高农产品的产量和品质具有不可估量的潜力，这是一致公认的。反对者认为，GM 食物可能对人体有毒，引起过敏反应，损害免疫系统，基因飘移可能造成环境污染以及未知的伤害因素。支持方则认为转入的基因不可能被人体接受，毒性和过敏是可以被监测的，上市前的严格检验和审批制度以及食品安全法规法律等均能防御对人体的伤害。

32.2 转机

2001 年夏天出现了转机。2001 年 5 月，法国科技部部长在一次“生物企业和生物孵化器”会议上说：“生物技术具有良好的经济前景，应当优先发展，这是个能够满足未来人类基本需要的技术。”2001 年 5 月 31 日，德国总理施罗德在联邦议院召开的基因技术政策辩论会上说：“鉴于基因技术在医学和经济领域的巨大潜力，德国不应该过早地从法律方面限制其发展，德国不能再错失这个机遇。”2001 年 6 月初，比利时农业部长 Jaak Gabriels 说：“农业必须抓住生物技术，欧洲不应该失去应用生物技术的机会”，并保证在比利时担任欧盟轮值国主席期间，推进农业生物技术的发展。

具有法律意义的是，2001 年欧洲议会通过了允许繁殖、生产转基因物质及制品的法律程序议案，为市场消费创造了规范、透明和宽松的环境，预示着欧盟成员国将加强对转基因物质的研究和开发，刺激转基因产品的消费和进出口贸易的增长。欧盟委员会农业委员菲舍勒说：“欧盟正逐步对生物技术食品采取新的政策，一面允许这种新技术进入市场，一面处理解决人们对食品安全所怀有的顾虑。”

据澳大利亚于 2001 年 5 月的一次民意调查可知，50% 的被调查者愿意接受 GM 食品，公众正在克服最初的畏惧心理，逐渐认识到 GM 食品对健康无害，GM 技术可以提高农产品的产量和品质，且能减少杀虫剂的使用，以利于保护环境。实际上，美国食用 GM 食品已近 10 年，现在超市上就有 4 000 多种 GM 类食品，从未有过敏、中毒和危害健康的报道。

英国皇家学会委派了一组专家专门分析了自 1998 年以来 GM 的研究进展，

2002年2月4日发布了一个“GM食品与健康”的重要政策性文件。其主要结论性意见：同意FAO的“实质等同原则”；GM技术可能导致非预期的有害结果，但在传统育种中也会出现；目前尚无GM食物导致过敏性反应的证明；特定的病毒DNA序列导入GM植物对人类健康的危害是微不足道的。对基因导入GM植物对消费者遗传性影响的可能性问题的意见是：“人和动物自身就有大量DNA，食物和微生物/病毒也会将各种基因带入人体。通过GM植物带入的外源性DNA对人类的健康没有明显危险”。英国农业生物技术委员会（ABC）在最近提供的一份题为《新的选择，新的挑战，新的方法》的报告中说，经调查，2/3以上的英国人希望获得更多的GM食品的信息。欧盟食品科学委员会（SCF）严格审查后批准了基因改良玉米品系GA21。据消息称，受美国农业部委托，国家科学院（NAS）公布的报告《转基因植物的环境影响、管理范围和程度》明确提出了“用生物技术改良的作物植株与用更多常规方法产生的植物相比，没有不同的危险性”。日本卫生、劳工和福利部（MHLW）审查批准了美国孟山都公司的基因改良玉米MON863的进口。

32.3 利益

对垒双方在主要问题上已渐趋同，1999年开始的GM寒冬开始转暖，相信一个新的GM浪潮将要来临。此次GM事件说明，GM的科学本质没有变；GM技术对人类社会和经济发展的巨大意义没有变；新兴科技发展势不可挡的规律没有变。在GM风波期间，争论归争论，谁也没有放松，而是在加强GM的研究和产业发展。其实，大家心里也明白，这里主要的并不是科学问题，而是贸易和企业利益问题。极端组织的态度和公众心理更增加了问题的复杂性。

2001年，全球（主要是美国）GM作物种植面积不是减少，而是比2000年增长了19%，比1999/2000年度的11%增幅还要大，并首次突破了5 000万公顷。转基因大豆种植面积已占世界大豆种植总面积的63%，转基因玉米也占到了19%。孟山都等跨国性的生物工程公司虽受到暂时的冲击，但它们不断地积蓄力量，调整布局，待机出击。

2000年法国的GM研究投入为2.15亿法郎，2001年为2.5亿法郎，增加了16%，还新建了近百家的生物技术公司，并将法国31个高新技术产业孵化器中的10个主要用于GM技术的开发。2001年5月，欧盟就开始与美国做GM交易，以其对GM产品的新政策，换取美国对欧盟国家肉类的进口。

1999年1月，在日本科技、文部、厚生、农林和通产五省厅提出的《创立生物技术产业的基本方针》政策报告中说：“正像以计算机为首的电子技术改变了 1/4 的世界经济那样，以生物科学知识为基础的生物技术可望为 21 世纪的经济社会带来重大的变化和进步”。日本在 GM 风波中态度谨慎，但也感到 GM 的春意，于 2002 年 1 月，该 5 省厅在发布的《发展生物产业的政策报告》中提出日本“到 2010 年，GM 产品市场规模达 25 万亿日元，新创建生物技术产业 1 000 家”的目标和 5 大战略重点。

32.4 三点建议

第一，改消极躲闪政策为积极出击政策。生物技术及其产业化是近十多年才发展起来的，我国已积累了一定基础，与发达国家之间差距并不是太大。只要有“两弹一星”的决心和信心，部署得当，措施有力，也许不要很长时间就能取得跨越式发展。具体建议是以“863 计划”的“生物与现代农业技术领域”主题为依托，做好顶层设计和部署，以更大的强度推进 GM 的产业化，以产业化带动技术化。另外，我国的《农业转基因生物安全管理条例》应根据新的形势做必要的调整，否则有的条款将成为自己给自己戴上的“紧箍咒”。

第二，一定要作战略性的集中。其主要集中于两个战略重点，即生物工程药物，特别是蛋白质药物和动物乳腺生物反应器技术以及农业的养殖生物工程。突出农业的养殖生物工程的原因有四个：一是我国的动物类产品在国际农产品市场上具有竞争力和出口潜力（不是现在）；二是产品的附加值高，特别是与蛋白质工程药物的结合；三是它能带动种植业，是农业结构调整中的一个火车头；四是这方面的一些生物技术比较成熟，我国积累较多，可以作为产业化的支撑。

第三，建一个高效和强大的生物工程产业孵化器，这是人才和技术走向产品和市场的桥和船。孵化器以最佳的政策环境和孵化条件，集天下之英才和成果，让他们在这里成熟放飞。孵化中心是“两弹一星”的试验场，企业是发射场。

第四，加强对 GM 安全性的审批监管；加强对公众作 GM 的科学普及，消除畏惧心理；加强对负责领导和管理这方面工作的官员的专门培训。

以上说的都是比较急功近利的“亡羊补牢”构想，当然还应当有长远和开阔的安排，特别是我国基因资源的保护、挖掘和开发。一位诺贝尔奖获得者说：“如果亚洲国家真要创造奇迹，也许要赶快投入科学的研究与高技术的发展，生物技术也许是亚洲国家能够创造奇迹的一个契机。”江泽民同志在一个重要批示中写道：“小平同志明确提出中国在世界高技术领域要占有一席之地，其意义极为深远。这个奋斗目标在我们这一代人手里定要争取实现。”

33 一座伟大的里程碑
——农业生物技术

【本文写作背景】

2002 年 9 月 24 日科技部在杭州举办了"中国首届农业生物技术发展论坛"。业内专家学者云集，科技部副部长李学勇做了主题讲演，似乎是以此会作为对全球"基因改良风波"的一种回应。本《文集》作者以广阔视角，以《一座伟大的里程碑》为题，饱含热情地纵论了农业生物技术。此文刊载于 2003 年出版的《中国首届农业生物技术发展论坛文集》，后被多家报刊转载。

一座伟大的里程碑——农业生物技术

石元春

各位领导、各位专家：

在这里与大家交流我在农业生物技术方面的一点体会，不当之处请指正。

先谈生物技术与现代农业

33.1 生物技术与现代农业问题

从野生动物植物驯化开始，原始农业和传统农业延续了 1 多万年。19 世纪中叶有了达尔文进化论、孟德尔遗传学和李必希矿质营养学说等先进的生物学和农业化学理论；有了良种、化肥、农药以及工业革命带来的拖拉机和电力，才有了近代农业。20 世纪中叶发现了遗传物质脱氧核糖核酸的双螺旋结构和 DNA 重组成功，诞生了分子生物学和生物技术，掀起了新的农业科技革命，也迎来了现代农业的新时代。

农业生物技术使农业从内涵到外延上都发生了根本性的变化。它赋予动植物品种，即农业加工的原材料以全新的内涵，使现代农业由生产初级动植物产品向着食品科学、医药、生物化工、能源、材料和环境保护等多元化的方向拓展。

生物技术首先引发的是育种技术的革命。常规育种技术主要是依靠育种家的经验，在田间对作物进行表型性状的选择和利用有限的种内杂交优势。生物技术的伟大之处在于可以对生物的遗传信息进行实验室操作；可以在动物、植物、微生物，即所有物种间做基因转移和重组；可以做遗传改良的工程设计；可以注入和产出动植物原来没有的某些新的特性，将动植物育种推进到一个崭新的时期，这是生物科学和技术的一次伟大的革命。

在1996—2001年的6年中，全球转基因作物的种植面积增长了30倍，2001年达到5 260万公顷。2002年，美国的各种转基因作物种植面积占该作物总播种面积的比重分别达到：玉米32%、大豆74%、棉花71%；抗虫棉、抗除草剂大豆、抗玉米螟玉米、抗病毒病马铃薯已经用于生产；特用玉米、富含α维生素E和不饱和脂肪酸的油料、富含抗癌蛋白的大豆、富含鞣花酸的草莓、耐贮运的番茄等新的品种将层出不穷。

1998年，在第六届国际遗传学应用于畜牧生产学术会议上，很多专家都对猪的基因遗传改良寄予了很大的热情和希望。他们估计到2005年前后可以达到日增重1 200克和料肉比2.3∶1，比我国现生产水平高出1倍。畜禽胚胎工程的超数排卵、体外受精、胚胎分割、性别控制、核移植以及克隆等技术已趋于成熟和实现商业化。生物反应器技术使动植物成为一种新兴的生物制药载体。

农业生物技术通过对动植物和微生物的遗传改良，农业不断地拓展其外延。在农产品加工领域，农业生物技术不仅在对改善初级农产品品质、功能、储运、保鲜和外观，而且在对加工过程中的加工性能和工艺、标准化和安全性的全程监控监管，降低系统成本和提高竞争力等各个环节有着越来越明显的影响。中国农业大学培育的一种特用玉米集青饲、精饲和工业加工于一身，通过多级开发，将种植业、养殖业、食品工业、生物化工等连接成一个技术和产业链条，可以生产数十种加工产品，实现多次增值。

农业生物技术使现代农业向生物制药领域拓展。1992年在巴西里约召开的世界首脑级的环境与发展大会上，提出以生物农药逐渐替代有机合成农药和到20世纪末的使用面积达到农药总使用面积的60%的指标。结果，美国才15%，我国还不到1%，因为一些关键技术没有取得突破。动物的传统疫苗、灭活苗和弱毒苗在养殖防疫上做出了重要贡献，但其自身还存在很多弱点，需要在技术上取得突破。农业生物技术提供了这种可能，特别是微生物基因重组技术正在生物农药、畜禽疫苗、动植物生长调节剂等农用生物制剂领域掀起一场技术革命。一些发达国家的基因工程疫苗在20世纪80年代就开始使用，而我国至今不能生产。经过一番努力，其终于得到国家计委的批准，在陕西杨凌建厂，2003年春季即可运行。

生物制药领域的蛋白质药物生产有一个由组织提取到工程菌发酵，再到哺乳动物细胞培养和动物乳腺生物反应器的发展过程。中国农业大学已建立起动物乳腺生物反应器的技术平台，并获得高效表达鸡法氏囊疫苗蛋白的转基因羊。根据美国红十字会和美国遗传学会预测，2005年，美国用生物反应器生产的药物将达350亿美元；2010年，在基因工程药物中，利用生物反应器生产的份额将达到 95%。利用生物反应器技术生产蛋白质药物的产业，人们视之为“朝阳产业”和“钻石产业”。生物反应器技术是以动物、植物和微生物为载体的新型生物制药技术，农业将成为现代生物制药业的一支新的生力军。

农业生物技术正在使现代农业向能源领域拓展。我摘引了 2001 年 2 月 1 日《今日美国》的一篇报道，该文写道：“石油的能源之王地位也许不久就会遭到废黜，如今农田作物有可能逐渐替代石油成为获得从燃料到塑料的所有的物质的来源。‘黑金’也许会被‘绿金’所取代。”“在今后的 25 年内，工业农场主将能种植出足够的燃料和原料，从而我们将不再依赖外国石油。”2001 年 2 月朱镕基总理在一次报告中说：“我国每年要用 250 亿美元进口石油，压力很大。美国和拉美的一些国家在汽油里加 10% 的酒精，这是个成熟技术，还可以给玉米找出路，我们为什么不干？”

英国计划以 150 万英亩土地种植一种芒属植物，德国建了一座以此为燃料的发电能力为 12 万千瓦的发电厂。1 公顷油菜能生产 1 吨植物油和 1 060 升氧气，植物油能生成不含硫的柴油，英国已投入 2 000 万英镑开发洁净能源新技术。生物质能的生产将成为现代农业的一个重要生产领域。

据新疆的报道可知，在地膜覆盖 5 ～ 7 年后的农田中，棉花和玉米减产 10%～ 15%。其主要原因是积存在土壤里的地膜碎片影响了作物根系的生长，土壤物理性状变坏，肥力下降。新疆生产建设兵团下命令要求各团场必须回收地膜，否则来年不给配水，地就种不成了。据最新研究可知，这种塑料地膜在土壤里 200 年也降解不了，所以能够全生物降解的塑料和地膜正成为世界性的研究热点。

目前美国和日本已研究成功用淀粉发酵生成乳酸，再将乳酸聚合为全生物降解的塑料。2000 年 5 月，日本《时代》周刊报道丰田公司用白薯淀粉成功制成了汽车的塑料配件，并发表了《白薯拯救地球》。2000 年 6 月，日本富士通公司生产的部分笔记本电脑的机壳也采用了玉米淀粉加工的全生物降解塑料，计划 2004 年所有电脑都采用这种玉米淀粉加工的全生物降解塑料。几年前就已经成功地应用基因工程方法让栽培的作物生产塑料基材多羟基丁酸，并已得到这种转基因的植株。

33.2 生物技术的战略前景

英国皇家学会副会长 R. B. Heap 在北京的一次报告中说：“到 2020 年，全球将有 80 亿人口，若要保证现在的营养水平，全球粮食要再增加 50%。正如不能用 20 世纪 40 年代的种植方法来满足现今粮食的供应一样，要满足三四十年后的粮食供应，一定要有新的农业解决途径。无论是以动植物生产的形式还是变更生产方式，生物工程都已成为解决粮食保障问题的潜在的新途径。”

1998 年 5 月，李远哲在北京大学 100 周年校庆学术报告会上说：“有些国家跟上了第二次产业革命（指信息革命），它们仍将强大而富有，没有跟上的国家，将仍然悲惨。……在以后的一两百年内，我们将会看到急速发展的生物技术，尤其是当生物技术对医药和农业的应用开始了实质的进展后。”他在报告中还提出：“如果亚洲国家真要创造奇迹，也许要赶快投入科学的研究和高科技的发展，生物技术也许是亚洲国家能够创造奇迹的一个契机”。

在 2000 年 9 月的中国科协第二届科学年会上，杨振宁在报告中提出：“19 世纪是物理科学的世纪，由于相对论、量子力学和信息科学的发展，20 世纪仍然是物理科学的世纪，我相信，21 世纪将是生命科学的世纪”。他在 2001 年的另一个报告中说：“以后的三四十年间，应用研究发展最快的将有几个领域，而芯片的广泛应用、医学与药物学的高速发展和生物工程。这 3 个领域的发展，我以为将是以后三四十年世界经济发展的火车头。”

日本科技、文部、厚生、农林和通产 5 个省厅曾于 1999 年提出了一个题为《开创生物技术产业的基本方针》的政策报告。在该报告中有这样一句话：“正像以计算机为首的电子技术改变了 1/4 世纪的经济那样，以生命科学知识为基础的生物技术，可望为 21 世纪的经济社会带来重大的变化和进步。”该报告还提出了“生物产业立国”的新的国家目标。在 2002 年的报告中还提出了生物技术产业的 5 个战略重点和到 2010 年市场规模达到 25 万亿日元及新建 1 000 家生物技术企业的发展目标。

在十多年前，邓小平同志就提出了“将来农业问题的出路最终要靠生物工程来解决，要靠尖端技术。”2001 年江泽民同志在接见“国际农业科技发展战略研讨会”的专家代表时说：“发展以生物技术为标志的高科技，是推进新的农业科技革命的关键。”科学和技术的发展是有他自身规律的，“源头律”就是其中的一条。

且不说数学和物理学上的牛顿革命和达尔文的进化论，就说麦克斯韦将电、电磁和光相联系而形成的统一电场理论，掀起了近代物理学上的一场深刻的革命，人们也称“法拉第–麦克斯韦尔–赫兹革命”。这场革命对电机（西门子，1866）、电话（贝尔，1876）、电灯（爱迪生，1879）、无线电通信（赫兹，1888）等划时代的发明以及 19 世纪和 20 世纪工业的发展起到了理论奠基作用。李政道在“21 世纪中国科技发展战略研讨会”上谈到狭义相对论和量子力学两项伟大发现时说：“到 1925 年，对这两个领域完全了解了，并且由此发展了原子结构、分子结构、核能、激光、半导体、超导体、X 光、超级计算机，等等，假如没有狭义相对论和量子力学，这些都不会有，几乎所有的 20 世纪的物质文明都是从这两个物理基础科学的发现衍生出来的。”

我想，道尔顿的原子论和波义耳的元素说（1803）、赖尔的地质进化论（1833）等都是在其不同学科领域起着源头和主干的作用，带动着一个时代的发展。DNA 双螺旋结构的发现和重组成功正是在生命科学的源头上开创了一个新的时代，树立起了一座伟大的里程碑。

33.3 GMO 风波和形势逼人

火、电、核和机械等重大技术在出现之初常常被视作异端邪术，引起人们的恐惧，连 20 世纪末的生物技术也难幸免。1998 年的 Puztai 事件和 1999 年的斑蝶事件在世界范围内掀起了一场 GMO（基因改良体）的轩然大波。2000 年，蒙特利尔会议（2000 年 1 月）上的两军对垒和《生物安全议定书》的签订；爱丁堡世界生物技术论坛（2000 年 2 月）上的激烈辩论和世界粮食论坛（2000 年 10 月）上的唇枪舌剑将 GMO 风波推向了高潮。这场风波产生的原因很复杂，涉及贸易壁垒、企业利益、极端主义者的冲击、公众接受程度，等等，而在科学上是肯定的，安全性是可以控制的。正像爱丁堡世界生物技术论坛所指出的那样："这场争论使科学蒙上了阴影，给民众带来了恐惧，在欧洲和美国之间埋下了一场潜在的贸易冲突的种子"。

这场风波是于 2001 年开始转暖的。2001 年 5 月，法国科技部部长在他召开的"生物企业和孵化器"会议上说："生物技术具有良好经济前景，应当优先发展，这是个能够满足未来人类需要的技术。"同月，德国总理施罗德在联邦议院召开的基因技术政策辩论会上说："鉴于基因技术在医学和经济领域的巨大潜力，德国不应该过早地从法律方面限制其发展，德国不能再错失这个机遇。"2001 年 6 月，比利时农业部长杰克说："农业必须抓住生物技术，欧洲不应该失去应用生物技术的机会"。他并保证在担任欧盟轮值国主席期间，推进农业生物技术的发展。欧盟农业委员菲舍勒说："欧盟正逐步对生物技术采取新的政策，一面允许这种新技术进入市场，一面处理解决人们对食品安全所怀有的顾虑。"欧洲议会于 2001 年通过了准许生产转基因物质及其制品的法律程序案。

2002 年 2 月，英国皇家学会发布了《食物用基因改良植物与人类健康》的政策性报告，认为："基因改良技术可能导致非预期的有害结果，这在传统育种中也会出现，目前尚无基因改良食物导致过敏性反应的证明，用特定的病毒 DNA 序列导入基因改良植物对人类健康的危害是微不足道的，通过基因改良作物带入的外源性 DNA 对人类健康没有明显危险"。该报告并在"实质等同原则"的解释上做了重要调整。2002 年 3 月，美国科学院公布了"基因改良植物的环境影响：管理范围和程度。"2002 年 5 月 23 日，英国首相布莱尔在英国皇家学会做科技政策报告的“高技术产业”一节中说：“生物技术处于所有这些发展项目的前列，到2005年，仅欧洲的生物技术产业市场估计将达到1 000亿美元，当我们赶上美国的工业时，生物技术和相关公司的雇员将达到300万人。”

2002年9月18日，在欧盟15国中，有关专家将重新审议转基因食品安全问题，负责官员比尔纳说：“转基因食品和传统食品一样安全无害，除非关闭欧洲边境，或在全世界范围内禁止转基因作物，否则，转基因食品必将成为一个不可避免的现实。”他并宣布：“欧盟关于允许转基因食品上市的法律将于本周实施。”最近几天，我们还看到了这样的消息，美国FDA正在审查是否准许克隆动物及其有关食品进入正常的食品供应渠道，并将于2002年晚些时候做出决定。在美国科学院的最新报告中说，克隆牛和克隆猪的后代产出的奶和肉类食品最早将于2003年上市。

春江水暖鸭先知。我在1998年11月的*Chemical & Engineering News*的一篇文章中看到，ICI、Basf、Bayer、Dupont、Monsanto、Hoechest、Ciba-Geigy等世界排名前列的一些跨国性化工公司正在做历史性的战略转移。Hoechest公司主席J. Dormann说：“致力于生命科学就意味着从高投入低产出转向稳定的低投入高产出；从无序的盲目投资转向有序的理性投资，甚至不惜放松化工产品而集中精力于生命科学产品。”Dupont公司认为，生物工程在农业和医药领域将会像30年前的聚合物化工一样地掀起一场产业革命，它是“生长点”，是“发动机”。

这些跨国大公司紧锣密鼓地进行调整经营方向、重新组合和“马拉松式”的投资竞赛。ICI于1993年分离组建的Zeneca生命科学和化学公司创下了7亿美元的产值；CGG组建的Novatis生命科学公司以6亿美元用于农业；Dupont公司1997年控股20%和1999年全部收购了美国第一大种子公司Pioneer跨国公司，1998年还与法国合建了杜邦小麦公司；德国AgroEvo农工集团将“植物保护企业”调整为“植物生产企业”。

这些跨国大公司已不满足于下游技术的开发而扩展到上游的基础性研究，以从源头和制高点上对技术和产品进行控制和垄断。Novatis生命科学公司以6亿美元建“农业发现研究所”进行植物基因组研究，并与加州大学伯克利分校签订了2 500万美元的合作研究协议；Monsanto与千年制药公司合作成立了Cereon基因组公司，投资2.18亿美元；AgroEvo将基因组的研究与组合化学结合对农药做高效筛选，等等。

33.4 体会和建议

西门子在发明电机后给他在伦敦的弟弟的信中说：“电力技术将开创一个新

的纪元，谁抓住了它，谁就会取得成功”；诺贝尔奖得主，扫描隧道显微镜的发明者罗雷尔博士指出：“曾经重视微米技术的国家今天已成为发达国家，而纳米科技为人们提供了新的机遇，今天重视纳米技术的国家，也必将在未来的高技术竞争中独领风骚”。在科技发展日新月异和竞争十分激烈的今天，一个科技专家和高科技企业，更重要的是一个国家对源头性和主干性，高成长性和扩展性的新兴科技要有高度的敏感性和战略眼光。从这个视角上考量，我认为，我国在对待生物技术问题上的表现和作为是难以令人满意的。

令人高兴的是，即使在 GM 风波低潮时，科技部仍清醒地支持着农业生物技术的发展，在 2002 年 6 月的一次国际会议上，科技部提出“生命科学与生物技术是当今科技创新中最活跃的领域之一，也是中国科技发展的优先领域。为加速我国生物技术及其产业的发展，政府已经制订了今后 5 ～ 10 年的发展规划和政策，明确了发展目标和重点领域。”这次召开的“中国首届农业生物技术发展论坛”是又一次的重要举措和推进。

农业生物技术及其产业的发展不仅受技术和产品性价比的影响，还深受政策、贸易和社会环境等多种因素的制约，而关键还在于政府有关部门的战略眼光和观念。其影响可正，可负，也可以无所作为。为此，我想提出以下 3 点建议。

① GMO 的世界形势出现了根本性变化，迎来了第二个春天，我国也应当“与时俱进”。建议有关部委尽快清理和调整在 GMO 低潮期间出台的有关政策，不失时机地制订和提出新政策和新措施，向中央和国务院提交一份新的政策性报告。

②目前我国农业生物技术产业发展的社会环境不佳，高端性和技术成熟的成果不多，投资者的投资积极性还不大，已经取得成功和有较大影响的企业也很少。当前农业生物技术的研究计划和支持强度上去了，但仍难以产业化，预计未来 3 ～ 5 年可能会出现研究上去了，产业化更加滞后的局面，我们要未雨绸缪。

③通过各种渠道和媒体，在公众、企业和领导三个层面上做好科学普及和引导工作，消除恐惧心理。这很重要，建议落实到有关业务部门和单位。

就说到这里，希望我国的农业生物技术及其产业化能出现一个新的局面。

谢谢大家！

（2002 年秋完稿于北京）

农业科技发展战略研究篇

《文集》作者1994年、1998年和2003年相继参加了国家21世纪高技术“S-863”计划、国家基础科学“973计划”和国家中长期科学技术发展计划制订的三次科技发展战略研究。其间，作者写下了关于科技发展战略方面的4篇文章以及《农业高技术领域发展战略研究》(1999年)和《国家中长期科技发展的农业科技战略研究》(2004年)两份报告，一并收入本篇。2013年《中共中央关于全面深化改革若干重大问题的决定》和2014年1月李克强总理在国务会议上提出新一轮科技体制改革的时刻，《文集》作者再次接受采访，著文发表了对科技体制改革的见解。

农业科技发展战略研究篇目录

34 我国基础研究和发展高技术的进军号

【本文写作背景】

1997 年 3 月的全国人民代表大会和全国政治协商会议上，科技界代表向李鹏总理提出国家应加强基础科学研究的建议被采纳。1998 年国务院成立了“国家重点基础研究发展规划”专家顾问组。作为专家顾问组成员的《文集》作者在工作早期写下了此文，登载在《世界科技》杂志 1997 年 10 月的 19 卷 5 期。

江泽民同志最近就基础研究和发展高技术做了重要批示，这是科技界的大事，是贯彻科教兴国战略的大事，也是指引我国在下个世纪全球经济和技术竞争中立于不败之地的大事。

江泽民同志在“批示”中指出：“基础研究的每一个重大突破往往都会对人们认识世界和改造世界能力的提高，对科学技术的创新、高技术产业的形成和经济文化的进步产生巨大的不可估量的推动作用”。这个指示精神对提高全党、全国，特别是广大干部对基础研究的认识有着重要意义。科学技术在国民经济建设、社会发展以及人民生活中的重要性日益被人们所认识。但是大家在生活中更多和直接感受到的是技术进步对生产力的推动作用，而对技术进步的源头——科学的重大意义和作用则注意较少。江泽民同志指出：“基础研究很重要”是有着重要现实和长远意义的。

正是在麦克斯韦提出的统一电磁场理论（1864）的推动和支持下，取得了电机（西门子，1866）、电话（贝尔，1876）和电灯（爱迪生，1879）的发明，迎来了电的光明时代。赫兹发现电磁波和制成电磁波发生装置而开创了无线电通信的时代。巴斯德发现一切发酵作用都和微生物的存在、繁殖有关，创立了现代微生物学和发酵学。从微生物学原理出发，他研制和发明的兽用弱毒疫苗（1873）和医用抗狂犬病疫苗（1885）一直沿用至今。英国外科医生李斯特将巴斯德微生物灭菌应用于外科手术创伤而形成了现代医学上的外科消毒学从而造福于全人类。李政道在21世纪中国科技战略研讨会上的讲演中提到狭义相对论和量子力学两项伟大发现时说："到1925年对这两个领域完全了解了，并且由此发展了原子结构、分子结构、核能、激光、半导体、超导体、X光、超级计算机，等等。假如没有狭义相对论和量子力学，这些都不会有。从1925年以后，几乎所有的20世纪的物质文明都是从这两个物理基础科学的发现衍生的。"

在近一二百年农业和农业科技发展历史的长河中，我们也可以清晰地看到科学—技术—发展生产力三者的有机联系和科学的源头作用和强大推动力。20世纪上半叶，世界粮食单产每公顷年均增长仅1.4千克，而20世纪后半叶（1948—1995）则为39千克，是前50年的28倍。据研究可知，科学技术对此期高速发展的贡献率为73%。其主要技术是现代育种技术、化肥和施肥技术、农药合成技术以及灌溉技术。我们很自然地想到正是19世纪中叶达尔文的杂种优势理论和孟德尔遗传学，才开创了现代动植物育种技术和培育出一批又一批的优良动植物品种；正是德国化学家李比希和他的植物矿质营养学说，才引发和推动了现代化肥工业和植物施肥技术；正是有机化学家维勒首先从无机物人工合成了有机物——尿素及所开创的合成化学年代以及20世纪30年代缪勒有机合成农药的成功才推动了的农药工业的发展。

由近代科学上的重大突破引发技术和产业的革命受到人们的极大关注。马克思认为"德国的新农业化学，特别是李比希和申拜因对这件事情比所有经济学家加起来还重要。"恩格斯将进化论、细胞学说和能量转化学说作为19世纪的三大发现；他在马克思墓前的讲演中说："在马克思看来，科学是在历史上起推动作用的革命的力量。任何一门理论科学中的每一个新发现即使它的实际应用还无法预见，马克思都会感到衷心喜悦。"邓小平同志发展了马克思的科学观，提出，"马克思说过科技是生产力。事实证明，这话讲得很对。依我看，科技是第一生产力"。

基础研究在于认识客观世界的物质结构、运动形态和规律，而不以当前应用为目的。它却是技术和生产力发展的强大原动力。随着近代科技的迅速发展和日新月异，基础研究在科学上的成就对技术和生产的影响越来越大，推动的周期越来越短。麦克斯韦的电磁学基础结构方程式是1865年写出来的，50年后，马可尼发展成无线电传播，再20年才有通讯话网的应用，真正发展只是近三五十年的事。而在20世纪40年代末第一台计算机出现至今的40多年间，微电子、大规模集成电路、高性能计算机、网络技术和软件技术等突飞猛进和日新月异，传输上的高速、宽带、大容量、多功能和网络化；服务上的多媒体、智能化和自动化以及用户上由专业人员走向个人家庭和社会，将人类带入21世纪的信息社会。第一颗人造地球卫星上天仅40年，空间科学和航天技术可以说是一日千里。

在生物学上，1953 年沃森和克里克发现遗传物质脱氧核糖核酸的双螺旋结构开创了分子生物学的新时代。20 年后（1973），玻耶的 DNA 重组成功将分子生物学推进到应用性极强的生物技术和生物工程阶段。不到 10 年，1982 年出现世界第一支转基因硕鼠，1992 年克里克教授宣布获得 6 头导入人基因的转基因绵羊在分泌的羊奶中含有人的抗胰蛋白酶（称“动物乳房生物反应器”），1996 年克隆羊“多利”轰动世界，美国总统也出面谈克隆人问题，一时甚嚣尘上。据美国 1955 年统计，生物技术产品年销售额约 100 亿美元，预计到 2006 年可达 340 亿美元。农业生物技术发展很快，截至 1996 年 1 月的报道，美国农业部批准进行田间试验的转基因植物已有 2 584 例，批准商业化的 17 件（加拿大 18 件、日本 7 件、澳大利亚 4 件），世界已有 500 多家植物基因工程公司。一些科学家认为，生物科学将成为 21 世纪的重要带头性学科，21 世纪将是生物科学的世纪。

基础研究和取得科学上的突破对技术和生产力发展的重要作用日益受到有识之士的重视。在第二次世界大战结束前夕，罗斯福给战时的美国科学研究与发展局主任 V. 布什写信征询如何将战时的科学研究与发展经验应用于和平时期。1946 年 7 月，V. 布什在提交的一份长篇报告中指出：“今天，基础研究已成为技术进步的先导，这比以往任何时候都更加明确。……一个在新的基础科学知识方面依靠别国的国家，其工业的发展将是缓慢的，在世界贸易竞争中所处的地位将是虚弱的，而不管他的技艺有多么高明。”他又说：“政府能够加强工业研究的最简单有效的方法就是支持基础研究和培养人才。”这个报告在确立美国战后基础研究的地位起到了基本作用。1950 年，美国会通过了《国家科学基金会法案》和设立了由总统直接任命和领导的国家科学基金会。自 20 世纪 70 年代以来，美国基础研究经费始终保持与应用研究和开发研究的合理比例和 10%左右的年增长率。面对激烈的国际科技竞争，法国及时调整国家科技政策，确立了以科学研究为先导的指导思想，把优先发展高水平的基础研究作为科技发展方针。一向重视应用研究的日本制订了《新科技立国方针》，确定了政府的基础研究费用在 R&D 中的比例，1991 为 2.9%，1993 年调整为 16%。德国重视基础研究的优良传统一直为世人称道。

全球性新技术革命浪潮的推涌和面向 21 世纪多极化世界的国际斗争由政治和军事转向经济和科技的全球大趋势，都把高技术推向了发展和争夺的焦点。美国、日本、德国和西欧等发达国家和地区在高技术的竞争中不断调整战略和政策，力争保持本国在整体或部分领域的技术优势，以取得产品和市场优势，而不致在竞争中衰败。克林顿在总统竞选获胜后即宣布“高科技时代”来临和就任后提出“全球信息化”和“信息高速公路”。对时代和世界性的挑战，江泽民同志在“批示”中指出“基础研究对科学技术的创新和高技术产业形成了不可估量的推动作用”，他又提出了“小平同志明确提出中国在世界高技术领域要占有一席之地，其意义极为深远。这个奋斗目标在我们这一代人手里一定要力争实现”的宏大目标。这对进入 21 世纪的我国将产生深远影响。

自新中国成立，特别是十一届三中全会以来，我国在经济建设和科学技术的发展上都取得了举世瞩目的进展。但是作为一个发展中的大国，我国的经济实力和科技水平与发达国家都有很大差距。因此，根据我国的实际，选择适合我国的加强基础研究和发展高技术的战略政策以及科研管理体制的改革具有关键意义。需要进一步加大 R&D 的投入使基础研究、应用研究和开发研究有一个合理的比例和保持稳定的增长以及有所为有所不为地集中力量抓好具有重大意义的学科前沿。我国既有一定的基础、优势和可能提供支撑条件的重大基础性研究。又要遵循基础研究的客观规律，创造宽松环境，有点有面地鼓励探索创新。

处于技术顶尖的高技术能有效地对传统技术进行改造和替代，将生产率和经济效益提高到新的水平和生产出全新的产品，保持强大的竞争优势。“批示”中指出：“要面向 21 世纪，选准对我国经济建设和社会发展具有战略意义的一些高新技术项目，集中必要的人力、财力、物力，建立重点基地，组织精干队伍，加强统一领导，齐心协力攻关。”传统技术和工艺领域发展时间久远，缩短与发达国家的差距难度较大。近代新发展的高技术尽管基础和实力差，但是起步时间差距不大，如果选得准和办法对，我们有可能占有一席之地和走在世界前列，如新兴的生物技术，特别是农业生物技术在 20 世纪 80 年代初才开始启动。常规育种只能很有限地利用种内杂交优势，而生物技术可以对生物的遗传信息进行实验室操作，可以突破动物、植物和微生物，即物种间的界限进行基因转移，改良生物的遗传性和创造新的物种。现在一季亩产 1 吨的“超级稻”、日增重 1 千克的“超级猪”、一代育成的“优种牛”、抗性作物、生物农药、基因工程疫苗、生长调节物质、生物反应器等都具有高生产性能和经济效益。全新一代的动植物品种和生物制品等都将不断涌现。控释性肥料、3S（遥感、地理信息系统、全球定位系统）施肥技术、微灌技术、设施农业技术和农业信息技术等现代农业高技术也将在传统技术基础上发展成新的现代农业技术体系。在农业高技术领域，我国起步不算晚，发展不算慢，已有一定基础。如果抓法对头，投入较丰，我国就拥有极大的农业市场，“占有一席之地”和走在世界前列是完全可能的。如抓法不当，投入不足，三五年，差距也会越来越大。

值此世纪之交和在“十五”大前夕，江泽民同志在加强基础研究和发展高技术方面发表了重要指示。我国要努力学习“批示”精神，贯彻“科教兴国”战略，把基础研究和发展高技术工作做得更好，意气风发地迈向新的世纪。我们的国家和民族是大有希望的。

35 农学基础研究思考

【本文写作背景】

作为“973 计划”专家顾问组的农业组首席专家，《文集》作者在撰写上篇《我国基础研究和发展高技术的进军号》的同时，就农学领域的基础科学研究写作了本文。本文是作者在一次汇报交流会上发言后整理成文的。此文发表于 1998 年 8 月 4 日的《科技日报》上。文中提出了“育种的分子生物学研究”等 4 项农业基础研究重点领域。

农学基础研究思考

目前正在启动《国家重点基础研究发展计划》（973 计划）（以下简称《规划》），这是我国面向 21 世纪的一个重要战略部署，我国科技界的一件大事。《规划》明确提出围绕农业、能源等国民经济、社会和科技自身发展的重大科学问题开展基础研究。作为国家经济建设和社会发展基础，农业理当为之做出应有贡献，也要抓住《规划》提供的难得机遇，将农业的基础研究水平提高一步。

农学是个应用性和技术性很强的学科，但也遵循科学、技术和产业的客观发展规律，显示基础研究对技术和生产的重要推动作用。依靠光、热、水、土、气等自然资源从事动植物生产的资源农业和小农经济伴随人类社会走过了漫长道路，生产率和科技水平很低，发展很慢。20 世纪上半叶的 50 年间，世界粮食亩产才增加了 4.5 千克，平均每年增加不到 0.1 千克。20 世纪后半叶（1948—1995 年）则出现了飞跃，亩产年均增长 2.6 千克，是上半叶的 28 倍。据研究可知，世界农业高速增长中的科技贡献率在 70% 以上。其主要技术是育种、农业化学（化肥、农药）和灌溉，三者的贡献份额分别是 3、5 和 2。

追本溯源，现代育种和农业化学技术是在 19 世纪农业科学上的突破和推动下才产生的。19 世纪 40 年代，达尔文的杂种优势学说和孟德尔 – 摩尔根遗传学在理论上的突破创立了现代动植物育种理论和技术，推动了种子和种畜（禽）产业的发展。19 世纪 20 年代维勒人工合成尿素的成功和 19 世纪 40 年代李比希提出的植物矿质营养学说开创了现代化肥工业和施肥技术。合成化学的发展促进了 20 世纪 30 年代缪勒农药有机合成的成功推动了农药工业和植保技术的发展。这些理论上的突破构成了现代农学和农业技术体系，引发了以育种和农业化学为主导的第一次农业科技革命，带来了 20 世纪后半叶全球性的农业高速发展。

令人欣喜的是，20 世纪中叶，农业起飞之际又出现了新的重大理论突破。1953 年遗传物质脱氧核糖核酸双螺旋结构的发现和 1973 年基因重组的成功开创了分子生物学和生物技术的新时代。20 世纪 50 年代开始，20 世纪 70 年代大发展和 20 世纪 90 年代形成高潮的计算机和信息革命对传统农业的改造产生着越来越广泛而深刻的影响。航空航天、先进制造、新材料和自动控制等现代技术也加速了对农业的渗透和武装。一场以生物技术和信息技术为主导的新的农业科技革命方兴未艾。分子育种为常规育种注入了生机，引入一个新的世界，过去做不到和不敢想象的育种难题成为现实或可能；基因工程和微生物重组使生物农药摆脱困境并且带来常规疫苗的革命性进展；高度分散和经验性的农业生产管理走向量化和信息化；传统和粗放农作趋于精确和高效；以牺牲资源和环境为代价的掠夺式农业开始走上可持续发展道路。

农业正在经历着的深刻的和革命性的变化是由其农学基础研究的重要科学背景导致的。分子生物学、生物化学、农业生态学和信息科学是当今农学的重要科学前沿。良种、植保防疫、水肥高效利用和可持续发展是农业生产的重大需求，这可作为《规划》选题的宏观框架。在重大农业科学前沿和重大农业生产需求的结合点寻求重大农业基础研究课题是摆在农业和相关基础科学的科技工作者面前的一项艰巨任务。以下就此举例谈一点个人体会。

35.1 育种的分子生物学研究

作物和畜禽品种是农业生产的原材料，良种的增产贡献份额可占三成，育种是农业技术体系的核心。在常规育种为 20 世纪农业发展做出巨大贡献的同时，品种的遗传基础越趋狭窄，优良育种材料日益难求。世界小麦主产国主要小麦品种的遗传相似系数达到 0.8 以上。另外，常规育种只能作性状的表型选择和利用有限的种内杂交优势，远不能满足农业发展的需要。分子生物学和生物技术突破了常规育种的这两个极限，开辟了全新的广阔前景。常规育种基础上的分子生物学研究成为当今农学基础研究的首选。

选好育种的分子生物学研究的切入点很重要。当前，日本、美国和我国等已开展了以构建基因物理图谱、遗传图谱及探求基因结构和功能为目标的水稻基因组研究计划。无疑，这是十分重要的基础工作，但又是一项极其庞大，需巨资和倾多国之力的长期性研究。另外，也可从分子育种和基因资源开发的分子生物学研究切入，即以基因多态性为基础，从优良农艺性状，特别是重要抗性的目标基因遗传标记入手，开展结构与功能研究。这样既可推动作物和畜禽育种工作和基因资源开发，又有助于基因物理和遗传图谱的绘制的整体性研究。目标基因的分子标记有利于对基因型和隐性基因的早期选择，且不受环境影响和标记量大，能大大改善常规育种周期长、工作量大、效率低、预见性差的弱点。分子标记使基因资源的有效鉴定和评价成为可能，这对开发基因资源，解决育种亲本贫乏和促进我国在世界“基因大战”中能占有一席之地有着重要意义。分子育种和基因资源开发的分子生物学研究可以使重大基础研究与重大国家目标较好结合。

世界上第一只体细胞克隆羊的出现使克隆育种受到科技界的极大关注。它是胚胎工程、细胞工程和基因工程技术的集成，是动物育种的一次重大革命。但是这项技术目前还很不完善，成功率很低和需要基础理论上的支持。因此，动物细胞核全能性的研究成为当今世界关注的焦点和生物学前沿，是推动克隆育种技术实用化的重要基础研究，也是《规划》的重要选题目标。

35.2 植保防疫的分子生物学研究

据统计，1986—1990 年我国因病虫害造成年均粮食损失 3 617 万吨、皮棉损失 100 万吨、林材损失 1 500 万米^3。1990 年的小麦条锈病、1992 年的棉铃虫、三北防护林的天牛，还有松毛虫、草原飞蝗的再度暴发等都曾造成大范围的毁灭性灾害。其严重性还在于尽管加强了防治，但是 20 世纪 90 年代年均发生面积比 20 世纪 80 年代增加了 26%的灾害上升趋势。在养殖业上，每年因疫病死亡造成的直接损失达 300 亿元，生产能力下降造成的间接损失达 800 亿元。我国的植保防疫不仅在技术与管理，而且在农药和疫苗剂型上也相当落后。出于环保考虑，世界环境与发展大会提出 20 世纪末生物农药施用量占农药总施用量 60%的要求。目前我国生物农药施用量尚不到 1%，畜禽防疫使用的仍为弱毒苗和灭活苗，且生产量不及需要量的 1/5。研制先进和新型植保防疫生物制剂的分子生物学有着重要科学和实际意义。

近半个世纪，生物农药因自身弱点而发展远不及有机合成农药。随着生物技术的发展，微生物重组和基因工程构建的基因工程菌突破了天然菌株的先天性弱势，产生了二代和三代生物杀虫剂。基因工程疫苗也加速了替代某些常规疫苗的进程，特别是活载体疫苗、基因缺失苗、核酸疫苗以及用真核细胞系或动物乳腺表达的病毒外壳蛋白与活载体表达的基因工程病毒混合疫苗可以较好地克服常规疫苗的弱点。DNA 重组成为当代生物农药和动物疫苗的发展方向和前沿，也是企业竞争的热点。植保防疫、生长调节物、仿生农药、信息素等新型生物制剂和 DNA 重组的分子生物学研究应成为国家重大需求与基础研究的一个很好的结合点。如高效、抗逆、安全的抗性基因的分离鉴定，结构功能、微生物基因资源开发、有害生物 / 病原物与作物畜禽的互作，抗药性机理、重大畜禽疫病的分子流行病学和免疫学等方面的基础研究具有重要意义。

35.3 作物（林木）—有害生物生态系和系统控制研究

20 世纪 40 年代，当人们看到化学农药的惊人效果时，曾预计一些昆虫将会灭绝。半个世纪过去了，不仅没有一种昆虫绝灭，而且抗药性大增，药效下降，用量增加，污染日重和农田（林）生态系统质量恶化。20 世纪 90 年代，我国农田已出现老病虫回升、新病虫入侵、抗药性增长、（作物）抗病 / 虫性消退的严重形势。20 世纪 80 年代初，国际植保界提出了有害生物（病、虫、草、鼠）综合防治（IPM）的概念；1995 年第 13 届国际植保大会提出了“IPM 与 INM（综合营养管理）结合”“从保护作物到保护农业生产体系”以及“可持续作物保护（SCP）”的一系列指导性观点。这些观点反映了世界性的植保发展现状和方向。由单一防治和滥用化学农药走向以保护和发展农田（林）生态系统的良性循环和环境安全为基础的有害生物可持续系统控制对我国具有重要的现实意义。

自然界生物间的相依相克在人为干预下的农田（林）生态系中更加突出和复杂。应用现代生态学、生物化学和分子生物学的理论和方法从群体到分子多层次的作物（林木）—有害生物生态系的研究是实施可持续系统控制的基础。对有害生物种群结构与寄主天敌的相关和协同进化、演化模型和调控机理以及有害生物与寄主天敌的群体遗传和病虫害流行的分子机理和系统控制的研究具有重要科学和实际意义。

35.4 作物—土壤生态系与水肥利用效率研究

耕作、灌溉、施肥、覆膜和农田基本建设等大量农事活动主要在于调节土壤水肥状况，改善作物生活环境，所以在农业生产要素中，除品种和植保外，水肥的调节管理占重要位置。我国是世界 13 个严重缺水的国家之一，而灌溉水的利用效率（单位水量生产的粮食量）只有发达国家的1/2～1/4。1950—1995年，我国年均旱灾受灾面积达3.2亿亩，直接经济损失近2 000亿元。淡水资源严重不足（特别是北方地区）将成为21世纪制约我国农业发展的重大制约因素，因此，提高水肥利用效率是当务之急。我国化肥施用量居世界首位，单位面积化肥施用量是美国或世界平均施用量的1.7倍，但化肥氮损失率高达45%，相当于每年损失2 000万吨尿素，300亿元人民币，且造成严重的环境污染。我国是个严重缺磷的国家。在我国北方土壤中，全磷含量是有效磷的200倍，但不能利用。提高水肥利用效率是摆在农业基础研究和科技界面前的一个急迫的重大课题。

提高水肥利用效率的技术和工程方面理所当然地受到了人们的重视。近几年在基础研究和科学前沿上也出现了一些值得关注的进展。一是发现作物对水分和养分吸收利用上存在着显著的基因型和生理机制上的差异，这为提高水肥利用效率开拓了新的视野；二是土壤表面化学、溶质运移和微生物种群区系的模式化研究进展为土壤水肥调节和提高利用效率创造了条件；三是在作物根系与土壤的边界研究中发现，根系和微生物的分泌物、菌根等在水肥利用和土壤微生物在净化土壤保护环境中的重要作用。第15届国际土壤学会大会（1994）将土壤根际动态研究提高到“优化养分循环，减少养分投入，提高养分利用效率和促进农业持续发展的高度”。

作物—土壤—微生物三者的互相作用构成了作物–土壤生态系统。生物技术和土壤过程的模式化大大提高了这个系统中的人为调控能力。对这个系统的结构与功能、物质/能量转化、物理化学和生物化学过程、水肥利用上的作物基因型和生理的分子机理、根冠间物质和信息传递、土壤根际微生态系及调节机理等的研究，特别是作物基因型和土壤根际微生态系调节上的突破将形成新的植物营养理论以提高水肥利用效率，开辟新的途径。这是正在孕育着新突破的一个重要领域。

36 基础研究与国家目标

【本文写作背景】

此文是《文集》作者参加国家“973 计划”专家顾问组后发表的第三篇论述 / 建议文。此文在对基础研究的意义广征博引后，提出要抓好立项与实施两个关键点；提出“立项时要统筹，管理时要封闭”的观点。此文发表于 1998 年 9 月 9 日的《中国科学报》上。

基础研究与国家目标

中国科学院院士 中国工程院院士 石元春

院士论坛

基础研究在于穷真理，对未知世界的探索。随着科学技术自身的发展，科学与技术，基础与应用，科技与经济和社会发展的关联越来越紧密。科学发现到技术发明再到产业应用的周期越来越短，18 世纪的蒸汽机花了 100 年，19 世纪的电动机和电话花了 50 年、电子管和汽车也花了 30 年。1865 年麦克斯韦提出电磁学基础结构方程式，50 年后马可尼才发展为无线电传播，而真正形成通讯产业只是近三五十年的事。20 世纪这种转化速度越来越快，雷达和电视分别花了 15 和 12 年，晶体管、原子能和激光才用了三五年时间。科学自身的发展使基础研究具有在自由探索中认识客观世界的科学和知识功能的同时，其社会功能和由之而生的目标性探索越来越受到关注。

第二次世界大战结束前夕，罗斯福曾给战时美国科学研究与发展局主任 V. 布什写信征询如何将战时科学研究与发展经验用于和平时期。V. 布什在提交的长篇报告中指出：“今天，基础研究已成为技术进步的先导，这比以往任何时候都更加明确。一个在新的基础科学知识方面依靠别国的国家，其工业的发展将是缓慢的，在世界贸易竞争中所处的地位将是虚弱的，而不管它的技艺有多么高明。”1950 年美国国会通过了《国家科学基金会法案》和设立了由总统直接任命和领导的国家科学基金会。V. 布什报告在确立美国战后基础研究的地位和基础研究与国家发展目标结合以及提高美国技术、经济和竞争力上起到了奠基作用。

面对全球性激烈的经济和技术竞争，发达国家在不断调整本国的科技政策和计划，始终重视和加强基础研究及其与国家重大目标的结合。自 20 世纪 70 年代以来，美国一直保持着基础研究在 R&D 中的合理比例，近几年其比例达到 17.3％和维持在 10％左右的年增长率；1994 年发布的科技白皮书中明确提出了科学是技术的“基本燃料”，技术是经济增长的“发动机”。以技术立国的日本也制定了《新科技立国方针》，其中 R&D 的基础研究的比例由 1991 年的 2.9％调整到 1993 年的 16％。德国、英国等重视基础研究的优良传统一直为世人所称道。

1978 年，在迎来“科学的春天”的时候，我国就制定了《1978—1985 年全国科学技术发展规划纲要》；1986 年采用基金制支持基础研究和设立了“国家自然科学基金委员会”（比美国晚了 38 年）；1988 年隆重召开了第一次全国基础研究大会；1991 年设置了支持基础研究的攀登计划，继而又出台了支持工程性基础研究的攀登计划 B。此外，建立的一百多个国家重点实验室、几十个“重大科学工程”和“科学研究基地”等都有力地推动了我国基础研究的发展。1997 年江泽民同志对加强我国基础研究做了重要批示。1997 年，国家科技领导小组第三会议决定编制《国家重点基础研究发展计划》，并提出“瞄准科学前沿和国家发展中的重大关键问题，如农业、能源、信息、资源环境、人口与健康等力争有所突破。”

《国家重点基础研究发展计划》是在世纪之交，我国经济转型起飞和面对全球性经济 / 技术激烈竞争，急需得到科学技术支持的时代背景下提出来的，明确的国家目标的基础研究计划，投入强度和资金到位情况是几十年来少有的。它的成功实施必将大大提高我国的科学水平、经济 / 技术实力和国际竞争能力，其意义将不亚于 20 世纪 60 年代严峻国际形势下的“两弹一星”计划。这个规划是一项综合性的基础研究规划，是“捆绑式火箭”。如其能与“捆绑式”的“S-863 高技术发展计划”（面向 21 世纪前 10 年的国家高技术及其产业化发展计划）相匹配，可说是我国迎接新世纪的“双箭”计划。制定和实施这样重大的计划最需要有当年实施“两弹一星”计划的危机感、使命感、荣誉感和献身精神，需要将计划的制定者、参与者和全社会引导到报效国家和时代使命感上来，不要成为争项目、争经费、争部门单位利益的“新战场”。

制定计划关键在于选题，题选得好，研究设计得好，计划就成功了一半。选题要点在于找好国家目标与基础研究之间的“结合点”，难点不在于寻求“结合点”本身，而在于排除计划经济体制遗留至今的干扰因素。一是基础研究与应用研究在部门和机构上的长期分离、沟通较少和在部门单位利益驱动下的合作精神很差；二是由基础研究和应用研究的长期分离导致研究人员的认识和知识结构上的不适应；三是部门单位和研究者缺乏提出和管理这样高层特大项目的经验；四是目前一些大项目存在的“大口袋”“大拼盘”和申请时“同舟共济”，研究时“各行其是”的现象。需要正视这些现实，估计足够的可能产生的负面影响和采取有力的对策。

在计划实施中，管理体制上也要有个大突破。我以为主要是“立项时要统筹，管理时要封闭”。所谓“立项时要统筹”是指选题和研究设计、选帅（首席科学家）和依托单位（单位、实验室）、设备和保证条件要统筹考虑，综合选优。含糊的科学思想和研究设计，拼凑的队伍和不称职的主帅是打不了大战的。所谓“封闭式管理”是指在严格执行首席科学家负责制的基础上，首席科学家和主要研究人员必须保证全部或不少于80%的时间用于本项目研究，辞去行政职务、舍弃其他科研和教学任务、谢绝与本项目无关的学术活动和社会应酬。其关键还在于这支研究队伍、基地及条件由科技部统一领导、指挥和全程管理，有关部门和单位积极支持和配合。科学的指导、严格的督促检查、良好的后勤保障和生活待遇也是重要条件。没有“铁军”，就打不了硬仗。

一提起“两弹一星”，总有一股崇敬、向往和民族自豪之情。时间虽已过去30多年，但“两弹”精神是长存的，一些做法可供借鉴。基础研究准备起航了，如S-863高技术计划也能列入议程，多么希望在科教兴国战略指引下，“两箭”计划也会像当年“两弹”一样发挥国威，在21个世纪再造中华民族的辉煌。

37 重中选重　顶层设计　合力攻关

【本文写作背景】

前三文是在1998年国务院设置了国家重点基础研究发展计划，参加“973计划”专家顾问组期间写作的。本文是在完成另一国家中长期科技发展规划战略研究后写作的。此时正值国务院有关部门参考战略研究报告选题制定“十一五”规划，《文集》作者撰写了此文，发表在2005年7月16日的《科技日报》上。

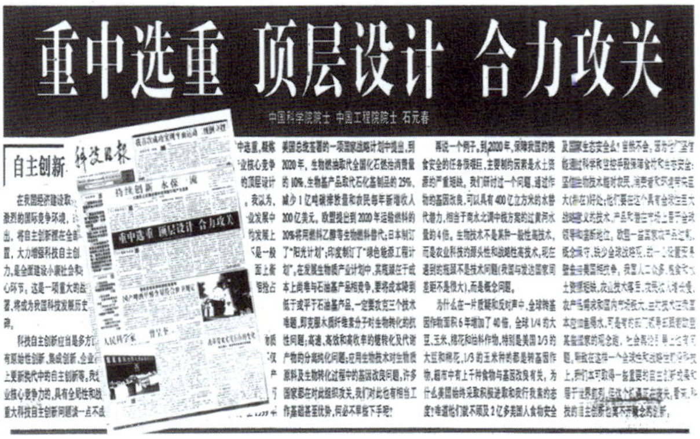
重中选重 顶层设计 合力攻关

中国科学院院士 中国工程院院士 石元春

在我国经济建设取得重要进展之际，面对激烈的国际竞争环境，胡锦涛总书记及时提出将自主创新摆在全部科技工作的突出位置，大力增强科技自主创新能力和核心竞争力，是全面建设小康社会和推进结构改革的中心环节。这是一项重大的战略指导思想和部署，将成为我国科技发展历史上的一座里程碑。

科技自主创新应当是多方面和多层次的，有原始性创新、集成创新、企业在现技术基础上更新换代中的自主创新等。我想就在提高产业核心竞争力的具有全局性和战略性意义的重大科技自主创新问题谈一点不成熟意见。

如何从浩如烟海的科技中重中选重，凝练出一批能在全局和战略上提高产业核心竞争力的科技，这在国家推进自主创新的顶层设计中非常重要，选好了，就成功了一半。我以为，一是要看准国计民生、国防建设和企业发展中的重要领域和问题；二是在推进或制约发展上具有全局和关键意义的科技问题，而不是一般意义上的技术改造；三是要从世界层面上衡量。它往往是国际科技和经济竞争中争相抢占的制高点、一些前沿高技术和核心技术。

发展可再生能源的意义不用赘述，而生物质能源不同于其他可再生能源之处在于它不仅有能源功能，还可以生产出上千种生物化工产品；可以发展农村经济，拓宽农民增收渠道；可以使有机废弃物无害化和资源化。在1999年美国总统签署的一项国家战略计划中提出到2020年，生物燃油取代全国化石燃油消费量的10%，生物基产品取代石化基制品的25%，减少1亿吨碳排放量和农民每年新增收入达200亿美元。欧盟提出到2020年运输燃料的20%将用燃料乙醇等生物燃料替代，日本制订了“阳光计划”，印度制订了“绿色能源工程计划”。在发展生物质产业计划中，其瓶颈在于成本上尚难与石油基产品相竞争，要将成本降到低于或平于石油基产品，一定要攻克三个技术难题，即克服木质纤维素分子对生物转化的抗性问题；高速、高效和高收率的糖转化及代谢产物的分离纯化问题；应用生物技术对生物质原料及生物转化过程中的基因改良问题。许多国家都在对此组织攻关，我们对此也有相当工作基础甚至优势，何不早些下手？

2020年，保障我国的粮食安全的任务很艰巨，主要制约因素是水土资源的严重短缺。我们研讨过一个问题，基因改良的作物可以具有400亿米^{3}的水替代潜力，相当于南水北调中线方案的过黄河水量的4倍。生物技术不是某种一般性高技术，而是农业科技的源头性和战略性高技术。现在遇到的瓶颈不是技术问题（我国与发达国家间差距不是很大），而是概念问题。

为什么在一片质疑和反对声中，全球转基因作物面积6年增加了40倍，全球1/4的大豆、玉米、棉花和油料作物，特别是美国2/3的大豆和棉花，1/3的玉米都是转基因作物，超市中有上千种食物与基因改良有关。为什么美国始终采取积极进取和我行我素的态度？难道它们就不顾及2亿多美国人的食物安全及国家生态安全吗？当然不会。因为它们坚信能通过科学和监控手段保障食物和生态安全，坚信生物技术能对农民、消费者和环境带来巨大（潜在）好处。它们要在这个具有全球性巨大战略意义的技术、产品和潜在市场上居于全球领导和垄断地位。我国人口众多，粮食和水土资源短缺，农业技术落后、农民收入增长慢，农产品需求和国内市场极大，生物技术本应在我国如鱼得水，但是社会舆论导致在这样一个全球性和战略性前沿科技上，我们正在丧失这个机遇。看来，科技的自主创新也离不开概念的创新。

38 三管齐下　破除体制“界面”

【本文写作背景】

2013 年《中共中央关于全面深化改革若干重大问题的决定》再次提出要求进行体制改革。李克强总理 2014 年 1 月 22 日在召开的国务院常务会议上提出要改革中央财政对科研经费管理办法等。中国科学报社的《科学新闻》杂志就我国科技体制改革采访了本《文集》作者。以下是根据采访撰写的文字稿。这是《文集》作者多年后再次对我国科技体制问题发表意见。

38.1 追问：改革是否适时？

在上一轮的科技体制改革中，国家“863 高科技发展计划”“973 基础研究计划”和“国家中长期科技发展规划”的战略研究与政策制定，本人曾是亲历者和参与者。

当前运行的国家科技体制与框架基本上是在上一轮改革开放中形成的。“863”计划的提出至今已有 30 年了。这三十年，特别是近一二十年，中国的改革开放和科技形势发生了很大变化。

李克强总理 2014 年 1 月召开国务院常务会议提出第二轮科技体制改革非常及时和重要。新一轮的科技体制改革应该好好总结过去的改革和现状，哪些可以继承发扬？哪些已经不适应，需要调整？哪些应该新设新建？

正如李克强总理提出的面对世界科技革命和产业变革历史性交会，抢占未来制高点的竞争日趋激烈，国内资源环境约束加剧以及结构性矛盾日益突出的形势，进行新一轮的科技体制改革就显得更加需要和紧迫。

邓小平曾经说过，科学技术是第一生产力。改革至今，是需要科学技术以新的面貌上阵到位了。

38.2 剖析：令人忧虑的多头管理与科绩风

现在的科技已形成多头管理，科技部、各业务部、发改委、财政部等都在管，管得都很具体，具体到项目和资金，因此，很难避免重复与矛盾。李克强总理说到的“一题多报，重复资助”“行政化定项目分资金”，问题不在下面，而是在上面。这种状况必然导致科研经费越投越多，效率和产投比却越来越低，更谈不上“把资金用到刀刃上”，因为到处都是“刀刃”。这首先要从上面改起，从体制上改起。

科技是科技人员的智力生产，科技人员处于主体和核心位置，其形势更是令人忧虑。科技人员忙于到处争取项目和经费，苦于应付各种检查、报表、验收、报奖以及互相论证、检查和评议，真正投入研究的时间很少。立项、经费、文章、SCI、*Science*、*Nature*“影响因子”、奖励、职称等挤满了一些科技人员的脑子，以至于科研的求真务实和为国为民的本质和目标却渐渐变淡，渐行渐远了。

人说当官靠政绩。其实，科技领域急功近利，追求“科绩”之风也很盛。争取项目时的“同舟共济”，拿到项目后的“同床异梦”，申请报奖则“同室操戈”，这些都是与科学规律和科学精神背道而驰的。

除个人因素和社会风气影响外，科技队伍的这种状况主要是由现行的科技管理和奖励体制以及由行政化和利益机制造成的。队伍的这种精神状态是打不好仗的，更何谈“原始创新”和“出大家”了。李克强总理说要“着力调动科研人员积极性”，调动什么积极性？怎么调动？千万别忘了科学本质与精神的弘扬，切记！切记！

38.3 措施：破除“界面”，三管齐下

与“科学”不同，“技术”是要直接为产品生产和改进生产目标服务的。现在是政府多头抓技术，院所高校研究技术，然后再设法给企业“转化”，界面多，关系复杂，转化率低是必然的。

李克强总理提出“把政府引导支持和企业主体作用有效结合”非常重要，是抓到点子上了。以后技术主要交给企业，政府主要是“引导支持”，引导支持中的一个重要内容是能让企业走“产学研”相结合之路。

“科学”研究是另一种运行规律，不同于“技术”。自然科学基金委和“973”可以认真总结经验和存在问题，提出提高我国科学水平的新时期改革方案。

另外，引领性的世界科技前沿和制高点涉及国家大战略、大目标的大科学

和大工程，是国家科技战略的核心，又往往涉及多学科、多领域、多部门、多单位，需要有“两弹一星”式的推进模式。近年来，我国在航天、航空、军事等方面的瞩目成就是与这种举国机制的运用有关的。我们可将之扩大到能源、环境等其他重要领域，以实现国家的大目标。

“科学”“技术”和“大工程”的运行规律和管理模式不能混同，此三足应成鼎立之势，支撑国家的科技体系。建议国务院成立科技领导小组，并由高素养、高水平和高度责任感的科学家组成的专家委员会作为智囊。

38.4 再探：回归科学本质

科技体制改革涉及科技资源配置、政府部门的职能与分工、资金管理、奖励政策等，方方面面，琐碎具体，错综复杂。其核心与关键是按科学技术原本的面目和运行规律办事，才能避免就体制论体制，就事论事，抓小放大，言不及义的毛病。科技体制改革的主要阻力可能来自部门利益。

科技进步的载体是科技人员的智力劳动，优良的学风与科德是这支队伍的灵魂，这是上一轮科技体制改革中最薄弱的一环。献身科技，痴迷科技，以科技服务国家的责任心是每一个科技人员的起码要求和最高标准，光靠奖励是做不到的。

奖励是一柄“双刃剑”，可以形成激励科技人员的正能量，也可以扼杀科技人员的科技创造性，甚至使其走入歧途。“着力调动科研人员的积极性”不能只靠奖励（名利）刺激，要在小学、中学、大学、研究生以至在岗科技人员中加强学风和科德教育。

科学是容不得半点不科学的。

39 农业高技术的发展趋势及21世纪初的基本态势分析

【本文写作背景】

本《文集》作者从1995年开始参加国家科委组织的“国家高技术S-863计划”战略研究，到1999年7月向国家科委做结题汇报，历时4年。作为首席农业专家，与农业各领域专家合作，对当时国内外农业高技术进行了一次系统总览与研究，提出了我国农业高技术的发展战略、3个科技前沿和6个重大项目以及需要设置的研究相关项目与发展的农业高科技产业。此项战略已成为国家21世纪发展高技术的一部分而被列入了国家计划。

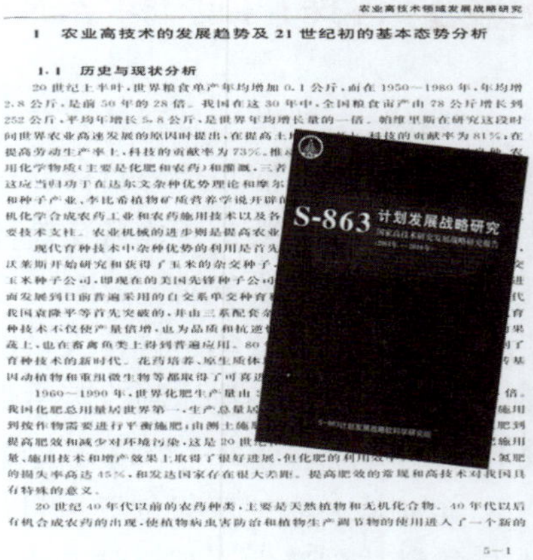
农业高技术领域发展战略研究

1 农业高技术的发展趋势及21世纪初的基本态势分析

1.1 历史与现状分析

20世纪上半叶，世界粮食单产年均增加0.1公斤，而在1950—1980年，年均增
2.8公斤，是前50年的28倍。我国在这30年中，全国粮食亩产由78公斤增长到
252公斤，平均年增长5.8公斤，是世界年均增长量的一倍。帕维里斯在研究这段时
间世界农业高速发展的原因时提出，在提高土 …… 科技的贡献率为81%；在
提高劳动生产率上，科技的贡献率为73%。推 ……
用化学物质（主要是化肥和农药）和灌溉，三者 ……
这应当归功于在达尔文杂种优势理论和摩尔 ……
和种子产业、李比希植物矿质营养学说开辟 ……
机化学合成农药工业和农药施用技术以及各 ……
要技术支柱。农业机械的进步则是提高农业 ……

现代育种技术中杂种优势的利用是首先 ……
沃莱斯开始研究和获得了玉米的杂交种子 ……
玉米种子公司，即现在的美国先锋种子公司 ……
而发展到目前普遍采用的自交系单交种育 ……
我国袁隆平等首先突破的，并由三系配套 ……
种技术不仅使产量倍增，也为品质和抗逆 ……
蔬上，也在畜禽鱼类上得到普遍应用。80 ……
育种技术的新时代。花药培养、原生质体 ……
因动植物和重组微生物等都取得了可喜进 ……

1960—1990年，世界化肥生产量由 …… 倍。
我国化肥总用量居世界第一，生产总量居 …… 施用
到按作物需要进行平衡施肥，由测土施 …… 肥到
提高肥效和减少对环境污染，这是20世 …… 施用
量、施用技术和增产效果上取得了很好进展，但化肥的利用效 …… 氮肥
的损失率高达45%，和发达国家存在很大差距。提高肥效的常规和高技术对我国具
有特殊的意义。

20世纪40年代以前的农药种类，主要是天然植物和无机化合物。40年代以后
有机合成农药的出现，使植物病虫害防治和植物生产调节物的使用进入了一个新的

5—1

39.1 历史与现状分析

20世纪上半叶，世界粮食单产量年均增加0.1千克，而1950—1980年，世界粮食单产量年均增长2.8千克，是前50年的28倍。在这30年中，全国粮食亩产由78千克增长到252千克，平均年增长5.8千克，是世界年均增长量的1倍。帕维里斯在研究这段时间世界农业高速发展的原因时提出，在提高土地生产率上，科技的贡献率为81%；在提高劳动生产率上，科技的贡献率为73%。推动农业高速发展的主要技术是良种、农用化学物质（主要是化肥和农药）和灌溉，三者在技术贡献中所占的份额大约为3%、5%和2%。这应当归功于在达尔文杂种优势理论、在摩尔根遗传学基础上发展的现代育种技术和种子产业、李比希植物矿质营养学说开辟的化肥工业和施肥技术、缪勒开创的有机化学合成农药工业和农药施用技术以及各种灌溉技术，它们构成了现代农业的主要技术支柱。

农业机械的进步则是提高农业劳动生产率的主要因素。

现代育种技术中的杂种优势的利用是首先在玉米上取得突破的。20 世纪 20 年代，沃莱斯开始研究和获得了玉米的杂交种子，并于 1926 年办起世界第一家销售杂交玉米种子公司，即现在的美国先锋种子公司。以后发展为玉米自交系双交育种，进而发展到目前普遍采用的自交系单交种育种技术。水稻的杂种优势利用是 20 世纪 70 年代由袁隆平等首先突破的，并由三系配套杂交育种法发展到两系法。作物的现代育种技术不仅使产量倍增，还为品质和抗逆性的改善开辟了新的途径；不仅在作物果蔬上，还在畜禽鱼类上得到普遍应用。自 20 世纪 80 年代以来，生物技术开始用于育种，开创了育种技术的新时代。花药培养、原生质体培养、染色体工程、胚胎分割、核移植、转基因动植物和重组微生物等都取得了可喜进展。

1960—1990 年，世界化肥生产量由 2 800 万吨增加到 15 400 万吨，增长近 6 倍。我国化肥总用量居世界第一，生产总量居世界第二。在施肥技术上，由单一化肥施用到按作物需要进行平衡施肥；由测土施肥咨询到复混肥和化成复肥；由注重施肥到提高肥效和减少对环境污染，这是 20 世纪在施肥技术上的重要发展。我国化肥施用量、施用技术和增产效果也取得了很好进展，但化肥的利用效率只有 35%左右，氮肥的损失率高达 45%，与发达国家存在很大差距。提高肥效的常规和高技术对我国具有特殊意义。

20 世纪 40 年代以前的农药种类主要是天然植物和无机化合物。20 世纪 40 年代以后，有机合成农药的出现使植物病虫害防治和植物生产调节物的使用进入一个新的阶段，为农业增产做出了重要贡献。但是人们越来越担忧化学农药对环境造成的污染。美国明令到 2000 年将化学农药用量减少 50%，1992 年世界环境和发展大会的文件也提出，“在全球范围内控制化学农药的销售和使用到 2000 年生物农药将占农药总量的 60%”。因此，生物性农药的生态化学农药及其技术成为当前研究的产业化热点。20 世纪 80 年代，美国默克公司上市的生物性农药 avermectin（阿维菌素）在害虫防治上取得了突出效果，新的生物性农药和生长调节物不断出现。

世界上 2/3 的粮食是由不到 1/3 的灌溉土地生产的，特别是在干旱和半干旱地区，灌溉是农业的命脉，也是促进社会文明发展的重要因素。但是半个多世纪以来，很多地方采用的仍是大水量的粗放的地面淹灌，在增加农业生产的同时，也造成了对水土资源和生态环境的严重破坏。自 20 世纪 60 年代以来，人们在节水灌溉的工程技术，灌溉制度、灌水技术等方面做了大量研究和在生产中得到应用。提高作物抗旱性的生长调节物质、土壤增温保墒物质、自控技术、GPS 技以及有关新材料等现代高技术也越来越多地应用于节水灌溉。

人口和社会需求压力以及土地承载负担过重，农业日趋走向集约化。自 20

世纪 70 年代以来，设施种植和养殖、工业化的农业生产有了迅速发展。新型设计和新材料，光、温、湿、CO_2 的自动控制，新的栽培 / 饲养技术的机械化自动化操作系统等开始用于设施农业。此外，遥感技术、地理信息系统技术、全球定位技术、计算机和信息技术等现代技术也逐渐应用于农业；农业机械向着大马力、小型化、多功能的方向发展；充分和合理利用水资源发展渔业也是缓解人类对食物和蛋白质需求的重要措施。从粗放型的天然捕捞到规模化的养殖技术的不断成熟，渔业在农业中的份额不断增长，特别是在广大的发展中国家。中国渔业的产值到 2000 年有望占农业总产值的 13%。

综上所述，20 世纪后半叶，育种、施肥、灌溉、动植物保护等技术得到迅速发展。20 世纪 70 年代以后，生物技术、信息技术等现代高技术开始在农业中应用，形成了一个很好的态势。邓小平同志指出，农业问题的最后解决还得依靠科技。世界新技术革命浪潮和我国提出的科技兴国战略都为农业科技发展提供了历史的机遇。农业科技，特别是农业高技术必将有一个大发展，也必将为我国农业的增产做出更大的贡献。

39.2 农业高技术发展趋势

农业在以良种、化肥、农药和灌溉为主体的现代技术推动下获得高速发展的同时，新一代的科学技术也在孕育中取得了重大突破，为传统的和常规技术注入了新的活力，农业和农业科技发展的一个新的更加辉煌的时期必将到来。

具有重大历史意义的是，1953 年沃森和克里克发现生物的遗传物质脱氧核糖核酸（DNA）的双螺旋结构，20 年的 1973 年，保尔 · 伯格成功地将不同生物的基因重组在一起，开创了遗传工程的新纪元，生物科学进入了一个新的时代。生物科学技术的重要突破和革命为作物和禽畜水产的育种、动植物保护、农用生物制剂以及在微生物生产和海洋农牧业生产等领域开拓崭新局面。计算机和信息技术于 20 世纪 60 年代崭露头角，20 世纪 80 年代大发展，20 世纪 90 年代形成高潮。计算机和信息技术日益广泛地进入和深刻影响和改造着各种传统的技术和产业，信息化已成为时代发展的趋势。计算机和信息技术以及与此相关的遥感技术（RS）、地理信息系统（GIS）和全球定位系统（GPS）技术对传统农业的现代化改造将产生深刻影响，宏观性农业资源环境和监测管理、气象和病虫害的测报预警、动植物生长和农业综合发展的动态仿真模拟以及精细施肥灌溉等都将以全新的面貌出现，为提高生产水平发挥重要作用。一个以生物技术为主导的新技术革命浪潮必将使农业进入一个高生产率、高效率和高速度发展的新阶段。未来的一二十年，农业高技术将出现如下一些发展趋势。

1. **生物技术与常规技术相结合趋势**

未来一二十年，生物技术将取得长足发展和显示其强大生命力和巨大潜力。农业生物技术一定要与常规农业技术相结合才能形成生产力，特别是在动植物育种上。今后的一二十年，常规育种技术仍将是培育良种工作的主体，但也将越来越多地应用生物技术以取得常规技术所难以达到的效果和效率。微生物发酵工程、基因工程等及其联合运用将取得重要进展。

2. **集成化趋势**

生物性生产的复杂性使农业技术存在经验性和分散性较强的弱点。随着技术的进步，生产水平和组织化程度的提高，农业技术将向着定量化、规范化和集成化方向发展。如设施种植 / 养殖业，水、肥、药联合施用以及灌溉自动化，复混肥和控释肥，栽培 / 饲养 / 生产管理模式化等。

3. **可持续发展趋势**

农业的可持续发展是世界和我国可持续发展的重要内容，也是农业高技术发展的重要方向。如土、水、肥、能源（自然能和人工投能）的高效利用，农业资源和生态环境的监测保护，水资源保护和渔业的协调发展，农业灾害预警和防治以及食物安全等方面的农业高技术将得到发展。

4. **信息化趋势**

农业的区域性，分散性技术定量化、规范化和集成化程度不高的特点决定了对信息技术的强烈需求。信息技术将在传统农业的改造上产生广泛而深远的影响。农业信息技术自身的特点要求其与常规农业技术的紧密结合，如智能化程度较高的农业专家系统、栽培 / 饲养 / 生产的辅助决策系统服务于施肥、灌溉、气候和病虫灾害防治的 3S（RS、CIS、GPS）技术等。

39.3 农业高技术前沿

39.3.1 生物技术是世界高技术发展中的一个重要领域

农业生物技术是适应于农业特点的。与常规农业技术相结合的生物技术，其主要技术前沿有动植物育种中的分子标记辅助育种技术、转基因技术（特别是多基因组合）、细胞融合生殖技术、动物繁育中的活体提取卵母细胞技术和家畜复制技术等、用于生物性工程疫苗，特别是基因缺失疫苗和活载体疫苗、生物反应器技术。

39.3.2 计算机和信息技术将成为农业高技术领域中的重要内容和新的生长点

除具共性的信息技术前沿外，智能化程度较高的农业家系统和栽培 / 饲养 /

生产管理辅助决策系统以及 3S 技术对农业具有重要意义。

39.3.3　先进制造和化工技术在农业生产和高技术领域中占有重要位置

其主要技术前沿有化成符合肥技术、肥料控释技术、保墒增温高分子聚合物材料技术，全降解农用膜技术、工厂化种植 / 养殖技术（设施农业技术）、大马力小型化和多功能农业机械技术。

39.4　农业高技术的战略地位及其需求分析

39.4.1　战略地位

我国既是人口大国，又是农业大国。农业是我国国民经济的基础和社会稳定的保障。我国农业和粮食问题面临着十分严重的形势。我国是农业资源人均占有量很低的国家。在 144 个国家和地区中，耕地、林地、草地和淡水资源人均占有量分别排在第 126 位、第 107 位、第 76 位和第 55 位。目前，每年人口增加 1 200 万人，耕地减少 30 万公顷，到 2030 年人均占有耕地将由现在的 0.11 公顷降低到 0.08 公顷。我国耕地质量不高，2/3 是中低产量田。如果不经治理，上千万公顷耕地就需要退耕。此外。每年 1/3 的耕地遭受旱灾，1/7 的耕地遭受洪涝，土地的荒漠化也以每年 21 万公顷的速度扩大。淡水资源在时空分布上的高度不均和严重不足也极大地制约着我国农业的发展。不久前，布朗提出“谁来养活中国人”的惊世之言，并成为“中国威胁论”的一条根据。现在这个问题的肯定性答案有了，但是要将可能性变成现实性将是一项长期和十分艰难的任务。

随着国民经济的发展，人民生活水平的提高，人们对食物和农产品的要求越来越高。不仅要数量充足，还要求质量上乘，品种多样，营养保健和安全可靠，农业与人民生活质量的提高息息相关。70%的轻工原料来自农产品，农业生产状况直接影响着轻工产品市场。此外，农产品和食品价格也影响着千家万户、通货膨胀率和社会的稳定。我国几十年的经济建设和经验证明，哪一年农业收成好了，国民经济建设和社会形势就会得到健康发展，日子就好过。中央一再重申，在任何情况下，一定要保证农业的基础地位，一定要把抓好农业放在优先的位置。

在我国农业发展中，科学技术占有重要的位置。邓小平同志指出，农业问题的最终解决还得靠科技。改变农业的增长方式主要也是提高农业的科技含量和水平。面对我国农业的发展和实现现代化以及 21 世纪的经济和技术竞争，大力发展我国农业高技术和加速其产业化进程都具有特殊重要的意义。

39.4.2 需求分析和市场前景预测

我国农业的生产水平与发达国家间存在很大差距。关于农业就业人口在总人口中的比例，发达国家低于5%，俄罗斯和其他东欧国家在20%左右，我国为56%。一个劳动者生产的粮食和肉，我国为1，美国分别为97和101，法国分别为38和56。从总体上看，作为一个人口大国和农业大国，需求压力极大而农业生产水平又不高，中国必将长期保持大力发展农业和对农产品和农业科技极大需求的态势。以下一些具体方面进一步阐述对农业高科技的需求。

①我国粮食单产仅相当于发达国家的40%～60%，排在第十位左右，育种工作成绩虽大，但远赶不上生产需求，种子的合格率低也严重影响农业增产。

②我国作物病虫害每年造成的减产为12%～15%，一些重大病虫害至今未能得到有效控制。

③我国猪的存栏数是美国的6倍，产肉量只是2倍。我国鸡存栏40亿只，主要品种均受控制于外国，自己培育的品种不到5%。

④我国化肥总用量居世界第一位，生产量居世界第二位，但氮肥的利用率只有35%，低于世界15%～20%的一般水平。

⑤我国现有各类温室16万公顷，面积居世界第一位，近10年还要扩大1倍。但技术含量和水平普遍较低，少数大城市又盲目高价引起国外设备，问题很多。

⑥一些地区农业的粗放经营，造成水土资源破坏，生态环境恶化，形势严峻，农业的可持续发展任重道远。

⑦农业生产急需科技成果，科技成果的转化率仅为30%左右，而发达国家可达70%以上。

以上列举的现实说明，农业生产对科技的急切需求和科技及其产品有广阔的市场。根据我国农业生产的现状和需求，如下5项农业高科技具有重要意义和将得到发展。

①生物技术与常规技术相结合的动植物育种技术。

②生物性农药、生长调节物质等生物制剂的重组微生物技术。

③提高水肥利用效率的集成技术。

④设施农业（工厂化农业）技术。

⑤农业信息技术。

39.5 农业高技术领域的研究目标和关键技术

39.5.1 目标

39.5.1.1　农业领域选题的指导思想和原则

遵循“S-863”计划的“发展高科技，实现产业化”的指导思想和“自主创新，跟踪跨越，系统集成，产业推动”的实施策略，结合本领域特点，选题的指导思想和原则：①需求导向原则，即选择对我国农业有重大推动作用的农业高科技；②经济效益与社会效益相结合原则，重视为我国农业、农村和农民服务；③农业高科技与农业常规技术的相结合原则；④组合集成原则，即以一组集成技术为主，与可产业化农业高技术示范工程对接；⑤衔接原则，即与现行 863 计划及国家及农业部制定的有关计划相衔接。

39.5.1.2　领域目标

选择未来一二十年对我国农业发展具有重大推动作用的具有开拓性和集成性的若干前沿高技术重大项目，形成农业高技术示范工程，带动该高技术产业以取得跨越性发展。

39.5.1.3　农业高技术选题

根据以上的战略和选题原则，确定了 3 个前沿高技术和 6 个重大项目如下。

3 个前沿高技术：①分子遗传标记育种技术；②微生物重组技术；③“3S”精确农业技术。6 个重大项目：①超级种培育；②农用生物制剂工程；③控释专用复肥的研制；④现代农业节水工程集成技术；⑤工厂化高效设施农业技术；⑥农业信息技术。3 个前沿高技术和 6 个重大项目涵盖了农业的主要方面，其位置和关系如图 1 所示。

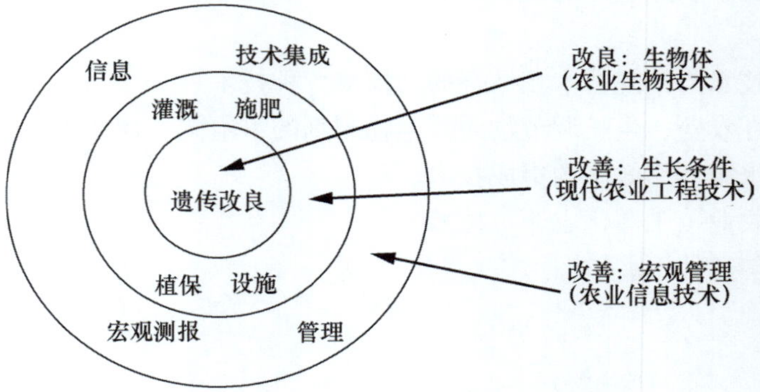

图 1　农业高技术选题

农业是从事生物性生产的产业，生产的原材料就是生物体本身，所以从事生物遗传改良的育种工作始终是农业及能源科技的基础，此第一个圈层主要是农业生物技术。第二个圈层是通过农事作业，如灌溉、施肥、植保、防疫、调节生长、农业设施等，以改善水肥、光温、气候和病虫灾害防治等生物的生长条件，其主要高技术是现代农业工程技术。第三个圈层是应用农业信息技术的采集传递，宏观性的测报、减灾和管理，技术的规范集成和传播，以改善农业的宏观管理和运行。

39.5.2 前沿高技术

39.5.2.1 分子遗传标记育种技术

常规育种方法是指利用杂种后代中基因的分离与重组，在大量群体中根据表型选择，经过多年自交纯化而培育成新的品种。这种方法可选择余地小，精确性低，周期长，工作量大。基因物理图谱与遗传信息“解读”虽是根本，但工程浩大，投资甚巨，是一项长期性工作。而分子遗传标记育种则可与常规育种方法结合，直接对所需要的某一性状，并在 DNA 水平上进行基因选择，以大大提高育种的目标性和准确性。其标记数量大和不受环境影响，时间和工作量也大大减少。特别是通过外源基因导入，可以对种质源进行快速有效的改造和创造新的优异种质资源。分子遗传标记育种和外源基因导入将带来作物和畜禽育种的一场革命。

此项研究领域十分活跃，进展很快，是新的生长点和热点。其主要研究内容：①结合染色体工程育种，发展外源基因组的分子探针，培育和鉴定带有有用基因和外源染色体片段的易拉系，培育特异新种质和新品种；②建立主要农作物质量性状和分子标记，特别是高效简易和不依赖于基因型的外源基因转入的表达水平，定点整合，转录翻译等遗传技术；③利用限制性片段多样性（PELD）等分子生物技术，鉴别和评价重要遗传性状基因，创造新种质，建立种质资源系统树。

39.5.2.2 微生物重组技术

通过育种以提高动植物对病虫害的抵抗能力只是减少病虫害损失的一个方面，农 / 兽药和综合防治仍是主要的方法。生物农药对化学农药的替代、传统动物疫苗的更新换代、动植物生长调节物质以及生物固氮等均有赖于基因工程中的微生物重组技术。加强农用微生物重组的某些技术前沿的研究是农业高技术领域的重要组成部分。

其主要研究内容：①构建抗逆性强的高毒广谱工程菌。利用原生质体技术和转基因技术，使高毒力菌株与抗高温耐干旱的菌株的基因重组，获取双效菌株以及构建能在植物和害虫体内寄生的工程菌；②昆虫信息素的提出、分离、结构鉴定和生物合成技术；③基因缺失减毒疫苗和病毒活载体疫苗研制技术；④共生固氮和联合共生固氮的微生物重组技术。

39.5.2.3　3S 精确农业技术

20 世纪 70 年代开始发展起来的遥感技术（RS）和地理信息系统技术（GIS），农业成为其民用大户。美国经过近 10 年的研究于 1990 年由军用转为民用的全球定位系统（GPS）首先用于农业的玉米螟迁飞跟踪，1993 年开始与 RS 和 GIS 相结合用于精确施肥、耕作、播种、灌溉、除草、喷药等农事操作和对自然条件和灾害等的测报。3S 技术开创了精确农业之先河。其不仅可以大量节约肥料、种子、农药，而且提高了农业产量和管理水平。3S 精确农业技术对我国传统农业的改造和推进农业现代化将发挥重要作用。

其主要研究内容有：①精确施肥技术中的不同条件下的平衡施肥模型与 GIS 结合形成的田间操作软件系统和机载施肥硬件系统；② 3S 精确耕作、播种、除草、灌溉技术；③ 3S 害虫迁飞跟踪技术和农药精确喷施技术。

39.5.3　重大项目

39.5.3.1　超级种培育

1. **需求和意义**

1984 年以后，世界人口增长率为 2%，但粮食增长率为 1%，因此全球粮食供给日趋紧张，1996 年世界谷物储备已下降到只够 48 天的需要。1984—1995 年我国的人口年均递增率为 1.36%，粮食年均递增率为 1.29%，还需大力加强对农业的物质与科技投入，提高粮食作物的单位面积产量，以实现保持人口与粮食同步增长的目标。在争取实现这个目标的过程中，作物品种改良将发挥重要作用，其增产贡献率在 30%左右。自新中国成立以来，我国主要农作物品种已经更新四代，每一代的单产就提高 10%～15%。但是近 10 年来，育种工作进展缓慢，没有重大突破，育种材料贫乏是重要原因之一。当今，植物生物技术已经逐步进入实用化阶段，通过植物生物技术和常规育种技术相结合的途径，有可能在 21 世纪初使作物育种获得新突破。专家预计在 20 世纪末增加的 500 亿千克粮食中，有 50 亿千克的粮食将依靠遗传工程新品种和农业重组微生物制剂来实现。保持粮食的持续增长是我国的一项长期战略任务。植物生物技术与常规育种技术的结合在水稻、小麦和玉米三大粮作新品种的培育上取得突破性进展具有重要意义。在我国粮食的增量中，主要用于饲料和工业原料、发展饲用和工业用的特种玉米是今后发展的一大趋势。

随着国民经济的增长和人民对肉、蛋、奶需求的增加，发挥我国 4 亿公顷草地在这方面的资源潜力是很重要的。目前，我国草地生产尚处在自然放牧，“靠天养畜”阶段，生产力仅相当于美国的 1/10，加拿大的 1/12 和英国的 1/40，这也说明我国草地有着巨大开发潜力。现在我国政府已经安排了若干草地改良试点，预计 21 世纪初将逐步加大草地改良力度。为了适应草地改良的需要，开展草地改良研究也是一项急迫的任务。

林地不仅担负着保护生态环境，改善人类生存条件和农业可持续发展的重任，木材、粮食、油料和能源植物等对缓解我国粮油和能源的需求也具有很大潜力和良好前景。

养殖业既是近年来农业中发展最快，又是急待发展的行业。1979—1995 年，我国粮食增长了 40%，而肉类和水产分别增长了 4.0 倍和 4.8 倍。但是目前我国年人均肉类占有量为 43 千克，水产品为 20 千克，相当于世界平均水平，是发展国家的 1/3；人日均蛋白质摄取总量中的动物蛋白摄取量不到 20%，低于世界水平。养殖业是与人民生活水平、食物结构和营养 / 健康状况息息相关的行业。

目前我国养殖业的生产和技术水平还很低。我国是世界第一养猪大国，世界猪存栏为 8 亿头，中国占 4.7 亿头。但是与发达国家相比，我国的出栏率低 5 个 ～6 个百分点（我国为 16%），死亡率高 8 个百分点（我国为 18%），单位增重耗料比 3.5 ～ 4.0（发达国家 2.5）、劳均出栏肥猪 150 头（发达国家 2 000 头）。我国猪的存栏数是美国的 6 倍，而产肉量只是 2 倍，生产技术水平和发达国家的差距很大。如能将此几项指标提高到接近世界的一般水平，即使不增加存栏数，也可使肉产量比现在增加 25%，节约粮食 0.25 亿吨。我国牛存栏为 1.2 亿头，羊牛存栏为 2.4 亿头，肉乳产量低，质量差，品种急待改良。水产是近年我国发展最快，也是今后发展的重点之一，急需提高其生产和技术水平。畜禽的品种改良在我国养殖业中具有特别重要意义。

随着我国经济建设的发展，人民生活水平的提高和食物结构的改善，养殖业必将有一个很大的发展。目前养殖业的生产 / 技术水平和巨大增产潜力对先进技术提出了急切的需求。利用现代高技术对超级动植物品种的培育是“S–863”计划的一项重要内容。

2. 技术发展背景和前沿

植物生物技术包括基因工程和细胞工程。其对农作物和农业微生物品种改良有重要作用。植物基因工程开始于 20 世纪 70 年代 Ti 质粒的发现与研究。20 世纪 90 年代初，基因工程的三项关键技术，即 DNA 重组技术、基因转化技术和植物再生技术已经达到可以使用的水平。1994 年，美国基因工程培育的耐储藏西红柿获准投放市场，转基因抗病毒烟草和马铃薯、转 *BT* 基因抗虫棉和高效固氮微生物等相继在美国和中国进入大田试验，标志着植物基因工程已进入实用化阶段。为此，克隆大量新的有用基因完善转化技术和发展新品种与新产品已成为基因工程研究的热点。1996 年末，美国农业部批准进行田间试验的转基因作物 2 584 例，商业化 17 例（加拿大 18 例、日本 7 例、澳大利亚 4 例）。欧洲和美国有植物基因公司500多家。

植物细胞工程的关键技术，如花药培养和组织培养技术，细胞突变体筛选技术、染色体工程技术、原位分子杂交技术和DNA分子标记技术等获得迅速发展，它们与常规育种相结合，形成了一套高效的细胞工程育种新方法。用这一套方法在小麦、水稻、玉米、油菜等主要作物上已育成一批抗病、抗逆、高产、优质新品种。这些优质新品种在我国种植面积已超过200万公顷。自20世纪80年代以来，多种分子标记技术（RFLP标记、重复顺序标记和基于PCR的分子标记等）被广泛用于确定农作物重要经济性状的基因位点和遗传作图以及鉴定由外缘染色体导入而形成异代换系和易位系，为育种家提供了准确进行重要经济性状组配与选择的新手段。可以预料，上述各项新技术的综合运用将使育种工作提高到一个新水平，“超高产”与“多抗性”等农作物（包括牧草）的各种育种目标得以实现。

植物生物技术在解决世界粮食问题和提高农作物产量上的作用日益显示其优势。1990年，美国农业生产技术产品总值达6亿多美元，预计2000年美国的农业生产技术产品总值可达45亿美元，全世界的农业生产技术产品总值达数百亿美元。各国在新的有用基因关键技术和新产品的开发上展开了激烈的竞争。技术前沿和热点是从特异种质资源中分离、克隆新的有用的基因，利用转基因技术培育抗性作物，生产蛋白质药物、工业用酶，分子标记辅助育种，建立不依赖于基因型的转化技术等。

除改善饲养条件和生产管理外，提高养殖业的生产/技术水平重要的是优良品种的培育和应用。生物技术的出现为常规育种开拓了一片新的天地，使以往难以和无法克服的育种需求变成了可能。在1982年美国培育成功基因工程硕鼠后，人们将注意力集中到培育基因工程猪。20世纪80年代末，美国和英国等培育成功的基因工程猪的生长速度和瘦肉率提高了15%，料肉比提高了20%，并开始进入实用化阶段，但其健康状况和繁殖性能都有所下降。自20世纪90年代以来，英国、美国、澳大利亚等已制订到21世纪初叶培育成功“超级猪”的雄心勃勃的计划。此外，基因工程和细胞工程技术已经应用于鱼种的培育，我国和美国在基因工程鱼的培育上已经取得了较好的进展。利用转基因技术在乳腺中生产贵重的医用蛋白比其他生产系统的效率可提高几百到几万倍。1992年，英国生产出6头奶中含抗胰蛋白酶的转基因绵羊引起了世界的轰动。应用动物生物反应器技术生产贵重医用蛋白成为新的技术生长点和投资热点。我国已经获得乳腺特异表达外缘基因的转基因羊，这方面的研究在继续。

家畜胚胎工程技术在扩大优良种质资源的应用，改良畜种，降低经营成本上取得了很大成功。超数排卵、体外受精、胚胎分割、核移植和性别控制等技术已趋成熟和实现了产业化。美国、加拿大、英国和德国等已建立牛胚胎移植公司，并已胚胎移植牛 30 多万头。此项技术的前沿是以活体取卵为中心的新一代技术体系，可进一步提高其效益和产业化程度。

3. 研究和开发重点

1）超级稻新品种、新组合的选育及产业化开发

通过美国稻、IRRI 超级稻品系等多种特异稻种资源的利用及产量 QTL 向我国优势种群的积累，利用常规与生物技术相结合的方法选育源库流协调发展、株型优良的超级常规稻品种。

通过选育配合力强的不育系的恢复系，组配具光合效率高、后期叶片功能期长、根部系发达和株型优良的超级杂交稻组合。

根据我国水稻生产的不同生态环境，进行高产栽培技术体系配套研究，开展超级稻品种（组合）的百亩连片示范和大面积推广及产业化开发。

2）优质麦新品种的选育及产业化

优质面包专用小麦新品种的选育及产业化。以中作‘8131-1’及其衍生系和 Kar192（国外优质源）等优质品种为基因供体，与现有主载体品种和农艺亲本杂交，通过温室加代、单倍体诱导、电泳分析和沉降值测定等技术，选育品种和优质亲本。改良中优‘9507’和中优‘9701’等已有优质面包小麦品种的农艺性状。其重点是降低株高，提高产量和适应性。通过遗传转化，将 5+10 等优质亚基快速导入现有主栽品种，提高其加工品质。与生产和加工部门联合，在北部冬麦区建立优质小麦繁育及生产基地。

优质面条小麦新品种的选育及产业化开发。培育黄淮和北部冬麦区使用的强筋优质面条小麦品种以及缺少 4A 染色体控制的 WX-B1 蛋白、直链淀粉含量低、膨胀势高、黏度大的高产面条品种和糯性小麦品种。

长江流域和东北春麦区的抗穗发芽小麦新品种的选育及产业化。根据两地的气候状况和农业生产情况，长江流域选育抗穗发芽较好的白粒品种，东北春麦区则培育抗发芽过硬的品种，对粒色不做要求。用龙‘4083’和中优‘9507’等强筋小麦与当地抗穗发芽的品种进行杂交，结合品质分析和抗发芽测定，培育抗穗发芽的优质小麦品种，提高带有大麦 α- 淀粉酶抑制基因的小麦品系的农艺性状，使之适用于生产。

3）优质玉米杂交种的选育及产业化开发

QPM 杂交种选育，要求早熟、高产、抗病毒病及其他主要病虫害。Bt 高油玉米杂交种选育的重点是针对适用于黑龙江和吉林的早熟杂交种。ELISA 技术与常规育种结合，选育优质玉米杂交种（赖氨酸含量为 0.35 ～ 0.40%，含油量为 6% ～ 8%），要求早熟、高产。采用基因工程与分子标记技术，结合常规育种选育赖氨酸含量为 0.4%，含油量为 6% ～ 8%，有效磷利用效率提高 30% 的优质玉米杂交种。

4）“中国超级猪”产业化开发

利用猪高产仔数优良基因诊断盒将中国太湖猪（主要是二花脸猪）和西方最好的母系品种大约克的高产仔数基因固定在“中国超级猪”品种。

利用猪早期增重优良基因的DNA标记提高“中国超级猪”父系的日增重和饲料利用率，利用猪“双肌”基因的DNA标记和“肥胖”基因的DNA标记增加“中国超级猪的瘦肉率”，利用猪高温应激综合征（MHS）基因诊断将“中国超级猪”的高温应激综合征遗传病基因完全淘汰。

利用猪基因组扫描技术（genomic scanning）预测最佳的杂交优势，选择“中国超级猪”的最优配套组合，对“中国超级猪”的营养需要进行分析，并研制适合中国国情的“超级猪”的饲料配方。建立“中国超级猪”的饲养标准和品种推广体系。探索转基因技术对猪的改良途径以及肌肉生长抑制因子疫苗及其他基因工程产品对养猪生产的作用。

5）转基因克隆鱼产业化开发

鲤鱼IGF基因克隆，基因转移靶位载体构建；二倍体转基因克隆鲤鱼和四倍体转GH基因鱼的研制、选育及生长对比试验；二倍体和四倍体转GH基因鱼的繁殖力及规模化培育三倍体转GH基因鲤鱼试验；二倍体转GH基因鲤鱼的精养、混养和集约化高密度（工业化、网箱）养殖模式建立；二倍体转基因克隆鱼、三倍体和四倍体转GH基因鱼的营养分析；鱼类GH和IGF基因的酵母高效表达系统的建立；工程菌表达的鱼类GH和IGF作为名特优鱼类饵料添加剂的可行性研究；适合三倍体转GH基因鲤鱼不同养殖模式的经济型饵料研制；探讨三倍体转GH基因鲤鱼作为饵料鱼饲养鳜鱼、乌鳢等名优鱼类的高产试验及养殖模式建立。

我国是个鱼类基因资源十分丰富的国家。在克隆大量有用基因和基因表达调控元件，攻克基因转移的重大关键技术和建立转基因的技术体系，申请一批专利和成立基因工程，形成拥有我国自己知识产权的生物技术产业体系，也为可能发生的某些国家对基因资源的掠夺垄断工作准备。

通过生物技术与常规育种技术的结合，突破目前育种中难以克服的难点，育成一批生产中急需和有重大增产意义的作物新品种，我国种子产业由此上一个新台阶和对农业生产做出新的贡献。

推动和扶植建立一批植物生物技术公司。在现代猪种的基础上，将出现全新一代的“超级猪”或“基因工程猪”的日增重达1千克以上，比现有猪种提高50%；瘦肉率达60%，比现有猪种提高20%。此项技术将带来养猪业的一次革命。

我国牛存栏1.2亿头，过去主要是役用，后来逐渐被拖拉机代替。役用牛改为肉用、奶用、役奶兼用，这又是我国几千年传统农业和农村的一场革命。用常规的“级进杂交”方法改造土种母牛需要许多代、很长时间和进行大量的组织发动工作。应用胚胎工程技术可以使一代良种化，可以使乳牛产奶量提高20%～30%，可以形成牛胚胎工程产业。

转因工程鱼种的生长速度比现有鱼种可提高30%～50%，特别是培育适应稻田生长的鱼种将使我国淡水养殖进入一个新的时期。这对改善我国人民的食物结构和营养状况做出重要贡献。

动物乳房生物反应器、转基因猪作为器官移植供体和人造血液供体等农业高技术产品将一改几千年来传统农业只能生产初级产品的旧面孔，形成附加值较高的医用产业。

39.5.3.2　农用生物制剂工程

1. 需求和意义

农业是从事生物性生产的产业。农用生物制剂主要是指动植物保护用的农/兽药和调节动植物生长发育的生物性制品。

作物病虫害每年造成的农业损失相当于当年总产量的12%～15%。以粮食计，每年的损失量达500万～700万吨。1993年我国暴发的棉铃虫造成的直接经济损失在百亿元以上。畜牧业每年由疫病死亡造成的直接经济损失为260亿元，由畜禽生产性能下降造成的直接经济损失为800亿元。随着淡水养殖规模扩大和养殖强度增加，每年由暴发性流行病导致减产达50万～60万吨，直接经济损失为30亿～40亿元。1993年，我国对虾养殖发生毁灭性病害，至今病因尚未完全查明。由于技术和管理水平较低，不仅病虫害造成的农业损失远大于发达国家，而且在防止中高耗、低效过程中导致对生态环境的破坏。

用于动植物病虫害防治的农/兽药的研制是农业生产中的重要环节。鉴于化学农药对生态和环境产品的负面影响，1990年美国公布禁销59种农药。欧盟提出20世纪末减少化学农药用量的20%～25%。1992年世界环境与发展大会要求到2000年全球生物农药的使用面积达到总使用面积的60%。目前，发达国家生物农药使用面积已经达到5%，我国不到1%。减少化学农药使用量和发展生物农药已成世界性趋势，我国也把这两项列入《中国21世纪议程》的优先项目。随着人们的环保意识和食物安全意识的加强，人们对无公害的绿色食品的要求日增。

养殖业的疾病主要是通过疫苗预防。我国每年的疫苗需求量为800亿头份，而生产能力只有130亿头份。目前，我国使用的兽药和鱼用疫苗多为常规弱毒疫苗，生产条件和质量均较差，急需建立高质量、高技术的疫苗的研制和生产体系。此外，随着科学技术的发展对动植物的生长发育过程的规律的认识和深入，主动调节动植物生长发育过程的能力逐渐提高，各种调控技术和产品迅速发展，逐渐成为提高农业生产的重要手段，也是我国急待发展的新领域。

2. 技术发展的背景和前沿

20 世纪 40 年代以前，人们主要是用天然植物和无机化合物研制防止病虫害的农药。以后的出现人工合成有机农药的技术使农药工业和化学农药的使用得到迅猛发展。但是在防治病虫害和促进农业生产上做出重大贡献的同时，其也对生态和环境造成严重的负面影响。生物农药主要是利用天然或改造过的微生物及其代谢产物做成制剂。这种制剂安全无毒、无残留和不污染环境。与化学农药相比，其的药效缓弱，持续期短，自身抗逆性差，故发展较慢。目前，世界上 90% 以上的制剂是苏云金芽孢杆菌杀虫剂。自 1938 年第一个制剂问世以来，已有 120 多种商品和多种剂型。我国生产的井冈霉素在水稻纹枯病的防治上取得了很好的效果。号称 20 世纪 80 年代超级农药的 avermectin 就是在日本土壤中发现和筛选的菌株。经美国 Merck 公司开发的新一代生物农药被认为是继青霉素以后，抗生素科学对人类的又一大贡献。动植物的生长调节物质至今主要也是化学合成物，微生物生产的产品只有赤霉素、赤霉烯酮 Zearalanol 等少数产品。农用微生物制剂是一个急待发展的领域。

生物技术的出现开拓了生物农药和生长调节的物质的新局面。通过将微生物遗传进行体外重组，可以构建符合人类意愿的常规技术条件下很难和不可能实现的各种新型生物农药和生长调节物质。近年来，基因工程微生物重组技术成为十分活跃的研究领域，现已开发出 Foil、Cuilass 等十多种产品。应用转基因的微生物重组技术，将猪生长激素基因导入大肠杆菌和由此转基因大肠杆菌生产的猪生长素 rpGH 可以明显提高猪的日增重和瘦肉率。通过微生物重组的乳牛生长激素 bST 可以明显增加牛的产乳量。最近在植物获得性系统抗性（SAR）研究方面，由化学物质诱导发展为蛋白质分子类诱导和获得了 SAR 蛋白—Haropin。

利用生物技术培育工程微生物菌株是当前构建新型微生物农药和生长调节物的研究前沿。如以苏云金杆菌杀虫晶体蛋白（ICPS）基因转移到自然界广泛存在的无害微生物受体上构建 ICPS 工程菌，可以克服天然苏云金杆菌的弱点。孟山都公司将 *ICPS* 基因克隆到植物根际微生物荧光假单胞杆菌中，成功地控制了地下害虫的危害。信息素和仿生农药是当今研究的另一个前沿。他不以直接杀死害虫和病原菌为目标，而是以生物的相依相克和病虫行为学原理，阻断其危害过程和促其种群衰落。如通过多角体病毒控制林地锯角叶蜂；乳状病毒病控制草地金龟子在美国已取得成功。我国已能合成和应用于田间的有 20 多种性信息素。

养殖业主要是通过疫苗进行疫病的预防。在 DNA 重组技术和杂交技术的基础上发展起来的动物基因工程疫苗技术在 20 世纪 80 年代得到高速发展和趋于成熟，正在逐步解决常规方法难以解决的问题和替代常规疫苗。最有应用前景的是基因缺失减毒疫苗和活载体疫苗。其前沿和研究热点是利用活载体构建多价疫苗。利用转基因植物生产动物疫苗的技术也取得了进展，这对以植物为饲料的动物疫病防治无疑具有极大的应用前景。

3. **研究开发重点**

构建具有复合功能的工程菌，使之兼备优良的生物学特点及工艺性状，为产业化打好基础。生物杀虫剂以转基因 *Bt*、白僵菌、绿僵菌、病毒制剂和杀虫抗生素为重点；生物杀菌剂以工程菌——荧光 93 和各种抗生素为重点，同时开发生物除草剂的相关工艺程序技术研究，包括发酵工艺、剂型改良等并行推进。

合成开发麦蚜虫、棉铃虫、小菜蛾、玉米螟、棉蚜等 5 种昆虫信息素；研究不同剂型和散发手段，大量诱捕和干扰交尾的防治方法；研究微量组分的作用及应用以及不同地域昆虫信息素的差异及应用。

研制口蹄疫、猪瘟、鸡马立克病、猪囊虫病、日本血吸虫病 5 种基因工程疫苗，修饰免疫基因；研究或选择高效表达载体，构建重组病毒。同时，对上述疫苗进行安全、效力、免疫期（免疫动力学）、保存期及区域性动物实验。同时，还要研究和开发与上述疫苗相配套的检测技术。

α- 高中温淀粉酶基因、β- 淀粉酶基因、α-amylase-Pullulanase 酶基因的克隆及其在分泌型载体上的高效表达。碱性蛋白酶基因、植酸酶基因、β- 葡聚糖酶、木聚糖酶、纤维素酶以及复合酶基因的克隆及其在分泌型载体上的高效表达。研究开发植物生长调节素，分离筛选新的可分解淀粉成为 2 ～ 4 个糖分子的菌株，并克隆编码相关的基因在分泌型载体上的高效表达。

4. **对产业的带动**

面对全球性生物农药发展大潮，我国生物农药产业才刚刚起步，十分幼弱，又未得到应有的重视。通过此项计划的实施，可在高技术和高起点上带动该项产业和行业的跨越发展，跟上国际的发展步伐。

动物疫苗在养殖业中具有重要意义，而目前的技术水平较低，生产和产品状况很不理想。动物基因工程疫苗技术和产品的研制与有效开发必将带动我国动物疫苗产业上到一个新的台阶，促进养殖业的发展。

动植物生长调节物质是一种产投比很高，各国竞相发展的一项高技术产业。我国在这方面的研究应用和生产已初具规模。本计划的执行将进一步推动此项产业的发展。

作为主要饲料来源和重要工业原料的玉米及其加工产业，其今后必将有一个很大发展，α -amylase-pullulanase“一步一酶法”将引发淀粉加工业的一场技术革命。

39.5.3.3　控释专用复肥的研制

1. **需求和意义**

肥料是作物的“粮食”。化肥是农民生产中最大的一笔物质投资。化肥支出约占生产性支出总量的 50%。化肥和有机肥配合施用是农业中最有效的增产措施之一，化肥在种植业增产因素中的贡献占30%以上。世界化肥生产量在20世纪六七十年代是大发展时期，年均增长率达到22%，预计2000年的总生产量将接近2亿吨。我国化肥年生产总量居世界第二位，仅次于美国。化肥的年总用量居世界第一位，1995年为3 595万吨，占世界总用量的27.5%。我国的单位农田面积的施肥量稍高于世界平均水平。但是我国化肥，特别是氮肥的利用效益很低，只有35%，损失率高达45%，即通过土壤淋溶和气体挥发掉了一千多万吨氮素，相当于400亿元人民币的损失。氮素的流失挥发，引起地下水的硝酸盐过量、地面水的富营养化和对大气臭氧层的破坏等一系列化学问题，所以提高化肥利用效率不仅是经济问题，还是保护资源环境和社会持续发展的问题。化肥利用效率低的原因是多方面的。我国化肥品种、生产工艺和施肥方法等方面的技术落后，只重视增加化肥生产量和施用量，忽视提高化肥利用效率是当前我国的一大时弊。此外，肥料施用中的有机肥比重下降，化肥组分和地区分配不当也影响了肥效。

2. 技术发展背景和前沿

20世纪60年代之前，各国生产的化肥主要是单质低浓度化肥，如硫酸铵、过磷酸钙。以后向着高浓与复合方向发展，如尿素、磷酸二氨，以及出现氮、磷、钾三元素的复合肥（NPK，15-15-15）。美国IMC公司的硫酸钾镁肥和德国BASF公司的含有10种以上营养元素的全元素肥料。目前，在发达国家的化肥消费中，复合肥料占50%～80%。

随着化肥的复合化趋势，为方便农民和提高肥效，进一步向专用化方向发展。1989年，日本三菱公司生产出适用于水田、旱地和园艺作物的专用肥80余种。此外，与管道、喷、滴灌和叶面喷施相结合的液体肥料，与农药、生长调节剂相结合的种子包衣肥料，与集约化养殖中大量粪便/废弃物资源化相结合的有机-无机复合肥料，减少稻田氨挥发的分子膜等都有了很大发展。

本领域的技术前沿是在平衡施肥基础上的复（混）合专用肥技术。一种途径是控释肥料（controlled availability fertilizers, CAFS）可使肥料的释放与作物需肥规律同步。日本的Nutricote CAFS可控释氮素100～360天，控释量达80%，氮素利用效率为60%～70%。这种农艺与工艺的结合是施肥技术的一次革命。另一种途径是3S移动变量施肥技术，即遥感、地理信息系统和空间定位（RS、GIS、GPS）三项技术联合运用，并随农田土壤养分状况的改变而变量施肥的技术。具体的技术操作是通过RS和GLS技术确定每个施肥点的准确位置，应用GIS技术和平衡施肥模型准确确定每一个施肥位点上的最佳施肥方案，再指令到有多种肥料箱的拖拉机按每个施肥点的需要，将配混的肥料施入土中，达到最佳的施肥效果，故称“精确施肥技术体系”。此外，利用分子膜技术抑制稻田氨的水面挥发也是当前研究的另一项技术前沿。

3. 研究和开发重点

1）选用控释材料

控释肥生产的关键之一是新型控释材料的制造。控释材料大致有两类：一是包膜控释材料；二是非包膜控释材料。控释材料可从肥料中选用，如钙镁磷肥、金属磷铵钾盐等，也可以从工业废物中筛选，如造纸黑液木质素、糖业糠醛渣等有机废物以及无机矿物矿渣。控释肥生产的关键之二是对所用的控释材料进行接枝、氧化等化学改性和结构修饰，开发新的功能，即材料功能化。这将开拓具有中国特色且来源广泛的新型控释材料。

2）控释肥的制造新工艺及设备

首先，利用已选定的控释材料对化肥进行非包膜或包膜处理，研究处理工艺条件和程序，确定相关的技术参数。其次，在非包膜处理过程中，注重研究各类控释材料与化肥的成键特点、检测方法及其控释效果，包括缓释和促释两方面的效果；在包膜处理过程中，研究单层与多层包膜工艺。最后，进行综合处理，对非包膜和包膜方式进行优化组合，开发出具有中国特色的适合国情的新工艺。

3）控释肥的控释机理

对不同的处理工艺研制的控释肥进行养分释放速率测试，用化工原理与方法研究养分传质过程，并描述控释肥的控释机理。

4）控释肥料的配方

肥料的配方包括单质化肥、微肥与多元素复合肥，研究控释材料与之配合的优化。

5）控释肥的品质检验方法

提出有效、简捷的控释肥特性的检测方法，注意改进现有的控释性能检测方法，使之更加接近大田生产实际。

6）控释复合肥技术开发

根据作物的需肥特性与市场要求，进行不同控释肥的复合，生产出不同释放速率的控释复合肥系列产品。

7）控释复合肥专家系统的建立

在现有一般养分信息专家系统的基础上，建立控释肥养分释放速率、作物需肥及土壤供肥的数据库，开发出控释肥配制的专家系统。

8）控释肥的肥效研究与技术改进

分旱田、水田施用，开展小区与田间不同作物的试验，检验控释肥效果，注意与地膜覆盖配合的效果，并对控释肥制造工艺进行改进。在一特定区域（如小流域）研究施用控释肥防止水体富营养化效果。

9）单向技术的组装、配套与集成

依据产业化目标，对单向技术进行组装、配套与集成，包括引进有关国外的先进技术，使之更好地为产业化服务。

10）项目前沿的探索研究

利用现有的化肥生产设备，通过改进工艺，简化流程，直接生产控释肥，二次加工生产控释肥的工艺由此变为一次成型的可显著提升我国化肥工业的技术水平，从而降低生产成本，增强市场竞争能力。

4. 对产业的带动

20世纪七八十年代，我国建立了十几座骨干性的大化肥厂，同时，也建立了一大批县办小碳铵厂。近几年有的改产尿素，这是当年我国氮素生产的主要力量。近几年，兴起的一批混肥厂一般是技术水平低，质量差。从总体上看，目前我国尚处在以单质化肥生产为主的发展阶段，比发达国家晚15～20年。应当站在战略的高度，在高起点上发展我国的复（混）肥体系，特别是控释复肥，“S-863”计划必将对此做出重要贡献。控释复肥是农艺与工艺的结合，需要农学和工学的密切合作。

我国30%的氮肥用于水稻，利用效率只有30%，氮素损失中的30%是经稻田水面挥发的。因此，抑制稻田水面氨挥发具有重要意义。稻田水面分子膜技术将在提高以氮肥肥效的增产上开创新的局面。3S移动变量施肥是一项超前性的高技术，将开我国“精确农作”之先河。

39.5.3.4 现代农业节水工程集成技术

1. 需求和意义

淡水资源不足是个全球性的问题，将成为世界农业和社会发展的重要制约因素。中国仅有世界人均水资源量的1/4，且受到季风气候影响，降水的时空分布不均，年际变率大，从而导致全国范围的旱涝灾害频繁，特别是干旱对我国北方农区造成了严重威胁。近20年来，全国每年旱灾受灾面积占总耕地面积的30%左右。重要的是在一个淡水资源严重不足、深受干旱威胁的人口大国和农业大国存在着水资源严重浪费和水利用效率低下的问题。以色列的水资源状况比我国更加严峻。但以色列以节水为国策，重视节水技术研究开发，其已成为世界水利用效率最高和农产品重要出口国。由于全球性水资源供需矛盾日趋尖锐，在1993年国际灌排委员会发表的《海牙宣言》中将节水灌溉列为首先任务。

我国农田水的利用效率不到1千克/米^3，以色列为2.32千克/米^{3}和计划在20世纪末达4.31千克/米^3。我国农业水利用效率低的原因主要是技术、设施和管理的落后。如渠道输水损失一般为40%～60%，管道输水可降到10%以下；微灌的水利用效率可比常规地面灌溉提高1倍；地膜覆盖提供的水利用效率可达50%，其他节水技术皆能取得较好的节水效果。在“九五”期间，计划在北方17省的330万公顷井灌区农田上推行节水技术和新建330万公顷井灌区节水农田，投资达70亿元。在中央各部门和地方的各种节水计划的推动下，各种节水技术和工程设施都将有较大发展，节水的高技术也将发挥其重大作用。

2. 技术发展背景和前沿

节水灌溉中发展最快的是微灌技术。1986—1991 年的 5 年间，世界微灌面积由 108 万公顷发展到 177 万公顷，年均增长 13%。以色列的微灌面积占灌溉总面积的 44%，澳大利亚的果蔬花卉多采用微灌，面积达 8.5 万公顷。目前微灌已与液体肥料、农药和生长调节物等的施用联合运作。我国微灌研究已有 10 年以上的历史，但面积不足 2 万公顷（1991 年），微灌的技术关键和前沿是防堵塞（泥沙、盐分、菌藻等）和肥药联用。地下微灌和大田移动式微灌技术也是当前研究的热点。

地膜覆盖对保墒、增温、增产的良好效果已是公认，我国年覆盖面积达 466 万公顷。但乙烯塑膜残片对土壤肥力的破坏和造成的“白色污染”问题日趋严重，可降解农膜的研制已是当务之急。光降解膜和生物降解膜在国内外都已经被研制成功和投入生产，但这些均为半降解，其残余碎片的积累仍将严重影响土壤的物理性状。20 世纪 50 年代开始研究的高分子材料聚羟脂肪酸酯（PHA）可微生物降解为 CO_2 和水，英国 ICI 公司于 20 世纪 80 年代开始进行规模生产。因其价高仅用于医疗等高附加值商品。低价位的农用生物全降解膜是当前的主攻方向。

利用有机分子材料来保持土壤水分是农业节水的一个重要途径。20 世纪 70 年代末，美国推出的“土壤保湿剂”、英国研制的“AGROSOKE”、法国研制的“水合土”以及日本的此类产品均已被世界许多国家应用。20 世纪 80 年代，我国开始了此项研究，但因产品性能和价格问题而在农业生产中未得到应用。节水的另一个途径是减少植物叶面积水分的蒸腾。20 世纪初开始了这项研究，20 世纪 60 年代形成热潮，也因性能和价格问题而至今未能被广泛应用。

3. 研究开发重点

1）微灌技术

结合我国农田和水质情况，进行防堵塞技术、水肥、水药联用技术的研究以及新型微灌（微喷、滴灌、渗灌）设备及其配套设备和部件的研制与开发。微灌溉技术应用于大田需要取得突破性进展。井灌区大田移动式微灌技术以及果蔬 / 经济作物的地下滴（渗）灌技术应用可作为研究重点。

2）全降解农用地膜生产技术

重点应放在通过微生物发酵技术，以废糖蜜或玉米淀粉为碳源，生产 PHB 技术。技术关键是菌株改良、发酵工艺改进以降低成本和适应不同农用性能要求的田间成膜技术。

3）农业节水制剂技术

借鉴国内外经验，结合我国土壤和种植制度特点，研制高分子材料的土壤保水剂、植物蒸腾抑制剂和土壤结构改良剂。

4. 对产业的带动

此项计划的实施将在我国出现一个结合我国国情和农情的以微灌、覆膜、高分子材料保水剂、蒸腾抑制剂和农业节水专家系统为主体的农业节水高技术产业。这对促进我国农业生产，高效利用资源和持续发展做出重要贡献。全降解农用膜的研制成功必将引发塑料制品行业的一场革命和大大推动对“白色污染”的治理。

39.5.3.5　工厂化高效设施农业技术

1. 需求和意义

设施农业是利用工程技术手段和工业化生产方式为动 / 植物生产提供最适宜的生长环境，使其在最经济的生存空间内得到最高的产量、优良的品质和经济效益。设施农业是依靠科技进步形成的高新基础产业，也是实现农业现代化的必由之路，这一点已经被许多发达国家的发展历程所证明。荷兰人均耕地 0.06 公顷，不到世界平均水平的 1/5，但其人均农产品出口额却居世界首位，其奥秘是荷兰狠抓了设施农业。设施农业可获得比露地栽培高得多的作物产量，黄瓜、西红柿产量可达 40 ～ 50 千克 / 米 ^{2} 为露地栽培的 5 ～ 10 倍。

中国是个农业大国，人口多耕地少、土地资源缺乏，目前还在以每年一千万的人口在增长和以每年几十万公顷耕地在减少。2030 年，我国人均耕地将由目前的 0.11 公顷降低到 0.08 公顷。巨大的人口压力和日益增长的农副产品的需求以及与土地承载能力负担过重的矛盾要求我们必须走高效益的现代化设施农业之路。

目前我国设施农业的生产和技术水平还很低。虽然我国设施栽培面积已经达到 50 多万公顷，但是 90%以上的设施以简易型为主，抗自然灾害能力差，设施栽培的温、湿、CO_2 等环控技术尚属空白，缺乏适于设施环境下栽培或饲养的优良品种，设施农业的作业机具及配套设施上不完善，生产仍以人力为主，劳动生产率低，按人均管理面积计算仅相当于日本的 1/5，西欧的 1/50、美国的 1/300。自 20 世纪 80 年代以来，我国虽陆续引进过一些先进的温室，但由于品种、环境、气候适应性、操作及管理水平等问题，效益普遍不高，迫切需要研制出适合于中国国情的设施农业基础体系。设施养殖业水平略好于种植业。设施养殖业的建筑结构普遍参考民用建设筑设计标准。环控技术落后，抗极端冷热气候能力差使我国蛋鸡全周期死亡率高于发达国家 20% ～ 25%，每只鸡的年产蛋量低于 3 ～ 4 千克，猪出栏率比发达国家低 5% ～ 6%。我国目前设施农业的总体水平与发达国家的差距为 20 ～ 30 年。

随着我国经济的发展和人民生活水平的提高，人们对肉、蛋、奶、蔬菜、花卉及水产品等的需求会越来越高。用有限的耕地满足人们日益增长的对农副产品的需求，就必须大力发展农业高新技术产业。

2. 技术发展背景和前沿

工业的发展和科技的进步是设施农业发展的基础。17 世纪，玻璃问世，荷兰便有了最早的玻璃温室。二战后塑料薄膜的发明带来了世界范围的设施农业的一场革命。自 20 世纪七十年代以来，随着现代工业向农业的渗透和微电子技术的应用，一些发达国家的设施农业得到迅猛发展。现在日本、荷兰、美国、瑞典、以色列等的温室均实现了能根据植物对环境的不同需求、由计算机对设施内的光、温、水、气、肥等因子进行自动控制。美国、荷兰等还利用差温管理技术，实现对花卉、果蔬产品的开发和成熟期的控制。日本研发了一系列的植物组培繁殖、嫁接、育苗、管理和收获机器人等技术设备，大大提高了劳动生产率。目前，设施农业正朝着智能化、自动化管理的方向发展。

设施农业是一门边缘学科。它是生物科学、材料科学、环境科学、信息科学和微电子技术等学科交叉渗透的产物，是高新技术在农业应用的集中体现。20 世纪中叶，供生命科学研究用的动 / 植物人工气候室为建立现代化大型温室 / 畜舍提供了理论上的指导。20 世纪 80 年代末，美国的“生物圈Ⅱ”、俄国的“BIOS–3”、日本的“生物圈 J”等全封闭的生命维持系统是在环控条件下的设施农业利用高新技术的尝试。这为 21 世纪人类在空间站、月球或其他星球上种 / 养动植物和维持合适气体环境准备了技术的先导，更为人类在沙漠、极地等恶劣气候条件下进行动 / 植物生产提供了有益启示。

我国设施农业技术于 20 世纪 70 年代末开始起步，在 20 世纪 80 年代得到较快发展，但与发达国家相比仍有较大差距。在设施畜禽业方面，畜舍的通风、降温、隔热等方面取得了较大进展，但缺乏系统集成，尤其是不能根据室外气候变化和畜禽的需要实现环境因子的自动监控，设施水产环境的综合调控能力和净化技术仍较弱。在设施种植业方面，缺乏适于设施栽培的优良品种。设施环境的自动调控技术、小型作业机具及可替人工劳作的机器人以及果蔬采收后的贮藏、保鲜、加工等高新技术领域都有待探索。

3. 研究重点

1）适用设施栽培 / 饲养条件的专用品种选育

设施栽培 / 饲养有别于露地生长环境，要想获得高产、优质、高效的动植物产品，必须选育出适合于设施环境中生长的优良的蔬花果、畜禽鱼品种。通过广泛搜集优良品种资源，并运用遗传工程的手段和设施农业技术相结合的方法，选育出适于我国设施特色的专用品种。

2）节能新型覆盖保温材料的研制

研制透光性能可调、寿命可达 5 ～ 10 年的多功能、高强度复合型塑料薄膜；在温室屋面外保温材料方面，研制保温性能好、透光程度可调、重量轻、适于机械装配的新型材料；地膜方面重点攻克生物可降解膜。

3）设施系统内环境的自动调控设备、动/植物环境控制模型以及饲养/栽培特殊技术的研制

研究设施系统内光、热、水、气等化学因子的传输规律，研制可根据动/植物生长需要进行加温、通风、降温、补光、供水、改变气体组成等的自动调控设备；根据动/植物生长发育的需要和市场供求规律，运用多因子综合控制手段，建立设施环境的动/植物生长控制模型和饲养/栽培病虫害及疫病防治的特殊技术，以实现生产过程的自动化操作和智能化管理。

4）适于设施内作业的小型机具及生物生产机器人的研制

针对设施环境的空间特点和动植物生长规律，研制适于在设施内操作的小型机具及部分可替代人力操作的组培繁殖、嫁接、育苗、管理及收获机器人，以提高劳动生产率和管理水平。

5）农产品的储藏保鲜与深加工

对农产品采用果蔬储藏、保鲜与加工的高新技术是展示农业优越性的重要途径，有针对性地采用安全的拮抗衰老的保鲜剂、防腐剂，延长产品储藏期与货架寿命，配以天然激素或生长调节物质，以达到保绿、增色的效果，并促进物质转化，增加果蔬品质。其目的是增加产品利用率，减少浪费与减轻城市污染，产品多样化并达到卫生即食的效果，符合未来世纪的家庭小型化、工作生活快节奏与社会发展的要求。

4. 对产业的带动

随着经济发展，城市人口的增加和人民生活水平的提高，资源节约和集约生产的城郊型农业必将有一个大的发展。在今后10年左右时间里，各类人工控制的温室将比现在增加1倍，规模化设施养殖也是今后发展的方向。设施农业是一个有待进一步开发和提高的具有巨大潜力和市场，近年来，荷兰、以色列、美国、法国等国家的公司竞相进入我国市场。而我国的高技术设施农业产业还是个空白，我们应当有危机感、紧迫感和忧患意识，尽快组织和发展我国民族的高技术设施产业。

设施农业产业不仅可以大大推动城郊菜、果、花卉和畜禽水产的生产，丰富人民的菜篮子和提高生活质量，而且为有关的生物、材料、计算机、信息、自控等学科和产业拓展了一个新的领域。

39.5.3.6　农业信息技术

1. 需求和意义

农业是从事生物性生产的产业，承受着复杂多变的自然状况和与市场变化的双重风险。一方面，我国地域辽阔，农业生产条件复杂，灾害频繁，生产个体的规模小而又高度分散；另一方面，生命活动和农业生产是一个庞大和开放的系统，涉及因素多，稳定性和可控性差以及技术和生产过程的数量化、规范化、集

成化程度低。这些特点都决定了对信息技术的极大需求。当今，信息化已成为社会发展的大趋势。在信息技术的影响和冲击下，包括农业在内的各种传统产业正在越来越广泛和深刻地发生变革，传统农业必将在信息化的大潮中汲取新的动力而展现出新的面貌。信息化是农业现代化的重要组成部分和强大推动力量。

2. 技术发展背景和前沿

随着微电子、高性能计算机、网络和软件等技术日新月异的发展，信息技术在传输上向着高速、宽带、大容量、多功能和网络化方向发展；服务上向着多媒体、智能化和自动化方向发展；用户上向着家庭、个人和社会化方向发展。

农业中得到应用的信息技术主要包括计算机、信息存储和处理、通信、网络、人工智能、多媒体、遥感、地理信息系统等。全球性的农业科技文献信息网络首先得到发展，每年有 1 200 种期刊，30 多万篇文章入网。目前世界最大的农业中心网络系统是美国内布拉斯加大学的 AGNET 联机网络。41.6％的美国家庭农场、46.8％的奶牛场和 70％的年轻农场主都装备有电子计算机和进入各种农业网络。欧洲的农业网络已经进入实用阶段。日本的农林信息是通过日电信电话公司承办和借助多种公众通信网络传输的。在发达国家，信息高速公路正迅速伸向农村，卫星数据传输系统已广泛被农业生产者应用。智能化农业专家系统是在极其复杂和庞大的农业系统中将大量的资讯和技术集成化和智能化，是农业信息技术的主导性内容。如荷兰研究出反映作物生长发育过程的 MACROS 模型；美国的作物生产管理的 CERES 和 GOSSYM 专家系统。在信息的采集和处理上，遥感技术、地理信息系统和全球定位系统技术已先后应用于农业资源环境的监测管理、气象和病虫害的测报预警、动植物生长和农业综合发展的动态仿真模拟以及精细施肥灌溉等。

农业信息技术研究的前沿主要有智能化的农业专家系统，虚拟农业及其软件产业开发，以 3S 技术为主的农业宏观信息采集处理和实时测报技术，（计算）机控农业技术以及适应农业高度分散、实时特点的网络化技术。

在我国，农业信息技术起步较晚。自 20 世纪 80 年代以来，我国开展了系统工程、数据库与信息管理系统，遥感、专家系统，决策支持系统，地理信息系统等技术的研究并取得了一些重要成果，不少已得到应用，有些达到国际先进水平。1994 年农业部开始筹建的农业信息网络已初具规模，基础设施是以 ALPHA-7710 为主机，开通了 5 000 门程控电话并进行 INTERNET。自 20 世纪 80 年代中期以来，我国就开始了农业专家系统的研究，以水稻、小麦和玉米生产辅助决策的专家系统比较成熟，作物引种、施肥、土地管理、规模化养殖的生产管理等方面的专家系统工作基础也较好，但均未达使实用化阶段。从总体上来说，农业信息技术的研究和应用在我国只是刚刚起步，与发达国家相比，还有很大差距。

3. 研究和开发重点

1）智能化农业专家系统与虚拟农业

将知识表示、自动知识获取、推理策略、优化模拟及其学习和知识发现、人工生命等领域的最新研究成果应用于农业专家系统，研制与开发各种新型农业专家系统开发平台。

在已有基础上，进一步研究主要作物、果树、畜禽生长机理模型，依靠机理模型的定量化特点和农业专家知识实现与数据库、多媒体、地理信息系统、信息网络、遥感系统、虚拟技术等的集成，针对不同用户，开发高水平和有效使用的各种智能化农业专家系统。如针对农业推广人员、农业企业人员和农民，开发小麦、玉米、水稻等农作物，鸡、猪等畜禽，苹果、梨等果树的智能化专家系统；面向政府农业机构、农产品销售人员的农业经济信息分析专家系统等。开发的专家系统具有生产辅助决策、病虫害测报预警和防治、水肥管理等功能。

基于智能化农业专家系统，面向农业推广人员和农民的易用型产品，如农业用 PDA、HPC 的二次开发与生产；面向农业推广人员、农场主和农民用户，与智能化农业专家系统结合，开发用于农业咨询、推广和培训的虚拟农场、虚拟果园、虚拟农科教室；面向农业科技人员，建立可为精确施肥、灌药、喷药、耕作等研究提供支撑的虚拟农田系统，用于超高产作物品种（水稻、玉米）株型设计的虚拟育种。

2）农业信息网络化技术与信息服务

构建农业空间信息网络平台。建立 Internet 农业信息搜索、知识挖掘和智能分类系统，进行国际、国内农业市场信息发布，周边病虫害、疫情和灾害信息发布，建立基于分布式网络计算的农业市场预测分析系统、重大事件对农业市场影响的分析与预测系统，为各级政府相关机构和农业企业服务。

建立网上农业大学。为农业大学、农业中专和职业高中学生提供远程教学，并结合虚拟农科教室、虚拟农场和虚拟果园，为农业推广人员和农民提供网上培训，使同地区的用户都可得到高水平的教育。

面向农业管理机构与农场，能为农户提供服务的主要是以智能化农业专家系统为依托的网络咨询系统，包括引种、品种繁育、高效肥料施用、区域农业水资源高效利用、区域化病虫草害综合治理、农业生产决策、农业经营管理、国内外农业市场信息咨询以及农业政策咨询等。

建立大型农业网络数据信息库。其包括农业产业经济数据信息库、农业科技资源数据信息库和国际农业市场信息数据信息库。

3）农业宏观信息采集和处理技术

为国家和省级政府农业主管部门进行农业决策服务，以 3S 技术为支撑，并基于网络建立：①农情速报与作物产量估算系统。对全国实现作物种植面积监测，对作物长势及农情实时测报，作物病虫害、旱涝灾害监测和预警以及产量估损，实现对主要农作物的估产；建立相应的宏观辅助决策系统。②农业资源环境动态监测系统。对土地、水、草场资源变化进行监测；水蚀面积、风蚀面积、荒漠化面积变化监测；水、土地、海洋污染（化肥、农药、农膜、工业等）状况分析；土地利用变化快速分析；旱、涝等环境灾害监测与分析。③建立相应的宏观辅助决策系统，重大资源和环境问题能及时发布相关信息。

4）计算机控制农业技术

在北京、东北、新疆、中原地区建立“精细农业”实验示范区，通过引进国外主要设备（DGPS，带产量测量和 DGPS 的谷物联合收割机，具有定位功能的播种机、施肥机、喷药机、灌溉机等），结合国情对配套的硬软件进行研究开发与集成组装，逐步建立起适合于我国国情的“精细农业”示范工程体系。

与智能化农业专家系统结合，研究开发基于 GIS、GPS 的农田资源管理系统。与虚拟农田系统结合，应用 RS 提供农田作物生长的时空变异性信息。研究农田土壤、作物、病虫草害信息采集传感技术与处理技术，改善空间地理信息处理方法，开发可快速操作，有利于提高采样密度，测量精度能满足实际生产要求的新型传感器，进一步改善信息的定量描述与近似处理的空间信息分布图自动生成系统。

适合国情的支持农业机械装备的先进技术开发。其包括用于联合收割机的产量计量系统、IC 智能卡数据传输系统、产量分布图自动生成系统，处方图读入系统、自动选择作物品种并可按处方图调节播量和播深的监控系统、自动选择调控化肥配比、农药用量、喷水量的监控等。

“精细农作”系统集成及其效益评估技术体系研究。“精细农作”技术体系是一个集成系统，需要研究不同子系统已经形成的硬软件设计规范与标准、数据格式与通信协议，建立某些支持技术的新标准。研究实施“精细农作”相关的技术产业变化，建立起“精细农作”试验的社会、生态和经济效益的评价体系。

集约化养殖场自动化管理信息系统示范工程。与专家系统结合，通过牲畜编号自动识别、饲料自动控制定量配给等，实现牲畜饲养过程的优化管理。根据牲畜个体需求配给饲料，实施变量投入饲养。进行牲畜谱系管理和综合养殖综合分析，开发出适合国情的用于奶牛场、养猪场自动化管理的检测、控制设备和管理软件并实现产业化。

4. 对产业的带动

农业信息技术将通过有效快速传输信息，缩短科研成果形成、规范、集成和转化周期，科学指导和生产、宏观监测和预警减灾，以提高农业生产者和管理者的素质和能力等全面、广泛而深刻地影响和推动农业的发展。同时，其自身也将形成一项新兴的产业，包括农业信息软件产业和农业信息服务产业。农业信息软件，特别是智能化农业专家系统的开发，必须发动广大农业科技工作者与计算机和信息科技工作者的紧密结合，才能产生可有效用于农业实践的软件系统。作为农业软件产业和农业信息服务产业，目前我国还是空白，本项计划的实施必将推动这个新兴产业的起步和发展。

39.5.4 重要技术路线

39.5.4.1 重大关键技术和重点研究内容的选题思路

从以上重大项目和研究重点的内容可以看出，其共同点：①对我国农业发展具有重大推动作用和迫切需求；②具有前沿性、超前性和方向性；③有明确应用前景和可形成高技术的产品和产业；④可填补国内空白和发展新兴产业。

39.5.4.2 重要技术路线

农业是个复杂而庞大的领域，有着众多方面的需求。本领域技术路线总体设计中的第一个要点是按照“S-863”计划的要求和原则，以生物性产品的品种改良为主体，以生物性生产的主要技术支撑相配合，构成一个农业高技术体系。动植物生物技术的研究重点是对农业生产具有重要意义的农作物和畜禽水产的品种改良；提供提高水肥效益、农业生物制剂、设施农业和信息则是生物生产的重要技术支撑和保证，也是推进农业现代化的重要内容。

技术路线总体设计中的第二个要点是把握新技术革命时代为业提供的历史机遇，强化对当今先进技术的吸收和应用。生物技术无疑成为农业高技术的主导，计算机和信息技术、新材料和自控技术、精细化工和制造基础、航空航天技术以及这些技术的交叉和集成等的应用都成为本计划制定的重要原则和内容。

技术路线总体设计中的第三个要点是以农艺为基础，农艺与工艺的结合。如动植物病虫害防治及生长调节与微生物发酵工程技术的结合；作物施肥技术与精细化工技术的结合；设施栽培 / 养殖技术与新材料和自控技术的结合；栽培 / 养殖和生产技术与计算机和信息技术的结合等。农业要主动吸纳各种先进技术，各种先进技术只有与农业技术的结合才会有用武之地。以下是 6 个重大项目的 28 个研究重点的技术层位如表 1 所列。

表 1 技术层位

	国际前沿	国际先进	国内空白	新兴产业
1. 超级种培育				
超级稻		★		
超耐寒冬小麦		★		
特种玉米		★		
抗性育种		★		

续表 1

	国际前沿	国际先进	国内空白	新兴产业
人工草种			★	
基因资源		★		★（基因产业）
超级猪	★			
牛种改良		★		★（牛胚胎产业）
基因工程鱼		★		
生物反应器	★			★（新型医用蛋白产业）
2. 农用生物制剂				
生物农药			★	★（生物农药产业）
基因工程疫苗			★	★（工程疫苗产业）
生长调节剂		★		★（基因 / 发酵工程）
淀粉加工酶	★			★（一步法酶制剂）
3. 肥料增效技术				
控释复混肥			★	★（控释复肥产业）
抑氨分子膜			★	
3S 精确施肥	★			
4. 农业节水技术				
微灌技术			★	
覆膜技术	★			★（生物降解塑料产业）
保墒增温剂			★	
蒸腾抑制剂			★	
5. 设施农业技术				
新型材料			★	★（设施农业产业）
环控技术			★	★（同上）
专用机械			★	★（同上）
专用品种			★	★（同上）
6. 农业信息技术				
农业专家系统			★	★（农业软件产业）
网络化技术			★	★（农业信息服务产业）
3S 技术	★			

39.6 政策建议

39.6.1 政策建议

“S-863 高技术研究计划”要充分体现以需求导向，以实现产业化，增强国力为目标。

本研究计划的实施建议以企业为主体，组织联合科研院所和高校协同攻关。这样既可以发挥企业的机制和资金优势，又能发挥院所校的人才技术优势，也有利于克服专家/技术导向、分散、重复、研究与开发、成果与实现产业化脱节的毛病。

我国市场经济条件下的企业体制发展较晚，尚不成熟。农业科技企业更是幼弱，多难以当此重任。建议国家以招标形式，遴选条件较好的企业作为骨干，组成国家控股的股份制农业高技术集团公司。

本研究计划的内容在国内多有一定的研究基础，要充分利用已有的工作成果和人才、设备条件，组织联合攻关。要创造良好的小试中试设施，为研究成果开发和与生产衔接提供条件。

根据本研究计划的内容，建议组建和培育农业生物技术、新型肥料、农业节水、设施农业、农业信息 5 个高技术产业集团。条件较成熟和需求急迫的提前起动。

“S-863”计划软课题研究达 3 年之久，成果来之不易。在软课题研究完成后，要不断地组织力量进行实施性的调研/策划或组织试点，为计划的实施做好前期工作。

39.6.2 所需的特殊条件

建设一个具有良好中试条件的农业生物技术开发研究中心，将其作为研究和生产的中间环节和纽带；建设一个有一定规模的种植/养殖及农业高技术试验场。

40 农业科技问题研究专题报告

——国家中长期科学和技术发展规划战略研究 04 专题

【本文写作背景】

2003 年夏，国务院成立了以温家宝总理为组长的国家中长期科学技术发展规划工作组，开展发展战略研究。农业科技发展战略研究（04 专题）组由本《文集》作者任组长，中国林科院院长江泽慧和中国农科院院长翟虎渠任副组长以及多学科的 25 位专家组成。研究工作历时 1 年。以下是由石元春和程序教授执笔撰写的综合报告，另有各份报告。此报告形成于 2004 年 4 月。

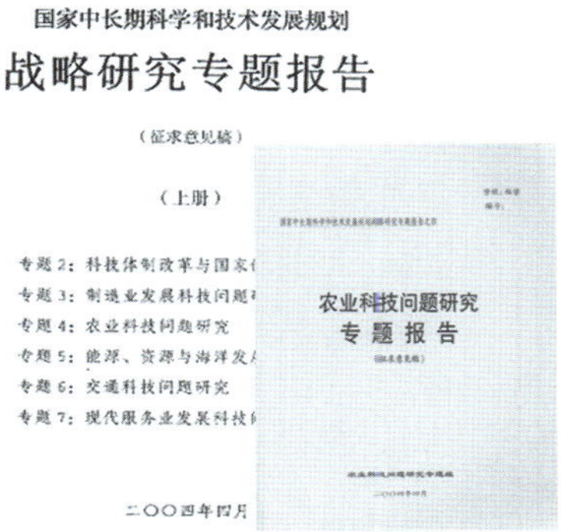

【摘　要】 本报告对世界和中国的农业及国内外农业科技现况和发展趋势做了概括性阐述。报告开门见山地提出了未来 15 年我国农业发展中的食物安全、农业生态安全和农民增收三大主题或战略需求，并提出了相应的应对战略，它们分别是紧缺资源替代战略、“解铃”战略和领域拓展战略。在此基础上，研究了农业科技的发展目标、发展战略和工作重点。本报告的最后在政策和措施方面提出了建议。这是本项研究的思路和报告的框架。

粮食安全是食物安全的基础。2020 年，要求粮食年总产量由现在的 4.3 亿吨增加到 6.2 亿吨，而耕地净减约 10%，农业用水无增加。保障粮食安全是一项十分艰巨的任务，其主要制约因素是水土资源严重不足和科技支撑力度不够。在本研究中，有针对性地提出了紧缺资源替代战略，即通过科技和人力资本的集约化投入，提高资源生产率和以非常规灌溉水和耕地进行替代，为此提出了多种替代途径与测算以及重大的科技取向与研究重点。其结论是只要战略对路，工作到位，特别是科技到位，2020 年的粮食总产量目标是可以实现的。这里还研究了食品安全及战略对策问题。

生态恶化与农业如影随形，而多年治理的结论是“局部改善，整体恶化”

和“治理赶不上破坏”。我们研究了其中存在的误区，提出了在源头上将发展生产与修复生态结合起来，取得生态与生产双赢的“解铃”战略，并分别就西部生态脆弱区、东部农业和经济发达区提出了技术解决方案和研究重点。本报告提出了生态农业是将农业生产、农村经济、生态环境保护以及资源高效利用融为一体的可持续发展的一种新型农业模式。本报告的最后围绕保障农业生态安全提出了若干重大科技取向。

随着满足了社会对食物和纤维的需要，农业由初级农产品生产进而延伸至其生产链条，向着基于初级农产品的多元化方向发展，是农业发展的必然，是被国内外实践证实了的一条规律。本报告在研究传统的食品与农产品加工的同时，提出了“生物质经济已经浮出水面”的重大国际动向，并根据我国国情和农情，研究了发展我国农林生物质产业的战略、战略重点、工作切入点以及重大科技取向与关键技术。本研究提出的“领域拓展战略”为我国“三农”展示了一片广阔天地和美好前景。

根据以上对我国未来农业发展中的三大主题、应对战略及其重大科技需求的分析，我们提出了未来15年我国农业科技发展的目标与战略思路。根据农业科技的发展要面向农业发展的需求，也要遵循自身发展的规律，我们提出了农业科技的科学发展观。其内涵是：战略高技术、常规农业技术、农业基础科学、农业科技推广以及共性农业科技平台各具不同功能和位置，构成了一个统一系统，在农业生物技术和农业信息技术这两台引擎的推动下，以常规技术为中心，各司其职地均衡与协调发展。

首先，我们提出了“战略高技术发展战略”，认为生物技术和信息技术不只是一般意义上的高技术，而是在农业科技体系中的源头性的总揽全局和引领整个农业技术体系发展的战略高技术。本报告阐述了发展现状、动向和前沿，提出了发展战略以及近5年，5～10年以及2010—2020年的发展目标与重点。

其次，育种、施肥、灌溉、植保、养殖、防疫、农机、设施和育林等农业常规技术始终是农业技术的主体。目前从总体上处于高投入、高成本和低效率、低品质的状态，加重了对资源和生态环境的压力，提高了农业生产成本，减少了农民收入。为此，我们提出了以效率革命为中心的全面升级战略，对育种等8大常规农业技术逐一研究和提出了发展战略，升级的目标、内容与重点。

我国是个农业大国，为使农业科技成为有源之水，有本之木，不能对基础科学研究稍有懈怠。在国内外形势分析基础上，提出利用已克隆的水稻或拟南芥基因作为比较基因组研究的手段，加快对其他作物的功能基因组的研究。在未来15年，至少20种重要农业生物的功能基因组研究得以完成或取得重大进展。此外，杂种优势调控机理、光合作用、生物固氮、生物逆境胁迫生理机制、病原物分子机理、区域农业生态环境质量演变规律等将作为中长期的研究目标。

当前，科学和技术的分工越来越细，研究课题趋专趋窄。而科技自身的综合性、整体性以及一些横断和共性的科技内容被忽视已成为影响科技发展的一个重要因素。为此，选择了重大目标进行共性农业科技平台建设，如生物种质资源挖掘、保存和开发的共用平台、全国与全球农情（含资源与生态）监测与决策支持系统平台、农业推广及面向“三农”的信息化综合服务平台。

综上所述，本研究报告提出了4个重点领域、14个优先主题和2个重大专项。在本报告的最后，就改革农业科技体制、加快农业科技人才建设、完善有关政策法规体系、继续引进国外先进技术和增加农业科技投入等政策及措施方面提出了建议。

【关键词】 农业科技；战略；跨越；食物安全；生态安全；领域拓展

Research Report on Development Strategies of Agricultural Sciences and Technology

Abstract: This report outlines the general status of world's agriculture, China's agriculture, agricultural sciences & technology and China's agricultural sciences & technology. They provide the strategic research with important background. Three major themes and strategic demands for the incoming 15 years in China are raised, i.e. food safety, agro-ecological safety and increment of peasants. income. Also, the relevant three strategies, (1) substitution for rare resources, (2) "ending trouble", and (3) expanding and exploitation of agricultural fields, are identified. Based on such findings, the development goals, tactics, and priorities are set up. Finally, some policy recommendations and countermeasures are submitted. These are the basic ideas and framework of the report.

Grain security is the foundation of food security. It is projected that the grain production should be increased to 620 million tons of 2020, from 430 million tons, the current one. While the arable land area will be decreased by 10% , and without the support of increased supply of irrigation water. Thus the task of securing grains must be arduous, because of the major constraints of inadequate water and land resources, as well as the lower level of agricultural sciences and technology. For these reason, a strategy named substitution for rare resources is being worked out. And a few approaches of such kind of substitution are raised together with detailed calculation. Orientation of scientific researches and priorities are also identified relevantly. The conclusion is that as long as the strategy is correct, together with the support of sciences and technologies are powerful, the goal for grain production of 2020 can be realized. Besides, the strategy of guarantying food safety is also discussed.

The ecological deterioration is inseparable with agriculture. And the result of long-term ecological rehabilitation is sum up as "improvement is seen at several points, but continuous degradation happened as a whole", and "the abatement can not keep pace with the damages". The origin of such a situation can be attributed to the misunderstandings in perception. Based on such a research finding, the strategy of "ending trouble" is worked out, i.e. "whoever started trouble should end it". That means the fundamental reason of ecological deterioration in the west should be understood as incorrect agricultural and pastoral operations. Thus if the win-win result wanted to be realized, the backward agricultural operations have to be completely reformed, and the agriculture in the west should be developed. Technical resolutions and research priorities for the western ecologically fragile area and economically developed eastern area are suggested. The report points out that Chinese Ecological Agriculture（CEA）is a new type of agricultural model, which integrates agricultural production, rural economy, protection of ecological conditions and higher efficiency of resources, thus being sustainable. At the end, some guiding principles of research, which focused on guarantying agro-ecological safety are proposed.

Along with the requirement of satisfying the demands for food and fiber by the society, it is inevitable that a process of prolonging the agro-production chain, i.e. the primary production expands itself in a multi-utilization way. This process has been tested as a rule by a lot of developed countries. At the same time of emphasizing the traditional food & agro-product processing, a very important international trend of "emerging biomass economy" is pointed out. According to the real conditions of China and China's agriculture, the strategies, priorities, point of breakthrough, scientific orientation and key technologies for biomass industry are studied. Based on the research findings, a strategy named field exploitation is identified, and it shows a vast world and promising perspective for China's agriculture, rural areas, and peasants.

Based on the analysis of three major themes of future agriculture of China, the strategic demands for sciences and technology should be identified. For this reason, the goals of development and ideas of incoming 15 years are worked out. The development of agricultural sciences and technology have to serve to the demand of agricultural development, also it should obey the rule of developing itself. A scientific viewpoint of development of agricultural S&T is proposed, i.e. five elements of a unifying system acted as various function and position. They are strategic hi-tech, traditional agricultural technologies, agricultural basic sciences, agricultural technology extension, and a platform for common utilization. Driven by two engines of agro-biotech and agricultural information techniques, and centered by traditional technologies, such a system will be developed harmoniously.

First of all, we suggest a "Hi-tech" strategy, and regard bio-tech and information technology as original, universal, and leading strategic higher technologies, instead of ordinary ones. They are rising and innovating quickly, and are engine and backbone of whole strategy of developing sciences and technology of agriculture. In this report, the current status of development, trend, and frontiers of agricultural higher technologies are expounded. Also, the relevant tactics and development goals as well as priorities for incoming 5 ～ 10 years and 17 years are outlined.

Secondly, it has to point out that traditional technologies such as breeding, fertilization, irrigation plant protection, livestock rearing, epidemic prevention, agricultural mechanization, growth environment-control equipments, and forest nursing have been mainstream of agricultural technology. However, in general they have been implemented in a higher input, higher costs, lower efficiency, and lower quality manner. Thus the burden of resources and environment has been added, and the production costs grown, as well as income of peasants decreased. For these reason, we raise a strategy of all-rounded upgrading centered on a efficiency revolution. And the tactics for above-mentioned eight traditional technologies are proposed one by one.

China is a big country of agriculture on the world. In order to keep agricultural sciences and technology ever-vigorous, no slacken on basic researches is accepted. According to the analysis the trend and situation on this area at home and abroad, comparative genome studies on rice and *Arabidopis thaliana* is used as a research measure, to quicken the function genome studies of other crops. In the forthcoming 15 years, such kind of work on at least 20 species of important agricultural living beings should be fulfilled or acquired great achievements. Besides, researches of mechanism of heterotic vigor, photosynthesis, biological nitrogen fixation, physiological mechanism of biological stresses, molecular mechanism of pathogens, and evolutionary rules of quality of regional agricultural environment, are all recommended as medium and long-term research targets.

At present, the division within disciplines and technologies is going to more and more concrete, causing more narrow research themes, while the integration and holism of sciences and technology are being neglected. Such a phenomenon has been acted as a negative factor for the development of S&T. Thus a suggestion to construct common platforms is proposed, such as germplasm platform for exploring, preservation and utilization of germplasm, and information platform for monitoring agricultural conditions and decision support systems, as well as comprehensive service platform for agricultural extension and information serving to peasants and rural areas.

To sum up, this report recommends four key areas, fourteen priorities of research, and two major special research projects. At the end it provides suggestions for institutional reformation of agricultural sciences and technology, quickening of agricultural talents of S & T, improvement of related policies and regulations & laws, as well as the increment of financial input for agricultural S & T.

Key Word：Agricultural Sciences; Technology Strategy; Leap over; Food Safety; Ecological Safety; Exploitation of Agro-fields

40.1 农业、农业科技现状与趋势分析

40.1.1 世界农业

20 世纪世界农业的高速发展主要得益于 19 世纪开始的农业科技革命。植物矿质营养学说和合成化学的出现为农业带来了化肥与农药；杂种优势理论和孟德尔遗传学孕育了近代育种技术；工业革命又送来了拖拉机和电力。20 世纪的 100 年间，化肥和农药的使用量分别增加了 23 倍和 53 倍，灌溉面积大幅度增加和农业科技的进步使世界谷物总产由 1934 年的 5.5 亿吨提高到 2000 年的 21 亿吨，为经济发展和社会进步做出了重大贡献。

近三四十年，为世界农业带来繁荣的化肥、农药、农机等增产要素的投入趋势及增产效应趋减。其特别表现于主要的农业生产国（附图 1 和附图 2）；年均谷物增长率也有下降趋势。自 2000 年以来，出现生产量低于消费量和连续 4 年的谷物大额缺口，储备降到了 30 年来的最低水平。根据 FAO 和国际应用系统研究所（IIASA）对全球食物供应形势的预测，2025 年前的各种方案的结果都是求大于供（附图 3）。

目前国际市场的谷物总交易量约为 2.3 亿吨，85％来自美国、加拿大、澳大利亚等发达国家的出口，进口国多为发展中国家。预计 2020 年的世界人口将达到 80 亿人，其中 65 亿人生活在发展中国家，谷物进口量将由现在的 1.1 亿吨增

加到1.6亿吨。世界农产品的这种供需格局将会继续和扩大，国际谷物市场给我国的调剂空间很有限，中国人主要靠自己养活自己。

20世纪后期，世界农业发生了两个重大事件：一是出于对农业资源的退化和环境的污染的忧虑和关注，1991年发表了著名的《登博斯宣言》，提出了“可持续农业和农村发展（SARD）”的时代理念；二是DNA双螺旋结构的发现与计算机的发明掀起了一场以生物技术和信息技术为主导的新的农业科技革命浪潮。可持续发展和新的农业科技革命将引领着21世纪世界农业的发展。

40.1.2 中国农业

新中国成立之初，抓住了时机，大力发展农田水利、化肥、农药、拖拉机和农电等农业基础条件建设，为我国农业发展奠定了基础。近半个世纪，粮食、肉类、水产品等的产量呈数倍或数十倍的增长（附表1和附图4），保证了在人口由5.4亿人增加到13亿人，粮食和肉类的人均占有量不仅未减，而且分别增加了2倍和12倍，农业总产值增加了53倍。中国小麦、稻谷、肉类和水产品的总产居于世界首位；以占世界9%的耕地养活了占世界22%的人口，中国农业是世界农业发展中的佼佼者。自改革开放以来，家庭承包责任制、贸工农一体和产业化经营极大地推动了中国农业的发展，中国农业进入了一个新的发展阶段。

但是也应该看到，半个世纪的中国农业是在人口和经济高速增长、科技水平和组织化程度很低、资源利用低效和物质能量高耗的状况下运转，因而导致了对土水资源的过度开发和生态环境的恶化，为农业的快速发展付出了高昂的代价。20世纪90年代后期，我国扭转了长期农产品短缺的历史。而近些年粮食连续减产，食物安全形势严峻，“中国人自己养活自己”将是一个长期的任务。

对未来中国农业发展的主要制约因素是（不含政策和经济社会因素）资源严重不足，生态债台高筑；农民文化科技素质和组织化程度低；科技对农业生产的支撑力度不足。

40.1.3 农业科技

当今世界农业科技发展的主要特征是以生物技术和信息技术为主导的新的农业科技革命的蓬勃兴起，它为整个农业科技的进步注入了新的强大的活力。

1. 农业生物技术方兴未艾

转基因作物的出现和迅速发展是农业生物技术发展中的一件大事。1996—2002年，全球转基因作物种植面积增长了40倍，2002年全球种植面积达到8.8亿亩；全球1/4的大豆、玉米、棉花和油菜，美国2/3的大豆和棉花，1/3的玉米都是转基因作物。

遗传改良猪的日增重和饲料报酬可达到我国现有水平的1倍；胚胎工程技术

和克隆技术已趋成熟和商业化。微生物基因重组技术的出现，掀起了农用生物制剂产业的一场革命。新一代的生物农药、动物疫苗、生物肥料、动植物生长调节剂等将如雨后春笋。生物技术正在掀起农业科技领域的一次新的革命浪潮。

农业生物技术领域的发展动向是基因作物开始走向大规模推广应用；动植物分子育种技术日臻成熟；基因组学研究已由“结构基因组”进展到“功能基因组”；转基因动物、体细胞克隆和生物反应器技术进展迅速；农业微生物基因工程正孕育着新的突破、全球性的基因资源争夺趋于白热化。

2. 农业信息技术正在全面改造和装备现代农业

农业信息技术对农业的全面改造和装备现代化表现在农业研究、生产的对象、过程的数字化和模型化成为农业信息化的基础；智能化农业专家系统使农业由经验走向科学；3S 技术（遥感、地理信息系统、全球定位）对地资源及农情的实时监测预报使农业管理科学化；PA（precision agriculture）技术使农业由粗放到精确；网络技术使农业由闭塞到消息灵通。

目前各类灾害预警信息系统，取得较好效果；小麦和水稻卫星遥感估产已到实用化水平；农业生产系统的模拟模型已涉及从农（牧渔）场到全球范围的资源利用、能源消耗、发展预测、生态环境、作物生长、果、林、渔业生产、草原管理、畜禽饲养、病虫测报、灌溉施肥管理和温室环境调控等各个方面：数字化温室的计算机控制技术趋于成熟；流域和灌区水资源管理网络大幅度提高了灌溉水的利用效率；智能化农业专家系统已应用于农、林、牧、渔的各个方面。

农业信息技术的发展动向为在农业资源和农情监测方面，朝着高时空、高光谱分辨率及遥感应用的农学机理研究方向发展；农业生产系统模型的前沿领域是把动植物生长模型与环境模型、生理生态模型与形态模型进行结合，向解决机理性和通用性方向发展；在微观层次与作物育种、基因工程相连接，逐步从机理上量化生物信息与生长发育、物质同化及分配的关系；在宏观层次与遥感、地理信息系统及全球定位系统结合，为精确生产管理提供定量化决策工具。

3. 常规农业技术加快了前进步伐

农业常规技术在日趋成熟的同时，在实践需求和农业生物技术、农业信息技术和现代工程及材料技术的推动下，向着高效、精确、“傻瓜”化、节约资源、环境友好和可以持续的方向发展；农业生产和管理过程也渐由经验性走向科学性。

40.1.4 中国农业科技

近半个世纪，农业科技对我国农业的高速发展做出了重要贡献。选育了 5 000 多个新的优良作物品种，良种普及率高于 90%，对增产的贡献率达 20% 以上。杂交水稻和超级稻育种居世界领先地位。农用动植物种质资源的保存量、丰富度及现代化管理都处于世界先进行列。常规栽培、饲养技术得到普及、水稻旱育稀植及抛秧技术、水稻和小麦的群体质量栽培以及小麦半精量播种等成为粮食单产水平提高的重大技术支撑。地膜覆盖已用于 40 多种作物，年覆盖面积约为 1.7 亿亩，增产 30%左右。重大动植物病虫害防治技术取得进展，每年挽回粮食损失达 1 500 万吨。已开发出一百多个种植和养殖生产管理的农业专家系统和直接面对基层的农业信息服务走出了农业信息化的第一步。

在农业科技的总体水平上，我国比发达国家落后约 15 年。农业生产中的科技贡献率仅为 40%左右，发达国家在 70%以上。科技成果转化能力差，基础研究薄弱，科技储备严重不足。此外，科技投入少，科技管理体制不顺，科研、教育、推广脱节、基层科技推广体系有名无实等都影响了我国农业科技的发展。

40.2 农业发展的重大需求与战略

在未来的 15 ～ 20 年，食物安全、农业生态安全以及农民增收将成为我国农业发展中的主题。其要求农业科技提供有力的支撑。对此，我们相应地提出了紧缺资源替代战略、“解铃”战略和农业领域拓展三大战略。

40.2.1 食物安全与紧缺资源替代战略

1. 形势严峻

粮食安全是食物安全的基础。1998 年，我国总产超过 5 亿吨，人均占有量超过 400 千克，实现了粮食的总量平衡和丰年有余。此后，由于连续 5 年减产，2003 年的粮食总产降到了 4.3 亿吨。

预计到 2020 年人口达 14.5 亿人时，肉、蛋、奶和水产品的年人均占有量将分别从 1998 年的 44.6 千克、17.2 千克、6.3 千克和 30 千克，增至 70 千克、20 千克、40 千克和 35 千克。虽人均口粮会有所下降，但是饲料用粮和工业用粮将明显增加，粮食的人均消费量将上升到 430 千克，总需求量在 6.2 亿吨左右。

我国粮食总产由 1 亿吨提高到 3 亿吨用了 29 年，由 3 亿吨提高到 5 亿吨用了 20 年。今后要用 17 年时间在高起点上，总产由 4.3 亿吨增加到 6.2 亿吨，这就要求单产的年均增长率由近 10 年的 0.9%提高到 2.6%，这是一项十分艰巨的任务（见附件表 2）。

2020 年，一面是要求粮、肉产量高速增长，一面是生产条件，特别是水土资源的严重不足。据预测，到 2010 年，我国耕地将净减 867 万公顷，人均为 0.09 公顷；2020 年，将净减 1 052 万公顷，人均 0.07 公顷，接近国际公认的“严重缺乏”水平（0.06 公顷）；农业用水也没有增加，维持在 4 000 亿米^{3}以下的水平。按水土资源的现生产力水平测算，实现 2020 年的粮食增产任务，耕地缺口为 2 500 ～ 2 800 公顷，农业用水缺口为 1 000 亿～ 1 200 亿米 ^{3}。

我国可开发的耕地后备资源只有 1 130 万公顷，其主要分布在北方干旱半干旱地区，质量差，垦殖投入和对资源环境的负面影响大。我们在扩大耕地面积上的余地已经很小了。面对这些刚性的资源约束，唯一的选择就是扩展资源的内涵，寻找替代途径。

2. 紧缺资源替代战略

在中长期尺度上，要求总产和单产有大幅度增长。除政策因素外，起实质作用的是提高粮食单产水平和综合生产能力。其主要制约因素是水土资源利用效率低和科技支撑力度不足。

诺贝尔经济学奖得主 W. 舒尔茨的“人力资本理论”提出，发展中国家往往过高地估计了自然资源对经济发展的约束，过低地估价了科技、教育和人口质量的作用。本研究提出了“紧缺资源替代”的概念，通过科技和人力资本的集约化投入，提高资源生产率和以非常规的灌溉水与耕地进行替代。水是不可替代的，但灌溉水是可以替代的；土地是不可替代的，但耕地与粮田是可以替代的。

3. 农用水的增效与替代

本研究提出了多途径替代节水的技术解决方案。灌区可以通过改进灌溉技术作“灌溉节水”，非灌区还可以提高作物自身的水利用效率（生物性节水）的方式来提高其自然降水的利用效率（农艺节水）。我们对此所做的潜力估测结果如表 1 所列。

我们以国际广泛应用的 AEZ 模型进行研究的初步结果是一旦实现生物节水技术的突破，仅种植玉米、小麦、水稻和秋杂粮即具有约 600 亿米 ^{3} 的节水潜力。生物性节水还具有不需工程和设施投入，农民易于接受和使用的优势。

表 1　农用水的增加与替代　　亿米 ^{3}

项目	2010 年	2020 年
生物性增效节水	160	600
旱作农业增效节水	260	450
灌区增效节水	150	480
非常规水利用	40	120
进口替代	100	100
累计	710	1 750

我国旱作（雨养）面积占耕地面积近 60%，而在珍贵的降水资源中，径流损失为 20%，无效水分蒸发为 24%，田间无效蒸发为 26%，能被作物有效利用的只是 30% 左右。研究表明，在北方旱作农田采用等高种植、农田集雨等技术可提高降水保蓄率

为 18%～25%，采用覆盖、保护性耕作等技术可提高降水利用效率为 15%～18%；采用综合旱作节水技术可以使自然降水的综合利用率达到 60%～65%。

我国北方旱耕地面积为 7.37 亿亩，南方旱耕地面积为 4.37 亿亩（1999 年资料），按北方旱地平均降水量为 400 毫米，南方年平均降水量以 1 000 毫米计，大面积应用已有技术可使自然降水利用率提高 10 个百分点，则相当于多利用自然降水约 400 亿米^3。

冬小麦是非水田作物中最耗水的一种作物，2000 年我国进口小麦 87 万吨，相当于节省灌溉水 8.7 亿米^3（按水分利用效率 1 千克 / 米^{3}计）；如果按 1995 年进口小麦 1 159 万吨计，相当于引进了 115.9 亿米^{3}的农业用水，这也是在新形势下对“两种资源和两个市场”的一种运用。此外，利用不同作物在需水量与季节的差异做空间布局调整的替代。

4. 粮田与耕地的增效与替代

保护耕地和粮田的面积是保障食物安全的基础。面对耕地面积的净减趋势，提高土地生产率和组织替代是唯一的选择。

提高土壤的肥力是根本。我国耕地的总体质量较低，中低产农田占到 78.5%。按近十多年每年有效改良 200 万公顷和增产 15%的速度，到 2020 年，土地投入可获得相当于扩大耕地面积 600 万公顷的回报，一次性的土地基础生产力的投资还具有持续的增产效应。经测算，通过中低产田改良、均衡增产技术，提高单位耕地的产出，可分别具有年新增 0.4 亿吨和 0.5 亿吨粮食当量的潜力。

在未来的 6.2 亿吨粮食总产中，口粮约占 25%，饲料用粮占 55%，这就为对生产饲料的粮田和耕地的替代提供了广阔空间，草地畜牧业成为替代粮食和饲料生产的有力手段。我国南方土地 70%～80%为山地，除少部分改造为梯田外，有约 4 000 万公顷的水、热条件好的亚热带山地基本上未得利用，它们不宜种粮而适于发展草地畜牧业。目前全国可利用草地为 40 亿亩，面积是耕地的 2 倍，但肉、奶等畜产品却只占全国总产量的 7%。经测算，草地畜牧业具有新增 0.7 亿吨粮食当量的替代潜力。

我国现有木本粮油面积为 1 000 万公顷，立地条件较好。我国可以用来发展木本粮油林的面积还有约 1 677 万公顷，具有新增 0.5 亿吨木本粮油的能力。此外，4 000 万亩水面具有 0.3 亿吨粮食当量的替代潜力。20 世纪 70 年代，美国和日本就开始了海洋农场和海洋牧场的开发。

建立“大粮食”和“大粮田”概念，科学地开发我国丰富的草地、林地、水面、海洋等资源，发展耕地替代技术的潜力很大，对缓解我国农田紧缺和繁重粮食生产任务能够发挥重要作用。

5. 食品安全

发达国家在 20 世纪七八十年代就制定了食物中农药、重金属、硝酸盐、若干兽药及抗生素残留量的标准。自疯牛病（BSE）和口蹄疫暴发并造成重大经济损失后，又从严制定了若干新标准，强化了在食物生产过程中推行 HACCP（危害分析和关键控制点）方法，食品安全也成为设置贸易壁垒的一种手段。

我国农用化学物残留、环境污染及假冒伪劣造成的食品安全事件日益增多，据最近对 32 种主要蔬菜硝酸盐含量的调查发现，现在的蔬菜硝酸盐盐含量比 20 世纪 80 年代初增加了 1 ～ 4 倍，其中有 17 种蔬菜硝酸盐含量超过欧盟提出的临界值；8 个省 500 多家饲料与养殖企业的违禁药品检出率高达 19.8%；在对北京、广东等省区市的 30 种果蔬的 17 种农药残留污染进行抽样检测中，农药总检出率为 32.28%，总超标率达 25.28%。我国的食物安全形势十分严峻，管理与科技工作中的问题主要表现在以下几方面。

①我国农产品和食品产业的安全标准少，部分标准偏低，尚未建立系统化的标准体系，与国际标准接口不够。监测中重视最终产品而忽视对生产过程的安全和质量管理，对国际上目前通常采用的基于危害和风险分析建立的动态预防体系——GAP（良好农业操作规范）和 GVP（良好兽医操作规范）及其认证评价体系重视不够。

②统一的与国际接轨的转基因农产品检测和监控技术体系的制定仍待加强。曾颁布了《农业转基因生物安全管理条例》，并责成农业部统一协调管理，但实施中问题尚多。

③对环境友好型“绿色”农药和对化学合成兽药（磺胺类、激素类、呋喃类和苯丙咪唑等）的替代物的研发能力很弱。

6. **重大科技取向**

1）超级种培育

通过常规育种技术与生物技术的结合，生物性增效节水的超级抗旱育种，具有年 600 亿米^{3}农业用水的替代；超级稻和超级玉米可各具年新增 0.4 亿吨的生产能力。

提高非灌区自然降水效率的技术可做出 450 亿米^{3}的农业用水替代的贡献。中低产田改良和农田培肥地力技术可做出 0.2 亿吨粮食当量的贡献。草地畜牧业技术可做出相当于 0.7 亿吨的粮食当量的贡献。水面与林地替代技术可分别做出 0.3 和 0.2 亿吨粮食当量的贡献。大面积单产的均衡增长技术将具年新增 0.2 亿吨粮食的潜力。

2）食品安全的科技取向

①吸取发达国家食品安全问题中的教训，借鉴 WHO、FAO、IOE 和 CAC 等国际组织以及美国、日本、欧盟等发达国家和地区的食品安全管理的先进经验，提出适合我国国情和与国际接轨的安全标准；②建立适合我国国情的基于危害和风险分析的食品安全预防体系；③形成生产经营环节紧密衔接、相互依赖、相互制约的

食品安全综合动态管理机制，严格的法规从源头上杜绝影响食品的不安全因素。

2020 年的粮食增产目标要求很高，水土资源又严重短缺。保障食物安全是一项不容轻估的任务。但是只要战略对路，工作到位，特别是科技到位，这个目标是可以实现的。一个新概念可以帮助我们调整视角，去发现一些曾被我们忽略了的东西，“紧缺资源替代”概念就是一个例子。

40.2.2 农业生态安全与“解铃”战略

1. 农业生态形势严峻

农业生产是人类干预和影响自然生态系统最显著的活动之一。过度垦殖、放牧和樵采是导致 3 700 万公顷土地沙化，1 亿公顷草地退化以及 2 500 万公顷的水土流失面积的主要因素。化肥和农药的过量及不当使用、集约化畜牧业的迅速发展导致了严重的面源污染。70%以上的河流、39%的湖泊和东南沿海水体富营养化。围湖造田、滥垦湿地、陡坡开荒、地力衰退、土壤污染、地下水超采、生物灾害、外来物种入侵以及生物多样性锐减等都使我国的“生态功能（如水源涵养及洪水调蓄功能）继续衰退，生态安全受到威胁”。

2.“解铃”战略

除自然因素外，生态恶化与粗放经营的农业如影随形。几十年来，我国的治理工程不少。其结果是“治理赶不上破坏”和“局部改善，整体恶化”。如果不从认识和战略上走出误区，做出根本改变，这个阴影仍将笼罩着我国未来农业的发展。

误区之一是自然过程与人为过程混淆不清。没有沙尘暴就没有黄土高原，没有自然的水土流失就没有华北大平原，这是自然地质过程。在我国 165 万千米^{2}的沙（漠）化面积中，77%是由地质过程形成的，23%是由人为过程形成的。自然地质过程非人力所能“战胜”，关注的应当是后者，而不是笼统地“防治沙化”“人进沙退”和“治理沙漠”。

误区之二是种树与种草 / 灌争论不休。干旱半干旱地区只适合耐旱的草 / 灌生长，我们却要在没有水分保障的条件下种树；沙的主要运移方式是风力作用下的空中搬运，我们却主要用林带去防沙，万里长城是防御不了飞机导弹的。

误区之三是人力与自然力轻重失当。人力破坏生态易而恢复生态难。过去搞了一些人工治理工程，可以做到“局部改善”，但杯水车薪。在广阔的干旱半干旱地区，也就是在“整体”上却完全忽视了生态系统的自我修复功能，故而事倍而功半，甚至劳而无功。

误区之四是本末倒置，标本错位。谁都会认为人为沙化与水土流失主要源于以滥垦、滥牧、滥樵为特征的广种薄收和粗放经营的落后农业生产方式。可是，我们并没有把主要力量放在这个源头上治本，而着力于末端上治标。

古人云：“故以汤止沸，沸乃不止，诚知其本，则去火而已矣！”“解铃还须系铃人”。这是农业惹的祸，就该农业去收场，即用先进的农业生产方式去替代落后的农业生产方式。在西部生态脆弱区，从加快现代农牧业建设入手，与源头治理滥垦、滥牧、滥樵的粗放经营相结合；改农区羊的放养为舍饲和大范围地实施定期封育，以发挥生态系统的自我修复功能，受损生态得以休养生息。在东部农业发达地区，开展常规农业技术的效率革命，减少农药、化肥和农业废弃物对环境和食物的污染。

本研究提出的“解铃战略”正是在“诚知其本”，在源头上将发展生产与修复生态结合起来，收生态与增产增收双赢之效。这也是当今世界发展的共同趋势，如国际农业科技界提出的“双重绿色革命”（Doubly Green Revolution，1997）和“常青绿色革命”（Ever-Green Revolution，2000）。

3. 生态农业

加速工业化和不断提高农业的集约化程度将不断增加对生态的新的压力。生态农业已成为我国推行符合国情的可持续农业的一种现实途径。它是一种将农业生产、农村经济发展和生态环境保护、资源高效利用融为一体的新型综合农业技术体系。它是对可再生动物性蛋白饲料源的开发和对常规动物性蛋白饲料作部分替代。废弃物再循环和资源化的同时实现污染防治。缓解集约化农作对农业生态系统的负面影响等取得了进展，它将构成一种具有中国特色的技术创新体系。

以畜禽废弃物资源化为例。生态农业的工程核心环节——厌氧沼气发酵既降低了畜禽场废水中的 COD 和 BOD 值，又获得了沼气能源、优质有机肥源和再生饲料资源。当前我国畜禽粪便中的氮、磷含量分别相当于年化肥施用量（折纯）的 78.9% 和 57.4%。如进一步完善大中小型沼气技术，降低建造和维护成本，应用植酸酶等新技术，畜禽粪便中磷的含量就可以大幅度降低。生产有机肥产品，加之以污染水体的生物净化技术（如高氮、磷富集能力植物的应用）可以有效解决畜禽废弃物导致的水体富营养化问题。

4. 农业生态安全的重大科技取向

农业生态安全的区域性很强，技术解决方案各不相同。在宏观上，可区分为以生态系统的恢复重建和保护为主要内容的西部生态脆弱区和以集约化农业与生态环境协调发展为主要内容的东部经济发达区。

①针对西部生态脆弱区，特别是西北地区，提出了由 7 项技术集成的“生产生态共建双赢工程技术”。它们是高效化农业常规技术、人工草地与草地畜牧业技术、农区养殖业与羊的舍饲技术、特色农业专项技术、农产品加工增值与生物质开发技术、非农田受损生态区的恢复与自我修复功能技术以及不同尺度的生态农业模式与技术。这组技术有望使我国 39 万千米^{2}人为因素导致的沙化和 179 万千米^{2}的水土流失土地的生态状况得到“整体”改善。

②针对东部经济发达地区，其生态安全将在很大程度上与农业集约化引起的

负面影响密切相关，技术的战略取向是发展高效低耗和环境友好农业技术。其主要有环境友好农药和智能化肥料技术、集约化农业的面源污染防治技术、保护性耕作技术、农林废弃物资源化技术、农业信息化服务技术等。

40.2.3 农民增收与农业领域拓展战略

1. 中国农业的一次新的革命

20 世纪 80 年代，中国乡镇企业异军突起，产值占到了国内生产总值的 1/4（1999）。1996 年中央二号文件提出了“发展贸工农一体化经营，把农户生产与国内外市场连接起来，实现农产品生产、加工、销售的紧密结合，是我国农业在家庭承包经营的基础上扩大规模，向商品化、专业化和现代化转变的重要途径。”2003 年十六届三中全会又提出“鼓励工商企业投资发展农产品加工和营销，积极推进农业产业化经营，形成科研、生产、加工、销售一体化的产业链。”

20 世纪 90 年代后期，农产品加工业在农村兴起，2001 年乡镇企业的农产品加工产值达 2 800 亿元，占全国农产品加工业产值的 40%，成为增长最快，最具活力和最有发展后劲的产业。温家宝总理指出：“发展农产品加工，特别是食品工业，可以实现农产品多层次，多环节的转化增值，带动农村种植业、养殖业和其他产业的发展，开拓农产品市场，扩大农产品消费，提高农业综合效益，增加农民收入。”

贸工农一体、产业化经营和向农产品加工领域拓展的意义不仅在于它的形式与产值，还在于对农村经济发展的全面促进，在于对农业发展和农民增收的强大推动，在于它掀起了一次新的农业革命。

2. 领域拓展战略

19 世纪德国经济学家李斯特提出农业发展的“三段论”，20 世纪 30 年代苏联卡西亚诺夫提出“农业纵向一体化”，20 世纪 50 年代美国戴维斯提出“农工一体化”和“农业企业“（agribusiness）的概念。他们从理论上阐述了农业在发展中应不断延伸其生产链条和改变经营形式，以适应生产力的发展和市场经济的形势的客观规律。

自 20 世纪 30 年代起，美国为给剩余农产品寻找出路，成立了“应用研究中心”，成功地开发了玉米变性淀粉、大豆印刷油墨、棉籽食用营养加强剂等；在 20 世纪 70 年代全球能源危机中，开发了玉米燃料乙醇；20 世纪 80 年代以玉米为对象又开发出上千种加工产品。近年生物质能源和材料产业蓬勃兴起。美国只有 3%的就业人口从事初级农产品生产，却有 18%的就业人口从事农业的产前和产后的加工与经营。

经济不发达国家的农业是“吃饭农业”，发达国家农业是一种新兴和多元化的生物质产业。领域拓展是农业发展的一种必然，将“拓展”作为一种战略提出，是从感性提升到理性，由现象提升到战略，而不是权宜之计。农业一旦摆脱初级农产品生产的桎梏和束缚，就会得到一片广阔而精彩的天地，成为一个以初级农产品生产为基础的一种多元化的生物质产业。延长产业链条，贸工农一体和产业化经营使中国农业走上了这条时代发展的快车道。

3. 传统农产品加工

发达国家的农产品贮藏、保鲜和加工的技术开发程度很高，如美国的玉米深加工，日本的稻谷加工，瑞士的制粉，欧洲的油脂精炼及副产物精细化工等均称雄于世。在发展程度上，如以农业总产值为1，则英国、美国、日本、法国的农产品加工产值分别为3.7、2.7、2.4和1.7，而中国是0.43。我国是粮食生产和消费大国，但深加工用粮不到总产量的10%，以粮食为原料的加工食品只占总量的2%，而发达国家加工用粮比例在70%以上。发达国家林产品深加工产品接近100%，我国只占15%，木材剩余物加工率更低。

在市场潜力上，世界人均年食用牛奶为92千克，发达国家为273千克，发展中国家为40千克，中国仅为8千克；世界果汁的人均消费量为7千克/年，美国45千克，而中国仅1千克；目前我国人均年纸品消费量为33千克，预计2010年达到50千克，也仅相当于1996年的世界平均消费水平。我国食品与农产品加工业具有很大市场潜力和发展空间。

自20世纪90年代以来，我国农产品加工业有了很大发展，但在总体上是初级加工产品多，综合利用差；企业规模小，技术水平低；能耗与成本高，产品竞争力弱，与发达国家差距很大。

本研究提出的2020年发展农产品加工的战略目标是农产品加工率从目前的25%上升到70%；农产品加工产值与农业总产值的比例由0.43 ∶ 1上升到2.2 ∶ 1；粮食损失和果蔬损失分别从现在的13%～18%和25%～35%分别降到8%～10%和12%～15%。

4. 生物质经济已经浮出水面

在化石能源渐趋枯竭以及对环境保护、可持续发展和发展循环经济的追求中，世界开始将目光聚焦到了可再生能源。

从1988年开始，欧共体国家陆续投入12亿美元用于开发生物质能源研究，取得了许多重要成果。在瑞典的地区供热和热电联户所消耗的能源中，26%来自生物质。1997年，克林顿政府将生物质能源专项研究经费由1.96亿美元增加到4.42亿美元，继而提出追加2.4亿美元和在未来10年减免税收21亿美元。2000年，美国能源部和农业部向总统提交了报告《开发和推进生物质制品和生物质能源》，同年美国国会通过了《生物质研发法案》，成立了专门的技术咨询委员会。2002年组建了"生物质计划办公室"，制定了《生物质技术路线图》的政策性文件。

该报告提出了一个雄心勃勃的生物质能源及相关化工产品的发展目标：2010

年比2000年增加3倍，2020年增加10倍，2050年在2020年基础上再增加2～3倍，占到当时能源总消耗量的50%。最近美国农业部和能源部联合制定的2020年发展生物能源及相关化工产品的目标为生物燃油取代全国燃油消费量的10%，取代全国石化原料产品的25%，每年减少相当于7 000万辆汽车的碳排放量（1亿吨）以及每年为农民增加200亿美元的收入。在该报告的结语中说："这份报告预示了一个充满活力的新行业将在美国出现，将提高我国的能源安全、环境质量和农村经济，生产相当部分的电力、燃料和化学品。"

石油衍生的大量化工产品与社会经济和生活息息相关，也将随之萎缩。全球年生产塑料产品1.5亿吨，为生活与生产做出了重要贡献，也带来了严重的白色污染。石化塑料在自然条件下300年也不能被降解。我国每年以6 000万吨原油和大量天然气资源生产1 500万吨石化塑料制品和产生500万吨塑料垃圾。我国每年有近千万公顷覆盖石化塑料地膜，虽增产效果显著，但是在使用5～7年后，由地膜碎片积累导致了土壤肥力和作物产量的下降。寻求对塑料等石化制品的替代越来越多地引起了社会关注。

日本丰田公司开发用白薯淀粉塑料制成了汽车配件；富士通公司用玉米淀粉塑料（聚乳酸脂，PLA）制成了电脑机壳和其他配件；美国DuPont公司和Genecor International公司合作用玉米生产1，3-丙二醇（POD），生产成本比化学法降低了25%；Cargill-Dow公司正在建设一个年产14万吨的由玉米糖发酵生产聚乳酸的工厂，开发生物塑料。在《华盛顿邮报》2002年5月3日的一篇文章中说："我们开始看到以玉米淀粉为原料的PLA生物材料在制造业的所有部门中得到应用，这可能会彻底改造旧经济"。《今日美国》2001年2月1日的文章说："农田作物有可能逐渐取代石油成为获得从燃料到塑料的所有物质的来源，'黑金'也许会被'绿金'所取代"。

5. ***农林生物质产业正在兴起***

生物质作为一个专门概念的提出和进行产业化开发只是近些年的事，提出的角度、概念和内涵上都不尽相同。美国生物质研究与发展技术咨询委员会①提出的"生物质（Biomass）主要是指农作物和其他植物和残体（residues）"。学术界多认为②，生物质主要是非食物用木质纤维素类物质③（Non-food-plant）。

① Biomass Research and Development Technical Advisory Committee，Recommendation to the U.S. Department of Energy and the U.S. Department of Agriculture.Dec.2001 ：2-16.

② Mielenz，J.R.，Ethanol production from biomass: technology and commercialization status. Current Opinion in microbiology，2001（4）：324-329.

③ Lynd，L.R.，Weimer，P.J.，van Zyl，W.H.，Pretorius，I.S.，Microbial cellulose utilization: fundamentals and biotechnology. Microbiology and Molecular Biology Reviews，2002，66（3）：506-577.

也有的人把它们界定为："它们来自广泛的生物性的植物系统和食品、饲料及纤维工业的加工流"① 加拿大提出了生物质工业的概念，原料来自农林业的生物质，这些原料还被纳入了利用生物技术生产的药品等高端和特殊产品②。

根据原料来源 / 转化技术和我国国情，我们提出的"农林生物质"主要是指非食用性的农林动植物废弃物（秸秆、畜禽粪便、有机物）、利用边缘土地和水面种养殖专用的动植物和藻类以及应用生物技术发展以农用动植物为载体高端产品，同时不排除对农产品淀粉原料的使用。因此，它涵盖了各种形态的碳水化合物和蛋白质。其主要产品是生物质化工产品、生物燃料和生物能源。由此概念可以界定，农林生物质产业既非初级农林牧产品的生产，也区别于传统的农产品加工，是一个从原料来源、主要转化过程和产品与之不同的全新领域。它的产品是多层次和多元化的，生产过程是清洁的，与环境是友好的，原料来源是丰富和可持续的。农林生物质原料与产品如图 1 所示。

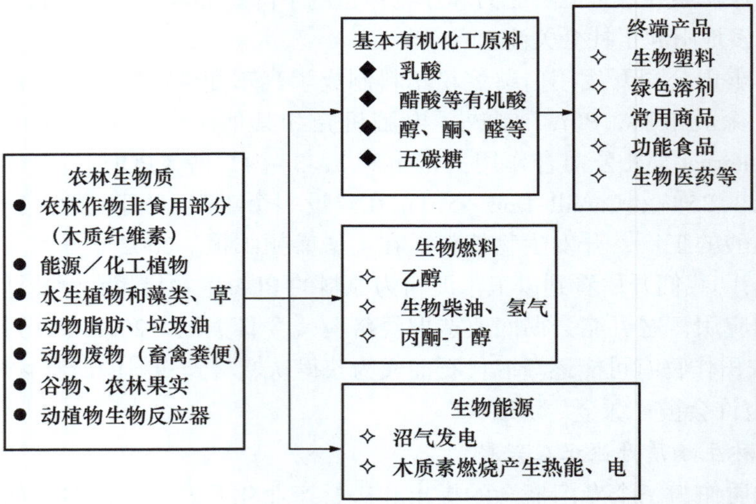

图 1　农林生物质原料与产品

化石能源与可再生生物质能源同来源于地球植物对太阳能的捕获、转化与储存。前者以烃的化学形态存在，后者以碳水化合物的化学形态存在；前者将尽，后者可持续与再生。全球通过植物每年获取 2.0×10^{14} 干焦的能量，目前只用了

① Plant/Crop-based Renewable Resources 2020，U.S. Agricultural，Forestry，and Chemical Communities，2002.

② Developing Biobased Industries in Canada，Canadian Agricultural New Use Council（CANUC），2000.

7%[①]。20世纪中叶，石油经济将在相当程度上为生物质经济所替代。半个多世纪已形成了成熟的烃类加工系统，碳水化合物加工系统的建立也需要时间与努力。石油经济形成了一个经济平台，生物质也将以一个经济平台出现。

我国生物质资源丰富，年总量约为7.5亿吨标，其中农作物秸秆、薪柴和人畜粪便为5亿吨标煤，城市有机废弃物约为1.3亿吨标煤。（2000年我国一次性能源销售量为11.38亿吨标煤）据农业部、美国能源部项目专家组对中国生物质资源可获得性评价预测，2010年，中国粮食产量为5.6亿吨，秸秆总量为7.2亿吨，除2 800万吨用于造纸，1.13亿吨用于饲料，还田1.089亿吨外，可作能源利用的秸秆有4.701亿吨。

我国农林生物质产业发展的指导思想：一是不争粮，少争地。以非食物性农林废弃物以及在保障农林生态环境的前提下，利用不适合开发为农田的低质地种植的专用植物作为原料的主要来源。二是以人为本。改变几千年来农村直燃式（2.7亿吨标煤）的烟熏火燎的能源消费，并将能效提高2倍；三是与农业结构调整和发展农产品加工结合，发展商品能源及化工产品，开拓经营门路，增加农民收入，提供就业岗位，推动小城镇建设。

发展的战略目标是建设“现代农林生物质能一体化系统”，以不能从化石燃料得到的环境友好产品和石油基替代产品、新型沼气工程、燃料乙醇、生物柴油为主要内容，在2020年前后可实现年产生物塑料750万吨及其他替代石化的生物质化工产品，减少800万吨石油消耗；以生物燃料替代3 000万吨燃油和100亿千瓦时电力。

农林生物质业发展的战略重点是农林废弃物生物转化为基本有机化工原料和燃料乙醇技术、以人畜粪便为原料的沼气发酵技术、废弃油脂等转化合成生物柴油技术、生物塑料生产技术、适应低质土地种植的能源/化工专用植物选育。

发展农林生物质产业不是单一目标，而是具有支持“三农”、改善环境、缓解能源紧张形势和发展循环经济四重功能；它不仅是一种可再生能源（如太阳能、风能），还是一种可替代石化产品生产的化工原料；它不是传统工业概念的集中与大规模，而是相对分散、小型和统分结合。这正适合发展农村经济，增加农民收入，改善农村能源消费，优化农村劳动力转移和推进小城镇建设。

发展农林生物质产业是全球性的一次能源/材料经济转型。世界各国起步时间不长，我国切莫失去这次重大历史性机遇。发展农林生物质产业是国家目标和战略需要。初期，它还幼弱，如婴儿之待哺，政府的引导与支持是成长的

① Plant/Crop-based Renewable Resources 2020—A Vision to Enhance U.S. Economic Security Through Renewable Plant/Crop-based Resource Use, 2001.

关键条件。

6. **重大科技取向**

传统食品与农产品加工技术的重点有主要农产品贮藏、保鲜和加工、食品安全、功能食品开发、深加工及高附加值化、标准化和监测等。

农林生物质资源开发的重点有生物质给料的工业性状测定技术、专用植物选育与栽培技术、提升给料工业品质的生物技术、区域开发技术等。

生物质转化加工技术的重点有纤维素原料制备燃料乙醇及精细化学品技术、木质素常压裂解液化技术、生物酶法转化合成生物柴油技术等。

沼气技术的全面升级包括大中型畜禽场能源环境工程技术、沼气发酵剩余物综合利用技术等。

生物塑料技术包括 PLA 生产生物塑料技术、淀粉变性热塑技术、木质纤维素加工利用技术、生物反应器技术、生物农药、生物肥料等农用生物制剂开发技术。

40.3 农业科技发展的战略思路与目标

40.3.1 制定农业科技发展战略的指导思想

1. **国家目标**

“在优化结构和提高效益的基础上，国内生产总值到 2020 年力争比 2000 年翻两番，综合国力和国际竞争力明显增强。”

“可持续发展能力不断增强，生态环境得到改善，资源利用效率显著提高，促进人与自然的和谐，推进整个社会走上生产发展，生活富裕，生态良好的发展道路。”

“统筹城乡经济社会发展，建设现代农业，发展农村经济，增加农民收入是全面建设小康社会的重大任务。加强农业基础地位，推进农业和农村经济结构调整，保护和提高粮食综合生产能力，健全农产品质量安全体系，增强农业的市场竞争力。积极推进产业化经营，提高农民进入市场的组织化程度和农业综合效益。发展农产品加工业，壮大县域经济。”

“加强农业基础地位，高度重视并认真解决农业、农村和农民问题，是中国共产党三代中央领导集体一以贯之的战略思想，我们必须毫不动摇地坚持下去。”

2. **中长期科技发展规划战略研究的指导思想**

温家宝总理对本次战略研究的指示精神是：“战略研究不是一般性的战略

研究，而是国家科技发展的战略研究，是全局性、长远性、前瞻性的战略研究”“规划内容要做到三个紧密结合，即必须与经济社会发展紧密结合，必须与国家安全紧密结合，必须与可持续发展紧密结合”“要突出重点，有所为，有所不为”。

3. 农业科技发展战略研究的指导思想

农业科技发展战略研究还要注意把握以下的要点：要为完成全面建设小康社会的“三农”任务提供有力的科技支撑；贯彻高产、优质、高效、生态、安全的指导思想；把握好世界新的农业科技革命机遇；要注意重大技术突破、系统技术集成和农业技术推广三者的协调发展。

40.3.2 农业科技发展的目标与战略

1. 总体目标

在为实现全面建设小康社会的农业目标和现代农业建设中，加强我国农业科技建设，提升整体素质与水平，缩短与发达国家间的差距，在总体上接近发达国家水平，部分领域居于世界前列。

2. 阶段目标

1）2010 年：启动和打基础阶段

重点领域的 14 个优先主题和重大专项全面启动；一些难度大和周期长的项目，如水土资源增效替代、超级种培育、生产生态共建双赢省（区）域示范、农林生物质工程、农业生物技术、农业信息技术、常规农业技术等的全面升级；复杂农艺性状功能基因组以及三个共性农业科技平台打下了好的基础，取得一批初步成果；5 项政策与措施建议先行一步，基本做好部署。

2）2015 年：关键实施阶段

项目全面和健康实施推进；基础得到进一步巩固；一批项目取得重要或突破性重大成果；项目在面上扩展，对农业生产的影响开始显现。

3）2020 年强化实施和取得成果阶段

在前两期工作基础上，进行强化实施并取得全面成果。其主要表现在完成我国食物生产任务及安全保障条件阶段建设目标，农业生态环境有较大改善，抗御自然灾害能力有明显增强，生产生态共建双赢示范省（区）成效显著；农林生物质工程技术趋于成熟，在我国农村呈强势扩散，生物质产品和能源开始对石化产品及化石能源的明显替代；项目按计划取得全面成果，部分项目取得重大和突破性成果；[有关技术指标是 8 大常规农业技术全面升级，水、肥利用率提高 20 个百分点以上，畜（禽）产出效率提高 60%～70%，农作物病虫害损失和畜禽死亡率下降到 15%以下，粮食等主要农产品产后损失率下降到 5%以下，农业科技成果转化率上升到 60%以上，农产品及其加工产品净出口额在国际市场上进入前5位]。

3. 区域目标

中部及东北地区是商品粮棉油主产地。其目标是进一步提高粮棉油作物和畜禽的单产水平和大幅度提高其转化、加工和增值率。西部地区以开发包括草地畜牧业、经济林果和特色产业、农林生物质产业，提高集约化水平，支持生态重建和农村经济发展。东部沿海地区建设农业可持续的高集约化技术体系，做到资源节约高效，面源污染减轻和农业高价值产品增多。

4. 农业科技的科学发展观与跨越战略

在今后的15年，农业科技的发展要以科学的发展观为指导，实施跨越式发展战略。战略高技术、常规农业技术、农业科技推广、农业基础科学以及共性农业科技平台具有不同功能和战略位置，构成了一个统一的系统，要求各司其职地均衡与协调发展。以生物技术和信息技术为引擎，以8大常规农业技术的效率革命和全面升级为中心，加强技术转化和基础科学研究，在全国掀起一次新的农业科技革命高潮。

40.4 农业科技发展的战略重点和主要任务

以下将分别就农业常规技术、农业战略高技术、农业基础科学、共性农业科技平台、农业科技推广等5个农业科技战略重点提出其发展战略与任务。

40.4.1 农业常规技术

50多年来，育种、施肥、灌溉、植保、养殖、防疫、农机与设施、育林等农业常规技术支撑了我国农业生产的快速发展，今后仍将起主要作用。目前它们在总体上仍处于高投入、高成本和低效率、低品质的状态，影响了农民收入和产品的市场竞争力，加大了对资源和生态环境的压力。发展农业常规技术采取的是效率革命和全面升级战略，即在农业生物技术和信息技术的推动下，开展一次农业常规技术的效率革命和全面升级，从高资耗低效率，高成本、低品质的落后状态升级到高效率、低投入，高品质、低成本的状态，这将是我国农业科技发展和推进农业生产与现代化建设的关键一役。

1. 育种技术升级

当前，动植物育种已经进入生物技术与常规技术有机结合的第三次技术突破阶段，逐步由表型选择向基因型选择的转变，由单一学科技术的应用向多学科技术综合应用的转变。国内外的发展趋势是动植物种质资源的争夺和发掘已成为竞争焦点，杂种优势利用已成为提高动植物品种产量的重要途径，分子育种技术已成为提高动植物育种效率的重要手段，优质专用新品种培育已成为动植物育种的重要方向。

自1949年以来，我国先后选育了5 000多个作物新品种和一批畜禽良种，建立了比较完善的农林种质资源收集和保存体系及国家农作物种质资源信息系统；杂交水稻、玉米、棉花、油菜、大豆等作物的杂种优势利用领域走在世界的前列；生物技术育种开始步入实用阶段，目前已具有了参与国际竞争的育种队伍及技术平台。当前，我国动植物育种的瓶颈是动植物种质资源的精细鉴定评价尚未全面开展；新基因发掘速度缓慢；缺少重大突破性的新材料和新种质；品种类型单一，不能适应市场的多样化需求；现行育种研究体系也难以适应科技发展的需要。

未来15年，我国动植物育种技术的发展目标是目标升级、技术升级和产品升级，即育种目标由高产向高产、优质、专用升级，育种技术由常规育种技术向常规育种技术和分子育种技术结合升级，育种产品由高产型向高产、优质、专用、抗逆、资源高效型和环境友好型升级。

战略重点是①系统开展动植物遗传资源的精细评价和创新利用研究，发掘抗逆、营养高效、品质优异的新材料、新基因，走发掘与引进相结合的道路。②以动植物生产能力的提高作为最基本的育种目标，通过不断提高品种生产力，保障农产品供给，将优质、专用化新品种作为动植物育种创新的重点；通过育种目标多元化战略，提高农产品的附加值，增强我国农产品的市场竞争力，提高动植物品种的综合抗性。③将植物品种的抗旱节水作为一个重要的育种方向，加强高新技术在育种技术中的应用研究，通过育种技术的升级，实现高新技术的实用化、高效化和安全化，大幅度地提高动植物育种效率，增加动植物品种的科技含量。

2. 施肥技术升级

世界施肥技术的发展趋势是由单一高产目标向增产、优质、高效和环保的综合目标发展；养分精准管理与平衡施肥；发展缓/控释肥料、有机肥料产业化，提高养分资源利用效率的生物技术等。

我国施肥技术中存在的主要问题是由肥料产品落后和施用不当导致的资源利用率低和对农产品及环境的污染严重；新型肥料产品品种少，科技含量低；缺少与标准化生产与规模化经营相配套的施肥技术和施肥机械、基础工作薄弱和信息网络不健全。

升级目标是将氮肥利用率由目前的30%提高到45%左右；有机养分资源利用率由目前的34%提高到60%以上；加强大型畜禽养殖场的畜禽粪便的无害化处理，其资源有效利用率要达90%以上。实现此目标可相当于年新增4 000多万吨尿素。

战略重点是以传统的农业栽培学为基础，植物营养学为指导，与信息技术及生物技术相结合，建立养分信息化精确管理模式；大力发展缓/控释肥料、有机肥料、有机－无机肥料；开发与保护性耕作、营养物质高效化利用相配套的施肥技术，建立一个高效、低耗和环境友好的技术平台；新型肥料、施肥技术、产业化示范、区域性作物专用肥，尤其是专用复（混）合缓、控释肥。

3. 节水技术升级

农业节水基础理论进展及现代信息科学、生物技术、材料科学等技术领域的重大突破，单项节水技术走向综合集成，节水农业技术目标多样化和节水高技术的“傻瓜”化使节水技术正面临着一场深刻的变革。

当前存在的主要问题是设备与产品的功能单一、性能不稳定、耐久性差、相关材料与工艺的研究水平滞后；标准化程度较低，配套性和整体效益差；对生物性节水和非灌区节水重视不够；非传统常规水资源利用程度低，基础研究薄弱。

升级的战略重点是由单一节水技术向高度集成的综合技术和发挥整体效益的方向发展；蓄水、增水、保水、高效用水并重；大力发展生物节水和农艺节水；应用现代生物、信息和新材料等技术大幅度提升节水农业的科技水平，促进节水农业技术向着定量化、规范化、模式化、集成化和高效持续方向发展；提高植物耐旱生态、生理的研究水平。

4. 植保技术升级

近几年我国农作物有害生物年发生面积约为3.5亿公顷次，防治后仍损失粮食500万吨、棉花30万吨、油料90万吨、其他作物1 080万吨（农业部）；森林病虫灾害发生面积达800万公顷，与新中国成立初期相比，增加了240倍；外来有害生物入侵日趋严重。我国植保的基本态势是虽经大力防治，损失仍然巨大，且呈扩大蔓延之势。

植保科技的发展趋势是继续贯彻有害生物综合治理（IPM）及有害生物持续治理（SPM）的方针。技术研究的热点将是有害生物的生态调控、植物抗病性的持久化策略及持久抗病性分子机制；生物农药及高活性农药取代低、中活性农药；生物灾害及有害生物入侵的预警、早期检测与控制等。

我国存在的主要问题是农林生态系统中的生物多样性下降和结构脆弱；生物灾害的监测和预警体系不健全，技术手段与装备落后；抗病虫种质资源短缺，品种抗性不能持续；药剂防治对环境的污染和有害生物抗药性增加；对外来有害生物入侵的防范与控制能力薄弱。

发展战略是继续贯彻有害生物综合治理（IPM）方针，重视生物灾害成灾背景的改造和重建，以生态区为单位，开展微观宏观相结合的研究，开发综合、高效（防治效果、经济效益）、持久、安全的防治技术和技术体系，实现可持续植保的目标。

战略重点是加强有害生物监测预警体系及防范外来有害生物入侵体系与法制

的建设；研究植物持久抗性分子机制与技术；利用生物多样性控制有害生物危害的机制和生态调控技术；发展环境友好农药。

5. 养殖技术升级

畜禽与水产养殖是近20年发展最快和未来20年需求旺盛、成长性很强的行业。同时随着规模养殖的快速发展，环境污染和产品安全问题也日益突出。发展趋势是与环境友好、产品安全和维护区域生态平衡、适度养殖规模、健康养殖、杜绝餐桌污染以及善待动物等。

影响未来我国养殖业发展的主要制约因素是饲料紧缺、饲料用蛋白质资源不足、环境污染和畜产品安全、生态集约化养殖技术水平低。

升级重点是建设高效率、高效益和优质化的现代养殖业体系，包括通过现代高新技术的集成，推进规模化养殖升级；通过智能化养殖技术，推动传统的户养模式技术升级；发展健康养殖和特色养殖。

战略重点是规模化精细养殖技术，包含动物营养代谢规律与调控、环境融合型新饲料添加剂、设施水产养殖、节能节水型畜牧养殖以及标准化等技术的集成；智能化饲养技术，包含智能化饲料技术、专一或特异性饲料技术、产品特色风味及其形成规律与技术；养殖环境监测与改善技术的重点是区域环境对畜牧水产废弃物的消化能力、自然和人工合成有毒物质的转移规律、畜禽水产养殖环境监测与改善、生态型畜禽水产动物综合防病技术。

6. 防疫技术升级

我国畜禽和水产动物疫病防疫形势十分严峻，对消费者健康和产品出口造成了严重的负面影响。世界各国政府和有关国际组织都在积极推进全球性和区域性动物疫病预防与控制体系、动物防疫和疫病扑灭计划以及加强基础研究和注重现代生物技术在动物疫病防疫中的应用。在微观方面，重视病原基因组研究与开发、生物信息的获取与利用、病原体与动物宿主之间分子作用机制；在宏观方面，越来越重视环境污染对畜禽水产的影响及其与畜禽传染病的相互关系，建立生物安全体系，减少对饲养环境的污染等。

我国养殖业持续高速发展，但动物疫病已经成为畜牧、水产业发展的瓶颈。每年有400多亿元的直接经济损失和上千亿元的间接经济损失，还有上百种的人畜共患疾病。我国动物疫病防控的基础设施薄弱；疫情诊断和监测技术落后；管理体制不顺，队伍不稳，人员素质低，法律法规不健全，与国际规则和通行做法差距较大。

升级的战略目标是有效地预防与控制动物重大疫病，建立和完善动物疫病诊断和检测技术，建立和完善动物疫病预警预报和应急反应系统。

升级的战略重点是加强动物疫病防控基础性研究，提升传统兽医生物制品水平，加快兽医生物制品的更新换代。

7. **农机与设施技术升级**

1）农业机械发展趋势

向着农业的多领域和全过程扩展；采用新技术、新材料、新工艺；提高可靠性、使用寿命、操作安全、舒适性，节能环保、节本增收；智能化、精确农业（PA）、农产品深加工等对农业机械提出了新的要求。设施种植和养殖的发展趋势是选育适宜当地气候的温室专用栽培品种和畜禽品种；高产优质和资源的高效利用；传感器技术和计算机控制技术使设施的控制系统走向数字化和智能化。

2）存在的主要问题

发展快，技术层次低；适用的农机新产品少，可靠性、使用寿命低于国际水平；产品成套能力差，不能适应农业产业结构调整的需要。设施种植和养殖的发展总量居世界前列，但多为简易设施和经验性生产。其技术含量低，没有形成标准化和模式化的生产工艺，效率和效益不高；基础研究和专用品种选育工作薄弱。

3）升级的战略思路

在加强与农艺和养殖工艺结合的技术研究的同时，以数字化、智能化提升农机与设施的技术与装备水平。

4）农机发展的战略目标与重点

基本解决主要农作物生产全过程所需的成套装备技术并实现技术换代；加快研发适应农业结构调整和可持续发展需要的特色农业机械和装备；主要技术经济指标与性能达到发达国家21世纪初的水平。

5）设施种植和养殖发展的战略目标和重点

强化、优化设施的环境调控能力体现在资源高效组合利用方面的独特作用，建立设施种养殖的规范化和标准化生产体系。

8. **人工林培育及加工技术升级**

目前我国国内木材及其市场供应缺口加剧，进口依赖度接近45%。随着国际木材出口量趋减，过分依赖进口的经济代价高昂，国际政治与环保压力也很大。

我国人工用材林蓄积量在材林蓄积总量中的比重计划由1993年的10%增加到2010年的21%左右。随着全球木材资源从主要来自天然林向来自人工林的重大战略转变，人工用材林在缓解我国木材供需矛盾中的重要性日益明显。面对这种情况，发展人工用材林及其加工产品，满足市场需求是当今林业科学领域的一个热点。

存在的主要问题是长期以来人工林重在生态建设，对材质与林木培育、加工利用关系的基础研究薄弱，木材加工多停留在粗放水平之上，在木材供需矛盾方面不能发挥应有的作用。

升级的战略重点是优良造林树种及其优良品系的选育技术；定向培育技术及不同材种、树种优化栽培模式和集约经营技术；速生丰产林的病虫害控制与防治技术；农林复合经营技术和绿色高效加工利用技术；低质木材优化利用技术。

40.4.2 农业战略高技术

农业战略高技术主要是指农业生物技术和农业信息技术。20 世纪后期，兴起的新的农业科技革命就是以生物技术和信息技术为主导和领军的。作为新兴的科学和技术，其自身发展日新月异，同时全面和深刻地推动着农业常规科技的进步与升级，它们是农业科技发展的中坚与引擎。

1. 农业生物技术

农业战略高技术主要是指农业生物技术和农业信息技术。DNA 双螺旋结构的发现和 DNA 重组成功是继进化论和细胞学说后，人类对生命现象的认识由宏观和细胞水平深入到分子水平，并能运用生物技术改良生物体的遗传性，创造新的物种。农业生物技术涉及品种培育、种植养殖、施肥灌溉、植保防疫以及众多新领域的开拓。它不是某个单项高技术，而是农业科技领域的源头性和战略性的高技术。

1）战略思路

今后 20 年我国农业生物技术的总体发展思路可概括为："突出一个重点、实现两大目标、加快三个转变、满足四大需求"，即以动物、植物和微生物重要性状功能基因的发掘利用为重点，实现提升我国农业生物技术的国际竞争力和整体研究－产业化水平两个目标。加快从跟踪性研究到自主创新研究，从通用技术的应用到开发，从主要依赖资源优势到重点发挥基因和产品优势等三个转变，以满足国家对食物安全、人民健康、环境保护和能源替代四方面的重大需求。

2）战略目标

（1）总体目标　力争到 2020 年，我国农业生物技术的研究和应用在整体上进入世界先进行列，某些重要领域处于世界领先地位。

（2）阶段目标　今后 5 年，重点发展农艺和抗逆性状改良的基因叠加与聚合技术；农作物与畜禽分子标记辅助育种技术；加强植物代谢工程研究；建立和完善动物体细胞克隆和动植物生物反应器技术平台、微生物功能基因发掘技术平台，研制出一批拥有自主知识产权的重组微生物农药、肥料、食品、饲料以及环保用酶制剂。

今后 5 ～ 10 年，培育高产、优质、抗病虫、抗旱、抗除草剂的农作物和林、草新品种，逐步走向产业化；优良畜禽品种体细胞克隆、动植物生物反应器的关键技术取得新的突破并走向生产应用；初步形成以微生物农药、肥料、食品、饲料用酶制剂为拳头产品的农业微生物产业，并争取将环保用微生物产品推向较大规模的应用。

未来10～20年，建立比较完整的植物、动物和微生物生物技术研究开发体系；在培育抗旱节水、抗逆、品质优良农作物和林草新品种、发展功能食品生物技术、高效节粮型和优质畜禽品种体细胞克隆、动植物生物反应器以及新型农业微生物制剂等方面取得具有自主创新性的重大研究成果，并初步形成一批具有国际竞争力的生物技术产业；可再生生物能源和材料研究取得重要突破并走向应用。

3）战略重点

（1）近期（2003—2010年） 着眼于加强生物技术与常规技术相结合，推动传统农业的提升改造和农业生物技术的扩大推广应用。战略重点是以分子标记辅助育种为主的动植物分子育种技术；农作物与林木的转基因育种技术（抗病虫与品质改良等）；农业微生物（生防、环保、食品与饲料用酶制剂等）基因工程技术。

（2）中长期（2010—2020年） 着眼于高附加值新兴农业产业的开拓和农业生物技术的大规模产业化。战略重点是高效节水与抗旱作物品种的选育、植物功能与保健食品的开发、优良畜禽品种的体细胞克隆、动植物生物反应器、新型可再生生物能源及生物材料。

4）政策性建议

20世纪末发生的转基因作物风波和美欧对垒主要不是科学问题，而是贸易利益、文化背景和对转基因作物的不同全球战略观。至今，世界上没有发现转基因作物在安全性上存在问题的科学根据在严格监管下的食物和生态的安全是可以得到控制的。现在欧盟态度已经发生明显转变。我国幅员辽阔，自然条件复杂，科技水平还不高，保障粮食安全和提高农产品供应水平的任务繁重，充分利用农业生物技术的优势，对我们非常重要。我国在技术上与发达国家的差距并不很大，切莫错失这次重大历史机遇。

我国的农业生物技术正处在一个决定命运的关键时刻，应借鉴发达国家和某些发展中国家的经验，加强国家对农业生物技术的集中领导，建立一元化的反应迅速、决断有力的管理体制。产业化是生物技术发展的最终目标，也是生物技术研究和开发的主要动力。从世界范围来看，生物技术的发展趋势已不可逆转，围绕产业化问题的国际竞争将会愈加激烈。若对此不能准确判断并及时做出正确决策，我国将会迅速失去在植物生物技术方面某些十分有限的优势。美国每年生物技术研究的投资达70亿～150亿美元，其中农业生物技术投资为10亿～20亿美元。针对生物技术研究开发高投入、高风险和高回报的特点应在继续增加政府科技投入的同时，积极通过发展风险基金，形成多元化、市场化的投入体系。

2. 农业信息技术

农业是以土、肥、水、光、温、气等自然要素为基本生产资料，从事生命物质生产的产业，是个变量因素多、时空变异很大的一个庞大的复杂系统。因而经验性强、稳定性和可控程度低成为农业的先天性弱势。计算机和信息技术的出现及其强大功能将彻底改造和提升整个农业科技和生产体系，显著改善农业的这种行业弱势。

1）农业信息化内涵与战略意义

农业信息技术是一个多维技术体系。农业信息化是种植业信息化、林业信息化、畜牧业信息化和水产养殖业信息化的综合；农业信息化是农业宏观决策信息化、农业生产管理信息化、农业市场信息化和农业科技推广信息化的综合；农业信息化是农业对象信息化和农业过程信息化的综合；农业信息化是农业管理信息系统、资源与生态环境监测信息系统、生产与执法过程管理调度系统、农业决策支持系统、农业专家系统、精确农业系统、农业流通电子商务系统和农业教育培训网络等系统的综合。

农业信息技术可以增强对农业研究对象的量化描述和认识，为农业生产过程提供先进高效的技术手段，为农业科技提供新的研究手段和方法，加速农业科技成果的传播和转化，提高农业管理决策的科学性和准确性，促进农产品市场的贸易和流通，还可以促进农村教育水平的提升、农民素质提高与农民增收。在今后相当长时间内，我国农业经营的架构仍将以农户经营为主的背景下，要解决好高度分散的农民与国内外大市场以及与科学技术、教育的有效连接。

2）问题与瓶颈

当前我国信息技术在农业中的应用落后于其他经济部门，问题甚多。其主要包括对农业信息化的重要性认识不足，研究力量和研究目标分散；缺乏具有带动全局性和战略性的重大技术、重大产品和重大系统；缺乏必要的农业信息技术规范和标准；农业信息资源的种类不全、精度不高、采集技术落后、共享程度低；农业信息技术的基础研究、应用研究和成果转化之间严重脱节，技术集成和基地示范作用不明显；现代农业信息服务严重滞后，远没有发挥信息技术应有的作用。

3）战略目标、重点和关键技术

（1）未来20年，农业信息化发展的战略目标　运用信息技术改造传统农业，农业生产、管理、决策和市场逐渐实现信息化，信息技术成为农业新技术示范、推广和应用的最主要形式，信息技术成为农村教育的主要手段和农业科研的基本方法。

（2）发展农业信息技术的战略重点

①农业信息标准化体系及基础信息平台建设：标准化是农业信息化的基础条件之一，包括种植业、林业、畜牧业和渔业等领域对象和过程数据的标准化、方法标准化和信息产品标准化。

②农情监测与决策支持系统：基于现代信息技术的集成，实现对农林牧渔资源动态的准确、及时和全面的监测，包括资源（如耕地、草地、森林、海洋生

物）分布、数量、质量和利用状况的变化的监测；不同农林植物生长过程与农业灾害的监测，并在监测的基础上进行预测和预警，为各级政府部门决策服务。

③数字农业与现代农业装备技术：研究农林植物土壤系统；养殖与水产（近海、远洋）等信息获取技术和装备；基于作物和土壤过程的作物生长产品形成的模拟系统；功能与结构、环境与调控一体化的虚拟农林植物生长系统；作物、林木和养殖生物病虫害监测和诊断模型；畜禽营养、疾病诊断和生长发育等模型；建立不同尺度精确农业管理过程的农业生产系统模型库；进行大田作物数字化生产关键技术研究与设备开发。

④现代农业信息服务体系的建立：网络、终端设备及相关信息技术迅速发展，并对已有农业信息化技术进行集成；研究建立多种农业信息服务系统的形式，为用户及时提供准确基础资源信息、产品技术信息和市场贸易的信息服务。

基于以上的分析，实现这些战略重点的所需突破的关键技术主要有农业宏观管理和决策支持技术、农业过程数字化技术、面向应用的遥感图像处理和解析技术、空间定位和空间数据管理的 3S 技术。

4）重大科技项目建议

（1）农业信息化关键技术研究　其主要内容有将工业生产的思想和计算机辅助设计技术引进农业，开发一批高技术含量的农业信息获取设备；构建和完善覆盖我国主要农林植物、畜牧养殖动物和水产养殖动物的生物生长数字模型，实现我国主要农林植物、畜牧养殖动物和水产养殖动物的数字模拟和设计；研究开发不同层次、不同农业产业类型的农业系统数字模型，实现农用物资设备、农业生产管理、经营决策的智能化和数字化。

（2）农业信息化应用示范综合配套技术研究　其主要内容有建立面向农业生产的农田、畜群、水产养殖管理信息系统；运用数据库技术、GIS 技术、管理信息系统技术、作物生长模拟模型、土壤－作物系统相互作用模型、畜禽营养模型、虚拟植物技术、专家系统技术以及信息可视化等技术对农田、畜牧场和水产养殖场尺度的管理措施进行优化，达到高产、优质、高效的生产目标。

40.4.3　农业基础科学

我国是个农业大国，要使农业科技成为有源之水，有本之木，必须要有我国自己的农业基础科学研究的体系和队伍。在国内外发展形势分析的基础上，本着重大需求和有所为有所不为的原则，提出了我们对未来一二十年的发展农业基础科学的战略思路和重点。

1. 形势和动向

1）农业生物基因组学是 21 世纪重大农业基础科学领域

植物基因组的研究进入了以功能基因组学研究为重点的后基因组时代。目前已完成基因组测序的模式生物包括酵母、线虫、果蝇、拟南芥、水稻、小鼠等。对一些主要农作物、拟南芥等进行了遗传图谱的构建，重要基因特别是数量性状位点的标记、定位和作图，并就一些种进行了物理图谱的构建及少数基因的功能分析。畜禽基因定位计划在于找到重要经济性状座位或与之连锁的 DNA 标记，并将其用于标记，辅助选择来改良畜禽品种。畜禽基因图谱计划在构建猪、牛、羊、鸡等动物的初级基因图谱，大片段基因组文库，cDNA 文库测序和基因组测序等方面取得了一定的进展。

2）生物信息学科发展相对缓慢

功能基因组研究一方面通常需要处理海量的信息和数据。这些信息和数据包括根据现有的分子生物学知识和已知功能基因在 DNA 序列上的同源性对已测序的基因组 DNA 序列的本质及可能的功能进行推断所产生的大量信息。其另一方面是来自用高通量基因芯片或微序列（microarray）芯片研究特定遗传材料基因表达所产生的大量信息以及对这些材料进行表型鉴定所得的大量数据。

3）高效可持续农业中的抗逆问题研究难度很大

作物抗逆性的研究经过多年的积累在作物形态发育变化、代谢反应、逆境伤害机制、抗逆机理和逆境下的产量形成等都取得许多进展，包括对各种植物抗逆性鉴定、筛选技术和方法的建立。但是植物抗逆性由多基因和多途径控制的。逆境与作物发育相互作用的复杂性导致还有许多难题需要解答。这些生理学研究成果用于作物品种抗逆性改良的成功例子很少。广义的抗逆还包括对气候和生物性灾变因子的预测、预防和减灾损失。目前灾害性农业气候的中长期预报、气候灾害及生物性灾害暴发成灾规律、控害减灾对策等正在成为国际关注和研究的重点。

4）生物的多样性和农用生物的种质资源受到越来越大的威胁

生物多样性是地球经过 40 多亿年的自然演化而成的，是地球上最宝贵的自然资源。然而，由于人口和经济增长的压力，生态环境的恶化以及缺乏对生物多样性保护的意识，生物多样性正受到严重威胁。一方面，人类活动的破坏使不少生物物种濒临灭绝；另一方面，随着我国对外交往的增多，外来物种的入侵给我国农业和粮食生产与生态环境带来危害的事件也时有发生。其中，作为生物多样性关键内容的遗传资源多样性更是首当其冲。

5）农业生态学作为应用生态学的重要分支日益受到重视

由于与自然资源的利用紧密结合，在 20 世纪后期又与环境污染、人类健康乃至人类社会发展直接相关，应用生态学得到了快速发展。农业生态学、森林生态学和草地生态学都是应用生态学的重要分支。从诞生初期局限于个体水平的研究（如作物生态学）现在均已进展到着力研究人类农、林、牧生产活动对生物圈的影响及调控，并正在派生出诸如生态农业、混林农业等新的领域。应用生态学关系到对农业可持续发展理论和实践上的支撑，成为国际学术界公认的生态学研究的前沿。

2. 战略思路与重点

围绕食物总量和质量的问题，农业科学基础研究近5年侧重于高产、优质、多抗农业生物新品种培育理论与技术的研究，大力发展重要生物性状的分子标记，建立基于分子标记和基因工程的分子育种体系。在长远发展目标上，应优先发展农业生物功能基因组、杂种优势调控机理、光合作用、生物固氮、生物逆境胁迫生理机制、病原物分子机理、区域农业生态环境质量（特别是土壤和水质量）演变规律、土壤和农产品污染的过程及其对健康效应等基础性研究。

功能基因组的最终目的是确定基因组内所有基因的功能以及它们之间的关系，即通过了解每个基因的本质和功能来解读植物生命的全部秘密。未来的15年，国际上将建立高通量功能基因组技术和公共领域的大量模式植物基因组DNA序列信息，在全基因组水平上了解植物基因的功能，并进行基因的大规模克隆。

随着今后拟南芥和水稻功能基因组研究的高速进展，利用已克隆的水稻或拟南芥基因和比较基因组研究的手段可以大大加快其他作物的功能基因组研究。未来15年，至少20种重要农业生物的功能基因组研究得以完成或取得重大进展。农业生物的生长发育、产量、品质的形成将得到在基因功能及基因网络调控水平上的诠释，人类将对重要农业生物的改良与利用取得前所未有的进展。

近5年，功能基因组学在模式生物研究基础上大规模开展水稻、家蚕等为主的农业生物的功能基因组学研究，同时启动小麦、大豆、油菜、猪、鸡等重要农业生物的基因组学计划。未来5～15年，利用水稻、家蚕等功能基因组学的研究成果，大规模开展小麦、大豆、油菜、猪、鸡等重要农业生物的功能基因组学研究。为我国农业生物的遗传改良，建立功能基因组学的技术平台。

我国农业一方面要面临人口、资源和环境越来越大的压力，另一方面又要满足农业发展的多方面需求。农业基础科学固然要按其自身的规律发展，尽快增加科学储备，也要为国家经济建设和农业发展提供强大的支持。为此，应大力开展超级农业生物品种的培育，加速转基因动植物、生物农药和生物肥料、动植物高效疫苗、生物质能源、生物质材料和生物农药等新技术产业化服务的应用性基础科学研究。

40.4.4 共性农业科技平台

当前，科学和技术的分工越来越细，研究课题趋专趋窄。而科学和技术自身的综合性和整体性以及一些横断和共性的科技内容忽视，这已成为影响科技发展的一个重要因素。

1. 生物种质资源挖掘、保存和开发的共用平台

动植物种质资源的多样性为人类提供了各种生活资料，维持了自然界的生态平衡，也为选育新品种提供了丰富资源。

我国农用植物有 1 万多种，目前已收集了 35.5 万份植物种质资源，栽培植物有 600 余种，其中一半起源于中国或已在中国种植 2 000 年以上。我国是动植物种质资源十分丰富的国家，但以往为了追求高产，动植物品种越来越单一，遗传基础越来越窄。中国受威胁的动植物资源占整个区系成分的 15%～20%，其程度高出世界平均水平，一些农作物野生近缘植物和珍稀物种急剧减少。在我国的畜禽种质资源中，9 个种质资源已经灭绝，37 个受严重威胁，35 个受较大严重威胁，14 个受威胁，58 个受潜在威胁。目前 71% 的猪、44% 的马和驴、34% 的牛、20% 的家禽、15% 的绵山羊种质资源的保持均受到不同程度的威胁。

品种的单一很难应付外界环境的突然变化，抵御和缓冲能力明显减弱，容易造成灾难性的后果。种质多样性不仅涉及我国的食物生产的可持续发展，也涉及资源和食物的安全，所以必须保护畜禽种质资源的遗传多样性，抢救濒临灭绝和极度濒危畜禽品种，发掘潜在的有利基因，抵御外来生物的入侵。

建设生物种质资源挖掘、保存和开发的共用平台对我国农业科技发展具有重要的现实和长远意义。

2. 全国与全球农情（含资源与生态）监测与决策支持系统平台

1）农业资源和农情数字化监测及决策技术研究

建立以地面、航空和航天平台为基础，以 3S 技术为支撑的立体交叉的农业数字化监测体系，实现对农业生产及重大植物病害、畜禽疫病的实时监测和预报，提高农业宏观决策的科学化水平和快速反应能力。

2）林业资源和林业生态工程监测和评价技术研究

对森林资源、生态环境、森林灾害（森林火灾、病虫害等）等现状和发展趋势，重点林业生态工程的规划、管理、监控、决策、评价和分析等技术研究。

3）渔业环境监测预警研究

运用 3S 技术开展渔业环境监测技术的研究，增强我国渔业环境的宏观监测力度。结合全国渔业生态环境监测网络的地面监测结果，建立全国渔业环境监控预警系统，实现渔业环境监测预警，为渔业防灾减灾服务。

40.4.5 农业科技推广

1. 体制和政策方面

农业科技推广、培训和信息服务（以下简称“服务平台”）的主体是国家。服务于“三农”的公益性事业，以服务为宗旨，不以营利为目的。

积极推进教育、科研、推广三位一体的体制改革，建立以县为单元的农业科技推广中心，完善“试验、示范、推广、培训、信息服务”五结合的机制。

积极支持以农民专业技术协会为代表的非政府技术推广组织，坚持“民办、民有、民管、民受益”的原则。农民专业技术协会具有合作制的性质，支持有条件的农民专业技术协会兴办农产品加工和流通企业，使其成为走向市场的经营实体。

鼓励城乡社会中的企业、社团、个人（包括国外）兴办非政府组织的农业科技推广与信息服务机构，发挥供销社、信用社在农业科技推广中的积极作用。

积极推进农村中等教育改革，将70%以上的普通中学改为职业中学，培养农村技术骨干和经营能人。农民培训要适应当前和未来农业、农村的需要，劳动力转移和加速城镇化的需要。

政府主办并依靠社会力量通过电视、广播、函授等多种信息渠道，开展信息服务，发展民办农民教育，提高农民素质，推广继续教育，不断提高广大干部与技术人员的科技水平。

2. 综合信息服务平台

建立农村数字化信息服务网络，数字化技术得以在农业和农村经济发展中得到广泛应用，实现农业生产、农业科研、农业教育、农业推广、农业市场经营和农村社区信息服务的数字化。

建立多媒体知识系统，建立各种形式的知识传播系统，以多媒体课件、视频、语音、文本等形式提供新产品、新技术的传播服务。

建立农情信息发布系统，不定期发布作物长势、农作物病虫害预测预报和其他灾害等的预测预报。

建立农资和农产品市场信息系统，建立农资和农产品市场信息系统，发布国内和国际农业生产资料和农产品市场供需信息和价格信息，提供国际农产品贸易信息；建立农产品电子商务平台，开展农产品网上交易服务。

建立综合信息服务终端，建立适应个人电脑（PC）、手持式电脑（HPC）、个人数字助理（PDA）、电话和电视机机顶盒等不同类型的信息接收终端的信息综合服务体系，提供语音、数据、图形和视频等形式的服务内容。

40.4.6 重点领域与优先主题

我们根据以上研究的全部结果，并按其基本思路和框架，凝练出以下的4个重点领域与相应的14项优先主题以及两个重大专项。

1. 4个重点领域

1）粮食安全保障领域

其优先主题（3项）是农用水土资源的增效与替代技术、超级种培育、大面积单产均衡增长技术。

2）农业生态安全领域

其优先主题（3项）是西部生态脆弱地区的生态与生产共建双赢及省（区）域示范技术，农药、化肥、农业废弃物等对环境面源污染的防治技术，绿色生产与食品安全保障技术。

3）农产品多用途开发

其优先主题（3项）是农产品多用途开发与加工增值技术、生物质能源与材料开发技术（农林废弃物资源化）、生物反应器生产医药等高端产品技术。

4）农业科技跨越发展

其优先主题（5项）是农业生物技术、农业信息技术、8大农业常规技术的升级技术、农业技术推广和面向“三农”综合信息服务平台、复杂农艺性状功能基因组的基础研究。

2. 两个重大专项

农用超级种培育及紧缺资源替代、农林生物质工程。

40.5 农业科技政策与措施建议

40.5.1 深化农业科技体制改革，建立全国农业科技创新体系

我国作为世界农业大国，尽管拥有千余所国家、省、地级的农业科研机构，但是农业科研资源分散，定位重叠，持续创新能力薄弱。我国至今还没有一所如同国际水稻研究所（IRRI）、国际小麦玉米改良中心（CIMMYT）、美国农业部研究系统（USDA.ARS）那样国际著名的农业科研机构（网）。因此，大力推进农业科技体制的改革，建立全国性的农业科技创新体系势在必行，包括：①构建全新的农业科技创新体系；②建设国际一流水平的国家农业科学研究中心；③加快建立区域农业科技创新分中心和区域试验站。

40.5.2 实施“人才强国”战略，加快农业科技人才队伍建设

我国科技人员的绝对数量已近百万。在万名农业人口中，农业科技人员仅6名，尚不足美国、日本等发达农业国家同一指标的1/6。资料显示，在美国25岁以上的农民中大学毕业者高达10%，而在我国每百名农业劳动力中，文盲半文盲比例为15%左右，接受大专教育的比例不到0.1%。我国目前的农业人才状况与农业大国地位和发展现代农业的人才需求极不相称。迅速提高我国农业综合竞争力，迫切需要加速我国农业人才的培养。其主要建议是：①启动国际一流农、林业大学重点建设项目，接近或达到国际水平；②优化学科结构，重点建设适应

现代农业发展和新兴的学科；③重点建设区域分工明确、特色鲜明的高等农业院校大学科技园；④重点建设以农业大学为依托的区域性农业教育与科技信息网络中心。

40.5.3 推进农业科技推广和农村科技网络信息服务体系改革与建设

我国农业科技成果普及率和转化率均为发达国家的1/2左右。除了科技创新活动与农业生产的结合不紧密等之外，农业科技推广服务体系、农民培训、公共信息网络跟不上要求是制约科技成果转化和普及的极重要因素。推进农业科技推广服务体系和农村科技信息服务体系的改革与建设是实现农业科技中长期发展目标的重大举措。其主要包括：①积极推进教育、科研、推广三位一体的体制改革；②积极支持以农民专业技术协会为代表的非政府技术推广组织；③积极推进农村中等教育改革；④建立农村数字化信息服务网络。

40.5.4 完善农业科研、教育、推广等的政策法规体系

当前围绕农业科研、教学、科技推广与服务等技术创新和服务领域的政策法规体系很不健全，农业科研机构的运作不规范。在许多领域如非营利机构和事业单位的定位、税收、劳动人事、法人责权利等方面存在管理混乱、法律界限不清等问题，急需改革和完善促进农业科技创新、推动农业科技进步的政策法规环境。

认真贯彻落实《中华人民共和国农业法》，尽快制（修）订《中华人民共和国科技技术进步法》，明确从事农业科技创新、推广和服务机构的社会公益性定位（性），为规范农业科技进步行为提供法制保障。按照实施“科教兴国”和“人才强国”战略的要求和农业科学研究的自身规律，改革针对农业科研机构的税收、人事、责任等政策，通过制定优惠政策、修订法律法规和规范适用法律等手段，逐步建立和完善促进农业科技进步的政策体系。国外先进技术成果的引进和适合国情的二次开发被历史证明是很有效的途径，建议制定相关法规。

40.5.5 建立以政府为主体的多元化投入机制，大幅增加农业科技投入

农业科技的发展具有自身规律和特点。其主要是自然影响因素多、风险大，科技成果的周期长、知识产权的市场垄断性差、科技成果的目标用户主要是农民而不是企业等。因此，无论是发达国家，还是发展中国家，农业科技投入的主体是政府财政而非企业，这就是农业科技发展的特殊性所决定的基本要求。在我国未来经济发展过程中，尽管市场因素会对农业科技的社会性投入产生积极作用，一些企业也会逐步扩大对农业科技的投入，但是政府投入主体的基本格局不会发生根本性改变。其具体建议：①增加国家财政投入。2010年农业科技投入由目

前占农业总产值的 0.23%提高到 1%，到 2020 年提高到 1.5%～2%。②充分利用 WTO 的“绿箱政策”，增加农业科研、教育、疫病防治、技术推广、科技培训、结构调整等的支持，将用于农产品流通补贴和出口补贴转移到农业科技等方面。③广泛利用国内外社会资金，采取鼓励政策，引导国内外企业进入农业科技领域。④政策性农业金融机构为农业科技提供优惠信贷支持。

附件

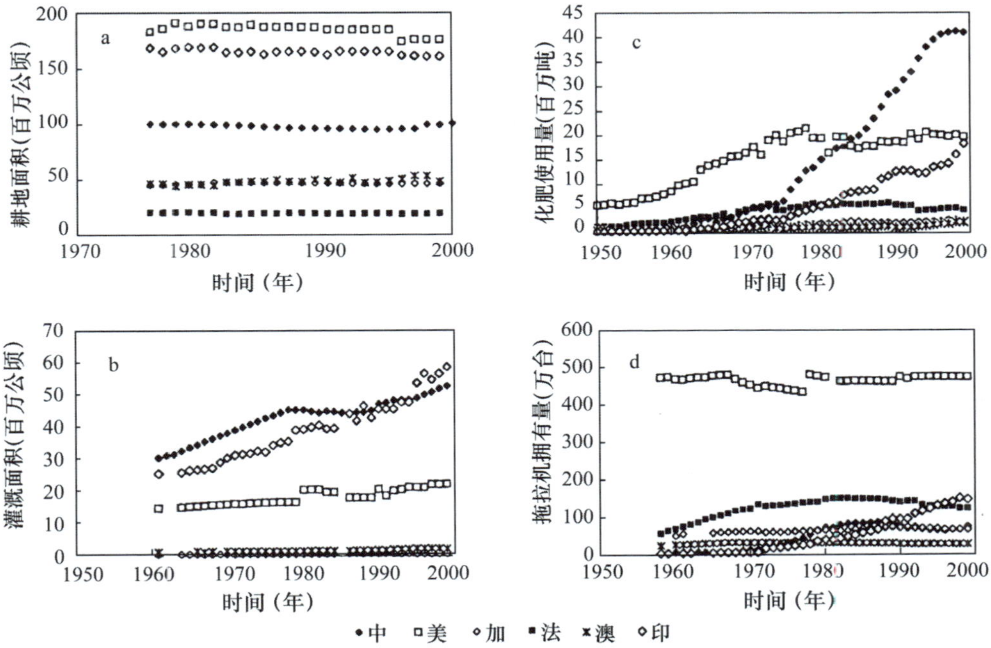

附图 1　几个主要农产品生产国的农业投入状况

（资料来源：《世界经济统计摘要》《世界经济年鉴》《国际统计年鉴》《世界经济统计简编》《国际经济统计资料》《粮农组织生产年鉴》《粮农组织肥料年鉴》《中国农业年鉴》《世界经济统计手册》《国际经济金融统计手册》）

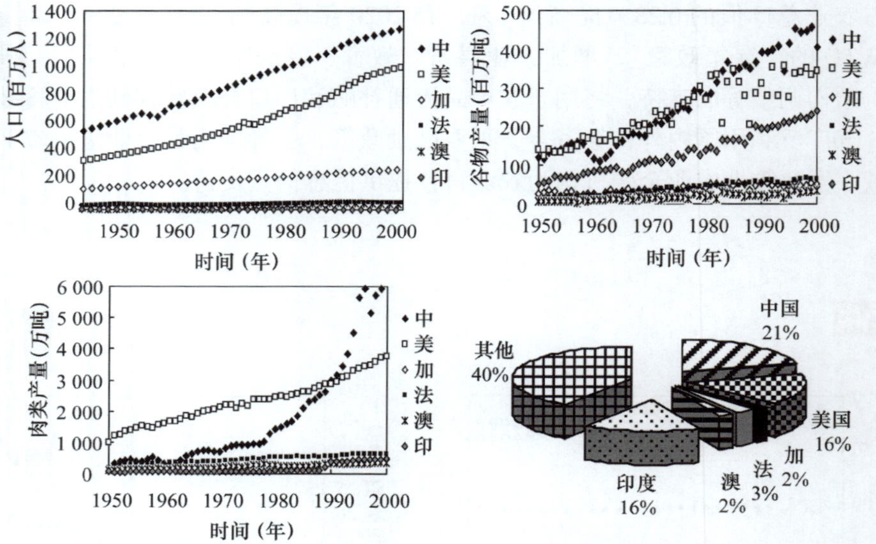

附图 2　几个主要农产品生产国的人口、谷物和肉类产出情况以及各国谷物产量占全球的百分数（1998 年）

（资料来源：《当代世界经济实用大全》《世界经济年鉴》《国外经济统计资料》《世界经济统计简编》《世界经济统计手册》《中国农村统计年鉴》《中国畜牧业年鉴》《粮农组织生产年鉴》）

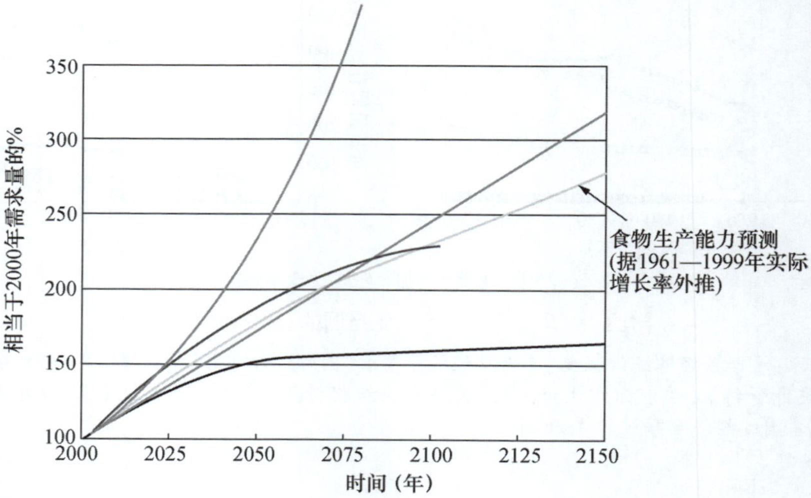

____联合国低人口增长率（全球妇女平均终身生育 1.9；2050 年总人口达 80 亿万）的需求；

____联合国中人口增长率（全球妇女平均终身生 2.1）的需求；

____国际应用系统分析研究所的预测；

____根据 1995—2000 年间食物需求增长率（因人口和收入的增加）外推得到的需求。

附图 3　国际权威机构对 2000—2050 年全球食物需求的预测

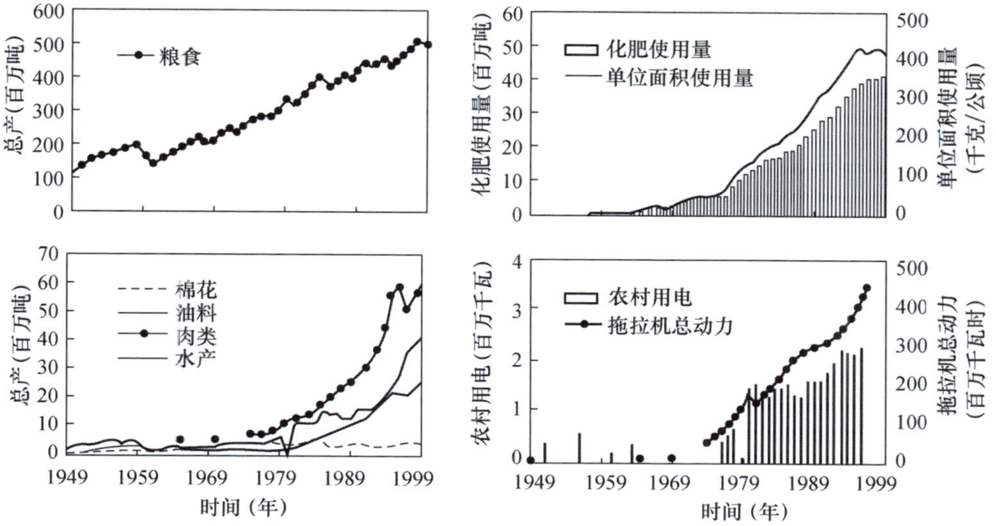

附图 4　中国农业主要投入和产出状况（1949—1999 年）

附表 1　中国农业投入产出状况与美国和世界的比较（1949—1999 年）

投入产出状况	1949 年	1999 年	增长倍数	年均增长量
		中国		
人口（人）	541 700 000	1 259 090 000	2.32	14 347 800
高投入				
耕地面积（公顷）	97 900 000	130 040 000	1.33	642 800
灌溉面积（公顷）	16 000 000	53 158 000	3.3	743 200
化肥使用量*（吨）	604 000	41 246 000	682.9	823 700
单位用量（千克 / 公顷）	600	3 171 600	528.6	6 330
农药使用量（吨）	53 300（1978）	131 200	2.46	37 100
拖拉机总动力（千瓦）	80 000	489 960 000	6 124.5	9 797 600
农业用电（百亿千瓦时）	0.05（1952）	217.34	4 346.8	4.62
高产出				
总产值（百亿元）	461（1952）	2 451.9	53.2	51.2
粮食总产（吨）	113 180 000	508 387 000	4.49	7 904 100
单产（千克 / 公顷）	1 035	4 493	4.34	69.2
棉花总产（吨）	497 000	3 829 000	7.70	66 600
单产（千克 / 公顷）	—	1 028	—	—
油料总产（吨）	2 827 000	26 012 000	9.20	463 700

续附表 1

投入产出状况	1949 年	1999 年	增长倍数	年均增长量
单产（千克 / 公顷）	—	1 871	—	—
水果总产（吨）	1 223 000	62 380 000	51.0	1 223 100
肉类总产（吨）	2 200 000	59 490 000	27.0	1 145 800
禽蛋总产（吨）	732 000（1953）	21 347 000	29.2	448 100
奶类总产（吨）	217 000	7 900 000	36.4	153 700
水产总产（吨）	523 000	41 224 000	78.8	814 000
人均占有量				
粮食（千克 / 年）	209	403.8	1.93	3.9
肉类（千克 / 年）	4.06	47.3	11.7	0.86
禽蛋（千克 / 年）	1.35	16.95	12.6	0.34
奶（千克 / 年）	0.40	6.27	15.7	0.12
水产（千克 / 年）	0.97	32.7	33.7	0.63
世界				
化肥使用量（ 吨）	12 600 000	141 360 000	11.2	2 575 200
单位用量（千克 / 公顷）	9.5	103.3	10.8	1.88
耕地面积（公顷）	1 326 000 000	1 369 110 000	1.03	862 200
谷物总产（吨）	849 800 000（1957）	2 057 984 000	2.42	28 766 300
肉类总产（吨）	38 190 000（1951）	225 945 000	5.92	3 911 600
美国				
化肥使用量（吨）	3 824 000	19 868 000	5.20	320 900
单位用量（千克 / 公顷）	20.3	112.3	5.53	1.84
耕地面积（公顷）	188 700 000	176 950 000	0.94	–235 000
谷物总产（吨）	158 170 000（1957）	349 703 000	2.21	4 560 300
肉类总产（吨）	9 827 000	37 180 000	3.78	547 100

附表 2　保障未来 20 年我国粮食安全所必需的生产能力增长

项目	1990 年	2003 年	2006 年	2010 年	2020 年
		恢复性增长		加速增长	快速增长
总产（亿吨）	4.46	4.31	5.0	5.5	6.2
单产（千克 / 公顷）	3 933	4 332	4 636	5 238	6 058
单产年均增长率（%）	0.93	2.3*		3.1	1.9

* 增加粮播面积的贡献占 60%

参考文献

[1] Swaminathan M S. From Rio de Janeiro to Johannesburg. Chennai，Sri Venkatesa Printing House，2002.

[2] Smil V. Feeding the World，A challenge for the 21st Century. Cambridge，Massachusetts Institute of Technology，2000.

[3] Lal R，Hansen D，Uphoff N et al. Food security and Environmental Quality in the Developing World，Washington D C，CPC Press，2003.

[4] Alexandratos N（ED.），World Agriculture: Towards 2010，An FAO Study. Chichester，John Wiley & Sons Ltd，1995.

[5] Horne J E，McDermott M. The Next Green Revolution，Essential steps to a sustainable agriculture. New York，Food Products Press，2001.

[6] NRC. Frontiers in Agriculture Research，Food，Health，Environment，and Communities. Washington，D.C.，The NRC Press，2003.

[7] Brown L R. The Agricultural Link: How environmental deterioration could disrupt economic progress. Washington D C，World Watch Institute，1997.

[8] Flavin C，French H et al. State of the World，2002. New York，W W Norton & company，2002.

[9] Rosegrant M W，Cai X，Cline S A. World Water and Food to 2025，Dealing with scarcity. Washington D C，International Food Policy Research Institute，2002.

[10] World Agricultural Outlook Board. USDA Agricultural Baseline Projections to 2008. Washington D C，Staff Report WAOB−99−1，1999.

[11] Malcolm A D B. Look at it this way: Sustainable agriculture for developing countries. Outlook on Agriculture，2003，32（2）:79–89.

[12] ARS. Agricultural Research Service Strategic Plan: 2003–2007，USDA，2003.

[13] ARS. A More Vibrant Rural America: Technology for a Sustainable Energy System，ARS National Program 307，2003.

[14] 石元春，程序．农业科技进步问题研究 // 刘江．21 世纪初中国农业发展战略．北京：中国农业出版社，2000：95–128.

[15] 国家科委．中国农业科学技术政策背景资料．北京：中国农业出版社，1997：105–186.

[16] 中国能源发展报告编委会．2003 中国能源发展报告．北京：中国计量出版社，2003：31–48.

[17] 李元．中国土地资源．北京：中国土地出版社，2002.

［18］钱正英，张光斗．中国可持续发展水资源战略研究．北京：中国水利水电出版社，2001.

［19］朱尔明，赵广和．中国水利发展战略研究．北京：中国水利水电出版社，2002.